21 世纪化学精编教材·化学基础课系列

化工基础原理

主　编　张兴晶　王继库

副主编　于　静　张伟娜　赵红丽

舒世立　王克华

北京大学出版社
PEKING UNIVERSITY PRESS

图书在版编目(CIP)数据

化工基础原理/张兴晶,王继库主编.—北京:北京大学出版社,2014.3
(21世纪化学精编教材·化学基础课系列)

ISBN 978-7-301-23945-2

Ⅰ.①化… Ⅱ.①张… ②王… Ⅲ.①化学工程—高等学校—教材 Ⅳ.①TQ02

中国版本图书馆CIP数据核字(2014)第029169号

书　　名:化工基础原理
著作责任者:张兴晶　王继库　主编
责 任 编 辑:郑月娥
标 准 书 号:ISBN 978-7-301-23945-2/O·0967
出 版 发 行:北京大学出版社
地　　址:北京市海淀区成府路205号　100871
网　　址:http://www.pup.cn　　新浪官方微博:@北京大学出版社
电 子 信 箱:zye@pup.pku.edu.cn
电　　话:邮购部62752015　发行部62750672　编辑部62767347　出版部62754962
印 刷 者:三河市博文印刷有限公司
经 销 者:新华书店
787毫米×1092毫米　16开本　17.75印张　450千字
2014年3月第1版　2022年1月第3次印刷
定　　价:43.00元

内容简介

本书从化学工业和化学工程学的发展历程出发，深入浅出地阐述了化工基础原理的基本理论、基本问题和基本方法，全书共分为七章，内容包括：绪论、流体流动与输送、传热及换热器、传质及塔设备、化学反应工程及反应器、聚氯乙烯工业和甲醇的生产等。本书每节主题鲜明，内容详实丰富，既有理论阐述，又有实际应用举例。本书每章配有适量的习题，附有习题答案与提示，以便于教师教学和学生自学。

本书可作为高等师范院校及综合大学化学专业、应用化学专业的教材，亦可作为化学、化学工程技术人员的参考书。

为了方便教师多媒体教学，作者提供与教材配套的相关内容的电子资源(包括电子教案、ppt 课件、习题解答、试题库等)，需要者请电子邮件联系 xjzhang128@163.com。

前　　言

目前，我国的高等教育改革已经进入到一个关键阶段。教育部、财政部《关于实施高等学校本科教学质量与教学改革工程的意见》[教高 2007 年 1 号]和教育部《关于进一步深化本科教学改革全面提高教学质量的若干意见》[教高 2007 年 2 号]，为我国高等教育改革进一步指明了方向；教育部高等学校化学类专业教学指导委员会的《普通高等化学类专业指导性专业规范》(以下简称《规范》)为高等化学教育改革提出规范，培养高素质复合型应用人才为社会服务已经成为高等院校的必然选择。因此，本书以 21 世纪对化学人才的知识和能力结构的要求为依据，结合化学和应用化学专业的培养目标，寻求“化工基础原理”课程教材的最佳编排体系和适应的教学内容。

全书共分为七章，内容包括：绪论、流体流动与输送、传热及换热器、传质及塔设备、化学反应工程及反应器、聚氯乙烯工业和甲醇的生产等。第一章介绍了化学工业和化学工程学的发展历程，让学生从整体把握本门课程的脉络，在学习中能居高临下地审视课程内容，增强其学习的积极性和主动性；第二章到第五章阐述了“三传一反”，即动量传递、热量传递、质量传递和化学反应工程，是本书的核心部分；为了使学生充分了解工业的制备，第六章和第七章分别以聚氯乙烯和甲醇的生产为例进行说明。

在本书的编写过程中，得到了全国十余所兄弟院校同行的大力支持，如鞍山师范学院王克华、赵丽娟，唐山师范学院王丽红、于静、舒世立和赵红丽，吉林师范大学张伟娜，通化师范学院战佩英，白城师范学院曹铁平等；本书的出版也得到了北京大学出版社的大力支持，我们在此一并表示诚挚的谢意。

本书在编写中参考了诸多的相关书籍和国内外资料，在此对有关作者表示谢意。

本书内容虽然经过各编者多次讨论、审阅、修改，但限于编者的水平，不妥之处仍然会存在，诚恳希望广大同行和读者给予批评指正。

编　者

2014 年 3 月

目　录

第一章 绪　论

1.1 化学工业概述

化学工业(chemical industry)又称化学加工工业，是指生产过程中化学方法占主要地位的制造工业，包括基本化学工业、塑料、合成纤维、石油、橡胶、药剂和染料工业等，是利用化学反应改变物质结构、成分、形态等生产化学产品的产业。化学工业是国民经济的重要组成部分，对于改进工业生产工艺、发展农业生产、扩大工业原料、巩固国防、发展尖端科学技术、改善人民生活以及开展综合利用都有很大的作用。

1.1.1 化学工业的发展与现状

自古以来，化学工业一直同发展生产力、保障人类社会生活必需品和应付战争等密不可分。为了满足这些方面的需要，它最初是对天然物质进行简单加工以生产化学品，后来是进行深度加工和仿制，以至制造出自然界根本没有的产品。

1. 古代的化学加工

从远古时期到18世纪中叶，当时人类就能运用化学加工方法制造一些生活必需品，如制陶、制漆、酿造、染色、冶炼、造纸，以及制造药品、火药和肥皂。

据考古学记载，早在中国新石器时代的洞穴中就有了残陶片；在中国浙江河姆渡出土文物中，有公元前50世纪左右的木胎碗，外涂有朱红色生漆；公元前20世纪，夏禹以酒为饮料并用于祭祀；公元前5世纪，中国进入铁器时代，用冶炼出来的铜、铁制作武器、耕具、餐具、炊具、乐器、货币等；公元前1世纪中国东汉时，造纸工艺已相当完善。

公元前后，中国和欧洲进入炼丹术、炼金术时期。16世纪，李时珍的《本草纲目》具有很高的学术水平，对世界的医药做出了巨大的贡献。产生于3世纪的欧洲炼金术到了15世纪才转为制药，在制药研究过程中，实验室制得了一些化学品，如硫酸、硝酸、盐酸和有机酸，这些虽说未形成工业，但它促成了化学品制备方法的发展，为18世纪中叶化学工业的建立准备了条件。

2. 早期的化学工业

为从18世纪中叶到20世纪初始化学工业的初级阶段。在这一阶段无机化工已初具规模，有机化工正在形成，高分子化工处于萌芽时期。

(1) 无机化工

第一个典型的化工厂是在18世纪40年代于英国建立的硫酸厂。先以硫磺为原料，后以黄铁矿为原料，产品主要用于制硝酸、盐酸及药物，当时产量不大。在产业革命时期，纺织工业发展迅速。它和玻璃、肥皂等工业都大量用碱，而植物碱和天然碱供不应求。1775年，吕布兰(N. Leblanc)提出以食盐为原料，与硫酸作用得芒硝(Na_2SO_4)及盐酸，芒硝再与石灰石、煤粉配合入炉煅烧生成纯碱，于1791年在法国科学院悬赏之下获取专利，建成了第一个吕布兰法碱厂；1890

年,在德国建成了第一个制氯工厂;1893 年在美国建成了第一个电解食盐水溶液制氯和氢氧化钠的工厂。至此,整个化学工业的基础——酸、碱的生产已初具规模。

(2) 有机化工

纺织工业发展起来以后,天然染料便不能满足需求,随着钢铁工业、炼焦工业的发展,煤焦油副产品需要利用。化学家们以有机化学的成就把煤焦油分离为蒽、菲等。1856 年,英国人珀金(W. H. Perkin)由苯胺合成了苯胺紫染料,后经过剖析天然茜素的结构为二羟基蒽醌,于是便以煤焦油中的蒽为原料,经过氧化、取代、水解、重排等反应,仿制了与天然茜素完全相同的产物。同样,制药工业、香料工业也相继合成与天然产物相同的化学品,品种日益增多。1867 年,瑞典人发明了迈特炸药,大量用于采掘和军工;1895 年,建立以煤和石灰石为原料,用电热法生产电石的第一个工厂,电石再经水解产生乙炔,以此为起点生产乙醛、醋酸等一系列基本有机原料。

(3) 高分子化工

1839 年,美国人固特异(C. Goodyear)用硫磺及橡胶助剂加热天然橡胶,使其交联成弹性体,应用于轮胎及其他橡胶制品,用途甚广,这是高分子化工的萌芽时期。1869 年,美国用樟脑增塑硝酸纤维制成塑料,很有使用价值;1891 年,在法国贝桑松建成第一个硝酸纤维素人造丝厂;1909 年,美国人制成了酚醛树脂,俗称电木粉,广泛用于电器绝缘材料。

3. 化学工业的大发展时期

从 20 世纪初至 60~70 年代,这是化学工业真正成为大规模生产的主要阶段。在这个阶段,合成氨、石油化工和高分子化工发展迅速,精细化工逐渐兴起。同时,英国人戴维斯(G. E. Davis)和美国人利特尔(A. D. Littell)等人提出了单元操作的概念,这些为化学工程的建立奠定了基础。

(1) 合成氨工业

20 世纪初,利用物理化学的反应平衡理论,哈伯(F. Harber)提出氮气和氢气直接合成氨的催化方法,以及原料气与产品分离后,经补充再循环的设想,博施(C. Bosch)进一步解决了设备问题。因战争的需要,在第一次世界大战时在德国建立了第一个合成氨厂。合成氨原用焦炭为原料,40 年代以后改为石油或天然气,使化学工业与石油工业两大部门更密切地联系起来,合理地利用了原料和能源。

(2) 石油化工

1920 年异丙醇在美国的产业化标志着大规模发展石油化工的开始。1939 年美国标准油公司开发了临氢催化重整,这成为芳烃的重要来源;1941 年美国建成第一套以炼厂气为原料用管式炉裂解制乙烯的装置,开创了乙烯工业新时代。80 年代,90%以上的有机化工产品,来自石油化工。

(3) 高分子化工

高分子材料在战争时用于军事,战后转为民用,获得极大的发展,成为新的材料工业。作为战略物质的天然橡胶产于热带,由于海运受阻,各国皆对橡胶的合成进行研究。1937 年,德国法本公司开发法本橡胶获得成功,以后各国又陆续开发了顺丁、丁基、氯丁、丁腈、异戊、乙丙等多种合成橡胶,各有不同的特性和用途;1937 年,美国成功地合成尼龙 66,用熔融法纺丝,因其有较好的强度,用作降落伞及轮胎。以后涤纶、维尼纶、腈纶等陆续投产,也因为有石油化工为其原料保证,逐渐占有天然纤维和人造纤维大部分市场;继酚醛树脂之后,又出现了脲醛树脂、醇酸树脂等热固性树脂。20 世纪 30 年代后,热塑性树脂品种不断出现,如聚氯乙烯、聚苯乙烯、聚乙烯等;

在这个时期还出现了耐腐蚀的材料,如有机硅树脂、氟树脂,其中聚四氟乙烯有“塑料王”之称。

(4) 精细化工

在染料方面,发明了活性染料,使染料与纤维以化学键相结合。在农药方面,20 世纪 40 年代,瑞士人米勒(P. H. Miller)发明第一个有机氯农药 TTD 后,又开发了一系列有机氯、有机磷杀虫剂;20 世纪 60 年代,杀菌剂、除草剂发展极快,出现了像吡啶类除草剂和咪唑类杀菌剂等一些性能很好的品种。在医药方面,1928 年,英国人弗来明(A. Fleming)发现了青霉素,开辟了抗菌素药物的新领域。在涂料方面,摆脱了天然油漆的传统,改用合成树脂,如醇酸树脂、环氧树脂和丙烯酸树脂等。

4. 现代化学工业

20 世纪 60 年代以来,化学工业各企业间竞争激烈,一方面由于对反应过程的深入了解,使一些传统的基本化工产品的生产装置日趋大型化;另一方面,由于新技术革命的兴起,对化学工业提出了新的要求,推动了化学工业的技术进步,使新型化学产品层出不穷,发展了精细化工、超纯物质、新型结构材料和功能材料,“三废”处理趋于综合化。

进入 21 世纪,除了传统化学工业大型化技术日趋成熟外,在纳米技术、超导技术、生物化工、煤化工、氢能利用、海洋化工等方面也取得了突破性进展。

(1) 纳米技术

纳米技术经过十多年的发展,已经应用于石油工业、橡胶行业、纺织、油墨、涂料、粘合剂、化妆品、化学制剂、密封胶等方面。随着纳米技术的发展,纳米材料的新产品将不断问世。在原料方面,无机化合物,将来还会涵括有机物甚至高分子材料,都相对集中在石化行业及其他密切相关的行业。纳米技术在环保领域的应用,将有效地降低化工行业、工业生产及车用油等所产生的污染。纳米技术在内催化剂、医药、农业等各方面也将得到进一步的应用,因此纳米材料将对全社会的技术改造、产品创新、结构调整起到不可估量的作用。

(2) 超导技术

世界各国已公认,超导技术将在 21 世纪迅速得到发展。高温超导电性作为一类有重大发展潜力的应用技术,已经进入实际应用开发并与应用基础性研究相互推动,逐步发展为高技术产业的阶段。各国政府及企业界都投入极大精力在高温超导机理、超导物理和新材料的研究和探索上,竞争十分激烈。我国的超导研究已列入 863 计划和攀登计划,研究水平达世界先进水平。我国的超导技术在高温超导材料、超导物性、强电应用、超导电子器件等方面取得了重要成果。

(3) 生物化工

生物技术或生物工程是以生命科学和工程技术为基础的多学科交叉的高新技术,被称为 21 世纪知识经济的核心技术。生物技术的应用将给化学工业、农业、医药、食品等领域带来革命性的变化,产生难以估量的社会效益和经济效益。我国生物反应工程技术包括生物反应器、传感器和计算机控制等技术。发展特点是化学工程与生物技术的深度结合,由宏观推向微观,强调在生物技术发展的认识基础上研究过程的特点,发展符合生物生长特点的智能型控制,实现产业化的优化和扩大。在“九五”期间攻关后,小型发酵罐已形成商品化生产体系,市场占有率达到 50%,并有 80%的生化产品应用了层析分离技术。我国生物技术的投资将由前期的基因工程、细胞工程、蛋白工程等上游工程转向进行培养放大上游成果、产物提纯和规模化制备的生物技术下游研究上,以尽快回报前期大量投入,产生巨大的经济效益。

(4) 煤化工

我国可燃矿物资源人均占有量低,富煤少油,原油进口已达到7000万吨/年,并迅速扩大。天然气资源也有限,但煤资源可采储量居世界第二位。因此,充分利用煤资源,大力发展洁净煤技术和新一代煤化工技术,将对有效利用能源和促进经济可持续发展具有重要的现实意义,对保护国家安全具有深远的战略意义。21世纪,煤化工发展的主流是发展煤炭洁净利用技术,发展洁净煤利用最关键的技术(包括醇燃料和烃燃料)及多联产工艺技术。其产业化重点应放在发展量大面广,在能源安全和环境保护上最具影响的煤制马达燃料和洁净煤发电技术上。为了谋求过程的污染最低,能量利用效率和经济效益最高,在有条件的地区发展煤电化一体化多联产集合或组合技术。煤化工的发展必须以煤的能源化学加工优先发展为基础,形成既保证全国范围内的能源供应,又可通过能源供应和化工生产调节及适当的净化过程,保证对环境的低冲击。这样的综合网络才能体现煤化工发展的最佳经济、社会和环境效益。

(5) 氢能利用

21世纪里要实现可持续发展,将不断开发、探索新能源。核能、生物能、太阳能、风能、地热能和海洋能的利用,将为人类文明进步注入强大推动力。然而,在新世纪里,对石油和化学工业产生最直接和巨大影响的当属未来时代的能源——氢能。在制氢及储氢技术方面,科研院所正在积极从事这方面的研究并已取得了进展。由此预见,被科学家称为未来的氢能源经济社会中,包括石油、煤炭、天然气在内的化学石油能源将全部封存,造福人类。取而代之的将是氢气,氢气将成为人类历史上利用率最高的能源。未来将是无污染、无噪音的绿色天堂。

(6) 海洋技术

大海占地球面积的70%,发展海洋技术、开发利用海洋资源造福人类将会显现出强大的生命力和巨大的经济效益。缺水是世界性的问题。海水淡化是解决人类用水的有效途径。据资料介绍,世界淡化海水的日产量在1998年已达到2300万吨,并以每年10%～30%的速度递增。目前,海水淡化的市场容量已超过20亿美元/年,主要由美国、日本等技术强国垄断。我国海水淡化的主要用途目前仅限于热电联产用电厂蒸汽淡化海水解决锅炉补充用水,化工及石化、钢铁等工业的高纯度工业用水,以及海岛等局部地区的生活用水。到2010年,我国海水淡化的市场总需求量达到80万吨/日。如果淡化技术在近几年形成产业,整个行业将实现30亿元左右的年产值,利税7～9亿元。此外,由于大型海水淡化成套装置的制造属于大型化工设备的加工制造,其制造过程涉及有色金属材料、黑色金属材料和板材的加工、金属材料的腐蚀防护、仪表及测量、计算机及其控制技术,所以,海水淡化技术成套设备产业化的成功实现,将有力地带动我国以上行业的技术进步和发展,产生良好的社会效益和经济效益。

(7) 膜技术

膜技术是当代最先进的化工分离技术之一。膜技术的诞生是社会对水资源的要求而产生的。目前,膜分离技术作为高新技术已成为单元操作,以其高效、节能和工艺简便等特点正在取代一些旧的单元操作。膜技术在节能、水资源开发、环境保护等方面具有较强的技术优势,已使世界膜技术迅速发展为年产值200亿美元的产业,但是我国膜产业产值仅为20亿元人民币,拥有广阔的发展空间,在21世纪将继续作为重点产业优先发展。

1.1.2　化学工业的特点

从化工产品的应用和化工技术的发展看，化学工业具有以下特点。

1. 广泛性

化学工业以化学加工为主要特征，是创造新物质的工业。只有化学工业才有能力从少数几种天然资源合成出数以万计的化工产品，这不但补充了天然原材料的不足，还制造了自然界所没有的物质。化学工业涉及面广，具有极强的渗透性，几乎找不到与它无关的行业部门。

2. 多样性和复杂性

没有任何其他工业有化学工业这么多的产品品种，品种的繁多导致化工生产工艺的多样化。同时，化学加工可从同一原料生产多种产品，同一产品又可利用多种原料来生产，增加了化学工业的技术难度。合理的资源配置和原料路线的选择、恰当工艺技术的选择和组合、产品结构和产业结构的优化，都是化学工业需要解决的问题。

3. 精细化和专用化

化学工业属于技术密集型工业。20世纪70年代以来，由于市场、环境和资源的导向，各国都在进行化工产品结构和布局的调整，产品的精细化、功能化、专用化已成为化学工业发展的必由之路。

目前大力发展的主要有化工新型材料、汽车、建筑、交通等用的新型高档涂料，电子和信息产业用的功能材料、胶粘剂，专用化学品及纳米材料等。另外，还有一些其他行业配套的精细化工产品，如饲料添加剂、食品添加剂、造纸化学品、水处理化学品等。

4. 能源消耗大

化学工业不仅以煤、石油、天然气等能源为生产的原料，也作为生产的动力和燃料。现代化工生产中能源消耗总量的约40%作为生产原料，60%作为动力和燃料，而原料消耗的费用又占产品成本的60%～70%。我国化学工业的能耗约占工业能源消耗的9%，是耗能大户。但是，现代化学工业非常重视能量的充分利用，常通过技术改造与革新来降低能耗。例如，为了提高能量利用率，将管道纵横、反应器连换热器、加热管与冷却管并行等安装手段充分地利用起来。

5. 易污染和重污染

化工产品有许多是易燃、易爆、有毒的化学物质，在生产、储存、运输、使用等过程中，如果发生泄漏，就会严重危及人的生命健康，污染环境。化学工业生产过程中的废气、废水和废渣，若不适当地处理，也会给大气、水、土壤及环境带来危害。例如，1999年比利时等国相继发生因二噁英污染导致畜禽类产品及乳制品含高浓度二噁英的事件，造成全世界大恐慌。因而，现代化工企业要非常重视环境保护，逐渐达到“绿色合成”。

1.1.3　化学工业的分类

化工产品种类繁多，性质和用途又各有不同，故其分类方法也有多种。按产物的组成，可分为无机化学工业和有机化学工业；按原料来源划分，有石油工业、煤化工、天然气化工和农产化工；按产品的市场特点分，有大宗产品、大宗专用产品、精细化工产品和特殊化学品。对于化学工业，按我国的分类方法，有合成氨及肥料工业、硫酸工业、制碱工业、无机物工业、基本有机原料工业、染料及中间体工业、产业用炸药工业、化学农药工业、医药药品工业、合成纤维工业、合成橡胶工业、涂料及颜料工业、化学试剂工业、军用化学品工业、化学矿开采工业和化工机械制造工业。

1.2 化学工程学简介

化学工程学是研究化学工业和其他过程工业生产中所进行的化学过程和物理过程共同规律的一门工程学科。化学过程是指物质发生变化的反应过程,而物理过程则是指物质不经化学反应而发生的组成、性质、状态和能量变化的过程。任何一个化学工业过程都包含着化学过程和物理过程,并且化学过程和物理过程都是同时发生。对这些表现形式多样、错综复杂的过程,我们都可通过化学工程的研究,认识和阐释其规律,并使之应用于生产过程和装置的开发、设计和操作,以达到优化和提高效率的目的。

1.2.1 化学工程学的形成与发展

1. 化学工程学的形成

化学工业大规模地改变物料的化学组成及物理性质而获得有用产品。化学反应是它的核心,化学学科是它的基础。然而,化学工业在大型设备中大批量连续化的生产所提出的技术问题,仅靠化学学科的知识是远不够的,它需要机械、电气、仪表、控制等工程学科的理论支持和技术上的应用,因此一门源自化学又不同于化学,综合了诸多工程技术学科的新学科——化学工程学便应运而生了。

2. 化学工程学的发展

化学工程学始于19世纪末,当时制碱、制酸、化肥、煤化工等都已有了相当的规模,许多新发明、新技术被应用到化学工业生产中,主要研究化学加工技术、化工生产工艺,研究的内容涉及原料、生产原理、工艺流程、最适宜操作条件以及所用机械设备的构造和使用等。但是,当时取得成就的人都认为自己是化学家,而没有意识到他们已经在履行化学工程师的职责。1901年英国人戴维斯(G. E. Davis)的《化学工程手册》出版,成为世界上第一本阐述各种化工生产过程共性规律的著作。在这之前,戴维斯曾说:化学工业发展中所面临的许多问题往往是工程问题,各种化学生产工艺,都是由为数不多的基本操作,如蒸馏、干燥、过滤、吸收和萃取等组成,可以对它们进行综合的研究和分析,化学工程将成为继土木工程、机械工程和电子工程之后的第四门工程学科。戴维斯实际上已提出了培养化学工程师的一种新途径,但他的工作偏重于对以往的经验总结和对各种化工基础操作的定型叙述,缺乏创立一门独立学科所需要的理论深度。

1888年美国的麻省理工学院开设了世界上第一个定名为“化学工程”的四年制学士学位课程,从此化学工程这一名词很快获得应用。1915年利特尔(A. D. Littell)提出了单元操作的概念,他指出:任何化工生产过程,无论其规模大小都可以用一系列称为单元操作的技术来解决,只有将纷杂众多的化工生产过程分解为构成它们的单元操作来进行研究,才能使化学工程专业具有广泛的适应能力。1920年,麻省理工学院化学工程脱离化学系而成为一个独立系,同年夏天,由华克尔、刘易斯和麦克当完成了《化工原理》一书的初稿(1923年正式出版),此书阐述了各种单元操作的物理化学原理,提出了定量计算方法,并从物理学等基础学科中吸取了对化学工程有用的研究成果和研究方法,奠定了化学工程成为一门独立学科的基础。

单元操作概念提出后,在处理只含有物理变化的化工操作时获得了巨大成功,但在处理含有化学变化的化工操作时却很不成功。1913年哈伯-博施法(合成氨)投产,极大促进了催化剂和催化反应的研究。1928年钒催化剂被成功应用于二氧化硫的催化氧化。1936年硅铝催化剂用于粗柴油催化裂解工艺。这些气-固相催化反应的研究,使化学工程师们认识到,在工业反应过程中,质量传递和热量传递对反应结果都有影响。随后,德国人达姆科勒(G. Damkhler)和美国人蒂利(E. W. Tealey)分别对反应相间的传质和传热以及反应相内的传质和传热进行了系统分析;20世纪50年代初,在对连续过程的研究中提出了一系列概念,诸如返混、停留时间、微观混合、反应器参数敏感性和反应器的稳定性等,化学工程师清楚地认识到,从本质上看所有单元操作都可以分解为动量传递、热量传递和质量传递三种过程。在工业反应器的研究中,非常注意传递过程规律的探索,1957年在第一届化学反应工程讨论会上,水到渠成地宣布了化学反应工程这一学科的诞生。1960年《传递现象》正式出版,标志着化学反应工程进入了"三传一反"的时代。

1996年对化学工程学提出了"多尺度、多目标"研究发展的新要求。1996年5月在美国圣地亚哥第五届世界化学工程学年会上,世界著名的法国化学工程学家维莱莫(J. Villermaux)等在全面考察了世界经济和技术加速全球化发展的新形势下化学工程学面临的机遇和挑战后提出:"化学工程学在总体变化的世纪中,其自身需要重新定义"。化学工程学是关注同时发生在非常广泛的时间和空间范围内现象的科学,从分子振动的纳秒级到环境科学中污染物破坏的以世纪计,从微反应中原子、分子的纳米尺寸到大气中物质发射分散的数百万米级。它不单只像以前仅局限于研究以米和小时为单位的工业工程操作。因为持续发展的本质要求环境、经济和社会决策的总体优化,化学工程师现在必须开发一种多尺度、多目标的途径,瞄准生产过程的总体优化,即用尽量少的资源和消耗,能更好、更便宜、更快地完成特定的生产,并对环境和生态是友好的,这就是新的化学工程学。这种新的界定,使化学工程学成为一种期待开拓的领域。

1.2.2 化学工程学研究的内容

化学工程学包括单元操作、传递过程及化学反应工程等方面的研究内容。

1. 单元操作

构成多种化工产品的物理过程可归纳为有限的几种基本过程,如流体输送、换热(加热与冷却)、蒸馏、吸收、萃取、结晶和干燥等,这些基本过程称为单元操作。对单元操作的研究,可以得到具有共性的结果,并指导各类化工产品的生产和化工设备的设计。在化学工程研究中涉及的主要单元操作见表1-1。

表1-1 化学工程研究中的主要单元操作

类 别	单元操作	目 的	原 理
动量传递	流体输送	物料以一定的流量输送	输入机械能
	沉降	从气体或液体中分离悬浮的颗粒或液滴	密度差引起的沉降运动
	过滤	从气体或液体中分离悬浮的颗粒	尺度不同的截留
	混合	使液体与其他物质均质混合	输入机械能
热量传递	加热、冷却	使物料升温、降温或者改变相态	利用温度差传入或移出热量
	蒸发	使溶剂气化,与不挥发性物质分离	供热以气化溶剂
质量传递	吸收	用液体吸收剂分离气体混合物	组分溶解度不同
	蒸馏	通过气化和冷凝分离液体混合物	组分挥发能力差异
	萃取	用液体萃取剂分离液体混合物	组分溶解度差异
	吸附	用固体吸附剂分离气体或液体混合物	组分在吸附剂上吸附能力差异

单元操作的研究是以物理化学、传递过程和化工热力学为理论基础，着重研究实现各单元操作的工程和设备。具体来讲，它主要研究以下内容：

(1) 各单元操作的基本原理；

(2) 各单元操作所用设备的合理结构、操作特性、设计计算方法及其强化；

(3) 各单元操作的应用开发；

(4) 新单元操作的开发。

随着化学工业的发展，现在对单元操作不断提出新的课题。这些新课题的解决既能促进化学工业的发展，又能推动单元操作学科的发展。

2. 传递过程

传递过程也称传递现象，是指物系内某物理量从高强区域自动向低强区域转移的工程，是自然界和生产中普遍存在的现象。对于物系的每一个具有强度性质的物理量来讲，都存在着相对平衡的状态。当物系偏离平衡状态时，就会发生某种物理量的这种转移过程，使物系趋向平衡状态，所传递的物理量可以是质量、能量或动量等。在化工生产中涉及的传递过程主要有动量传递、热量传递和质量传递，这三种传递过程可能单独存在，也可能两种或三种同时存在。对这三种传递现象的物理化学原理和计算方法的研究，是单元操作和化学工程学研究的基础。

3. 化学反应工程

化学反应工程是以工业反应过程为主要研究对象，以反应技术的开发、反应过程的优化和反应器设计为主要目的的一门工程学科，其理论基础是化工热力学、反应动力学、传递过程理论和单元操作。

工业反应过程中，既有化学反应，又有传递过程。传递过程的存在并不改变化学反应规律，但却改变了反应器内各处的温度和浓度，从而影响了反应的结果，如转化率和选择率。由于物系相态不同，反应规律和传递规律也有显著差别，因此，在化学反应工程研究中，通常将反应过程按相态分为：单相反应过程和多相反应过程。多相反应过程又可分为气-固相反应过程、气-液相反应过程和气-液-固相反应过程等。

化学反应工程研究的内容主要包括：

(1) 研究化学反应规律，建立反应动力学模型。也就是说，对所研究的化学反应以简化或近似的表达式来描述化学反应速率和选择性与温度和浓度的关系。其主要方法是动力学实验研究法，其中包括各种实验室反应器的使用、实验数据处理方法和实验规划方法等。

(2) 研究反应器的传递规律，建立反应器传递模型。即对各类常见反应器内的流动、传热和传质等过程进行理论和实验研究，并力求以数学式表达。其方法主要是冷态模拟实验，亦称冷膜实验，即用廉价的模拟物系(如空气、水和砂子等)代替实际反应物物系进行实验。

(3) 研究反应器的传递规律，建立反应动力学模型。即对一个特定反应器内进行的特定的化学反应过程，在其反应动力学模型和反应器传递模型都已确定的条件下，将这些数学模型与物料衡算、热量衡算等方程联立求解，预测反应结果和反应器操作性能。但由于反应器的复杂性，至今尚不能对所有工业反应过程建立动力学模型和反应器传递模型。因此，在进行化学反应工程理论研究时，首先概括性地提出若干个典型的传递过程，然后对各个典型传递过程逐个研究，忽略其他因素，单独地考察其对不同反应结果的影响。

化学反应工程还主要涉及工业反应过程的开发、放大、操作优化以及新型反应器和反应技术的开发。因此，寻找合理的设备结构和操作方法，开发新的反应器和新的反应技术，是化学工程学发展的最重要研究课题。

1.2.3　化学工程学研究的方法

化学反应工程学之所以成为一门学科，除了有具体的研究对象外，还有统一的研究方法。化学工程学作为一门工程技术学科，面临着真实的、复杂的化工生产过程——特定的物料在特定设备中进行特定的反应过程，其复杂性不完全在于过程的本身，而首先在于化工设备的复杂的几何形状和千变万化的物性。例如，过滤中发生的过程是流体的流动，本身并不复杂，但滤饼提供的则是形状不规则的网状通道，加之过滤物各式各样，就使过滤这一过程复杂化了。要对其流动过程作出如实的、逼真的描述几乎不可能，采用理论的研究方法困难重重。因此，对实际的化工生产过程，探求合理的研究方法是化学工程学研究的重要方面。化学工程学的历史发展汇总形成了两种基本的研究方法：一种是经验归纳法，另一种是数学模型法。

1. 经验归纳法

长期以来，化学工程更多地依赖于实验研究，但由于实验研究的结果往往只包含一些个别数据和个别规律，主要反映的是实验条件下各种现象所特有的特点，欲将这个结果推广应用，就需要有一套完整的理论和方法。目前，实验研究方法主要借助于物理学的相似论和因次分析法，这两种方法主要用于传递工程和单元操作的研究。对某些复杂的化工过程（如反应过程），既不能利用因次分析法和相似论来安排实验，也不能通过对过程的合理简化建立数学模型，往往只能求助于规模逐次放大的实验来探索过程规律，这种研究方法即称为经验归纳法。

2. 数学模型法

对化学反应和传递过程同时存在的反应过程，可以对实验过程作出合理简化，然后进行数学描述，通过实验求取模型参数，并对模型的适用性进行验证，这种研究方法称为数学模型法。数学模型法在用于过程开发和放大时分三步：① 将过程分解成若干个子过程；② 分别研究各子过程的规律并建立数学模型；③ 模拟，即通过数值计算联立求解各个子过程的数学模型，以预测在不同条件下大型装置的性能，达到设计优化和操作优化的目的。

1.3　化学工程学的几个基本规律

在从事化学工程研究、进行化工过程开发及设备的设计和操作时，经常运用物料衡算、能量衡算、平衡关系和过程速率等基本规律。在此说明这些基本规律的含义，具体内容各章节有实例讨论，亦可参阅有关文献。

1. 物料衡算

物料衡算基于物质守恒定律，是对任一化工生产过程的输入物料量、输出物料量和积累物料量进行衡算，其衡算式为

$$输入物料量-输出物料量=积累物料量$$

对于连续操作过程，若各物理量不随时间改变，即处于稳定操作状态，过程中无物料的积累。对间歇操作过程，物料一次加入，输入物料量就是积累物料量。

物料衡算的范围依衡算的目的而定，可以是一个单一设备或其中一部分，也可以是一组设

备,还可以是一个生产过程的全流程。进行衡算的物料可以是总物料,也可以是其中某一组分。

物料衡算概念简单,但在化工生产中起重要作用。例如,实际生产中,通过物料衡算可确定原料、产品、副产品中某些未知的物料量,从而了解物料消耗,寻求减少副产品和废料、提高原料利用率的途径。又如,设计中,依据物料衡算结果选择合适的生产规模和适宜的设备尺寸。物料衡算是化工计算中最基本、最重要的计算,也是其他化工计算的基础。

2. 能量衡算

能量衡算依据于能量守恒定律。它指出,输入系统的能量与输出系统能量之差等于系统内积累能量。

输入系统能量－输出系统能量＝系统内积累能量

能量可随进、出系统的物料一起输入、输出,也可以分别加入与引出。化工生产过程涉及的能量主要为热量,能量衡算多为热量衡算。衡算时,若系统涉及化学反应,反应热应该计入,放热时计入输入项,吸热时计入输出项。

热量衡算以物料衡算为基础,它可确定有热传递设备的热负荷,进而确定传热面积以及加热和冷却载体的消耗量;还可以考察过程能量损耗情况,寻求节能和综合利用热量的途径。

3. 平衡关系

化工生产中的许多过程,不论在何种条件下,只要经过足够长的时间,过程都会达到平衡状态。如温度不同的两物体在接触过程中,热量会从热的物体传向冷的物体,一直到两物体温度相等为止;盐在水中溶解,进行到溶液达到饱和为止;化学反应过程中,当正向反应和逆向反应的反应速率相等时,反应达到平衡。在其他一些操作如吸收、蒸馏、结晶和干燥等过程中,同样存在着平衡。

平衡是在一定条件下物系变化可能达到的极限,平衡关系则反映在此条件下过程进行的最大限度。平衡是有条件的,影响平衡的条件发生变化,平衡也将随之改变。运用平衡关系,可以了解当时条件下物料或能量利用的极限,从而确定加工方案;可以了解外界参数(如 T 和 p)对平衡的影响及体系物性(如反应速度和添加剂的数量)对平衡转化率的影响,从而找出最大限度利用物料或能量所应选择的条件;可以用实际操作结果与平衡数据进行比较来衡量过程的效率,从而找出改进的方法。

4. 过程速率

任何物系如果不处于平衡状态,则必然会发生趋向平衡的过程。物系所处状态与平衡状态的偏离是造成这种过程进行的推动力,其大小决定着过程的速率。推动力越大,过程速率越大;物系越接近于平衡态,推动力和过程速率越小;当到达平衡时,过程速率变为零。过程速率可以通过减少过程阻力的办法来提高,这已在很多学科定律或定理中得以证实,例如,电学中欧姆定律,电流反比于电阻。实际上,自然界任何过程的速率都可表示为

过程速率＝过程推动力/过程阻力

推动力和阻力的性质决定于过程的内容。传热过程推动力是温度差,阻力为热阻;传质过程推动力是浓度差,阻力则是扩散阻力。阻力的具体形式与过程中物料特点和操作条件有关。

过程速率是决定设备尺寸的重要因素。待处理物料量一定时,大的过程速率只需要较小设备。

参考文献

[1] 张近. 化工基础. 北京：高等教育出版社，2002.
[2] 张四方. 化工基础. 北京：中国石化出版社，2012.
[3] 上海师范大学，福建师范大学. 化工基础. 北京：高等教育出版社，2006.
[4] 北京大学化学系《化学工程基础》编写组. 化学工程基础. 北京：高等教育出版社，2004.
[5] 武汉大学，主编. 化学工程基础. 北京：高等教育出版社，2001.

第二章　流体流动与输送

具有流动性的液体和气体统称为流体，流体有其自身的特点：

(1) 具有流动性，即其抗剪和抗张的能力很小。

(2) 受外力作用时内部产生相对运动。

(3) 具有压缩性：流体的体积随压强和温度而变的性质，称为流体的压缩性。流体无固定形状，液体的形状与容器相同，其体积几乎不随压强和温度而改变，只随容器的形状而变化，该流体称为不可压缩性流体；气体的形状与容器也完全相同，完全充满整个容器，但其体积一般随压强和温度的变化而有明显改变，因此常视为可压缩性流体，但如果压力的变化率不大时，该气体也可当作不可压缩性流体处理。

化工生产中所处理的原料及产品，大多都是流体。制造产品时，往往按照生产工艺的要求把原料依次输送到各种设备内，进行化学反应或物理变化，制成的产品又常需要输送到储罐内储存。

在化工生产中，有以下几个主要方面经常要应用流体流动的基本原理及其流动规律：

(1) 流体的输送：通常设备之间是用管道连接的，欲把流体按规定的条件从一个设备送到另一个设备，就需要选用适宜的流动速度，以确定输送管路的直径。在流体的输送过程中，常常要采用输送设备，因此就需要计算流体在流动过程中应加入的外功，为选用输送设备提供依据。这些都要应用流体流动规律的数学表达式进行计算。

(2) 压强、流速和流量的测量：为了了解和控制生产过程，需要对管路或设备内的压强、流速及流量等一系列参数进行测定，以便合理地选用和安装测量仪表，而这些测量仪表的操作原理又多以流体的静止或流动规律为依据。

(3) 为强化设备提供适宜的流动条件：化工生产的传热、传质等过程，都是在流体流动的情况下进行的，设备的操作效率与流体流动状况有密切关系。因此，研究流体流动对寻找设备的强化途径具有重要意义。

本章着重讨论流体流动过程的基本原理及流体在管内的流动规律，并运用这些原理与规律去分析和计算流体的输送问题。

2.1　流体静力学

流体静力学就是静止流体内部压力变化的规律。在实际工程中，流体静力学是研究流体在外力作用下达到平衡的规律。流体的平衡规律应用很广，如流体在设备或管道内压强的变化与测量、液体在储罐内液位的测量、设备的液封等均以这一规律为依据。本章只讨论流体在重力作用下的平衡规律，主要由以下几个物理量来描述。

2.1.1　密度和比体积

1. 密度

密度为单位体积流体所具有的质量。

$$\rho = \frac{m}{V} \tag{2-1}$$

式中，ρ—流体的密度，kg/m^3；

m—流体的质量，kg；

V—流体的体积，m^3。

不同的单位制，密度的单位和数值都不同，应掌握密度在不同单位制之间的换算。流体的密度一般可在物理化学手册或有关资料中查得，本教材附录中也列出了某些常见气体和液体的密度数值，仅供做章后习题时查用。

（1）气体的密度

气体是可压缩的流体，其密度随压强和温度而变化。因此，气体的密度必须标明其状态。从手册中查得的气体密度往往是某一指定条件下的数值，这就涉及如何将查得的密度换算为操作条件下的密度。一般当压强不太高、温度不太低时，可按理想气体来处理。

对于一定质量的理想气体，其体积、压强和温度之间的变化关系为

$$\frac{p_0 V_0}{T_0} = \frac{pV}{T}$$

该等号两侧除以一定质量 m 后，变为

$$\frac{p_0}{\rho_0 T_0} = \frac{p}{\rho T} \quad \Rightarrow \quad \rho = \rho_0 \frac{p T_0}{p_0 T} \tag{2-2}$$

式中，p—气体的绝对压强，Pa；

V—气体的体积，m^3；

T—气体的绝对温度，K；

下标“0”表示由手册中查得的条件。

在化工生产中所遇到的流体，往往是含有几个组分的混合物。通常手册中所列出的为纯物质的密度，所以计算混合气体的平均密度 ρ 时，应以混合摩尔质量 $M_{均}$ 代替纯物质的 M。$M_{均}$ 可通过以下公式进行计算：

$$M_{均} = M_1 y_1 + M_2 y_2 + \cdots + M_n y_n \tag{2-3}$$

式中，$M_1, M_2, \cdots, M_n$—气体混合物中各组分的相对分子质量（以下简称分子量）；

$y_1, y_2, \cdots, y_n$—气体混合物中各组分的摩尔分数。

然后再将 $M_{均}$ 代入计算密度的公式(2-1)中进行计算。

对于气体混合物，各组分的浓度常用体积分数来表示。现以 1 m^3 混合气体为基准，若各组分在混合前后其质量不变，则 1 m^3 混合气体的质量（即密度）等于各组分的质量之和，即

$$\rho_{混} = \rho_A X_{V_A} + \rho_B X_{V_B} + \cdots + \rho_n X_{V_n} \tag{2-4}$$

式中，$X_{V_A}, X_{V_B}, \cdots, X_{V_n}$ 均为气体混合物中各组分的体积分数。

（2）液体的密度

通常液体可视为不可压缩流体，认为其密度仅随温度变化（极高压力除外），其变化关系可由

实验方法测定，进而形成手册，以便以后查用。工业上常采用比重计法进行测定，这是测定液体密度最简单的方法。

对于液体混合物，各组分的浓度常用质量分数表示。现以 1 kg 混合液体为基准，若各组分在混合前后其体积不变，则 1 kg 混合物的体积等于各组分单独存在时的体积之和，即

$$\frac{1}{\rho_{混}}=\frac{w_1}{\rho_1}+\frac{w_2}{\rho_2}+\cdots+\frac{w_n}{\rho_n} \tag{2-5}$$

式中，$\rho_1,\rho_2,\cdots,\rho_n$—液体混合物中各组分的密度，$kg/m^3$；

$w_1,w_2,\cdots,w_n$—液体混合物中各组分的质量分数。

【例 2-1】 标准状态下某烟道气的密度为 1.338 kg/m^3，试求该烟道气在 2×10^5 Pa 及 50℃ 状态下的密度。

解 $\rho=\rho_0\frac{pT_0}{p_0T}=\left(1.338\times\frac{2\times10^5}{1.0133\times10^5}\times\frac{273}{273+50}\right)kg/m^3=2.232\ kg/m^3$

【例 2-2】 求 20℃ 乙醇质量分数为 0.4 的乙醇水溶液的平均密度。

解 由附录查到 20℃时乙醇和水的密度分别为 789 kg/m^3 及 998 kg/m^3，故乙醇水溶液的平均密度为

$$\frac{1}{\rho_{混}}=\frac{w_1}{\rho_1}+\frac{w_2}{\rho_2}+\cdots+\frac{w_n}{\rho_n}=\left(\frac{0.4}{789}+\frac{1-0.4}{998}\right)m^3/kg$$

进而得出

$$\rho_{混}=902.4\ kg/m^3$$

2. 相对密度

流体的密度与参考物质的密度在各自规定的条件下之比称为相对密度，符号为 d，无量纲(或称量纲为 1)。一般，相对密度只用于气体和液体，作为参考密度的可以为空气或水：当以空气的密度作为参考密度时，是在标准状态(0℃和 101.325 kPa)下干燥空气的密度，为 1.293 kg/m^3(或 1.293 g/L)。对于固体，一般不使用相对密度。

当以水的密度作为参考密度时，相对密度为流体密度与 4℃时水的密度(1 g/cm^3)之比，习惯称为比重(specific gravity)。相对密度一般是把水在 4℃时的密度当作 1 来使用，以另一种物质的密度跟它相除得到的。即

$$d_4^{20}=\frac{\rho}{\rho_{水}} \tag{2-6}$$

相对密度只是没有单位而已，数值上与实际密度是相同的。

3. 比体积

单位质量流体所具有的体积称为流体的比体积，符号为 v，习惯称为比容，其单位为 m^3/kg。如果质量为 m 的流体占有的体积为 V，则流体的比体积为

$$v=\frac{V}{m} \tag{2-7}$$

由上文可知，单位体积流体的质量称为密度，用符号 ρ 表示，单位为 kg/m^3。显然，比体积与密度互为倒数，即

$$v\rho=1 \tag{2-8}$$

比体积和密度都是说明流体在某一状态下分子疏密程度的物理量，二者互不独立，通常以比体积作为状态参数。

2.1.2　压强

在工程技术领域中，常将“压强”称为“压力”，用符号 p 表示，其定义为垂直而均匀地作用于物体单位面积上的力（即压力）。此时的“压力”和物理学中的“压强”属同一概念，是物质（如气体、液体等）的一个重要的状态函数；而非物理学中的“压力”，应注意区分。

压强可以决定流体运行的阻力、具有能量的高低，以及化学反应进行的条件等情况。压强也是实验安全和生产安全的重要控制因素，因为在一定温度下，设备的安全受压力的制约，超过安全允许的压力范围将容易发生爆炸事故。因此，压力的测量对于化工单元操作过程或科研训练过程至关重要。例如，测量精馏、吸收等化工单元操作所用的塔器塔顶、塔釜的压力对监测塔器的正常操作甚是重要。又如，在离心泵性能实验中，为了解泵的性能和安装的正确性，测量泵进出口的压力必不可少。

在静止的流体内，取通过某点的任意截面的面积为 ΔA，垂直作用于该面积上的压力为 ΔF，在此情况下，单位面积上所受的压力，称为流体的静压强，简称压强，其表达式为

$$p = \frac{\Delta F}{\Delta A} \tag{2-9}$$

上式中，当 $\Delta A \to 0$ 时，$\Delta F/\Delta A$ 的极限值就称为该点的静压强，即

$$p = \frac{F}{A} \tag{2-9a}$$

式中，p—流体的静压强，Pa；

F—垂直作用于流体表面上的压力，N；

A—作用面的面积，m^2。

另外，还可以用液柱高度表示流体压强：

$$p = h\rho g \tag{2-9b}$$

式中，p—流体的静压强，Pa；

ρ—流体的密度，kg/m^3；

g—重力加速度，是常数，$g=9.8$ N/kg；

h—流体液柱高度，m。

在国际标准单位制（IS 制）中，压强的单位为牛顿每平方米（N/m^2），称为帕斯卡（用符号 Pa 表示），根据需要，也可以用 kPa（1000 Pa）和 MPa（10^6 Pa）等为单位。但习惯上还采用其他单位，如标准大气压（atm）、某流体柱高度（mmHg 柱、mH_2O 柱）、巴（bar）、公斤力每平方厘米（kgf/cm^2）和托（Torr）等，其中有些单位不常使用，已经废除。它们之间的换算关系为

$$1\ \text{atm} = 1.033\ \text{kgf/cm}^2 = 760\ \text{mmHg} = 10.33\ \text{mH}_2\text{O} = 1.0133\ \text{bar} = 1.0133 \times 10^5\ \text{Pa}$$

工程上为了使用和换算方便，常将 1 kgf/cm^2 近似地作为 1 个大气压，称为 1 工程大气压（at），于是有

$$1\ \text{at} = 1\ \text{kgf/cm}^2 = 735.6\ \text{mmHg} = 10\ \text{mH}_2\text{O} = 0.9807\ \text{bar} = 9.807 \times 10^4\ \text{Pa}$$

流体的压强除用不同的单位来计量外，还可以用不同的方法来表示。在工程技术领域，由于

测试的基准不同，对压强的表示形式也有所不同，常见的有以下几种：

(1) 绝对压强(简称绝压)：它是相对于绝对真空测定的压强，也就是以绝对零压作起点计算的压强，它是流体的真实压强。

(2) 大气压强：是在地球表面由于空气质量而产生的压强。

(3) 表压强(简称表压)：它是由压强表显示的压强值。当被测流体的绝对压强大于外界大气压强时，用测压仪表压强表进行测量，压强表上的读数表示被测流体的绝对压强比大气压强高出的数值，称为表压强。即

$$表压强=绝对压强-大气压强$$

(4) 真空度(又叫负压)：它是由真空表显示的压强值。当被测流体的绝对压强小于外界大气压强时，用测压仪表真空表进行测量，真空表上的读数表示被测流体的绝对压强低于大气压强的数值，称为真空度。即

$$真空度=大气压强-绝对压强$$

显然，设备内流体的绝对压强愈低，则它的真空度就愈高。真空度又是表压强的负值，例如，真空度为 6×10^3 Pa，则表压强是 -6×10^3 Pa。

(5) 压差：是指两个压强之间的差值。

绝对压强、表压强与真空度之间的关系，可以用图 2-1 表示。

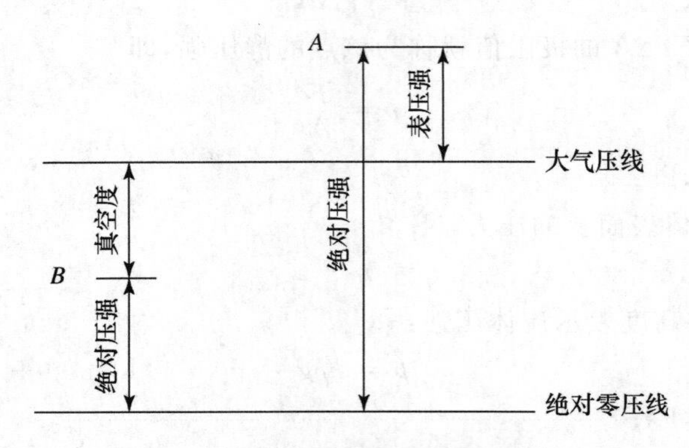

图 2-1 绝对压强、表压强和真空度的关系

应当指出，外界大气压强随大气的温度、湿度和所在地区的海拔高度而变。为了避免绝对压强、表压强、真空度三者相互混淆，在以后的讨论中规定：对表压强和真空度均加以标注，如 2×10^3 Pa(表压)、4×10^3 Pa(真空度)等；如果没有注明，即为绝压。

【例 2-3】 在兰州操作的苯乙烯真空蒸馏塔顶的真空表读数为 80×10^3 Pa。在天津操作时，若要求塔内维持相同的绝对压强，真空表的读数应为若干？兰州地区的平均大气压强为 85.3×10^3 Pa，天津地区的平均大气压强为 101.33×10^3 Pa。

解 根据兰州地区的大气压强条件，可求得操作时塔顶的绝对压强为

$$绝对压强=大气压强-真空度=(85300-80000)\ \text{Pa}=5300\ \text{Pa}$$

在天津操作时，要求塔内维持相同的绝对压强，由于其大气压强与兰州的不同，则塔顶的真

空度也不相同，其值为

$$真空度=大气压强-绝对压强=(101330-5300)\ Pa=96030\ Pa$$

2.1.3　流体静力学基本方程及其应用

2.1.3.1　流体静力学基本方程的形成

流体静力学基本方程用来描述静止流体内部，流体在压力和重力作用下的平衡规律，这时流体处于相对静止状态。当流体质量一定时，其重力可认为不变，而压力会随高度变化而变化。所以，实质上是描述静止流体内部压强的变化规律。

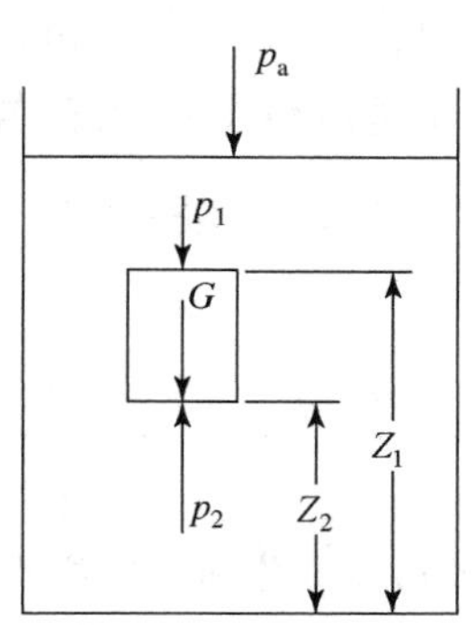

图 2-2　静止液体内液柱的受力分析图

如图 2-2 所示，容器内装有密度为 ρ 的液体，液体可认为是不可压缩流体，其密度不随压力变化。在静止液体中取一段液柱，其截面积为 A，以容器底面为基准水平面，液柱的上、下端面与基准水平面的垂直距离分别为 Z_1 和 Z_2。作用在上、下两端面的压强分别为 p_1 和 p_2。

重力场中在垂直方向上对液柱进行受力分析：

(1) 上端面所受总压力 $F_1=p_1A$，方向向下；

(2) 下端面所受总压力 $F_2=p_2A$，方向向上；

(3) 液柱的重力 $G=\rho gA(Z_1-Z_2)$，方向向下。

液柱处于静止时，上述三项力的合力应为零，即

$$p_2A-p_1A-\rho gA(Z_1-Z_2)=0 \tag{2-10}$$

整理并消去 A，得到压强形式

$$p_2=p_1+\rho g(Z_1-Z_2) \tag{2-10a}$$

变形得能量形式

$$\frac{p_1}{\rho}+gZ_1=\frac{p_2}{\rho}+gZ_2 \tag{2-10b}$$

为讨论方便，对式(2-10a)进行适当的变换，即使液柱上端面处于容器的液面上，设液面上方的压强为 p_0，液柱高度为 h，距液面 h 处的点压强为 p，则式(2-10a)可改写为

$$p=p_0+\rho gh \tag{2-10c}$$

式(2-10)、式(2-10a)、式(2-10b)及式(2-10c)均称为流体静力学基本方程。这些式子是以恒密度推导出来的。值得注意的是，上述方程式只能用于静止的连通着的同一种连续的流体。

2.1.3.2　流体静力学基本方程的讨论

流体静力学基本方程说明了在重力场作用下，静止液体内部压强的变化规律。由式(2-10b)可见：

(1) 方程应用条件：静止，连续，同一流体；

静止——受力平衡

连续——能够积分

同一流体——密度一定

(2) 当容器液面上方的压强 p_0 一定时，静止液体内部任一点压强的大小与液体本身的密度

ρ 和该点距液面的深度 h 有关。液体密度越大，深度越大，则该点的压力越大。处于同一水平面上各点的压力均相等。此压力相等的截面称为等压面。

(3) 当液体上方的压强或液体内部任一点的压强 p_0 有变化时，液体内部各点的压强也发生同样大小的变化。说明压强具有传递性。

(4) 式(2-10b)可改写成

$$\frac{p-p_0}{\rho g}=h_0$$

说明，压强差的大小可以用一定高度的液体柱表示。当用液柱高度来表示压强或压强差时，必须注明是何种液体，否则就失去了意义。

(5) 考察公式"$\frac{p}{\rho}+gZ=$常数"中各项的单位：

$$\left[\frac{p}{\rho}\right]=\frac{\text{N/m}^2}{\text{kg/m}^3}=\frac{\text{N}\cdot\text{m}}{\text{kg}}=\frac{\text{J}}{\text{kg}}$$

$$[gZ]=\frac{\text{m}}{\text{s}^2}\text{m}=\frac{\text{kg}\cdot\text{m}}{\text{s}^2}\frac{\text{m}}{\text{kg}}=\frac{\text{N}\cdot\text{m}}{\text{kg}}=\frac{\text{J}}{\text{kg}}$$

gZ 和 p/ρ 分别为单位质量流体所具有的位能和静压能。此式反映出在同一静止流体中，处在不同位置流体的位能和静压能各不相同，但总和恒为常量。因此，流体静力学基本方程也反映了静止流体内部能量守恒与转换的关系。若以符号 E_p/ρ 表示单位质量流体的总势能，则上式可改写为

$$\frac{E_p}{\rho}=\frac{p}{\rho}+gZ=\text{常数} \tag{2-10d}$$

称 E_p 为一种虚拟的压强，其单位与压强单位相同。

(6) 一般液体的密度可视为常数，而气体的密度除随温度变化外还随压强而变化，因此也随它在容器内的位置高低而改变，但在化工容器里这种变化一般可以忽略。因此，式(2-10)、式(2-10a)、式(2-10b)及式(2-10c)也适用于气体，所以这些式子统称为流体静力学基本方程。

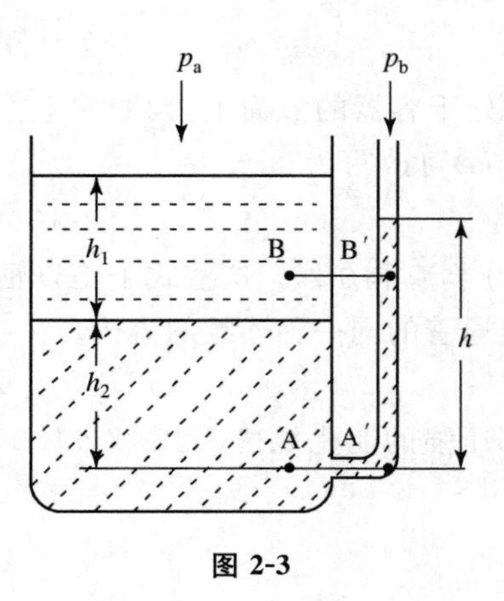

图 2-3

【例 2-4】 如图 2-3 所示的开口容器内盛有油和水。油层高度 $h_1=0.7$ m、密度 $\rho_1=800$ kg/m³，水层高度 $h_2=0.6$ m、密度 $\rho=1000$ kg/m³。

(1) 判断下列两关系是否成立，即 $p_A=p_{A'}$，$p_B=p_{B'}$；

(2) 计算水在玻璃管内的高度 h。

解 (1) $p_A=p_{A'}$ 的关系成立。因 A 及 A′两点在静止的连通着的同一种流体内，并在同一水平面上。即截面 A-A′为等压面。

$p_B=p_{B'}$ 的关系不能成立。因 B 及 B′两点虽在静止流体的同一水平面上，但不是连通着的同一种流体，即截面 B-B′不是等压面。

(2) 由上面讨论知，$p_A=p_{A'}$，而 p_A 与 $p_{A'}$ 都可以用流体静力学基本方程计算，即

$$p_A=p_a+\rho_1 gh_1+\rho_2 gh_2$$

$$p_{A'}=p_a+\rho_2 gh$$

于是

$$p_a+\rho_1 gh_1+\rho_2 gh_2=p_a+\rho_2 gh$$

简化上式并将已知值代入，得

$$(800 \times 0.7 + 1000 \times 0.6)m = 1000\ h$$

解得

$$h = 1.16\ \mathrm{m}$$

2.1.3.3　流体静力学基本方程的应用

1. 流体的压强或压差的测量

测量压强及压差的仪表很多，就其原理来说分为两种：

一是液柱压差计，主要是根据压力的定义直接测量单位面积上受力的大小，如用液柱本身的重力去平衡被测压力，通过液柱的高低给出压力值，或者靠重物去平衡被测压力并通过砝码的数值给出压力值。

二是弹性压差计，主要是应用压力作用于物体后所产生的各种物理效应来实现压力测量，这方面以应用各种弹性测量元件的机械形变实现压力测量的最为广泛，即弹性变形法，并且多是转换为电信号作为输出信号便于应用和显示。

另外，还有活塞式、电测式、数显式等仪表。

现仅介绍以流体静力学基本方程为依据的液柱压差计，可用来测量流体的压强或压强差。常见的液柱压差计有以下几种。

(1) U 形管压差计

U 形管压差计的结构如图 2-4 所示。它是一根 U 形玻璃管，内装指示液。要求指示液与被测流体不互溶，不起化学反应，且其密度大于被测流体密度。常用的指示液有水银、四氯化碳、水和液体石蜡等，应根据被测流体的种类和测量范围合理选择指示液。

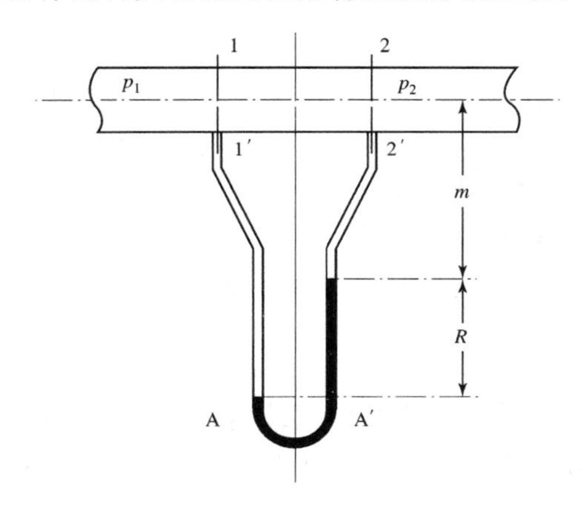

图 2-4　U 形管压差计

其特点是：构造简单，测压准确，价格便宜。但玻璃管易碎，不耐高压，测量范围狭小，读数不便。

当用 U 形管压差计测量设备内两点的压差时，可将 U 形管两端与被测两点直接相连，利用 R 的数值就可以计算出两点间的压力差。

图 2-4 所示的 U 形管底部装有指示液 A，其密度为 ρ_A；U 形管两侧臂上部及连接管内均充满待测流体 B，其密度为 ρ_B。图中 A、A′两点都在连通着的同一种静止流体内，并且在同一水平

面上，所以这两点的静压强相等，即 $p_A=p_{A'}$。当被测管段水平放置时，即 $Z=0$，根据流体静力学基本方程可得

$$p_A = p_1 + \rho_B g(m+R)$$

$$p_{A'} = p_2 + \rho_B gm + \rho_A gR$$

于是 $$p_1+\rho_B g(m+R)=p_2+\rho_B gm+\rho_A gR$$

整理上式，得压强差(p_1-p_2)的计算式为

$$p_1 - p_2 = (\rho_A - \rho_B)gR \tag{2-11}$$

若被测流体是气体，由于气体的密度远小于指示剂的密度，即 $\rho_A-\rho_B\approx\rho_A$，则可简化为

$$p_1 - p_2 \approx \rho_A gR \tag{2-11a}$$

U 形管压差计不但可用来测量流体的压强差，还可测量流体在任一处的压强。若 U 形管一端与设备相通，这时读数 R 所反映的是管道中某截面处流体的绝对压强与大气压强之差，即为表压强或真空度。

(2) 倾斜 U 形管压差计

当被测系统压强差很小时，为了提高读数的精度，可将液柱压差计倾斜。倾斜液柱或称斜管压差计，如图 2-5 所示。此压差计的读数 R' 与 U 形管压差计的读数 R 的关系为

$$R' = \frac{R}{\sin\alpha} \tag{2-12}$$

式中，α 为倾斜角，其值越小，则读数放大倍数越大。

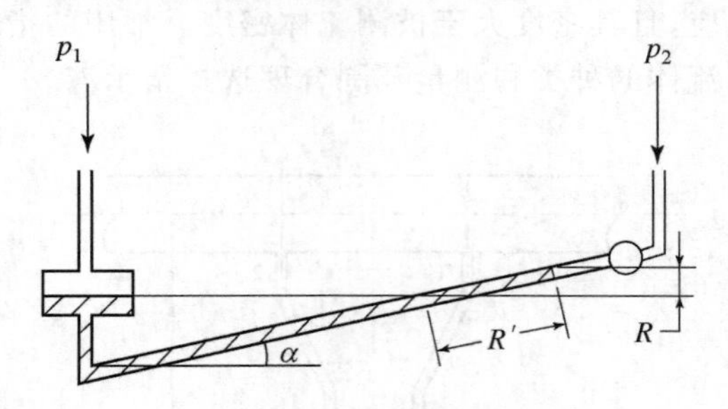

图 2-5 倾斜 U 形管压差计

(3) 微差压差计

若所测得的压强差很小，U 形管压差计的读数 R 也就很小，有时难以准确读出 R 值。为把读数 R 放大，除了在选用指示液时尽可能地使其密度 ρ_A 与被测流体的密度 ρ_B 相接近外，还可采用图 2-6 所示的微差压差计测量。其特点是：

● 压差计内装有两种密度相近且不互溶的指示液 A 和 C，而指示液 C 与被测流体 B 亦应不互溶。

● 为了读数方便，使 U 形管的两侧臂顶端各装有扩大室，俗称为“水库”。扩大室的截面积要比 U 形管的截面积大很多，使 U 形管内指示液 A 的液面差 R 很大，但两扩大室内指示液 C 的液面变化却很微小，可以认为维持等高。于是，压强差(p_1-p_2)便可用下式计算：

$$p_1 - p_2 = (\rho_A - \rho_C)gR \tag{2-13}$$

式中$(\rho_A-\rho_C)$是两种指示液的密度差，而式(2-11)中的$(\rho_A-\rho_B)$是指示液与被测流体的密度差。

其用途：测量气体的微小压力差。工业上常用的双指示液有石蜡油与工业酒精、苯甲醇与氯化钙溶液等。

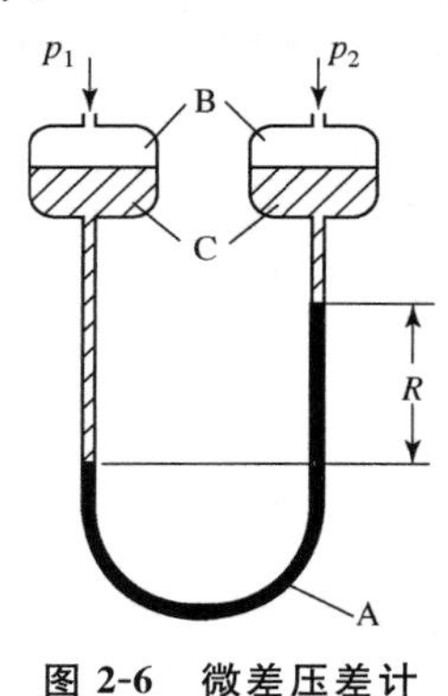

图 2-6　微差压差计

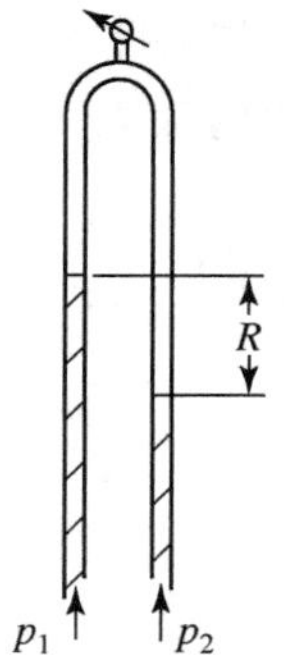

图 2-7　倒 U 形管压差计

(4) 倒 U 形管压差计

若被测流体为液体，也可选用比其密度小的流体（液体或气体）作为指示剂，采用如图 2-7 所示的倒 U 形管压差计形式。最常用的倒 U 形管压差计是以空气作为指示剂，此时

$$p_1 - p_2 = Rg(\rho - \rho_0) \approx Rg\rho \tag{2-14}$$

【例 2-5】 在如图 2-8 所示的实验装置中，于异径水平管段两截面（1-1′、2-2′）连一倒 U 形管压差计，压差计读数 $R=200$ mm。试求两截面间的压强差。

解　因为倒置 U 形管，所以其指示液应为水。设空气和水的密度分别为 ρ_g 与 ρ，根据流体静力学基本原理，截面 a-a′为等压面，则

$$p_a = p_{a'}$$

又由流体静力学基本方程可得

$$p_a = p_1 - \rho g M$$

$$p_{a'} = p_2 - \rho g(M-R) - \rho_g gR$$

联立以上三式，并整理得

$$p_1 - p_2 = (\rho - \rho_g)gR$$

由于 $\rho_g \ll \rho$，上式可简化为 $p_1 - p_2 \approx \rho gR$，所以

$$p_1 - p_2 \approx (1000 \times 9.81 \times 0.2)\ \text{Pa} = 1962\ \text{Pa}$$

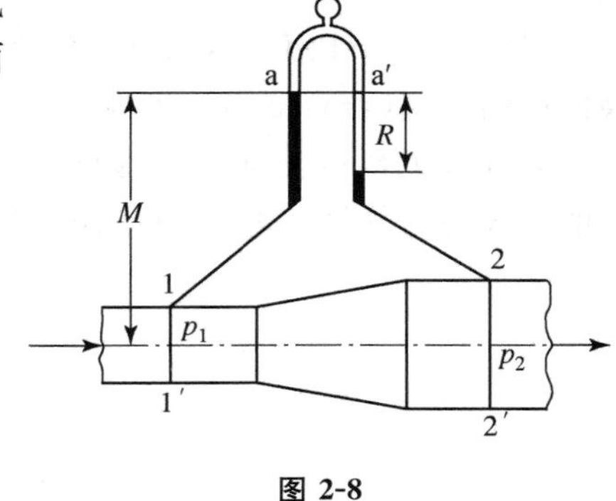

图 2-8

2. 液位的测量

化工厂中经常要了解容器里物料的储存量，或要控制设备里的液面，因此要进行液位的测量。大多数液位计的作用原理均遵循静止液体内部压强变化的规律。

(1) 玻璃管液面计

这种液面计是在容器底部器壁及液面器壁处各开一个小孔，两孔间用短管、管件及玻璃管相连。玻璃管内液面高度即为容器内的液面高度。玻璃管液面计由于结构简单，使用比较普遍，但有易于破损、不便远处观测等缺点。

(2) 液柱压差计

如图 2-9 所示,在容器(或设备)1 外边设一个称为平衡器的小室 2,用一装有指示液 A 的 U 形管压差计 3 把容器与平衡器连通起来,小室内装的液体与容器里的相同,其液面的高度维持在容器液面允许到达的最大高度处。

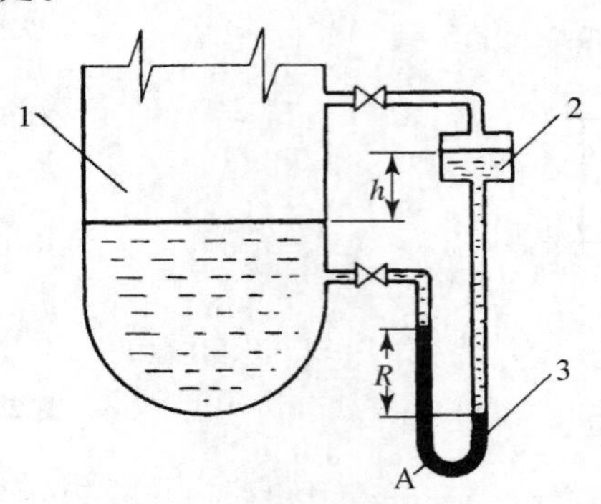

图 2-9 压差法测量液位

1—容器 2—平衡器的小室 3—U 形管压差计

根据流体静力学基本方程,可知液面高度与压差计读数的关系为

$$h = \frac{(\rho_A - \rho)}{\rho}R \tag{2-15}$$

可以看出,容器里的液面达到最大高度时,压差计读数为零。液面愈低,压差计的读数愈大。

(3) 远距离控制液面计

若容器离操作点较远或埋在地下,要测量其液位时可采用如图 2-10 所示的装置。控制调节阀使压缩空气(若容器内液体为易燃易爆液体,则用压缩氮气)缓慢地鼓泡并通过观察瓶通入容器。通气管距容器底面为 h。因通气管内压缩空气流速很小,可以认为在容器内通气管出口 1-1′面的压强与通气管上的 U 形管压差计 2-2′面的压强相等。而

$$p_1 = p_a + \rho g H$$
$$p_2 = p_a + \rho_i g R$$

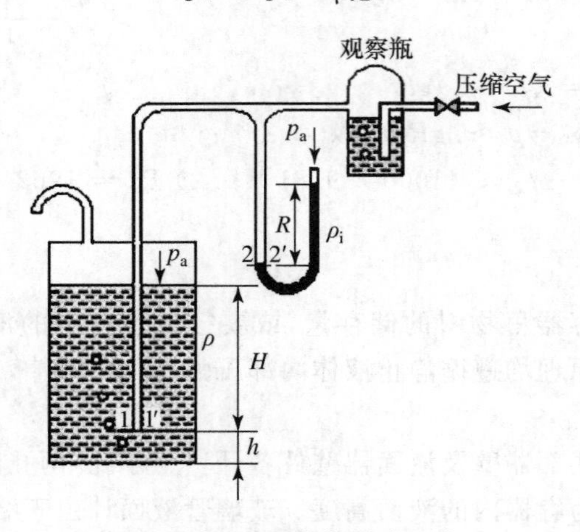

图 2-10 远距离控制液面计

其中 p_a 为大气压强，由于 $p_1=p_2$，则

$$H=\frac{\rho_i}{\rho}R$$

【例 2-6】 用远距离测量液位的装置来测量储罐内对硝基氯苯的液位，其流程如图 2-11 所示。自管口通入压缩氮气，用调节阀 1 调节其流量。管内氮气的流速控制得很小，只要在鼓泡观察器 2 内看出有气泡缓慢逸出即可。因此，气体通过吹气管 4 的流动阻力可以忽略不计。管内某截面上的压强用 U 形管压差计 3 来测量。压差计读数 R 的大小，反映储罐 5 内液面的高度。

现已知 U 形管压差计的指示液为水银，其读数 $R=100$ mm，储罐内对硝基氯苯的密度 $\rho=1250$ kg/m^3，储罐上方与大气相通，试求储罐中液面离吹气管出口的距离 h。

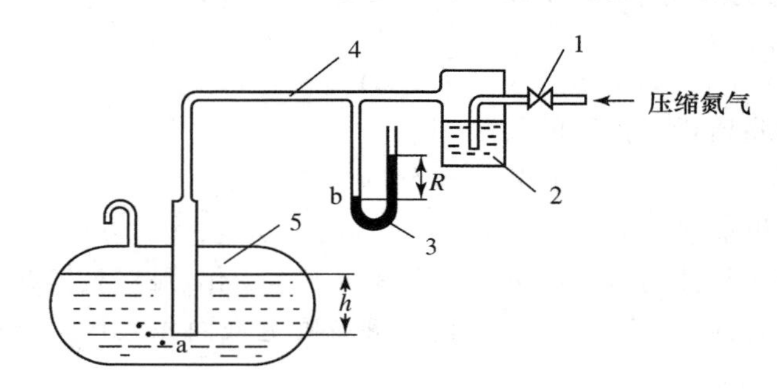

图 2-11

1—调节阀　2—鼓泡观察器　3—U 形管压差计　4—吹气管　5—储罐

解　由于吹气管内氮气的流速很小，且管内不能存有液体，故可以认为管子出口 a 处与 U 形管压差计 b 处的压强近似相等，即 $p_a\approx p_b$。

若 p_a 与 p_b 均用表压强表示，根据流体静力学基本方程得

$$p_a=\rho gh,\quad p_b=p_{Hg}gR$$

所以

$$h=\rho_{Hg}R/\rho=(13600\times0.1/1250)\ \text{m}=1.09\ \text{m}$$

2.2　流体流动基本规律

在流体输送过程中常常遇到下列问题：① 流动着的流体内部压强变化的规律；② 液体从低位流到高位或从低压流到高压；③ 需要输送设备对液体提供的能量；④ 从高位槽向设备输送一定量的料液时，高位槽安装的位置等。要解决这些问题，必须找出流体在管内的流动规律。反映流体流动规律的方程有连续性方程与柏努利方程。

2.2.1　流体的流量与流速

1. 流量

单位时间内流经管道任一截面的流体量，称为流体的流量。

(1) 体积流量 V_s(或 q_V)：单位是 m^3/s 或 m^3/h。

$$V_s = V/\tau \tag{2-16}$$

(2) 质量流量 W_s(或 q_m)：单位是 kg/s 或 kg/h。

$$W_s = m/\tau \tag{2-17}$$

$$W_s = V_s\rho \tag{2-18}$$

2. 流速

单位时间内流体在流动方向流过的距离，称为流体的流速。

(1) 平均流速：流体流经管道任一截面上各点的流速沿管径而变化，即在管截面中心处为最大，越靠近管壁流速将越小，在管壁处的流速为零。流体在管截面上的速度分布规律较为复杂，在工程计算上为方便起见，流体的流速通常指整个管截面上的平均流速，即流体在同一截面上各点流速的平均值。符号为 u，单位为 m/s，其表达式为

$$u = \frac{V_s}{A} \tag{2-19}$$

由式(2-18)与(2-19)可得流量与流速的关系，即

$$W_s = V_s\rho = uA\rho \tag{2-20}$$

式中，A 为与流动方向相垂直的管道截面积，m^2。

(2) 质量流速：由于气体的体积流量随温度和压强而变化，显然气体的流速亦随之而变。因此，采用质量流速就较为方便。其定义为质量流量与管道截面积之比。以符号 G 表示，单位为 $kg/(m^2 \cdot s)$，其表达式为

$$G = \frac{W_s}{A} = \frac{V_s\rho}{A} = u\rho \tag{2-21}$$

必须指出，任何平均值不能全面代表一个物理量的分布。前述平均流速在流量方面与速度分布是等效的，但在其他方面则并不等效。

3. 管路直径的估算及选择

一般管道的截匝均为圆形，若以 d 表示管道内径，则管道的截面积 A 为

$$A = \left(\frac{\pi}{4}\right)d^2$$

于是

$$d = \sqrt{\frac{4V_s}{\pi u}} = \sqrt{\frac{V_s}{0.785u}} \tag{2-22}$$

当流量为定值时，必须选定流速，才能确定管径。适宜流速根据输送设备的操作费和管路的基建费进行经济权衡及优化来决定。若流速选得太大，管径虽然可以减小，但流体流过管道的阻力增大，消耗的动力就大，操作费随之增加；反之，流速选得太小，操作费可以相应减少，但管径增大，管路的基建费随之增加。所以，当流体以大流量在长距离的管路中输送时，需根据具体情况在操作费与基建费之间通过经济权衡来确定适宜的流速。车间内部的工艺管线通常较短，管内流速可选用经验数据。例如，通常水及低粘度液体的流速为 1～3 m/s，一般常压气体流速为 10～20 m/s，饱和蒸汽流速为 20～40 m/s 等。一般，密度大或粘度大的流体，流速取小一些；对于含有固体杂质的流体，流速宜取得大一些，以避免固体杂质沉积在管道中。

通常流体流动允许压强降：水 24.5 kPa/100 m 管；空气 5.1 kPa/100 m 管。可以此来衡量

所选择的管径是否合适。对于长距离与大流量输送流体，d应按前述的经济核算原则进行选择；而对于车间内部，通常管道较短，也不太粗，这时可根据经验来选择d。某些流体在管道中的常用流速范围列于表2-1中。

表2-1　某些流体在管道中的常用流速范围

流体的类别及状态	流速范围/(m·s^{-1})
自来水(3.04×10^5 Pa左右)	1～1.5
水及低粘度液体[(1.013～10.13)×10^5 Pa]	1.5～3.0
高粘度液体	0.5～1.0
工业供水(8.106×10^5 Pa以下)	1.5～3.0
工业供水(8.106×10^5 Pa以上)	>3.0
饱和蒸汽	20～40
过热蒸汽	30～50
蛇管、螺旋管内的冷却水	>1.0
低压空气	12～15
高压空气	15～25
一般气体(常压)	10～20
真空操作下气体	<10

【例2-7】　某厂精馏塔进料量为50000 kg/h，料液的性质和水相近，密度为960 kg/m^3，试选择进料管的管径。

解　根据式(2-22)计算管径，即

$$d=\sqrt{\frac{4V_s}{\pi u}}$$

式中

$$V_s=\frac{W_s}{\rho}=\frac{50000}{3600\times960}\ \mathrm{m^3/s}=0.0145\ \mathrm{m^3/s}$$

因料液的性质与水相近，参考表2-1，选取$u=1.8$ m/s，故

$$d=\sqrt{\frac{4\times0.0145}{\pi\times1.8}}\ \mathrm{m}=0.101\ \mathrm{m}$$

根据管子规格，选用Φ 108 mm×4 mm的无缝钢管，其内径为

$$d=(108-4\times2)\ \mathrm{mm}=100\ \mathrm{mm}=0.1\ \mathrm{m}$$

重新核算流速，即

$$u=\frac{4\times0.0145}{\pi\times0.1^2}\ \mathrm{m/s}=1.85\ \mathrm{m/s}$$

2.2.2　定态流动与非定态流动

定态流动也称为稳定流动，是指流体在流动时，任一截面处流体的流速、压力、密度等有关物理量仅随位置而改变，不随时间而变。

非定态流动也称为不稳定流动，是指流体在流动时，任一截面处流体的流速、压力、密度等有

关物理量不仅随位置而变，而且随时间而变。

如图 2-12 所示，水箱 3 上部不断地有水从进水管 1 注入，从下部排水管 4 不断地排出，且在单位时间内，进水量总是大于排水量，多余的水由水箱上方溢流管 2 溢出，以维持箱内水位恒定不变。若在流动系统中，任意取两个截面 1-1′及 2-2′，经测定发现，该两截面上的流速和压强虽然不相等，即 $u_1 \neq u_2$，$p_1 \neq p_2$，但每一截面上的流速和压强并不随时间而变化，这种流动情况即属于定态流动。若将图中进水管的阀门关闭，箱内的水仍由排水管不断排出，由于箱内无水补充，则水位逐渐下降，各截面上水的流速与压强也随之而降低，此时各截面上水的流速与压强不但随位置而变，还随时间而变，这种流动情况即属于非定态流动。

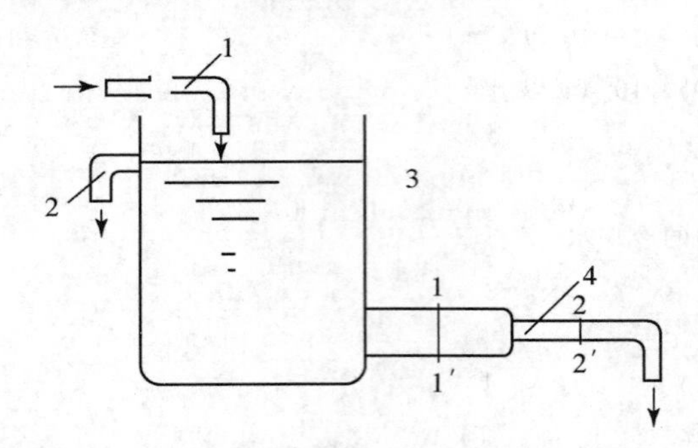

图 2-12 流体流动情况示意图

1—进水管 2—溢流管 3—水箱 4—排水管

在化工厂中，连续生产的开、停车阶段，属于非定态流动；而正常连续生产时，均属于定态流动。所以，本书着重介绍定态流动的问题。

2.2.3 流体的流动形态

1. 雷诺实验

为了直接观察流体流动时内部质点的运动情况及各种因素对流动状况的影响，可安排如图 2-13 所示的实验。这个实验称为雷诺实验。在水箱 3 内装有溢流装置 6，以维持水位恒定。箱的底部接一段直径相同的水平玻璃管 4，管出口处有阀门 5 以调节流量。水箱上方装有带颜色液体的小瓶 1，有色液体可经过细管 2 注入玻璃管内。在水流经玻璃管过程中，同时把有色液体送到玻璃管入口以后的管中心位置上。

2. 流动形态

从实验中观察到，当水的流速从小到大时，有色液体变化如图 2-14 所示。实验表明，流体在管道中流动存在两种截然不同的流动形态。

层流（或滞流）：如图 2-14(a)所示，当流速较小时，流体质点沿着与管轴平行的方向作规则的直线运动，质点无径向脉动，与其周围的流体质点间也互不干扰及相混。

湍流（或紊流）：如图 2-14(c)所示，当流体流速增大到某一值时，流体质点除流动方向上的运动之外，还向径向脉动和其他方向随机运动，即存在流体质点的不规则脉动，各质点的速度在大小和方向上都随时变化，质点互相碰撞和混合。

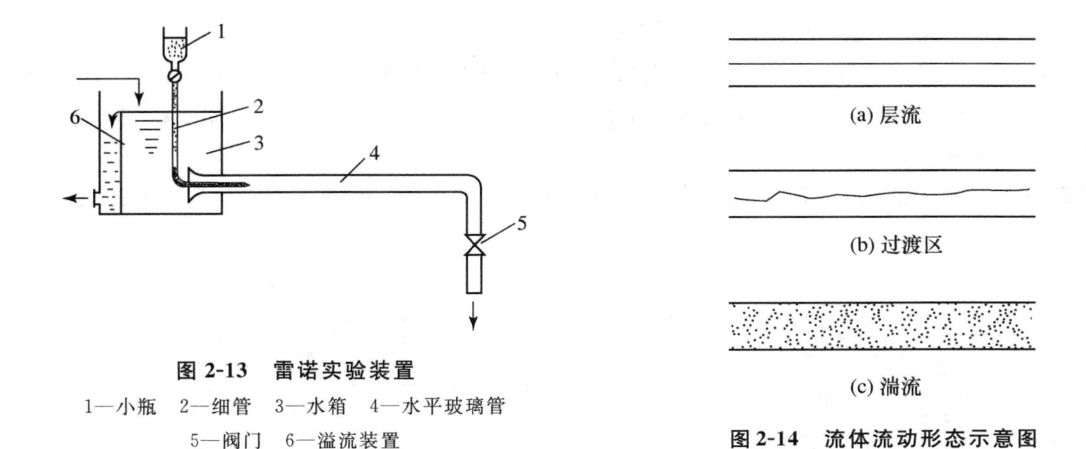

图 2-13　雷诺实验装置

1—小瓶　2—细管　3—水箱　4—水平玻璃管
5—阀门　6—溢流装置

图 2-14　流体流动形态示意图

3. 雷诺数及流动形态的判断

不同的流动形态对流体中的质量、热量传递将产生不同的影响。为此，工程设计上需事先判定流动形态。对管内流动而言，实验表明，流动的几何尺寸（管径 d）、流动的平均速度 u 以及流体性质（密度和粘度）对流动形态的转变有影响。雷诺发现，可以将这些影响因素综合成一个无量纲数群雷诺数 Re 判断。

$$Re = \frac{du\rho}{\mu} \tag{2-23}$$

若将各物理量的量纲代入，则有

$$[Re] = \frac{\mathrm{L} \cdot \mathrm{LT}^{-1} \cdot \mathrm{ML}^{-3}}{\mathrm{ML}^{-1} \cdot \mathrm{T}^{-1}} = \mathrm{L}^0 \cdot \mathrm{M}^0 \cdot \mathrm{T}^0$$

其中 L、M、T 分别是长度、质量、时间的量纲符号。

可见，Re 是一个无量纲数群，是一个特征数，组成此数群的各物理量必须用一致的单位表示。因此，无论采用何种单位制，只要数群中各物理量的单位一致，所算出的 Re 值必相等。

大量的实验结果表明，流体在直管内流动：

当 $Re<2000$ 时，流体的流动形态属于层流，称为层流区；

当 $Re>4000$ 时，流体的流动形态属于湍流，称为湍流区；

当 $2000<Re<4000$ 时，流动形态是不稳定的，可能是层流，也可能是湍流，与外界干扰有关，称为过渡区。

当 $Re<2000$ 时，任何扰动只能暂时地使之偏离层流，一旦扰动消失，层流状态必将恢复。当 Re 超过 2000 时，层流不再是稳定的，但是否出现湍流，决定于外界的扰动。如果扰动很小，不足以使流动形态转变，则层流仍然能够存在。当 $Re>4000$ 时，则微小的扰动就可以触发流动形态的转变，因而一般情况下总出现湍流。根据 Re 的数值将流动划为三个区：层流区、过渡区及湍流区，但只有两种流动形态。过渡区不是一种过渡的流动形态，它只表示在此区内可能出现层流也可能出现湍流，需视外界扰动而定。

雷诺数的物理意义：Re 反映了流体流动中惯性力与粘性力的对比关系，标志流体流动的湍动程度。其值愈大，流体的湍动愈剧烈，内摩擦力也愈大。

4. 层流和湍流的速度分布特征

流体在管内流动时，无论是层流还是湍流，管壁处质点速度均为零，越靠近管中心，流速越大，到管中心处速度为最大。但两种流动形态在管截面径向上的径向速度分布却不相同。

（1）层流时的速度分布

实验和理论分析都已证明，层流时的速度分布为抛物线形状，见图 2-15(a)。以下进行理论推导。

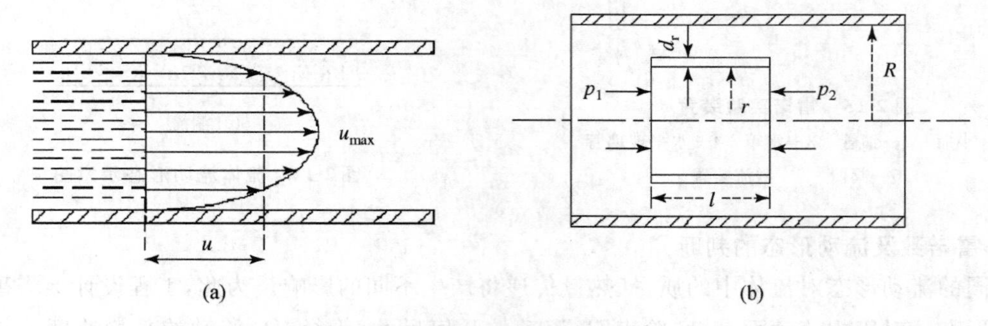

图 2-15　层流时管内的速度分布(a)和推导(b)

如图 2-15(b)所示，流体在圆形直管内作定态层流流动。在圆管内，以管轴为中心，取半径为 r、长度为 l 的流体柱作为研究对象。

由压力差产生的推力：　　$F=(p_1-p_2)\pi r^2$

流体层间内摩擦力：　　$f=-\mu A\dfrac{du}{dr}=-\mu(2\pi rl)\dfrac{du}{dr}$

流体在管内作定态流动，根据牛顿第二定律，在流动方向上所受合力必定为零。即有

$$(p_1-p_2)\pi r^2=-\mu(2\pi rl)\frac{du}{dr}$$

整理得

$$\frac{du}{dr}=-\frac{(p_1-p_2)}{2\mu}r$$

利用管壁处的边界条件，$r=R$ 时，$u=0$，积分可得速度分布方程：

$$u=\frac{(p_1-p_2)}{4\mu l}(R^2-r^2)$$

管中心流速为最大，即 $r=0$ 时，$u=u_{max}$，即得

$$u_{max}=\frac{(p_1-p_2)}{4\mu l}R^2$$

则

$$u=u_{max}\left[1-\left(\frac{r}{R}\right)^2\right] \tag{2-24}$$

根据流量相等的原则，确定出管截面上的平均速度为

$$u=\frac{V_s}{\pi R^2}=\frac{1}{2}u_{max} \tag{2-25}$$

即流体在圆管内作层流流动时的平均速度为管中心最大速度的一半。

（2）湍流时的速度分布

湍流时流体质点的运动状况较层流要复杂得多，截面上某一固定点的流体质点在沿管轴向前运动的同时，还有径向向上的运动，使速度的大小与方向都随时变化。湍流的基本特征是出现了径向脉动速度，使得动量传递较之层流大得多。此时剪应力不服从牛顿粘性定律，但可写成相仿的形式：

$$\tau = (\mu + e)\frac{\mathrm{d}u}{\mathrm{d}y} \tag{2-26}$$

式中，e 称为湍流粘度，单位与粘度 μ 相同。但二者本质上不同：粘度 μ 是流体的物性，反映了分子运动造成的动量传递；而湍流粘度 e 不再是流体的物性，它反映的是质点的脉动所造成的动量传递，与流体的流动状况密切相关。

湍流时的速度分布目前尚不能利用理论推导获得，而是通过实验测定，结果如图 2-16 所示，其分布方程通常表示成以下形式：

$$u = u_{\max}\left(1 - \frac{r}{R}\right)^{n} \tag{2-27}$$

式中 n 与 Re 有关，取值如下：

$$4\times10^{4} < Re < 1.1\times10^{5},\quad n = \frac{1}{6}$$

$$1.1\times10^{5} < Re < 3.2\times10^{6},\quad n = \frac{1}{7}$$

$$Re > 3.2\times10^{6},\quad n = \frac{1}{10}$$

当 $n=1/7$ 时，推导可得流体的平均速度约为管中心最大速度的 0.82 倍，即

$$u \approx 0.82u_{\max} \tag{2-28}$$

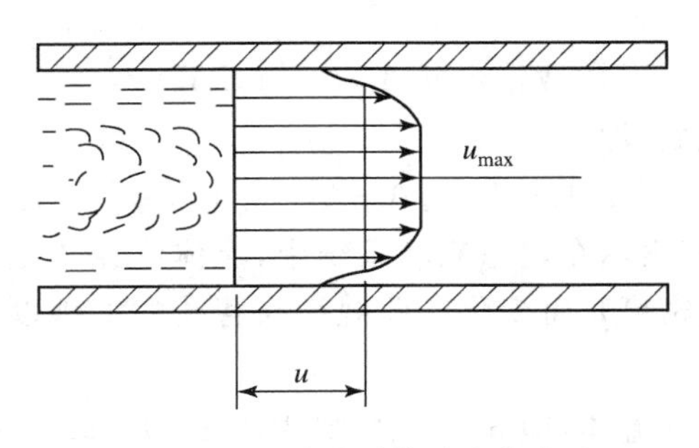

图 2-16　湍流时的速度分布

【例 2-8】 20℃的水在内径为 50 mm 的管内流动，流速为 2 m/s。试分别用法定单位制和物理单位制计算雷诺数的数值。

解　（1）用法定单位制计算

从手册中查得水在 20℃时，

$$\rho = 998.2\ \mathrm{kg/m^3},\quad \mu = 1.005\times10^{-3}\ \mathrm{Pa\cdot s}$$

已知：管径 $d=0.05$ m，流速 $u=2$ m/s，则

$$Re=\frac{du\rho}{\mu}=\frac{0.05\times 2\times 998.2}{1.005\times 10^{-3}}=99320$$

(2) 用物理单位制计算

$$\rho=998.2\ \text{kg/m}^3=0.9982\ \text{g/cm}^2$$

$$\mu=1.005\times 10^{-3}\ \text{Pa}\cdot\text{s}=\frac{1.005\times 10^{-3}\times 1000}{100}\ \text{P}=1.005\times 10^{-2}\ \text{g(cm}\cdot\text{s)}$$

$$u=2\ \text{m/s}=200\ \text{cm/s},\quad d=5\ \text{cm}$$

所以

$$Re=99320$$

由此例可见，无论采用何种单位制来计算，Re 值都相等。

2.2.4 流体流动的基本方程

2.2.4.1 流体稳定流动时的物料衡算——连续性方程

流体流动的连续性：当流体在密闭管路中作稳定流动时，根据质量守恒定律，通过管路任一截面的流体质量流量应相等。

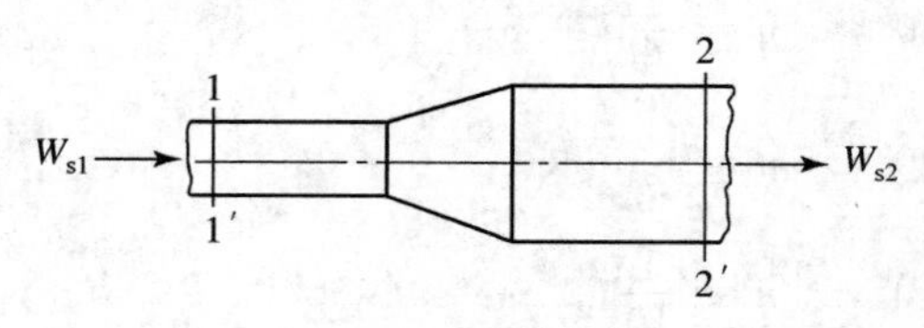

图 2-17 连续性方程的推导

如图 2-17 所示的定态流动系统，流体连续地从 1-1′截面进入，由 2-2′截面流出，且充满全部管道。以1-1′、2-2′截面以及管内壁为衡算范围，在管路中流体没有增加和漏失的情况下，根据物料衡算，单位时间进入截面 1-1′的流体质量与单位时间流出截面 2-2′的流体质量必然相等，则物料衡算式：

$$W_{s1}=W_{s2}$$

因 $W_s=uA\rho$，故上式可写成

$$W_s=u_1A_1\rho_1=u_2A_2\rho_2 \tag{2-29}$$

若推广到管路上任何一个截面，即

$$W_s=u_1A_1\rho_1=u_2A_2\rho_2=\cdots=uA\rho=\text{常数} \tag{2-29a}$$

上面公式均称为连续性方程，表示在定态流动系统中，流体流经各截面的质量流量不变，而流速 u 随管道截面积 A 及流体的密度 ρ 而变化。此规律与管路的安排以及管路上是否装有管件、阀门或输送设备等无关。

若流体可视为不可压缩的流体，即 $\rho=$常数，则式(2-29a)可改写为

$$V_s=u_1A_1=u_2A_2=\cdots=uA=\text{常数} \tag{2-29b}$$

式(2-29b)表明，不可压缩性流体流经各截面时的体积流量也不变，流速 u 与管截面积成反比。截面积越小，流速越大；反之，截面积越大，流速越小。对于圆形管道，式(2-29b)表示的连续性方程可变形为

$$\frac{u_1}{u_2}=\left(\frac{d_2}{d_1}\right)^2 \tag{2-29c}$$

上式说明，不可压缩流体在圆形管道中，任意截面的流速与管内径的平方成反比。

【例 2-9】 如图 2-18 所示，管路由一段 Φ 89 mm×4 mm 的管 1、一段 Φ 108 mm×4 mm 的管 2 和两段 Φ 57 mm×3.5 mm 的分支管 3a 及 3b 连接而成。若水以 9×10^{-3} m/s 的体积流量流动，且在两段分支管内的流量相等，试求水在各段管内的速度。

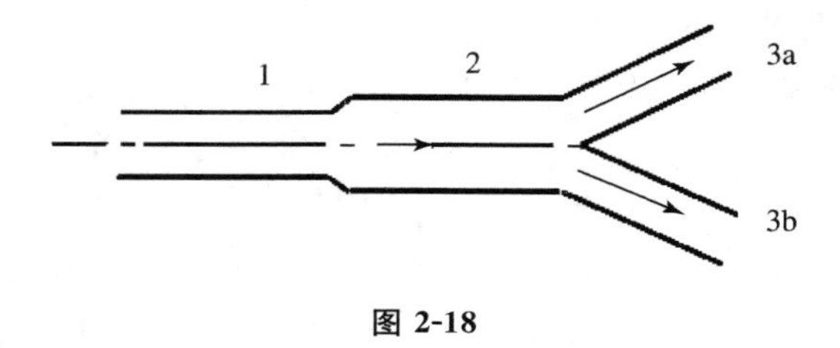

图 2-18

解 管 1 的内径为

$$d_1=(89-2\times4)\ \text{mm}=81\ \text{mm}$$

则水在管 1 中的流速为

$$u_1=\frac{V_s}{\frac{\pi}{4}d_1^2}=\frac{9\times10^{-3}}{0.785\times0.081^2}\ \text{m/s}=1.75\ \text{m/s}$$

管 2 的内径为

$$d_2=(108-2\times4)\ \text{mm}=100\ \text{mm}$$

由式(2-29c)，则水在管 2 中的流速为

$$u_2=u_1\left(\frac{d_1}{d_2}\right)^2=1.75\times\left(\frac{81}{100}\right)^2\ \text{m/s}=1.15\ \text{m/s}$$

管 3a 及 3b 的内径为

$$d_3=(57-2\times3.5)\ \text{mm}=50\ \text{mm}$$

又水在分支管路 3a、3b 中的流量相等，则有

$$u_2A_2=2u_3A_3$$

即水在管 3a 和 3b 中的流速为

$$u_3=\frac{u_2}{2}\left(\frac{d_2}{d_3}\right)^2=\frac{1.15}{2}\left(\frac{100}{50}\right)^2\ \text{m/s}=2.30\ \text{m/s}$$

2.2.4.2 流体稳定流动时的能量衡算——柏努利方程

柏努利方程反映了流体在流动过程中各种形式机械能的相互转换关系。柏努利方程的推导方法有多种，以下介绍较简便的机械能衡算法。

1. 理想流体稳定流动时的机械能衡算

(1) 流体流动具有的机械能形式

如图 2-19 所示的定态流动系统中，流体从 1-1′截面流入，由 2-2′截面流出。管路上装有对流体做功的泵 2 及向流体输入或从流体取出热量的换热器 1。

衡算范围：1-1′、2-2′截面以及管内壁所围成的空间

衡算基准：1 kg 流体

基准水平面：0-0′水平面

令 u_1,u_2—流体分别在截面 1-1′与 2-2′处的流速，m/s；

p_1,p_2—流体分别在截面 1-1′与 2-2′处的压强，Pa；

Z_1,Z_2—截面 1-1′与 2-2′的中心至基准水平面 0-0′的垂直距离，m；

A_1,A_2—截面 1-1′与 2-2′的面积，m^2；

v_1,v_2—流体分别在截面 1-1′与 2-2′处的比容，m^3/kg。

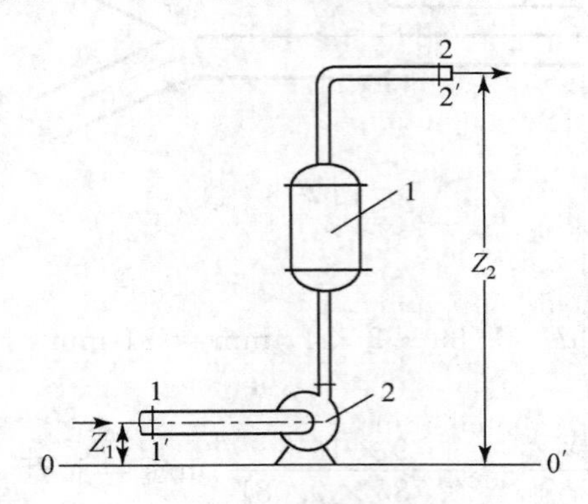

图 2-19 柏努利方程的推导

1—换热器 2—泵

则 1 kg 流体进、出系统时输入和输出的能量有下面各项：

● 内能 物质内部能量的总和称为内能。1 kg 流体输入与输出的内能分别以 U_1 和 U_2 表示，其单位为 J/kg。

● 位能 流体因受重力的作用，在不同的高度处具有不同的位能，相当于质量为 m 的流体自基准水平面升举到某高度 Z 所做的功，即

$$位能=mgZ$$

1 kg 流体输入与输出的位能分别为 gZ_1 与 gZ_2，其单位为 J/kg。位能是个相对值，随所选的基准水平面位置而定，在基准水平面以上的位能为正值，以下的为负值。

● 动能 流体以一定的速度运动时，便具有一定的动能。质量为 m、流速为 u 的流体所具有的动能为

$$动能=\frac{1}{2}mu^2$$

$$动能的单位=\left[\frac{1}{2}mu^2\right]=kg\cdot\left(\frac{m}{s}\right)^2=N\cdot m=J$$

1 kg 流体输入与输出的动能分别为$\frac{1}{2}u_1^2$ 与$\frac{1}{2}u_2^2$，其单位为 J/kg。

● 静压能(压强能) 静止流体内部任一处都有一定的静压强。流动着的流体内部任何位置也都有一定的静压强。如果在内部有液体流动的管壁上开孔，并与一根垂直的玻璃管相接，液体便会在玻璃管内上升，上升的液柱高度便是运动着的流体在该截面处的静压强的表现。对于图 2-11 所示的流动系统，流体通过截面 1-1′时，由于该截面处液体具有一定的压力，这就需要对流体做相应的功，以克服这个压力，才能把流体推进系统里去。于是通过截面 1-1′的流体必定要带着与所需的功相当的能量进入系统，流体所具有的这种能量称为静压能或流动功。

设质量为 m、体积为 V_1 的流体通过截面 1-1′，把该流体推进此截面所需的作用力为 p_1A_1，而流体通过此截面所走的距离为$\frac{V_1}{A_1}$，则流体带入系统的静压能为

$$\text{静压能} = p_1A_1\frac{V_1}{A_1} = p_1V_1$$

对 1 kg 流体，则

$$\text{输入的静压能} = \frac{p_1V_1}{m} = p_1v_1$$

$$\text{静压能的单位} = [p_1v_1] = \text{Pa}\cdot\frac{\text{m}^3}{\text{kg}} = \text{J/kg}$$

同理，1 kg 流体离开系统时通过截面 2-2′输出的静压能为 p_2v_2，其单位为 J/kg。

以上三种能量均为流体在截面处所具有的机械能，三者之和称为某截面上的总机械能。此外，在图 2-19 中的管路上还安装有换热器和泵，则进、出该系统的能量还有：

● 热　若管路中有加热器、冷却器等，流体通过时必与之换热。设换热器向 1 kg 流体供应的或从 1 kg 流体取出的热量为 q_e，其单位为 J/kg。若换热器对所衡算的流体加热，则 q_e 为从外界向系统输入的能量；若换热器对所衡算的流体冷却，则 q_e 为系统向外界输出的能量。

● 外功(净功)　在图示的流动系统中，还有流体输送机械(泵或风机)向流体做功。1 kg 流体从流体输送机械所获得的能量称为外功或有效功，用 W_e 表示，其单位为 J/kg。

根据能量守恒原则，对于划定的流动范围，其输入的总能量必等于输出的总能量。在图 2-19 中 1-1′截面与 2-2′截面之间的衡算范围内，有

$$U_1 + Z_1g + \frac{1}{2}u_1^2 + p_1v_1 + W_e + q_e = U_2 + Z_2g + \frac{1}{2}u_2^2 + p_2v_2 \tag{2-30}$$

令 $\Delta U = U_2 - U_1$，$g(\Delta Z) = gZ_2 - gZ_1$，则

$$\Delta\left(\frac{u^2}{2}\right) = \frac{u_2^2}{2} - \frac{u_1^2}{2},\quad \Delta(pv) = p_2v_2 - p_1v_1$$

式(2-30)可写成

$$\Delta U + g(\Delta Z) + \Delta u^2/2 + \Delta(pv) = q_e + W_e \tag{2-30a}$$

式(2-30)与式(2-30a)是定态流动过程的总能量衡算式，也是流动系统中热力学第一定律的表达式。方程式中所包括的能量项目，可分为两类：一是机械能，即位能、动能、静压能及外功，可用于输送流体；二是内能与热，不能直接转变为输送流体的机械能。因此，可根据具体情况进行简化。

(2) 理想流体的机械能衡算——理想流体的柏努利方程

理想流体为无粘性、流动时不产生摩擦阻力的流体。它包括理想液体和理想气体，理想液体在流动时体积绝对不随压强和温度的变化而改变，而高温低压下的实际气体，通常可用理想气体状态方程来计算。理想流体进行稳定流动时，在管路任一截面的各种机械能的形式可以互相转化，但流体总机械能是一个常数。将流体由截面 1-1′输送到截面 2-2′时，两截面处流体的总机械能相等，即

$$gZ_1 + \frac{1}{2}u_1^2 + p_1v_1 = gZ_2 + \frac{1}{2}u_2^2 + p_2v_2$$

$$gZ_1 + \frac{1}{2}u_1^2 + \frac{p_1}{\rho_1} = gZ_2 + \frac{1}{2}u_2^2 + \frac{p_2}{\rho_2} \tag{2-31}$$

对不可压缩流体，则式(2-31)变为

$$gZ_1+\frac{1}{2}u_1^2+\frac{p_1}{\rho}=gZ_2+\frac{1}{2}u_2^2+\frac{p_2}{\rho} \tag{2-31a}$$

或

$$gZ+\frac{1}{2}u^2+\frac{p}{\rho}=\text{常数} \tag{2-31b}$$

式(2-31)、式(2-31a)和式(2-31b)都称为理想流体的柏努利方程。方程中各项的单位均为J/kg。适用条件是不可压缩理想流体作定态流动，在流动管路中没有其他外力或外部能量的输入(出)。

2. 实际流体定态流动时的机械能衡算

令1 kg流体在通道的两截面间作定态流动的阻力损失用 $\sum h_f$ 表示，其单位为J/kg。1 kg流体流经输送机械获得的机械能用 W_e 表示，其单位为J/kg。因此，在不可压缩的实际流体定态流动的管路系统中，按机械能守恒，应有

机械能的输入＝机械能的输出＋机械能损失

任意两截面间的机械能衡算式为

$$gZ_1+\frac{1}{2}u_1^2+\frac{p_1}{\rho}+W_e=gZ_2+\frac{1}{2}u_2^2+\frac{p_2}{\rho}+\sum h_f \tag{2-32}$$

上式称为扩展了的不可压缩实际流体的柏努利方程。还有其他的衡算方程表示形式：

(1) 以单位重量(重力)流体为衡算基准

$$Z_1+\frac{u_1^2}{2g}+\frac{p_1}{\rho g}+\frac{W_e}{g}=Z_2+\frac{u_2^2}{2g}+\frac{p_2}{\rho g}+\frac{\sum h_f}{g}$$

$$Z_1+\frac{u_1^2}{2g}+\frac{p_1}{\rho g}+H_e=Z_2+\frac{u_2^2}{2g}+\frac{p_2}{\rho g}+H_f \tag{2-32a}$$

式中各项单位为：$\frac{\mathrm{J}}{\mathrm{N}}=\frac{\mathrm{N\cdot m}}{\mathrm{N}}=\mathrm{m}$，其物理意义为：每牛顿重量的流体所具有的能量，通常将其称为压头。其中，

Z—位压头　　　　H_e—输入压头

$\frac{u^2}{2g}$—速度头(动压头)　　　　H_f—压头损失

$\frac{p}{\rho g}$—压头(静压头)

(2) 以单位体积流体为衡算基准

$$Z_1g\rho+\frac{\rho u_1^2}{2}+p_1+\rho W_e=Z_2g\rho+\frac{\rho u_2^2}{2}+p_2+\rho\sum h_f \tag{2-32b}$$

式中各项单位为：$\frac{\mathrm{J}}{\mathrm{m^3}}=\frac{\mathrm{N\cdot m}}{\mathrm{m^3}}=\frac{\mathrm{N}}{\mathrm{m^2}}=\mathrm{Pa}$，其物理意义为：单位体积不可压缩流体所具有的能量。

3. 柏努利方程的讨论

(1) 式(2-31)表示，理想流体在管道内作定态流动而又没有外功加入时，在任一截面上单位质量流体所具有的位能、动能、静压能之和为一常数，称为总机械能，以 E 表示，其单位为J/kg。常数意味着1 kg理想流体在各截面上所具有的总机械能相等，而每一种形式的机械能不一定相等，但各种形式的机械能可以相互转换。例如，某种理想流体在水平管道中作定态流动，若在某

处管道的截面积缩小时，则流速增加，因总机械能为常数，静压能就要相应降低，即一部分静压能转变为动能；反之，当另一处管道的截面积增大时，流速减小，动能减小，则静压能增加。因此，式(2-31)也表示了理想流体流动过程中各种形式的机械能相互转换的数量关系。

(2) 式(2-31)、(2-32)中各项单位为J/kg，表示单位质量流体所具有的能量。应注意 gZ、$\frac{u_2^2}{2}$、$\frac{p}{\rho}$ 与 W_e、$\sum h_f$ 的区别：前三项是指在某截面上流体本身所具有的能量，后两项是指流体在两截面之间所获得和所消耗的能量。W_e 是输送设备对单位质量流体所做的有效功，是决定流体输送设备的重要数据。单位时间输送设备所做的有效功称为有效功率，以 N_e 表示，即

$$N_e = W_e W_s \tag{2-33}$$

式中 W_s 为流体的质量流量，所以 N_e 的单位为J/s或W。

(3) 对于可压缩流体的流动，若所取系统两截面间的绝对压强变化小于原来绝对压强的20%$\left(即\frac{p_1-p_3}{p_1}<20\%\right)$时，仍可用式(2-31)与(2-32)进行计算，但此时式中的流体密度 ρ 应以两截面间流体的平均密度 ρ_m 来代替。这种处理方法所导致的误差，在工程计算上是允许的。对于非定态流动系统的任一瞬间，柏努利方程仍成立。

(4) 如果系统里的流体是静止的，则 $u=0$；没有运动，自然没有阻力，即 $\sum h_f=0$；由于流体保持静止状态，也就不会有外功加入，即 $W_e=0$。于是，式(2-31)变成

$$gZ_1+\frac{p_1}{\rho}=gZ_2+\frac{p_2}{\rho}$$

上式与流体静力学基本方程无异。由此可见，柏努利方程除表示流体的流动规律外，还表示了流体静止状态的规律，而流体的静止状态只不过是流动状态的一种特殊形式。

(5) 方程中等式两端的压强能项中的压强可以同时使用绝压或同时使用表压。

2.2.4.3 柏努利方程的应用

柏努利方程与连续性方程是解决流体流动问题的基础，应用柏努利方程，可以解决流体输送与流量测量等实际问题。在用柏努利方程解题时，一般应先根据题意画出流动系统的示意图，标明流体的流动方向，定出上、下游截面，明确流动系统的衡算范围。解题时需注意以下几个问题：

- 选取截面：两截面应与流体流动的方向垂直(此条件下的流体流动速度为 u)，并且流体在两截面之间是连续的。
- 基准面：基准面必须是水平面。通常把基准面选在低截面处，使该截面处值为零，另一个值等于两截面间的垂直距离。
- 柏努利方程中各项物理量的单位必须一致。流体的压力可以都用绝压或都用表压，但要统一。
- 如果两个横截面积相差很大，如大截面容器和小管子，则可取大截面处的流速为零。
- 不同基准柏努利方程的选用：通常依据习题中损失能量或损失压头的单位，选用相同基准的柏努利方程。

1. 确定管道中流体的流量

【例2-10】 20℃的空气在直径为80 mm的水平管流过。现于管路中接一文丘里管，如图2-20所示。文丘里管的上游接一水银U形管压差计，在直径为20 mm的喉颈处接一细管，其下

部插入水槽中。空气流过文丘里管的能量损失可忽略不计。当U形管压差计读数 $R=25$ mm、$h=0.5$ m时，试求此时空气的流量为若干 m^3/h。当地大气压强为101.33 kPa。

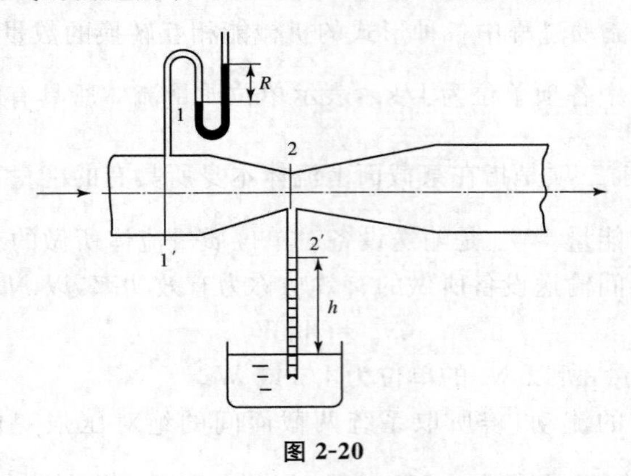

图 2-20

解 文丘里管上游测压口处的压强为

$$p_1=\rho_{Hg}gR=(13600\times9.81\times0.025)\ \mathrm{Pa}=3335\ \mathrm{Pa}(表压)$$

喉颈处的压强为

$$p_2=-\rho gh=(-1000\times9.81\times0.5)\ \mathrm{Pa}=-4905\ \mathrm{Pa}(表压)$$

空气流经截面1-1′与2-2′的压强变化为

$$\frac{p_1-p_2}{p_1}=\frac{(101330+3335)-(101330-4905)}{10133+3335}=0.079=7.9\%<20\%$$

故可按不可压缩流体来处理。

在截面1-1′与2-2′之间列柏努利方程，以管道中心线作基准水平面。两截面间无外功加入，即 $W_e=0$；能量损失可忽略，即 $\sum h_f=0$。据此，柏努利方程可写为

$$gZ_1+\frac{u_1^2}{2}+\frac{p_1}{\rho}=gZ_2+\frac{u_2^2}{2}+\frac{p_2}{\rho}$$

式中 $Z_1=Z_2=0$。

取空气的平均摩尔质量为29 kg/kmol，则两截面间空气的平均密度为

$$\rho=\rho_m=\frac{M}{22.4}\frac{T_0p_m}{Tp_0}$$

$$=\frac{29}{22.4}\times\frac{273\left[101330+\frac{1}{2}(3335-4905)\right]}{293\times101330}\ \mathrm{kg/m^3}=1.20\ \mathrm{kg/m^3}$$

所以

$$\frac{u_1^2}{2}+\frac{3335}{1.2}=\frac{u_2^2}{2}-\frac{4905}{1.2}$$

简化得

$$u_2^2-u_1^2=13733 \tag{a}$$

式(a)中有两个未知数，须利用连续性方程定出 u_1 与 u_2 的另一关系，即

$$u_1A_1=u_2A_2$$

$$u_2=u_1\frac{A_1}{A_2}=u_1\left(\frac{d_1}{d_2}\right)^2=u_1\left(\frac{0.08}{0.02}\right)^2 \tag{b}$$

以式(b)代入式(a)，即

$$(16u_1)^2 - u_1^2 = 13733$$

解得

$$u_1 = 7.34\ \text{m/s}$$

空气的流量为

$$V_s = \left(3600 \times \frac{\pi}{4} \times 0.08^2 \times 7.34\right)\ \text{m}^3/\text{h} = 132.8\ \text{m}^3/\text{h}$$

2. 确定设备间的相对位置

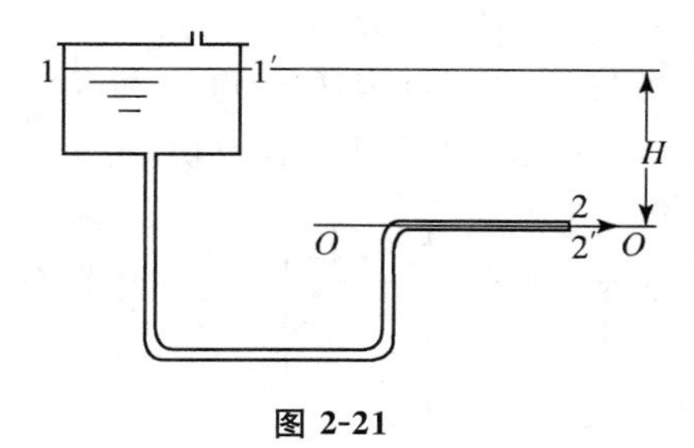

图 2-21

【例 2-11】 有一输水系统，如图 2-21 所示，水箱内水面维持恒定，输水管直径为 Φ 60 mm×3 mm，输水量为 18.3 m^3/h，水流经全部管道（不包括排出口）的能量损失可按 $\sum h_f = 15u^2$ 公式计算，式中 u 为管道内水的流速(m/s)。试求：

(1) 水箱中水面必须高于排出口的高度 H；

(2) 若输水量增加 5%，管路的直径及其布置不变，管路的能量损失仍可按上述公式计算，则水箱内的水面将升高多少米？

解 (1) 取水箱水面为上游截面 1-1′，排出口内侧为下游截面 2-2′，并以截面 2-2′的中心线为基准水平面。在两截面间列柏努利方程，即

$$gZ_1 + \frac{u_1^2}{2} + \frac{p_1}{\rho} = gZ_2 + \frac{u_2^2}{2} + \frac{p_2}{\rho} + \sum h_f$$

式中 $Z_1 = H$，$Z_2 = 0$，$p_1 = p_2 = 0$（表压）。

因水箱截面比管道截面大得多，在体积流量相同的情况下，水箱内水的流速比管内流速就小得多，故水箱内水的流速可忽略不计，即 $u_1 \approx 0$。而

$$u_2 = \frac{V_s}{A} = \frac{V_s}{\frac{\pi}{4}d^2} = \frac{18.3}{3600 \times \frac{\pi}{4} \times 0.054^2}\ \text{m/s} = 2.22\ \text{m/s}$$

$$\sum h_f = 15u^2 = (15 \times 2.22^2)\ \text{J/kg} = 73.93\ \text{J/kg}$$

将上式数值代入柏努利方程，并整理得

$$H = \left[\left(\frac{2.22^2}{2} + 73.93\right)\Big/ 9.81\right]\ \text{m} = 7.79\ \text{m}$$

(2) 若输水量增加 5%，而管径不变，则管内水的流速也相应增加 5%，故流量增加后的流速 u_2' 为

$$u_2' = 1.05u_2 = (1.05 \times 2.22)\ \text{m/s} = 2.33\ \text{m/s}$$

根据柏努利方程并整理，可得输水量增加后水箱内水面高于排出口的高度 H' 为

$$H' = \left(\frac{u_2'^2}{2} + \sum h_f'\right)\Big/ g$$

而

$$\sum h_f' = 15u'^2 = (15 \times 2.33^2)\ \text{J/kg} = 81.43\ \text{J/kg}$$

则

$$H' = \left[\left(\frac{2.33^2}{2} + 81.43\right)\Big/ 9.81\right]\ \text{m} = 8.58\ \text{m}$$

即当输水量增加5%时,水箱内水面将要升高(8.58−7.79) m=0.79 m。

值得注意的是,本题下游截面2-2′必定要选在管子出口内侧,这样才能与题给的不包括出口损失的总能量损失相适应。

3. 确定输送设备的有效功率

【例2-12】 用泵将储液池中常温下的水送至吸收塔顶部,储液池水面维持恒定,各部分的相对位置如图2-22所示。输水管的直径为Φ 76 mm×3 mm,排水管出口喷头连接处的压强为6.15×10^4 Pa(表压),送水量为34.5 m^3/h,水流经全部管道(不包括喷头)的能量损失为160 J/kg,试求泵的有效功率。

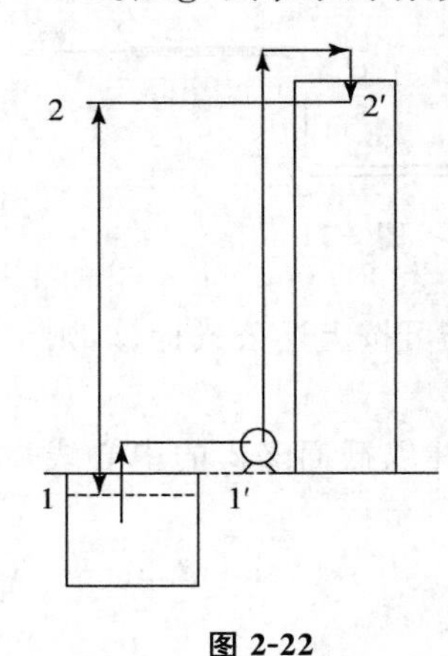

图 2-22

解　以储液池的水面为上游截面1-1′,排水管出口与喷头连接处为下游截面2-2′,并以1-1′为基准水平面。在两截面间列柏努利方程,即

$$gZ_1+\frac{u_1^2}{2}+\frac{p_1}{\rho}+W_e=gZ_2+\frac{u_2^2}{2}+\frac{p_2}{\rho}+\sum h_f$$

式中,$Z_1=0$,$Z_2=26$ m,$p_1=0$(表压),$p_2=6.15\times10^4$ Pa(表压)。

因储液池的截面比管道截面大得多,故池内水的流速可忽略不计,即$u_1\approx0$。而

$$u_2=\frac{V_s}{A}=\frac{34.5}{3600\times\frac{\pi}{4}\times0.07^2}\text{ m/s}=2.49\text{ m/s}$$

$$\sum h_f=160\text{ J/kg}$$

将以上数值代入柏努利方程,并取水的密度$\rho=1000$ kg/m^3,得

$$W_e=\left(26\times9.81+\frac{2.49^2}{2}+\frac{6.15\times10^4}{1000}+160\right)\text{ J/kg}=479.7\text{ J/kg}$$

根据式(2-33)计算泵的有效功率,即

$$N_e=W_eW_s$$

式中

$$W_s=V_s\rho=\frac{34.5\times1000}{3600}\text{ kg/s}=9.58\text{ kg/s}$$

所以

$$N_e=(479.7\times9.58)\text{ W}=4596\text{ W}\approx4.60\text{ kW}$$

实际上泵所做的功并不是全部有效的。若考虑泵的效率η,则泵轴消耗的功率(简称轴功率)N为

$$N=N_e/\eta$$

设本题泵的效率为0.65,则泵的轴功率为

$$N=(4596/0.65)\text{ W}=7071\text{ W}\approx7.07\text{ kW}$$

4. 确定管路中流体的压强

【例2-13】 水在图2-23所示的虹吸管内作定态流动,管路直径没有变化,水流经管路的能量损失可以忽略不计,试计算管内截面2-2′、3-3′、4-4′和5-5′处的压强。大气压强为1.0133×10^5 Pa。图中所标注的尺寸均以mm计。

解　为计算管内各截面的压强，应首先计算管内水的流速。先在储槽水面 1-1′及管子出口内侧截面 6-6′间列柏努利方程，并以截面 6-6′为基准水平面。由于管路的能量损失忽略不计，即 $\sum h_f = 0$，则柏努利方程可写为

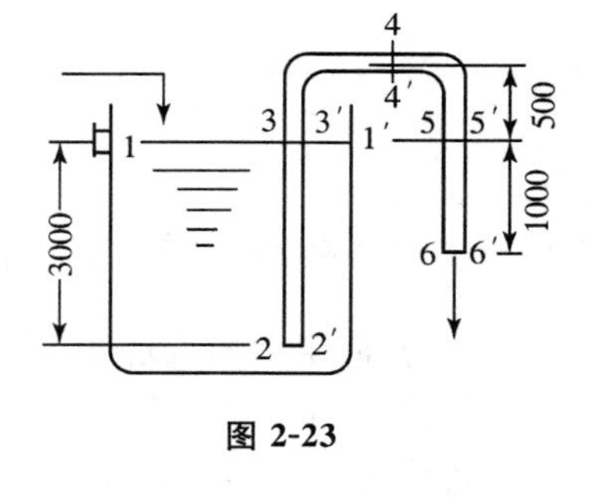

图 2-23

$$gZ_1 + \frac{u_1^2}{2} + \frac{p_1}{\rho} = gZ_6 + \frac{u_6^2}{2} + \frac{p_6}{\rho}$$

式中 $Z_1 = 1$ m，$Z_6 = 0$，$p_1 = 0$（表压），$p_6 = 0$（表压），$u_1 = 0$。

将以上数值代入柏努利方程，并简化得

$$9.81 \times 1 = \frac{u_6^2}{2}$$

解得

$$u_6 = 4.43 \text{ m/s}$$

由于管路直径无变化，则管路各截面积相等。根据连续性方程知 $V_s = Au =$ 常数，故管内各截面的流速不变，即

$$u_2 = u_3 = u_4 = u_5 = u_6 = 4.43 \text{ m/s}$$

$$\frac{u_2^2}{2} = \frac{u_3^2}{2} = \frac{u_4^2}{2} = \frac{u_5^2}{2} = \frac{u_6^2}{2} = 9.81 \text{ J/kg}$$

因流动系统的能量损失可忽略不计，故水可视为理想流体，则系统内各截面上流体的总机械能 E 相等，即

$$E = gZ + \frac{u^2}{2} + \frac{p}{\rho} = \text{常数}$$

总机械能可以用系统内任何截面去计算，但根据本题条件，以储槽水面 1-1′处的总机械能计算较为简便。现取截面 2-2′为基准水平面，则上式中 $Z = 3$ m，$p = 101330$ Pa，$u = 0$，所以总机械能为

$$E = \left(9.81 \times 3 + \frac{101330}{1000}\right) \text{ J/kg} = 130.8 \text{ J/kg}$$

计算各截面的压强时，亦应以截面 2-2′为基准水平面，则 $Z_2 = 0$，$Z_3 = 3$ m，$Z_4 = 3.5$ m，$Z_5 = 3$ m。

（1）截面 2-2′的压强

$$p_2 = \left(E - gZ_2 - \frac{u_2^2}{2}\right)\rho = [(130.8 - 9.81) \times 1000] \text{ Pa} = 120990 \text{ Pa}$$

（2）截面 3-3′的压强

$$p_3 = \left(E - gZ_3 - \frac{u_3^2}{2}\right)\rho = [(130.8 - 9.81 - 9.81 \times 3) \times 1000] \text{ Pa} = 91560 \text{ Pa}$$

（3）截面 4-4′的压强

$$p_4 = \left(E - gZ_4 - \frac{u_4^2}{2}\right)\rho = [(130.8 - 9.81 - 9.81 \times 3.5) \times 1000] \text{ Pa} = 86660 \text{ Pa}$$

（4）截面 5-5′的压强

$$p_5 = \left(E - gZ_5 - \frac{u_5^2}{2}\right)\rho = [(130.8 - 9.81 - 9.81 \times 3) \times 1000] \text{ Pa} = 91560 \text{ Pa}$$

从以上计算结果可以看出：$p_2 > p_3 > p_4$，而 $p_4 < p_5 < p_6$，这是由于流体在管内流动时，位能与静压能反复转换的结果。

2.3 流体流动阻力

2.3.1 牛顿粘性定律与流体的粘度

1. 流体阻力的表现和来源

流体流动如何产生的阻力?

流体流经固体壁面时,由于流体对壁面有附着力作用,因此在壁面上粘附着一层静止的流体。同时在流体内部分子间是有吸引力的,所以,当流体流过壁面时,壁面上静止的流体层对与其相邻的流体层的流动有约束作用,使该层流体流速变慢,离开壁面越远其约束作用越弱。这种流速的差异造成了流体内部各层之间的相对运动。

由于流体层与流体层之间产生相对运动,流得快的流体层对与其相邻流得慢的流体层产生一种牵引力,而流得慢的流体层对与其相邻流得快的流体层则产生一种阻碍力。上述这两种力是大小相等而方向相反的。因此,流体流动时,流体内部相邻两层之间必然有上述相互作用的剪应力存在,这种力称为内摩擦力。内摩擦是产生流体阻力的根本原因。

此外,当流体流动激烈呈紊乱状态时,也会损耗流体的机械能,而使阻力增大。可以说,流体流动状况是产生流体阻力的第二位原因。

所以,流体具有内摩擦力是产生流体阻力的内因,流体流动时受流动条件的影响是流体阻力产生的外因。另外,管壁粗糙程度和管子的长度、直径均对流体阻力的大小有影响。

2. 牛顿粘性定律

流体的典型特征是具有流动性,但不同流体的流动性能不同,这主要是因为流体内部质点间作相对运动时存在不同的内摩擦力。这种表明流体流动时产生内摩擦力的特性称为粘性。粘性是流动性的反面,流体的粘性越大,其流动性越小。流体的粘性是流体产生流动阻力的根源。

如图 2-24 所示,设有上、下两块面积很大且相距很近的平行平板,板间充满某种静止液体。若将下板固定,而对上板施加一个恒定的外力,上板就以恒定速度 u 沿 x 方向运动。若 u 较小,则两板间的液体就会分成无数平行的薄层而运动,粘附在上板底面下的一薄层流体以速度 u 随上板运动,其下各层液体的速度依次降低,紧贴在下板表面的一层液体,因粘附在静止的下板上,其速度为零,两平板间流速呈线性变化。对任意相邻两层流体来说,上层速度较大,下层速度较小,前者对后者起带动作用,而后者对前者起拖曳作用。流体层之间的这种相互作用,产生内摩擦,而流体的粘性正是这种内摩擦的表现。

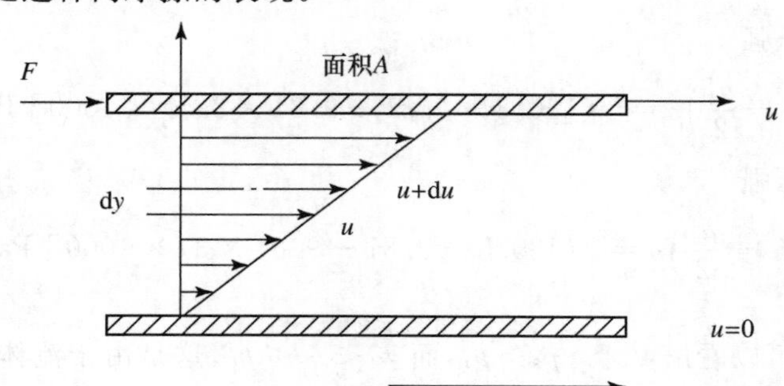

图 2-24 平板间液体速度变化

实验证明，对于一定的流体，内摩擦力 F 与两流体层的速度差 $\mathrm{d}u$ 成正比，与两层之间的垂直距离 $\mathrm{d}y$ 成反比，与两层间的接触面积 A 成正比，即

$$F = \mu A \frac{\mathrm{d}u}{\mathrm{d}y}$$

式中，F—内摩擦力，N；

$\frac{\mathrm{d}u}{\mathrm{d}y}$—法向速度梯度，即在与流体流动方向相垂直的 y 方向流体速度的变化率，1/s；

μ—比例系数，称为流体的粘度或动力粘度，Pa・s。

一般，单位面积上的内摩擦力称为剪应力，以 τ 表示，单位为 Pa，则上式变为

$$\tau = \mu \frac{\mathrm{d}u}{\mathrm{d}y} \tag{2-34}$$

式(2-34)称为牛顿粘性定律，表明流体层间的内摩擦力(或剪应力)与法向速度梯度成正比。

剪应力与速度梯度的关系符合牛顿粘性定律的流体，称为牛顿型流体，包括所有气体和大多数液体；不符合牛顿粘性定律的流体称为非牛顿型流体，如高分子溶液、胶体溶液及悬浮液等。本章讨论的均为牛顿型流体。

3. 流体的粘度

(1) 粘度的物理意义

流体流动时在与流动方向垂直的方向上产生单位速度梯度所需的剪应力，用符号 μ 表示。粘度是反映流体粘性大小的物理量，又是流动性的反面，流体的粘性越大，其流动性越小。流体的粘性是流体产生流动阻力的根源，总是与速度梯度相联系，只有在运动时才显现出来。

(2) 粘度的单位

在国际单位制(SI)中，粘度的单位为

$$[\mu] = \frac{[\tau]}{[\mathrm{d}u/\mathrm{d}y]} = \frac{\mathrm{Pa}}{\frac{\mathrm{m/s}}{\mathrm{m}}} = \mathrm{Pa \cdot s}$$

在物理单位制中，粘度的单位用泊(符号：P)或厘泊(符号：cP)表示。它们的换算关系为

$$1\ \mathrm{P} = 100\ \mathrm{cP}$$

$$1\ \mathrm{Pa \cdot s} = 10\ \mathrm{P} = 1000\ \mathrm{cP} = 1000\ \mathrm{mPa \cdot s}$$

或者

$$1\ \mathrm{cP} = 1\ \mathrm{mPa \cdot s} = 10^{-3}\ \mathrm{Pa \cdot s}$$

此外，流体的粘性还可用粘度 μ 与密度 ρ 的比值来表示。这个比值称为运动粘度，以 γ 表示，即

$$\gamma = \frac{\mu}{\rho} \tag{2-35}$$

运动粘度在 SI 中的单位为 $\mathrm{m^2/s}$；在物理制中的单位为 $\mathrm{cm^2/s}$，称为斯托克斯，简称为沲，以 St 表示，1 St=100 cSt(厘沲)=$10^{-4}\ \mathrm{m^2/s}$。

(3) 混合液体的粘度

在工业生产中常遇到各种流体的混合物。对混合物的粘度，如缺乏实验数据时可参阅有关资料，选用适当的经验公式进行估算。如对于常压气体混合物的粘度，可采用下式计算：

$$\mu_{\mathrm{m}} = \frac{\sum y_i \mu_i M_i^{1/2}}{\sum y_i M_i^{1/2}} \tag{2-36}$$

式中，μ_m—常压下混合气体的粘度；

y—气体混合物中组分的摩尔分数；

μ—与气体混合物同温下组分的粘度；

M—气体混合物中组分的分子量；

下标 i 表示组分的序号。

对分子不缔合的液体混合物的粘度，可采用下式进行计算：

$$\lg\mu_m = \sum x_i \lg\mu_i \tag{2-37}$$

式中，μ_m—液体混合物的粘度；

x—液体混合物中组分的摩尔分数；

μ—与液体混合物同温下组分的粘度；

下标 i 表示组分的序号。

(4) 粘度的影响因素

粘度也是流体的物性之一，其值由实验测定。液体的粘度，随温度的升高而降低，压力对其影响可忽略不计。气体的粘度，随温度的升高而增大，一般情况下也可忽略压力的影响，但在极高或极低的压力条件下需考虑其影响。

粘度的物理本质是分子间的引力和分子的运动与碰撞，因此，$\mu=f(p,T)$。

最后还应指出，在推导柏努利方程时，曾假设一种理想流体，这种流体在流动时没有摩擦损失，即认为内摩擦力为零，故理想流体的粘度为零。这仅是一种设想，实际上并不存在。影响粘度的因素较多，给研究实际流体的运动规律带来很大的困难，因此，为把问题简化，先按理想流体来考虑，找出规律后再加以修正，然后应用于实际流体。而且在某些场合下，粘性并不起主要作用，此时实际流体就可按理想流体来处理。所以，引进理想流体的概念，对解决工程实际问题具有重要意义。

2.3.2　圆形直管内的流动阻力

1. 计算圆形直管阻力的通式

流体在管内以一定速度流动时，有两个方向相反的力相互作用着。一个是促使流动的推动力，这个力的方向和流动方向一致；另一个是由内摩擦而引起的摩擦阻力，这个力起到阻止流体运动的作用，其方向与流体的流动方向相反。只有在推动力与阻力达平衡的条件下，流动速度才能维持不变，即达到定态流动。

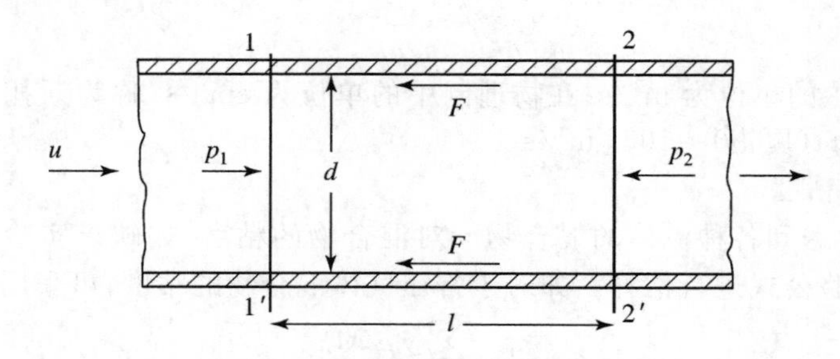

图 2-25　直管阻力通式的推导

如图2-25所示，流体以速度 u 在一段水平直管内作定态流动，对于不可压缩流体，截面1-1′与2-2′间的柏努利方程为

$$Z_1 g + \frac{1}{2}u_1^2 + \frac{p_1}{\rho} = Z_2 g + \frac{1}{2}u_2^2 + \frac{p_2}{\rho} + \sum h_f$$

因是直径相同的水平管，所以 $Z_1 = Z_2$，$u_1 = u_2 = u$，则上式可简化为

$$p_1 - p_2 = \rho \sum h_f \tag{2-38}$$

现分析流体在一段直径为 d、长度为 l 的水平管内受力的情况：

垂直作用于截面1-1′上的压力　　$F_1 = p_1 A_1 = p_1 \frac{\pi}{4} d^2$

垂直作用于截面2-2′上的压力　　$F_2 = p_2 A_2 = p_2 \frac{\pi}{4} d^2$

F_1 与 F_2 的作用方向相反，所以有一个净压力($F_1 - F_2$)作用于整个流体柱上，推动它向前运动，这就是流动的推动力。它的作用方向与流动方向相同，其大小为

$$F_1 - F_2 = (p_1 - p_2)\frac{\pi}{4}d^2$$

平行作用于流体柱表面上的摩擦力为

$$F = \tau S = \tau \pi d l$$

摩擦力阻止流体向前运动，这就是流动的阻力，它的作用方向与流动方向相反。根据牛顿第二运动定律，要维持流体在管内作匀速运动，作用在流体柱上的推动力应与阻力的大小相等、方向相反，即

$$(p_1 - p_2)\frac{\pi}{4}d^2 = \tau \pi d l$$

则

$$p_1 - p_2 = \frac{4l}{d}\tau$$

以式(2-38)代入上式，并整理得

$$\sum h_f = \frac{4l}{\rho d}\tau \tag{2-39}$$

式(2-39)就是流体在圆形直管内流动时能量损失与内摩擦应力的关系式，但还不能直接用来计算 $\sum h_f$。因为内摩擦应力所遵循的规律随流体流动类型而异，直接用 τ 计算 $\sum h_f$ 有困难，且在连续性方程及柏努利方程中均无此项，故式(2-39)直接应用于管路的计算很不方便。下面将式(2-39)作进一步变换，以消去式中的内摩擦应力 τ。

由实验得知，流体只有在流动情况下才产生阻力。在流体物理性质、管径与管长相同的情况下，流速增大，能量损失也随之增加，可见流动阻力与流速有关。由于动能 $\frac{u^2}{2}$ 与 $\sum h_f$ 的单位相同，均为J/kg，因此经常把能量损失 $\sum h_f$ 表示为动能 $\frac{u^2}{2}$ 的函数。于是可将式(2-39)改写成

$$\sum h_f = \frac{4\tau}{\rho}\frac{2}{u^2}\frac{l}{d}\frac{u^2}{2}$$

令 $\lambda = \frac{8\tau}{\rho u^2}$，则

$$\sum h_f = \lambda \frac{l}{d}\frac{u^2}{2} \tag{2-40}$$

式(2-40)为流体在直管内流动阻力的通式，称为范宁(Fanning)公式。式中 λ 为无量纲系数，称为摩擦系数或摩擦因数，与流体流动的雷诺数 Re 及管壁状况有关。

根据柏努利方程的其他形式，也可写出相应的范宁公式表示式：

压头损失：
$$H_f = \frac{\sum h_f}{g} = \lambda \frac{l}{d} \frac{u^2}{2g} \tag{2-40a}$$

压力损失：
$$\Delta p_f = \rho \sum h_f = \lambda \frac{l}{d} \frac{\rho u^2}{2} \tag{2-40b}$$

值得注意的是，压力损失 Δp_f 是流体流动能量损失的一种表示形式，与两截面间的压力差 $\Delta p=(p_1-p_2)$ 意义不同。只有当管路为水平时，二者才相等。

应当指出，范宁公式对层流与湍流均适用，只是两种情况下摩擦系数 λ 不同。所以，下面将对层流和湍流的摩擦系数 λ 分别讨论。此外，管壁粗糙度对 λ 的影响程度也与流型有关。

2. 层流时的摩擦系数

流体在直管中作层流流动时，管中心最大速度：

$$u_{max} = \frac{(p_1 - p_2)}{4\mu l} R^2$$

将平均速度 $u=\frac{1}{2}u_{max}$ 及 $R=\frac{d}{2}$ 代入上式中，可得

$$p_1 - p_2 = \frac{32\mu l u}{d^2}$$

即
$$\Delta p_f = \frac{32\mu l u}{d^2} \tag{2-41}$$

式(2-41)称为哈根-泊谡叶(Hagen-Poiseuille)方程，是流体在直管内作层流流动时压力损失的计算式。

结合范宁公式(2-40)，则流体在直管内作层流流动时能量损失或阻力的计算式为

$$\sum h_f = \frac{32\mu l u}{\rho d^2} \tag{2-41a}$$

表明层流时阻力与速度的一次方成正比。式(2-41a)也可改写为

$$\sum h_f = \frac{32\mu l u}{\rho d^2} = \frac{64\mu}{d\rho u} \cdot \frac{l}{d} \cdot \frac{u^2}{2} = \frac{64}{Re} \cdot \frac{l}{d} \cdot \frac{u^2}{2} \tag{2-41b}$$

将上式与式(2-40)比较，可得层流时摩擦系数的计算式：

$$\lambda = \frac{64}{Re} \tag{2-42}$$

即层流时摩擦系数 λ 是雷诺数 Re 的函数。

3. 湍流时的摩擦系数

层流时阻力的计算式是根据理论推导所得，湍流时由于情况要复杂得多，目前尚不能得到理论计算式，但通过实验研究，可获得经验关系式，这种实验研究方法是化工中常用的方法。在实验时，每次只能改变一个变量，而将其他变量固定。若过程涉及的变量很多，工作量必然很大，而且将实验结果关联成形式简单便于应用的公式也很困难。若采用化工中常用的工程研究方法——因次分析法，可将几个变量组合成一个无量纲数群(如雷诺数 Re 即是由 d、ρ、u、μ 四个变

量组成的无量纲数群)，用无量纲数群代替个别的变量进行实验。由于数群的数目总是比变量的数目少，就可以大大减少实验的次数，关联数据的工作也会有所简化，而且可将在实验室规模的小设备中用某种物料实验所得的结果应用到其他物料及实际的化工设备中去。

因次分析法的基础是因次一致性原则，即每一个物理方程式的两边不仅数值相等，而且每一项都应具有相同的因次。

因次分析法的基本定理是白金汉(Buckinghan)的 π 定理：设影响某一物理现象的独立变量数为 n 个，这些变量的基本因次数为 m 个，则该物理现象可用 $N=(n-m)$ 个独立的无量纲数群表示。

根据对摩擦阻力性质的理解和实验研究的综合分析，认为流体在湍流流动时，阻力损失的影响因素有：

(1) 流体的物性：密度 ρ、粘度 μ；

(2) 流动的几何尺寸：管径 d、管长 l、管壁粗糙度 ε；

(3) 流动条件：流速 u。

即

$$\Delta p_{\mathrm{f}}=f(\rho,\mu,u,d,l,\varepsilon) \tag{2-43}$$

式中各物理量的因次为

$$[\Delta p_{\mathrm{f}}]=\mathrm{M}\theta^{-2}\mathrm{L}^{-1},\quad [p]=\mathrm{ML}^{-3}$$

$$[d]=[l]=\mathrm{L},\quad [\mu]=\mathrm{ML}^{-1}\theta^{-1}$$

$$[u]=\mathrm{L}\theta^{-1},\quad [\varepsilon]=\mathrm{L}$$

基本因次有 3 个。根据 π 定理，无量纲数群的数目

$$N=n-m=7-3=4(\text{个})$$

将式(2-43)写成幂函数的形式，即因次关系式：

$$\Delta p_{\mathrm{f}}=kd^{a}l^{b}u^{c}\rho^{d}\mu^{e}\varepsilon^{f} \tag{2-43a}$$

根据因次一致性原则：

对于 M：　$1=d+e$

对于 L：　$-1=a+b+c-3d-e+f$

对于 θ：　$-2=-c-e$

设 b,e,f 已知，解得

$$a=-b-e-f$$

$$c=2-e$$

$$d=1-e$$

$$\Delta p_{\mathrm{f}}=kd^{-b-e-f}l^{b}u^{2-e}\rho^{1-e}\mu^{e}\varepsilon^{f}$$

$$\frac{\Delta p_{\mathrm{f}}}{\rho u^{2}}=k\left(\frac{l}{d}\right)^{b}\left(\frac{d\rho u}{\mu}\right)^{-e}\left(\frac{\varepsilon}{d}\right)^{f} \tag{2-44}$$

即

$$\frac{\Delta p_{\mathrm{f}}}{\rho u^{2}}=\phi\left(\frac{d\rho u}{\mu},\frac{l}{d},\frac{\varepsilon}{d}\right) \tag{2-44a}$$

式中，$\frac{d\rho u}{\mu}$—雷诺数 Re；

$\frac{\Delta p_{\mathrm{f}}}{\rho u^{2}}$—欧拉(Euler)准数，也是无量纲数群；

$\frac{l}{d}$、$\frac{\varepsilon}{d}$—均为简单的无量纲比值，前者反映了管子的几何尺寸对流动阻力的影响；后者称为相对粗糙度，反映了管壁粗糙度对流动阻力的影响。

式(2-44a)具体的函数关系通常由实验确定。根据实验可知，流体流动阻力与管长成正比，该式可改写为

$$\frac{\Delta p_f}{\rho u^2}=\frac{l}{d}\phi\left(Re,\frac{\varepsilon}{d}\right)$$

或

$$\sum h_f=\frac{\Delta p_f}{\rho}=\frac{l}{d}\phi\left(Re,\frac{\varepsilon}{d}\right)u^2$$

与范宁公式相对照，可得

$$\lambda=\phi\left(Re,\frac{\varepsilon}{d}\right)$$

即湍流时摩擦系数 λ 是 Re 和相对粗糙度 ε/d 的函数，如图 2-26 所示，称为莫狄(Moody)摩擦系数图。

根据 Re 不同，图 2-26 可分为四个区域：

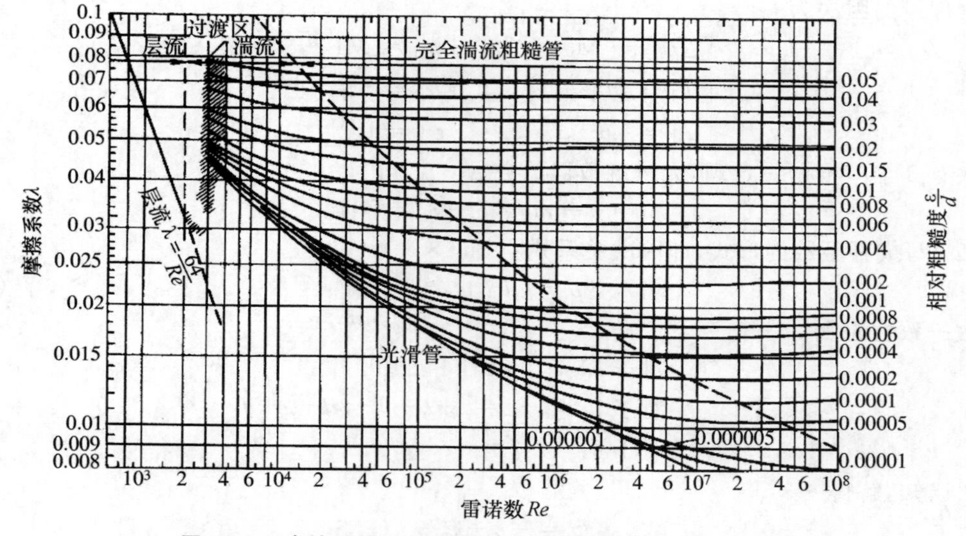

图 2-26 摩擦系数 λ 与雷诺数 Re 及相对粗糙度 ε/d 的关系

(1) 层流区($Re\leqslant 2000$)：λ 与 ε/d 无关，与 Re 为直线关系，即 $\lambda=64/Re$。此时 $\sum h_f\propto u$，即 $\sum h_f$ 与 u 的一次方成正比。

(2) 过渡区($2000<Re<4000$)：在此区域内层流或湍流的 λ-Re 曲线均可应用，对于阻力计算，宁可估计大一些，一般将湍流时的曲线延伸，以查取 λ 值。

(3) 湍流区($Re\geqslant 4000$ 以及虚线以下的区域)：此时 λ 与 Re、ε/d 都有关。当 d 一定时，λ 随 Re 的增大而减小，Re 增大至某一数值后，λ 下降缓慢；当 Re 一定时，λ 随 ε/d 的增加而增大。

(4) 完全湍流区(虚线以上的区域)：此区域内各曲线都趋近于水平线，即 λ 与 Re 无关，只与 ε/d 有关。对于特定管路，ε/d 一定，λ 为常数，根据直管阻力通式可知，$\sum h_f\propto u^2$，所以此区域又称为阻力平方区。从图中也可以看出，相对粗糙度 ε/d 愈大，达到阻力平方区的 Re 值愈小。

2.3.3 局部阻力

化工管路中使用的管件种类繁多,各种管件都会产生阻力损失。和直管阻力的沿程均匀分布不同,这种阻力损失集中在管件所在处,包括管件、阀门或突然扩大与缩小等局部障碍,因而称为局部阻力损失。

局部阻力损失是由于流道的急剧变化使流体边界层分离,所产生的大量旋涡消耗了机械能。另外,管路由于直径改变而突然扩大或缩小。流道突然扩大时,产生阻力损失的原因在于边界层脱体。流道突然扩大,下游压强上升,流体在逆压强梯度下流动,极易发生边界层分离而产生旋涡。流道突然缩小时,流体在顺压强梯度下流动,不致发生边界层脱体现象。因此,在收缩部分不发生明显的阻力损失。但流体有惯性,流道将继续收缩至 A_0 面,然后流道重又扩大。这时,流体转而在逆压强梯度下流动,也就产生了边界层分离和旋涡。可见,突然缩小时造成的阻力主要还在于突然扩大。

局部阻力损失的计算有两种近似的方法:阻力系数法及当量长度法。

1. 阻力系数法

克服局部阻力所引起的能量损失,也可以表示成动能 $u^2/2$ 的一个函数,即

$$\sum h_f' = \zeta \frac{u^2}{2} \tag{2-45}$$

或

$$\Delta p_f' = \zeta \frac{\rho u^2}{2} \tag{2-45a}$$

式中 ζ 称为局部阻力系数,一般由实验测知。因局部阻力的形式很多,为明确起见,常对 ζ 加注相应的下标。下面列举几种常用的局部阻力系数的求法。

(1) 突然扩大与突然缩小

管路由于直径改变而突然扩大或缩小所产生的能量损失,可按上面两式计算。式中的流速 u 均以小管的流速为准,局部阻力系数可根据小管与大管的截面积之比从图 2-27 的曲线上查得。

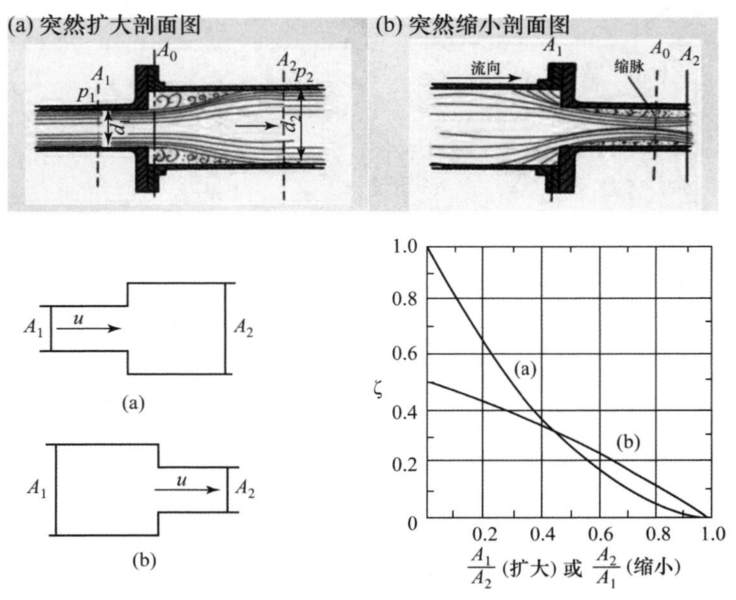

图 2-27　突然扩大(a)和突然缩小(b)的局部阻力系数

(2) 入口与出口

流体自容器进入管内，可看出很大的截面 A_1 突然进入很小的截面 A_2，即 $A_2/A_1 \approx 0$。根据图 2-27 的曲线(b)，查出局部阻力系数 $\zeta_c=0.5$，这种损失常称为进口损失，相应的阻力系数 ζ_c 又称为进口阻力系数。若管口圆滑或呈喇叭状，则局部阻力系数相应减小，约为 0.25～0.05。

流体自管子进入容器或从管子直接排放到管外空间，可看出自很小的截面 A_1 突然扩大到很大的截面 A_2，即 $A_1/A_2 \approx 0$。从图 2-27 中曲线(a)，查出局部阻力系数 $\zeta_e=1$，这种损失常称为出口损失，相应的阻力系数 ζ_e 又称为出口阻力系数。

流体从管子直接排放到管外空间时，管子出口内侧截面上的压强可取管外空间的压强。应指出，若出口截面处在管子的内侧，表示流体未离开管路，截面上仍具有动能出口损失，不应计入系统的总能量损失 $\sum h_f$ 内，即 $\zeta_e=0$；若截面处在管子出口的外侧，表示流体已经离开管路，截面上的动能为零，但出口损失应计入系统的总能量损失内，此时 $\zeta_e=1$。

(3) 管件与阀门

管路上的配件如弯头、三通、活接头等总称为管件。不同管件和阀门的局部阻力系数可从有关手册中查得，部分列于表 2-2 中。

表 2-2 常用管件和阀门的局部阻力系数 ξ

管件和阀门名称						ξ值						
标准弯头		45°, $\xi=0.35$						90°, $\xi=0.75$				
90°方形弯头						1.3						
180°回转头						1.5						
活接管						0.4						
弯管	ϕ		30°	45°	60°	75°	90°	105°	120°			
	R/d	1.5	0.08	0.11	0.14	0.16	0.175	0.19	0.20			
	ξ	2.0	0.07	0.10	0.12	0.14	0.15	0.16	0.17			
突然扩大	A_1/A_2	0	0.1	0.2	0.3	0.4	0.5	0.6	0.7	0.8	0.9	1
	ξ	1	0.81	0.64	0.49	0.36	0.25	0.16	0.09	0.04	0.01	1
突然缩小	A_2/A_1	0	0.1	0.2	0.3	0.4	0.5	0.6	0.7	0.8	0.9	1
	ξ	0.5	0.47	0.45	0.38	0.34	0.3	0.25	0.20	0.15	0.09	0
标准三通管		$\xi=0.4$			$\xi=1.5$			$\xi=1.3$			$\xi=1$	
闸阀		全开 $\xi=0.17$			3/4 开 $\xi=0.9$			1/2 开 $\xi=4.5$			1/4 开 $\xi=24$	
截止阀(球心阀)		全开 $\xi=6.4$						1/2 开 $\xi=9.5$				
碟阀	α	5°	10°	20°	30°	40°	45°	50°	60°	70°		
	ξ	0.24	0.52	1.54	3.91	10.8	18.7	30.6	118	751		
旋塞	θ	5°	10°	20°	40°	60°						
	ξ	0.24	0.52	1.56	17.3	206						
单向阀		摇板式 $\xi=2$						球形式 $\xi=70$				
角阀(90°)						5						
底阀						1.5						
滤水器(或滤水网)						2						
水表(盘形)						7						

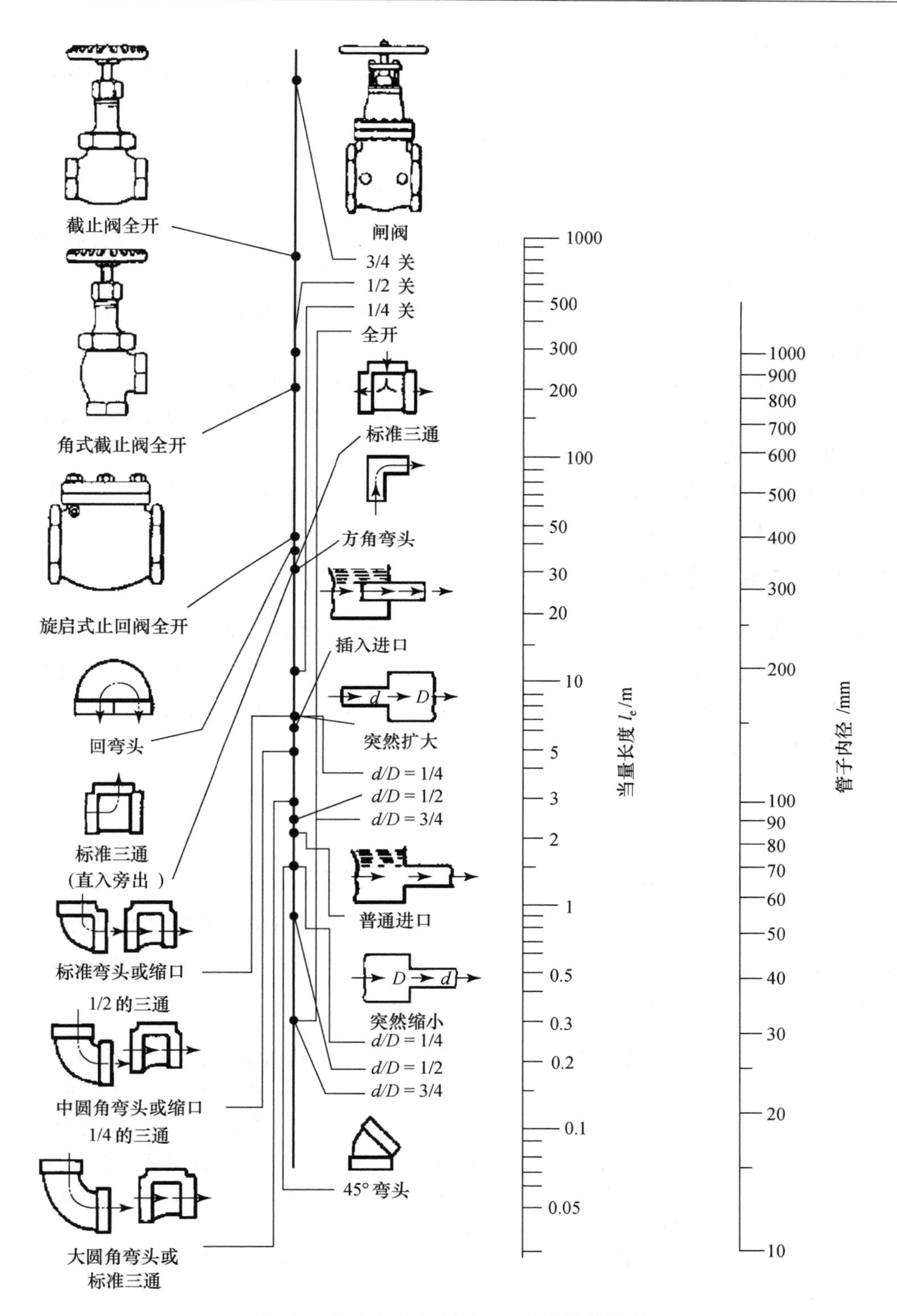

图 2-28　常用管件和阀门的当量长度共线图

2. 当量长度法

流体流经管件、阀门等局部地区所引起的能量损失可仿照范宁公式而写成如下形式：

$$\sum h'_f = \lambda \frac{l_e}{d}\frac{u^2}{2} \tag{2-46}$$

$$\Delta p'_f = \lambda \frac{l_e}{d}\frac{\rho u^2}{2} \tag{2-46a}$$

式中 l_e 称为管件或阀门的当量长度，其单位为 m，表示流体流过某一管件或阀门的当量长度可从图 2-28 的共线图查得。先于图左侧的垂直线上找到与所求管件或阀门相应的点，再从图右侧的标尺上定出与管内径相当的一点，两点连一直线与图中间的标尺相交，交点在标尺上的读数就是所求的当量长度。

有时用管道直径的倍数来表示局部阻力的当量长度，如对直径为 9.5～63.5 mm 的 90°弯头，$l_e/d \approx 30$，由此对一定直径的弯头，即可求出其相应的当量长度。l_e/d 值由实验测出，各管件的 l_e/d 值也可以从化工手册查得。

各种管件和阀门的构造细节与加工精度往往差别很大，从手册中查得的 l_e 或 ζ 值只是约略值，即局部阻力的计算也只是一种估算。

2.3.4 管路总阻力的计算

前已说明，化工管路系统是由直管、管件、阀门等构成，因此流体流经管路的总阻力应是直管阻力和所有局部阻力之和，即 $\sum h_f = \sum h_{直} + \sum h_{局}$。计算局部阻力时，可用局部阻力系数法，亦可用当量长度法。对同一管件，可用任一种计算，但不能用两种方法重复计算。

当管路直径相同时，总阻力表示为

$$\sum h_f = \sum h_{直} + \sum h_{局} = \left(\lambda \frac{l}{d} + \sum \zeta\right)\frac{u^2}{2} \tag{2-47}$$

或

$$\sum h_f = \sum h_{直} + \sum h_{局} = \lambda \frac{l + \sum l_e}{d}\frac{u^2}{2} \tag{2-47a}$$

式中 $\sum \zeta$、$\sum l_e$ 分别为管路中所有局部阻力系数和当量长度之和。当管路由若干直径不同的管段组成时，由于各段的流速不同，此时管路的总阻力应分段计算，然后再求其总和。

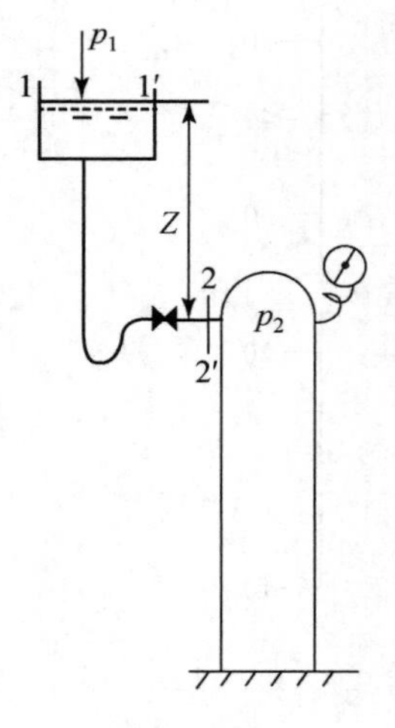

图 2-29

【例 2-14】 料液自高位槽流入精馏塔，如图 2-29 所示。塔内压强为 1.96×10^4 Pa(表压)，输送管道为 Φ 36 mm×2 mm 无缝钢管，管长 8 m。管路中装有 90°标准弯头两个、180°回弯头一个、球心阀(全开)一个。为使料液以 3 m^3/h 的流量流入塔中，问高位槽应安置多高(即位差 Z 应为多少米)？料液在操作温度下的物性：密度 $\rho = 861$ kg/m^3，粘度 $\mu = 0.643 \times 10^{-3}$ Pa·s。

解 取管出口处的水平面作为基准面。在高位槽液面 1-1′与管出口截面 2-2′间列柏努利方程：

$$gZ_1 + \frac{p_1}{\rho} + \frac{u_1^2}{2} = gZ_2 + \frac{p_2}{\rho} + \frac{u_2^2}{2} + \sum h_f$$

式中，$Z_1=Z$，$Z_2=0$，$p_1=0$（表压），$u_1\approx 0$，$p_2=1.96\times 10^4$ Pa。

$$u_2=\frac{V_s}{\frac{\pi}{4}d^2}=\frac{\frac{3}{3600}}{0.785(0.032)^2}\ \text{m/s}=1.04\ \text{m/s}$$

总阻力损失

$$\sum h_f=\left(\lambda\frac{l}{d}+\zeta\right)\frac{u^2}{2}$$

取管壁绝对粗糙度 $\varepsilon=0.3$ mm，则

$$\frac{\varepsilon}{d}=\frac{0.3}{32}=0.00938$$

$$Re=\frac{du\rho}{\mu}=\frac{0.032\times 1.04\times 861}{0.643\times 10^{-3}}=4.46\times 10^4\text{（湍流）}$$

由图 2-26 查得 $\lambda=0.039$；局部阻力系数由表 2-2 查得为

进口突然缩小（入管口）	$\zeta=0.5$；	180°回弯头	$\zeta=1.5$；
90°标准弯头	$\zeta=0.75$；	球心阀（全开）	$\zeta=6.4$

故

$$\sum h_f=\left[\left(0.039\times\frac{8}{0.032}+0.5+2\times 0.75+1.5+6.4\right)\times\frac{(1.04)^2}{2}\right]\text{J/kg}$$
$$=10.6\ \text{J/kg}$$

则所求位差

$$Z=\frac{p_2-p_1}{\rho g}+\frac{u_2^2}{2g}+\frac{\sum h_f}{g}=\left[\frac{1.96\times 10^4}{861\times 9.81}+\frac{(1.04)^2}{2\times 9.81}+\frac{10.6}{9.81}\right]\text{m}=3.46\ \text{m}$$

截面 2-2′也可取在管出口外端，此时料液流入塔内，速度 u_2 为零。但局部阻力应计入突然扩大（流入大容器的出口）损失 $\zeta=1$，故两种计算方法结果相同。

2.4　流体流量的测量

流体的流量是化工生产过程中的重要参数之一，为了控制生产过程能定态进行，就必须经常了解操作条件，如压强、流量等，并加以调节和控制。进行科学实验时，也往往需要准确测定流体的流量。测量流量的仪表是多种多样的，下面仅介绍几种根据流体流动时各种机械能相互转换关系而设计的流量计。

2.4.1　孔板流量计

在管道里插入一片与管轴垂直并带有通常为圆孔的金属板，孔的中心位于管道的中心线上，这样构成的装置，称为孔板流量计，如图 2-30 所示。孔板称为节流元件，故孔板流量计属于节流式流量计。

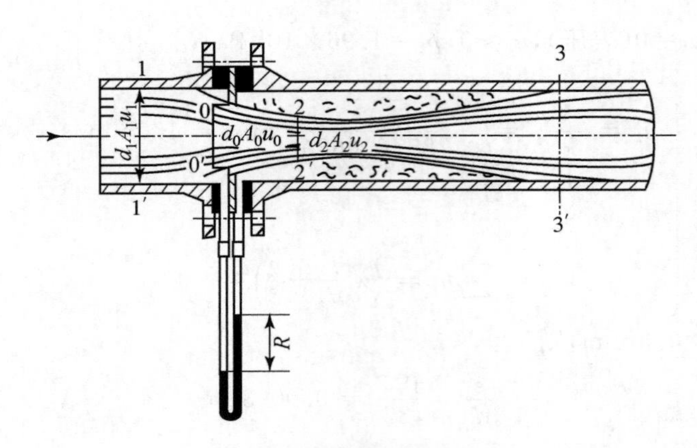

图 2-30 孔板流量计

当流体流过小孔以后，由于惯性作用，流动截面并不立即扩大到与管截面相等，而是继续收缩一定距离后才逐渐扩大到整个管截面。流动截面最小处(如图中截面 2-2′)称为缩脉。随后流束又逐渐扩大，直至截面 3-3′处，又恢复到原有管截面，流速也降低到原来的数值。流体在缩脉处的流速最高，即动能最大，而相应的静压强就最低。因此，当流体以一定的流量流经小孔时，就产生一定的压强差，流量愈大，所产生的压强差也就愈大。所以，利用测量压强差的方法来度量流体流量。

设不可压缩流体在水平管内流动，取孔板上游流体流动截面尚未收缩处为截面 1-1′，下游截面应取在缩脉处，以便测得最大的压强差读数，但由于缩脉的位置及其截面积难以确定，故以孔板处为下游截面 0-0′。在截面 1-1′与 0-0′间列柏努利方程，并暂时略去两截面间的能量损失，得

$$gZ_0 + \frac{u_0^2}{2} + \frac{p_0}{\rho} = gZ_1 + \frac{u_1^2}{2} + \frac{p_1}{\rho}$$

对于水平管，$Z_1 = Z_0$，简化上式并整理后得

$$\sqrt{u_0^2 - u_1^2} = \sqrt{\frac{2(p_1 - p_0)}{\rho}} \tag{2-48}$$

推导上式时，暂时略去了两截面间的能量损失。实际上，流体流经孔板的能量损失不能忽略，故式(2-48)应引进一校正系数 C_1，用来校正因忽略能量损失所引起的误差，即

$$\sqrt{u_0^2 - u_1^2} = C_1\sqrt{\frac{2(p_1 - p_0)}{\rho}} \tag{2-48a}$$

此外，由于孔板的厚度很小，如标准孔板的厚度$\leqslant 0.05d_1$，而测压孔的直径为 $0.08d_1$，一般为6～12 mm，所以不能把下游测压口正好装在孔板上。比较常用的一种方法是把上、下游两个测压口装在紧靠着孔板前后的位置上，这种测压方法称为角接取压法，所测出的压强差便与式(2-48a)中的$(p_1 - p_0)$有区别。若以$(p_a - p_b)$表示角接取压法所测得的孔板前后的压强差，并以其代替式中的$(p_1 - p_0)$，则又应引进一校正系数 C_2，用来校正上、下游测压口的位置，于是式(2-48a)可写成

$$\sqrt{u_0^2 - u_1^2} = C_1C_2\sqrt{\frac{2(p_a - p_b)}{\rho}} \tag{2-48b}$$

以 A_1、A_0 分别代表管道与孔板小孔的截面积，根据连续性方程，对不可压缩流体有 $u_1A_1 = u_0A_0$，则

$$u_1^2 = u_0^2\left(\frac{A_0}{A_1}\right)^2$$

代入式(2-48b),并整理得

$$u_0 = \frac{C_1C_2}{\sqrt{1-\left(\frac{A_0}{A_1}\right)^2}}\sqrt{\frac{2(p_a - p_b)}{\rho}}$$

令 $C_0 = \frac{C_1C_2}{\sqrt{1-\left(\frac{A_0}{A_1}\right)^2}}$,则

$$u_0 = C_0\sqrt{\frac{2(p_a - p_b)}{\rho}} \tag{2-49}$$

式(2-49)就是用孔板前后压强的变化来计算孔板小孔流速 u_0 的公式。若以体积流量或质量流量表达,则为

$$V_s = A_0u_0 = C_0A_0\sqrt{\frac{2(p_a - p_b)}{\rho}} \tag{2-50}$$

$$W_s = AA_0u_0\rho = C_0A_0\sqrt{2\rho(p_a - p_b)} \tag{2-51}$$

上列各式中$(p_a - p_b)$可由孔板前、后测压口所连接的压差计测得。若采用的是U形管压差计,其上读数为 R,指示液的密度为 ρ_0,则

$$p_a - p_b = gR(\rho_0 - \rho)$$

所以,式(2-50)及(2-51)又可写成

$$V_s = C_0A_0\sqrt{\frac{2gR(\rho_0 - \rho)}{\rho}} \tag{2-50a}$$

$$W_s = C_0A_0\sqrt{2gR\rho(\rho_0 - \rho)} \tag{2-51a}$$

各式中的 C_0 为流量系数或孔流系数,无量纲。由以上各式的推导过程中可以得出:

(1) C_0 与 C_1 有关,故 C_0 与流体流经孔板的能量损失有关,即与雷诺数 Re 有关。

(2) 不同的取压法得出不同的 C_2,所以 C_0 与取压法有关。同时 C_0 与加工精度、管壁粗糙度等因素也有一定的关系。

(3) C_0 与面积比 A_0/A_1 有关。

对于取压方式、结构尺寸、加工状况均已规定的标准孔板,流量系数 C_0 可以表示为

$$C_0 = f\left(Re, \frac{A_0}{A_1}\right)$$

式中 Re 是以管道的内径 d_1 和管道内的平均流速 u_1 计算的雷诺数,即

$$Re = \frac{d_1\rho u_1}{\mu}$$

对于按标准规格及精度制作的孔板,用角接取压法安装在光滑管路中的标准孔板流量计,实验测得的 C_0 与 Re 的关系曲线如图 2-31 所示。

从图 2-31 可以看出,对于相同的标准孔板,C_0 只是 Re、A_0/A_1 的函数,并随 Re 的增大而减小。当增大到一定界限值之后,C_0 不再随 Re 变化,成为一个仅取决于 A_0/A_1 的常数。选用或设

计孔板流量计时，应尽量使常用流量在此范围内。常用的 C_0 值为 0.6～0.7。

用式(2-50)计算流体的流量时，必须先确定流量系数 C_0，但 C_0 又与 Re 有关，而管道中的流体流速又是未知，故无法计算 Re 值，此时可采用试差法。即先假设 Re 超过其界限值 Re_C，由 A_0/A_1 从图 2-31 中查得 C_0，然后根据式(2-50)计算流量，再计算管道中的流速及相应的 Re。若所得的 Re 值大于其界限值 Re_C，则表明原来的假设正确；否则需重新假设 C_0，重复上述计算，直至计算值与假设值相符为止。

由式(2-50)可知，当流量系数 C_0 为常数时

$$V_s \propto \sqrt{R} \quad 或 \quad R \propto V_s^2$$

表明 U 形管压差计的读数 R 与流量的平方成正比，即流量的少量变化将导致读数 R 较大的变化，因此测量的灵敏度较高。此外，由以上关系也可以看出，孔板流量计的测量范围受 U 形管压差计量程的限制，同时考虑到孔板流量计的能量损失随流量的增大而迅速增加，故孔板流量计不适于测量流量范围较大的场合。

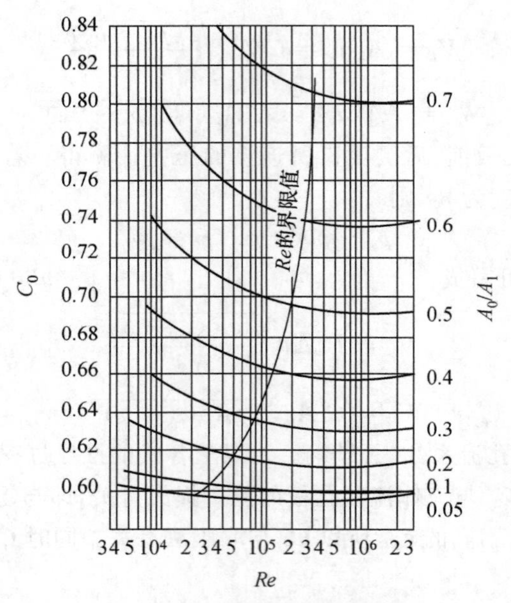

图 2-31 标准孔板的流量系数

孔板流量计的安装与优缺点：孔板流量计安装时，上、下游需要有一段内径不变的直管作为稳定段，上游长度至少为管径的 10 倍，下游长度为管径的 5 倍。孔板流量计结构简单，制造与安装都方便，其主要缺点是能量损失较大。这主要是由于流体流经孔板时，截面的突然缩小与扩大形成大量涡流所致。如前所述，虽然流体经管口后某一位置(图 2-30 中的 3-3′截面)流速已恢复至与孔板前相同，但静压力却不能恢复，即产生了永久压力降，$\Delta p_f = p_1 - p_3$，此压力降随面积比 A_0/A_1 的减小而增大。同时孔口直径减小时，孔速提高，读数 R 增大，因此设计孔板流量计时应选择适当的面积比 A_0/A_1，以期兼顾到 U 形管压差计适宜的读数和允许的压力降。

【例 2-15】 20℃苯在 Φ 133 mm×4 mm 的钢管中流过，为测量苯的流量，在管道中安装一孔径为 75 mm 的标准孔板流量计。当孔板前后 U 形管压差计的读数 R 为 80 mmHg 时，试求管

中苯的流量(m^3/h)。

解　查得20℃苯的物性：$\rho=880\ kg/m^3$，$\mu=0.67\times10^{-3}\ Pa\cdot s$，则面积比

$$\frac{A_0}{A_1}=\left(\frac{d_0}{d_1}\right)^2=\left(\frac{75}{125}\right)^2=0.36$$

设 $Re>Re_C$，由图2-31查得：$C_0=0.648$，$Re_C=1.5\times10^5$。由公式得苯的体积流量：

$$V_s=C_0A_0\sqrt{\frac{2Rg(\rho_0-\rho)}{\rho}}$$

$$=\left(0.648\times0.785\times0.075^2\sqrt{\frac{2\times0.08\times9.81\times(13600-880)}{880}}\right)\ m^3/s$$

$$=0.0136\ m^3/s=48.96\ m^3/h$$

校核 Re：管内的流速　$$u=\frac{V_s}{\frac{\pi}{4}d_1^2}=\frac{0.0136}{0.785\times0.125^2}\ m/s=1.1\ m/s$$

管道的 Re　$$Re=\frac{d_1\rho u}{\mu}=\frac{0.125\times880\times1.1}{0.67\times10^{-3}}=1.81\times10^5>Re_C$$

故假设正确，以上计算有效。苯在管路中的流量为48.96 m^3/h。

2.4.2　转子流量计

转子流量计是属于变收缩口、恒压头的流量计，是流体流经节流部分的前后压力差保持恒定，通过改变流通面积来指示流量的流量计，是变面积式流量计的一种。转子流量计又分为玻璃转子和金属转子、就地指示和远传式几种。这种流量计具有结构简单、读数直观、测量范围大、使用方便，以及价格便宜、刻度均匀、量程比(仪器测量范围上限与下限之比)大等优点，特别适合小流量测量。若选择适当的锥形管和转子材料，还能测量腐蚀性流体的流量，所以被广泛应用于化工实验和生产中。下面对其进行简要介绍。

在一个上宽下窄的锥形管(见图2-32)中垂直放置一个阻力元件——转子，管中无流体通过时，转子沉在管底部。被测流体自下而上通过锥形管，由于受到流体的冲击及浮力，当作用于转子上的上升力大于浸在流体中转子的净重力时，转子上浮。随着转子的上升，转子与锥形管内壁间的环隙流通面积增大，使流速下降，作用于转子上的上升力也随之下降，直至上升力与转子的净重力相平衡时，转子便能稳定在某一高度上，继续保持平衡。转子的平衡高度与流量大小呈一一对应的关系，根据转子平衡时其上端平面所处的位置，即可读取相应的流量。因此，将锥形管的高度按流量值刻度，就能从转子最大直径所处的位置直接读出测量值。转子流量计的结构由一个垂直放置的倒锥形的玻璃管和转子(浮子)组成。

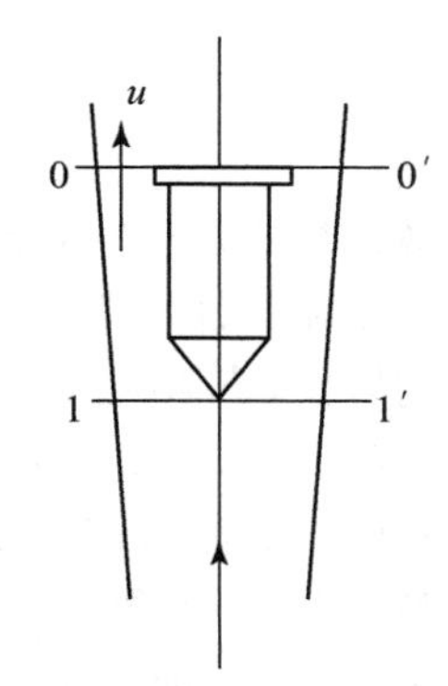

图2-32　转子流量计示意图

转子流量计的流量方程可根据转子受力平衡导出。

在图2-32中，取转子下端截面为1-1′，上端截面为0-0′，用 V_f、A_f、ρ_f 分别表示转子的体积、最大截面积和密度。当转子处于平衡位置时，转子两端面压差造成的升力等于转子的重力，即

$$(p_1 - p_0)A_f = \rho_f V_f g$$

p_0、p_1 的关系可在 1-1′和 0-0′截面间列柏努利方程，获得

$$\frac{p_1}{\rho} + \frac{u_1^2}{2} + Z_1 g = \frac{p_0}{\rho} + \frac{u_0^2}{2} + Z_0 g$$

整理得

$$p_1 - p_0 = (Z_0 - Z_1)\rho g + \frac{\rho}{2}(u_0^2 - u_1^2)$$

将上式两端同时乘以转子最大截面积 A_f，则有

$$(p_1 - p_0)A_f = A_f(Z_0 - Z_1)\rho g + A_f \frac{\rho}{2}(u_0^2 - u_1^2)$$

由此可见，流体作用于转子的升力 $(p_1 - p_0)A_f$ 由两部分组成：一部分是两截面的位差，此部分作用于转子的力即为流体的浮力，其大小为 $A_f(Z_0 - Z_1)\rho g$，即 $V_f \rho g$；另一部分是两截面的动能差，其值为 $A_f \frac{\rho}{2}(u_0^2 - u_1^2)$，并且

$$V_f(\rho_f - \rho)g = A_f \frac{\rho}{2}(u_0^2 - u_1^2)$$

根据连续性方程：$u_1 = u_0 \frac{A_0}{A_1}$，代入上式得

$$V_f(\rho_f - \rho)g = A_f \frac{\rho}{2} u_0^2 \left[1 - \left(\frac{A_0}{A_1}\right)^2\right]$$

整理得

$$u_0 = \frac{1}{\sqrt{1 - \left(\frac{A_0}{A_1}\right)^2}} \sqrt{\frac{2V_f(\rho_f - \rho)g}{\rho A_f}}$$

考虑到表面摩擦和转子形状的影响，引入校正系数 C_R，则有

$$u_0 = C_R \sqrt{\frac{2(\rho_f - \rho)V_f g}{\rho A_f}}$$

此式即为流体流过环隙时的速度计算式，C_R 又称为转子流量计的流量系数。转子流量计的体积流量为

$$V_s = C_R A_R \sqrt{\frac{2(\rho_f - \rho)V_f g}{\rho A_f}} \tag{2-52}$$

式中 A_R 为转子上端面处环隙面积。

转子流量计的流量系数 C_R 与转子的形状和流体流过环隙时的雷诺数 Re 有关。对于一定形状的转子，当 Re 达到一定数值后，C_R 为常数。对于一定的转子和被测流体，V_f、A_f、ρ_f、ρ 为常数，当 Re 较大时，C_R 也为常数，故 u_0 为一定值，即无论转子停在任何一个位置，其环隙流速 u_0 是恒定的。而流量与环隙面积成正比，即 $V_s \propto A_R$，由于玻璃管为下小上大的锥体，当转子停留在不同高度时，环隙面积不同，因而流量不同。

当流量变化时，力平衡关系式并未改变，也即转子上、下两端面的压差为常数，所以转子流量计的特点为恒压差、恒环隙流速而变流通面积，属于截面式流量计。与之相反，孔板流量计则是恒流通面积，而压差随流量变化，为差压式流量计。

2.4.3　文丘里流量计

孔板流量计由于锐孔结构将引起过多的能量消耗。为了减少能量的损失，把锐孔结构改制成渐缩减扩管，这样构成的流量计称为文丘里流量计或文氏管流量计。

文丘里管是由入口圆管段、圆锥形收缩段、圆筒形喉管段及圆锥形扩散段组成，其上游的圆锥形收缩段较下游的圆锥形扩散段短，如图 2-33 所示。当流体经过文丘里管时，由于均匀收缩和逐渐扩大，流速变化平缓，涡流较少，故能量损失比孔板流量计大大减少。它是能量损失最小的节流元件，流体流过文丘里管后压力基本能恢复，不存在永久压降，主要用于低压气体的输送。

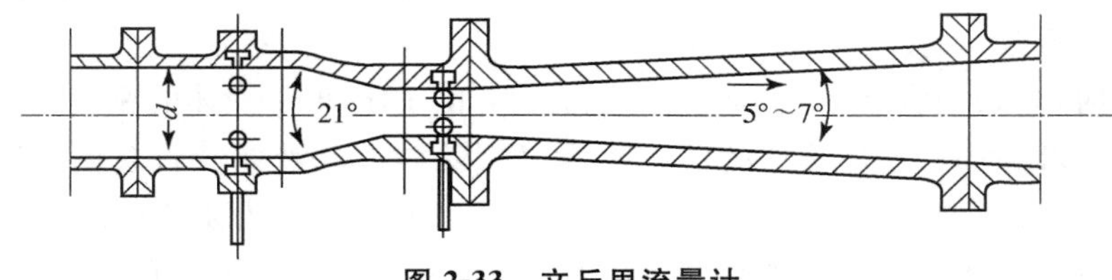

图 2-33　文丘里流量计

文丘里流量计的测量原理与孔板流量计相同，也属于差压式流量计。其流量公式也与孔板流量计相似，即

$$V_s = C_V A_0 \sqrt{\frac{2Rg(\rho_0 - \rho)}{\rho}} \tag{2-53}$$

式中，C_V—文丘里流量计的流量系数，约为 0.98～0.99；

A_0—喉管处截面积，m^2。

R—U 形管压差计压差；

ρ_0—U 形管压差计中指示液的密度；

ρ—文丘里流量计中液体的密度。

由于文丘里流量计的能量损失较小，其流量系数较孔板流量计大，因此相同压差计读数 R 时流量比孔板流量计大。但文丘里流量计加工较难、精度要求高，因而造价高，且安装时需占用一定管长位置。

2.5　离　心　泵

流体输送设备种类多种多样，根据输送介质不同，可将这些设备分为两大类，即输送液体的设备称“泵”，输送气体的设备称“机”。其中，以离心泵在生产中应用最为广泛，本节对离心泵进行介绍。

2.5.1　离心泵的工作原理和主要部件

1. 离心泵的工作原理

离心泵体内的叶轮固定在泵轴上，叶轮上有若干弯曲的叶片，泵轴在外力带动下旋转，叶轮同时旋转，泵壳中央的吸入口与吸入管相连接，侧旁的排出口和排出管路相连接。启动前，须灌液，即向壳体内灌满被输送的液体。启动电机后，泵轴带动叶轮一起旋转，充满叶片之间的液体也随着旋转，在惯性离心力的作用下液体从叶轮中心被抛向外缘的过程中便获得了能量，使叶轮外缘的液体静压强提高，同时也增大了流速，一般可达 15～25 m/s。液体离开叶轮进入泵壳后，由于泵壳中流道逐渐加宽，液体的流速逐渐降低，又将一部分动能转变为静压能，使泵出口处液体的压强进一步提高。液体以较高的压强，从泵的排出口进入排出管路，输送至所需的场所。

当泵内液体从叶轮中心被抛向外缘时，在中心处形成了低压区，此时储槽内液面上方的压强大于泵吸入口处的压强。在此压差的作用下，液体便经吸入管路连续地被吸入泵内，以补充被排出的液体。只要叶轮不停地转动，液体便不断地被吸入和排出。

由此可见，离心泵之所以能输送液体，主要是依靠高速旋转的叶轮，液体在离心力的作用下获得了能量以提高压强。

离心泵启动时，若泵内存有空气，由于空气密度很低，远远小于液体的密度，所以旋转后产生的离心力小。因而叶轮中心区所形成的低压不足以将储槽内的液体吸入泵内，虽启动离心泵也不能输送液体，此种现象称为气缚现象，表示离心泵无自吸能力。为防止气缚现象的发生，离心泵启动前要用外来的液体将泵壳内空间灌满，这一操作称为灌泵。灌泵的方式有两种：一种是自灌式，当泵体吸入口处于被输液储罐的下方时使用；另一种是外灌式，当泵体吸入口处于被输液储罐的上方时采用。

另外，为防止灌入泵壳内的液体因重力流入低位槽内，在泵吸入管路的入口处装有止逆阀（底阀）；在单向底阀下面装有滤网，作用是拦阻液体中的固体物质被吸入而堵塞管道和泵壳。

灌液完毕后，此时应先关闭出口阀，后启动泵，这时所需的泵的轴功率最小、启动电流较小，以保护电机。启动后渐渐开启出口阀。停泵前，要先关闭出口阀，然后再停机，这样可避免排出管内的水柱倒冲泵壳内叶轮和叶片，以延长泵的使用寿命。

2. 离心泵的主要部件

离心泵由两个主要部分构成：一是包括叶轮和泵轴的旋转部件；二是由泵壳、填料函和轴承组成的静止部件。但最主要的部件是叶轮和泵壳。图 2-34 是离心泵实物图和装置简图。

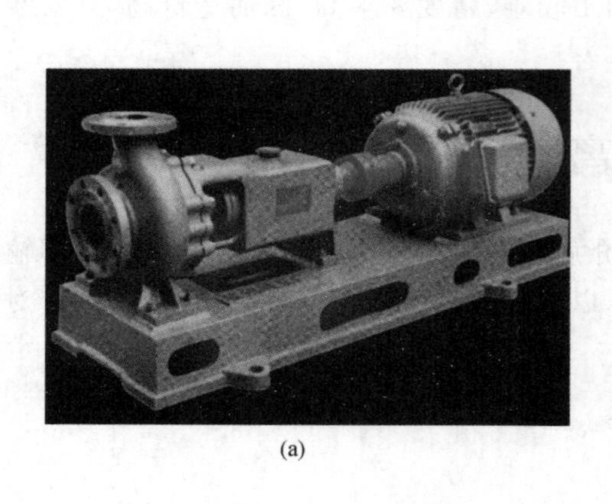

(a)

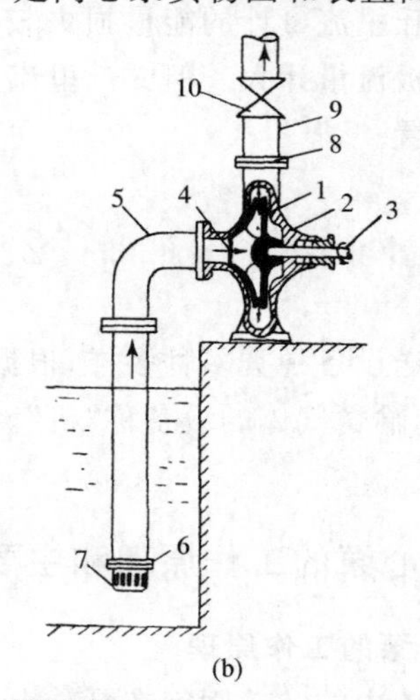

(b)

图 2-34　离心泵实物图(a)和装置简图(b)

1—叶轮　2—泵壳　3—泵轴　4—吸入口　5—吸入管　6—底阀　7—滤网　8—排出口　9—排出管　10—调节阀

(1) 叶轮

叶轮是离心泵的关键部件,因为液体从叶轮获得了能量,或者说叶轮的作用是将原动机的机械能传给液体,使通过离心泵的液体静压能和动能均有所提高。

叶轮通常由 6～12 片的后弯叶片组成。按其机械结构可分为闭式、半闭式和开式三种叶轮,如图 2-35 所示。叶片两侧带有前、后盖板的称为闭式叶轮,它适用于输送清洁液体,一般离心泵多采用这种叶轮。没有前、后盖板,仅由叶片和轮毂组成的称为开式叶轮。只有后盖板的称为半闭式叶轮。开式和半闭式叶轮由于流道不易堵塞,适用于输送含有固体颗粒的液体悬浮液。但是由于没有盖板,液体在叶片间流动时易产生倒流,故这类泵的效率较低。

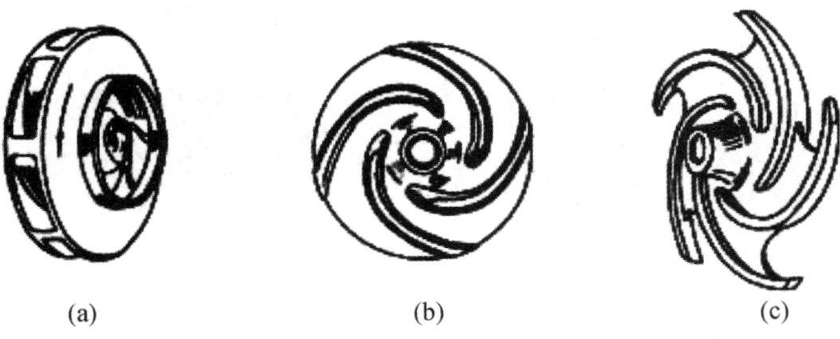

图 2-35　离心泵的叶轮:闭式(a);半闭式(b);开式(c)

闭式或半闭式叶轮在工作时,离开叶轮的一部分高压液体可漏入叶轮与泵壳之间的两侧空腔中,因叶轮前侧液体吸入口处为低压,故液体作用于叶轮前、后两侧的压力不等,便产生了指向叶轮吸入口侧的轴向推力。该力使叶轮向吸入口侧窜动,引起叶轮和泵壳接触处的磨损,严重时造成泵的振动,破坏泵的正常工作。为了平衡轴向推力,最简单的方法是在叶轮后盖板上钻一些小孔(见图 2-36 中的 1)。这些小孔称为平衡孔。它的作用是使后盖板与泵壳之间空腔中的一部分高压液体漏到前侧的低压区,以减少叶轮两侧的压力差,从而平衡了部分轴向推力,但同时也会降低泵的效率。

叶轮按其吸液方式不同,可分为单吸式和双吸式两种,如图 2-36 所示。单吸式叶轮的结构简单,液体只能从叶轮一侧被吸入。双吸式叶轮可同时从叶轮两侧对称地吸入液体。显然,双吸式叶轮不仅具有较大的吸液能力,而且可基本上消除轴向推力。

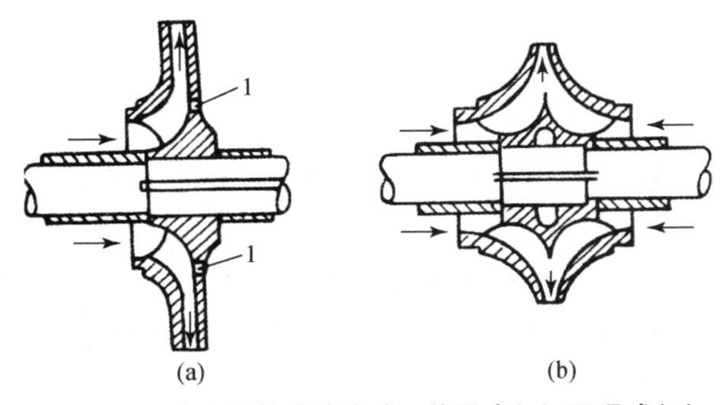

图 2-36　离心泵的吸液方式:单吸式(a);双吸式(b)

(2) 泵壳

泵壳为泵体的外壳,它包围叶轮,在叶轮四周开成一个截面积逐渐扩大的蜗牛壳形通道。故又称为蜗壳,如图 2-37 中的 1 所示。此外,泵壳还设有与叶轮所在平面垂直的入口和切线出口。叶轮在泵壳内沿着蜗形通道逐渐扩大的方向旋转,愈接近液体的出口,流道截面积愈大。液体从叶轮外周高速流出后,流过泵壳蜗形通道时流速将逐渐降低,因此减少了流动能量损失,且使部分动能转换为静压能。所以泵壳不仅是汇集由叶轮流出的液体的部件,而且又是一个转能装置。

为了减少液体直接进入泵壳时因碰撞引起的能量损失,在叶轮与泵壳之间有时还装有一个固定不动而且带有叶片的导轮,如图 2-37 中的 3 所示。由于导轮具有若干逐渐转向和扩大的流道,可使部分动能转换为静压能,且可减少能量损失。

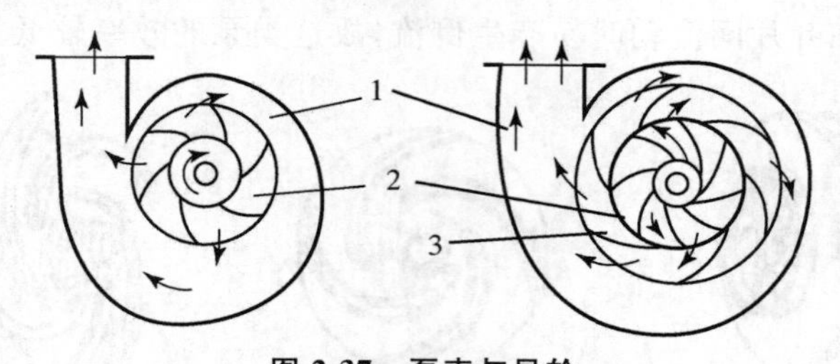

图 2-37 泵壳与导轮

1—泵壳 2—叶轮 3—导轮

(3) 泵轴

泵轴是位于叶轮中心且与叶轮所在平面垂直的一根轴。它由电机带动旋转,以带动叶轮旋转。

(4) 轴封装置

轴封装置保证离心泵正常、高效运转。离心泵在工作时泵轴旋转而壳固定不动,轴穿过泵壳处必定会有间隙。其间的环隙如果不加以密封或密封不好,则泵内高压液体会沿间隙漏出,或外界的空气会渗入叶轮中心的低压区,使泵的流量、效率下降,严重时流量为零——气缚。通常,可以采用机械密封或填料密封来实现轴与壳之间的密封。普通离心泵所采用的轴封装置是填料密封,即将泵轴穿过泵壳的环隙做成密封圈,于其中填入软填料(例如浸油或涂石墨的石棉绳),以将泵壳内、外隔开,而泵轴仍能自由转动。输送酸、碱以及易燃、易爆、有毒的液体,对密封要求更高:既不允许漏入空气,又力求不让液体渗出。近年来已广泛采用机械密封装置。

2.5.2 离心泵的主要性能参数

1. 转速 n

转速指泵的叶轮每分钟的转数,单位为 r/min。一般为 1000~3000 r/min;2900 r/min 最常见。

2. 流量 V_s

流量又称为泵的输液能力,是单位时间内泵输送的液体体积,以体积流量 V_s 表示,单位 m^3/s(或 m^3/h,L/s 等)。V_s 取决于泵的结构、尺寸(叶轮直径与叶片的宽度)和转速。V_s 的大小可通过安装在排出管上的流量计测得。

3. 扬程 H(压头)

扬程为泵对单位重量的液体所提供的有效能量,单位 m 液柱。若在泵的吸入口和排出口分别装上真空表和压力表并取 1-1′,2-2′截面来计算,则

$$H = (Z_2 - Z_1) + \frac{p_2 + p_1}{\rho g} + \frac{u_2^2 - u_1^2}{2g} \tag{2-54}$$

为简化液体在叶轮内的复杂运动,作两点假设:① 叶轮内叶片的数目为无穷多,即叶片的厚度为无限薄,从而可以认为液体质点完全沿着叶片的形状而运动,亦即液体质点的运动轨迹与叶片的外形相重合;② 输送的是理想液体,则在叶轮内的流动阻力可忽略。

4. 功率

有效功率 N_e:指离心泵单位时间内对流体做的功,是根据泵的压头 H 和流量 V_s 计算的功率,表达式为 $N_e=\rho g H V_s$。

轴功率 N:单位时间内由电机输入离心泵的能量。

5. 效率 η

由于泵轴通过叶轮传给液体能量的过程中有容积损失(泄漏引起的)、水力损失(粘性和涡流引起的)、机械损失(机械摩擦引起的)三方面的能量损失,所以由电机传给泵的能量不可能100%地传给液体。因此,离心泵都有一个效率的问题,它反映了泵对外加能量的利用程度,其表达式为:$\eta=N_e/N=\rho g H V_s/N$。

2.5.3 离心泵的特性曲线及其影响因素

1. 离心泵的特性曲线

对一台特定的离心泵,在转速 n 固定的情况下,由实验可测得其压头、轴功率和效率都与其流量有一一对应的关系,其中以压头与流量之间的关系最为重要。包括 H-V_s 曲线、N-V_s 曲线和 η-V_s 曲线在内的这些关系的图形表示就称为离心泵的特性曲线。由于压头受水力损失影响的复杂性,这些关系一般都通过实验来测定,由泵制造厂提供,标绘于泵产品说明书中,供用户使用。典型的离心泵特性曲线如图 2-38 所示。

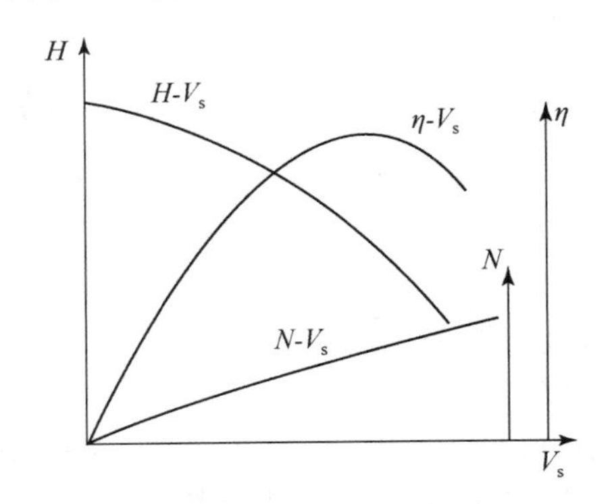

图 2-38　离心泵特性曲线

不同型号的泵有其独特的性能曲线,但共同点如下:

(1) H-V_s 曲线:表示压头与流量的关系。从图中可以看出,$V_s\uparrow \rightarrow H\downarrow$,呈抛物线,$H=A-BV_s^2$。即随着流量的增加,泵的压头是下降的,就是说,流量越大,泵向单位重量流体提供的机械能越小。但是,这一规律对流量很小的情况可能不适用。

(2) N-V_s 曲线:表示泵的轴功率与流量的关系。从图中可以看出,$V_s\uparrow \rightarrow N\uparrow$,当 $V_s=0$,N 最小。所以,大流量输送一定对应着大的配套电机。

(3) η-V_s 曲线：表示泵的效率与流量的关系。从图中可以看出，$V_s\uparrow\rightarrow\eta$ 先↑后↓，存在一最高效率点 η_{max}，此点称为设计点。与 η_{max} 对应的 H、V_s、N 值称为最佳工况参数，离心泵的铭牌上标有的一组性能参数，就是与最高效率点对应的性能参数。根据生产任务选泵时，应使泵在最高效率点附近工作，其范围内的效率一般不低于最高效率点的92%。

2. 影响离心泵性能的因素

泵的生产厂家所提供的离心泵特性曲线一般都是在一定转速和常压下以20℃的清水作为工质做实验的。若被输液的 ρ,μ 不同，或改变泵的转速 n 和叶轮直径，则性能要发生变化。

(1) 流体的物理性质

液体的密度：由离心泵的基本方程(2-55)可知，H,V_s 与 ρ 无关，泵的效率也不随 ρ 而改变，所以 H-V_s 与 ηV_s 曲线保持不变。但有效功率和轴功率随密度的增加而增加，这是因为离心力及其所做的功与密度成正比。

液体的粘度：当液体粘度大于实验用水粘度时，泵体内的能量损失增大，所以泵的流量、压头、效率都下降，但轴功率上升。因此，当被输送流体的粘度有较大变化时，泵的特性曲线也要发生变化。

(2) 转速

离心泵的转速发生变化时，其流量、压头和轴功率都要发生变化，近似用比例定律表示为

$$\frac{V_{s2}}{V_{s1}}=\frac{n_2}{n_1},\quad \frac{H_2}{H_1}=\left(\frac{n_2}{n_1}\right)^2,\quad \frac{N_2}{N_1}=\left(\frac{n_2}{n_1}\right)^3 \tag{2-55}$$

式中，V_{s1}、H_1、N_1—泵转速为 n_1 时的性能参数；

V_{s2}、H_2、N_2—泵转速为 n_2 时的性能参数。

(3) 叶轮直径

前已述及，叶轮尺寸对离心泵的性能也有影响。当切割量小于20%时，其流量、压头和轴功率都要发生变化，近似用切割定律表示为

$$\frac{V_{s2}}{V_{s1}}=\frac{D_2}{D_1},\quad \frac{H_2}{H_1}=\left(\frac{D_2}{D_1}\right)^2,\quad \frac{N_2}{N_1}=\left(\frac{D_2}{D_1}\right)^3 \tag{2-56}$$

式中，D_1 和 D_2 为不同的叶轮直径，其他物理量与式(2-55)相同。

参考文献

[1] 张近. 化工基础. 北京：高等教育出版社，2002.
[2] 张四方. 化工基础. 北京：中国石化出版社，2012.
[3] 上海师范大学，福建师范大学. 化工基础. 北京：高等教育出版社，2006.
[4] 北京大学化学系《化学工程基础》编写组编. 化学工程基础. 北京：高等教育出版社，2004.

习　题

1. 已知硫酸与水的密度分别为1830 kg/m³ 与998 kg/m³，试求含硫酸为60%(质量分数)的硫酸水溶液的密度。
2. 已知干空气的组成为：O_2 21%、N_2 78%和 Ar 1%(均为体积分数)，试求干空气在压强为 9.81×10^4 Pa 及温度为100℃时的密度。
3. 燃烧重油所得的燃烧气，经分析知其中含 CO_2 8.5%，O_2 7.5%，N_2 76%，H_2O 8%(均为体积分

数)，试求此混合气体在温度 500℃、压强 101.3 kPa 时的密度。

4. 在大气压为 101.3 kPa 的地区，某真空蒸馏塔塔顶的真空表读数为 85 kPa。若在大气压为 90 kPa 的地区，仍使该塔塔顶在相同的绝压下操作，则此时真空表的读数应为多少？

5. 如图 2-39 所示，蒸汽锅炉上装置一复式 U 形水银测压计，截面 2、4 间充满水。已知对某基准面而言各点的标高为 $Z_0=2.1$ m，$Z_2=0.9$ m，$Z_4=2.0$ m，$Z_6=0.7$ m，$Z_7=2.5$ m。试求锅炉内水面上的蒸汽压强。

6. 如图 2-40 所示，用水银 U 形管压差计测量液层高度。敞口槽内盛有密度为 800 kg/m^3 的油品及乙醇摩尔浓度为 0.2 mol/L 的乙醇水溶液，油与水溶液不互溶，油层在上。已知油层高度 $h_1=0.4$ m，器底与左侧指示剂液面间的垂直距离 $h_3=0.6$ m，指示剂两液面差 $R=0.2$ m。为了防止有毒的水银蒸气扩散至大气中，于开口侧水银面上灌有一段 $R'=0.02$ m 的水。取水银的密度 $\rho_{汞}=13600$ kg/m^3，纯乙醇溶液密度 $\rho_1=789$ kg/m^3，水的密度 $\rho_2=1000$ kg/m^3。求水溶液高度 h_2。

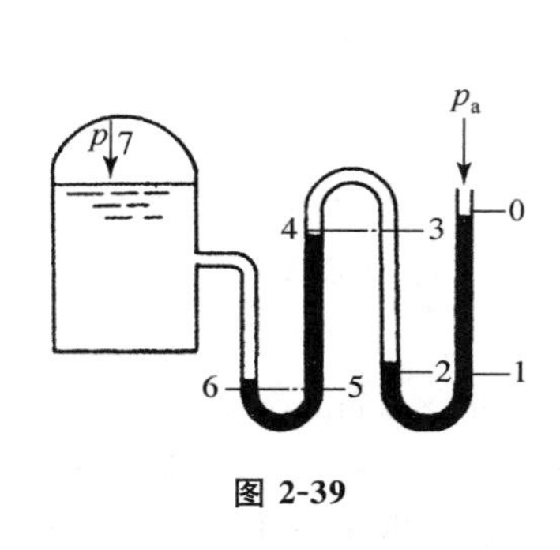

图 2-39

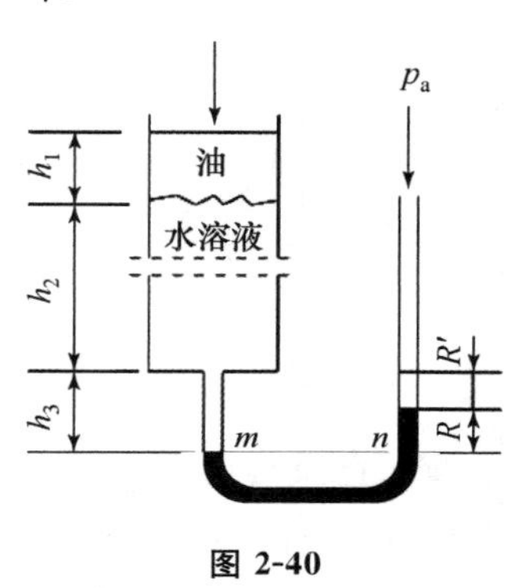

图 2-40

7. 某厂要求安装一根输水量为 30 m^3/h 的管路，试选择合适的管径。

8. 在稳定流动系统中，水连续从粗管流入细管。粗管内径 $d_1=10$ cm，细管内径 $d_2=5$ cm，当流量为 4×10^{-3} m^3/s 时，求粗管内和细管内水的流速。

9. 为了排出煤气管中的少量积水，用如图 2-41 所示的水封装置，水由煤气管道中的垂直支管排出。已知煤气压强为 10 kPa(表压)，试求水封管插入液面下的深度 h。

10. 绝对压强为 540 kPa、温度为 30℃的空气，在 Φ 108 mm×4 mm 的钢管内流动，流量为1500 m^3/h (标准状况)。试求空气在管内的流速、质量流量和质量流速。

11. 如图 2-42 所示，用虹吸管从高位槽向反应器加料，高位槽与反应器均与大气相通，且高位槽中液面恒定。现要求料液以 1 m/s 的流速在管内流动，设料液在管内流动时的能量损失为 20 J/kg(不包括出口)，试确定高位槽中的液面应比虹吸管的出口高出的距离 H。

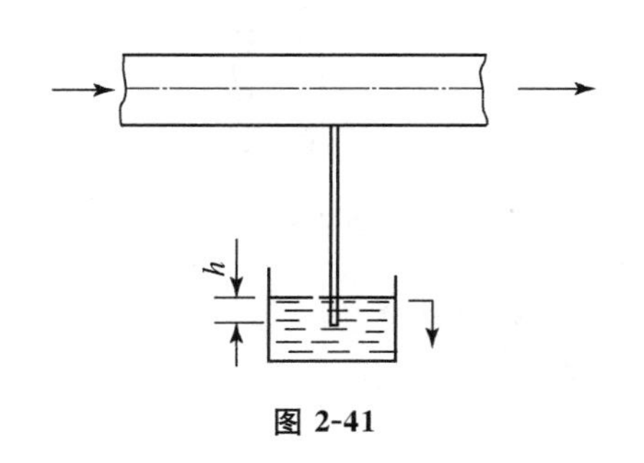

图 2-41

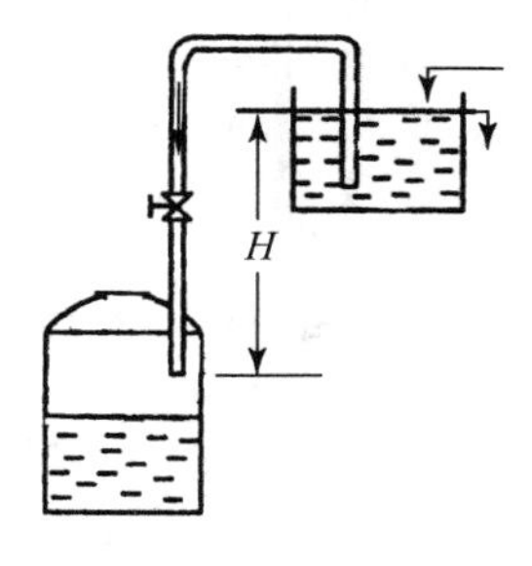

图 2-42

12. 用压缩空气将密闭容器(酸蛋)中的硫酸压送至敞口高位槽,如图 2-43 所示。输送量为 0.1 m^3/min,输送管路为 Φ 38 mm×3 mm 的无缝钢管。酸蛋中的液面离压出管口的位差为 10 m,且在压送过程中不变。设管路的总压头损失为 3.5 m(不包括出口),硫酸的密度为 1830 kg/m^3,问酸蛋中应保持多大的压强?
13. 如图 2-44 所示,将高位槽内料液向塔内加料。高位槽和塔内的压强均为大气压。要求料液在管内以 0.5 m/s 的速度流动。设料液在管内压头损失为 1.2 m(不包括出口压头损失),试求高位槽的液面应该比塔入口处高出多少米。

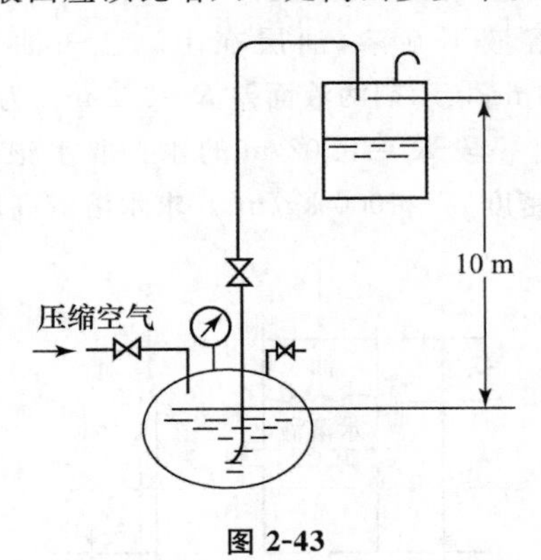

图 2-43

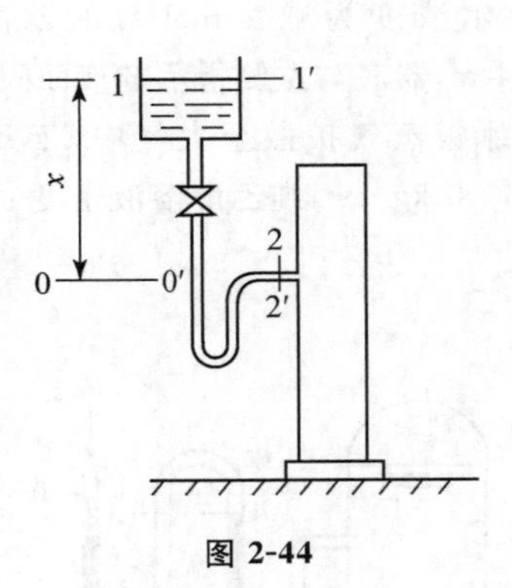

图 2-44

14. 甲烷在如图 2-45 的管路中流动。管子的规格分别为 Φ 219 mm×6 mm 和 Φ 159 mm×4.5 mm,在操作条件下甲烷的平均密度为1.43 kg/m^3,流量为 1700 m^3/h。在截面 1 和截面 2 之间连接一 U 形管压差计,指示液为水,若忽略两截面间的能量损失,问 U 形管压差计的读数 R 为多少?
15. 如图 2-46 所示,密度为 ρ 的流体以一定的流量在一等径倾斜管道中流过。在 A、B 两截面间连接一 U 形管压差计,指示液的密度为 ρ_0,读数为 R。已知 A、B 两截面间的位差为 h,试求:
(1) A、B 间的压强差及能量损失;
(2) 若将管路水平放置而流量保持不变,则压差计读数及 A、B 间的压强差各为多少?

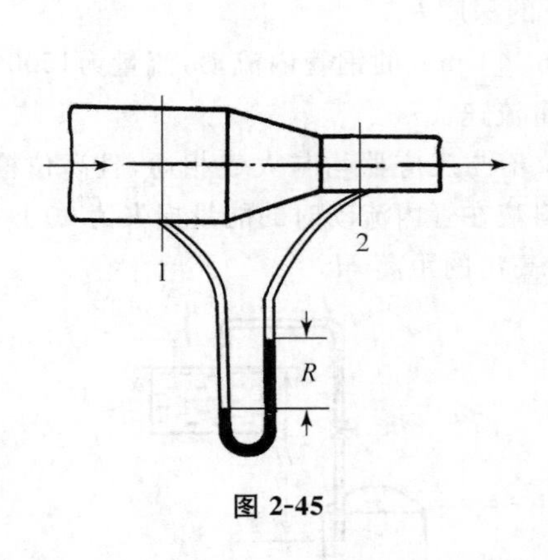

图 2-45

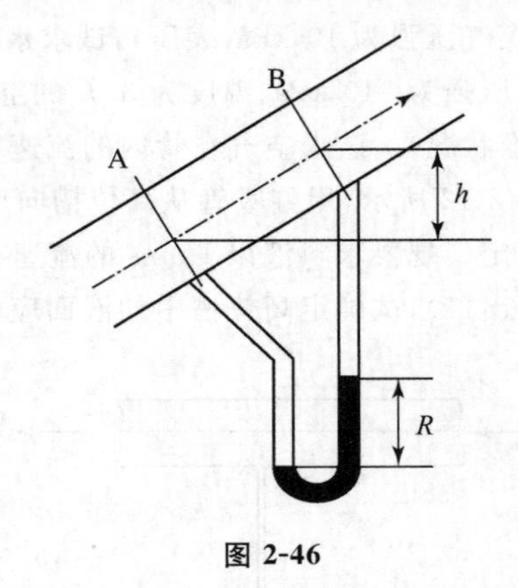

图 2-46

16. 25℃水在 Φ 60 mm×3 mm 的管道中流动,流量为 20 m^3/h,试判断流动形态。
17. 粘度为 1.2×10^{-3} Pa·s、密度为 1100 kg/m^3 的某溶液,在一个外管为 Φ 57 mm×3.5 mm、内管

为 Φ 25 mm×2.5 mm 所套装而成的环形通道中流动，其质量流量为 9.9×10^3 kg/h，试判断溶液在环形导管中的流动形态。

18. 用钢管输送质量分数为 98%的硫酸，要求输送的体积流量为 2.0 m^3/h，已查到 98%的硫酸的密度为1.84×10^3 kg/m^3，粘度为 2.5×10^{-2} Pa·s，管道的内径为 25 mm，求流动流体的雷诺数。若流量增大一倍，而欲使流动过程的雷诺数保持不变，则应使用多大直径的管道进行硫酸的输送？

19. 如图 2-47 所示，用泵将储槽中密度为 1200 kg/m^3 的溶液送到蒸发器内，储槽内液面维持恒定，其上方压强为 101.33 kPa，蒸发器上部的蒸发室内操作压强为 26670 Pa(真空度)，蒸发器进料口高于储槽内液面 15 m，进料量为 20 m^3/h，溶液流经全部管路的能量损失为 120 J/kg，求泵的有效功率。已知管路直径为 60 mm。

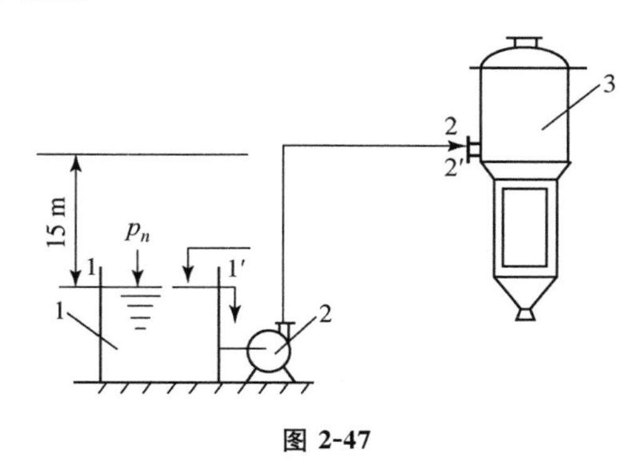

图 2-47

20. 如图 2-48 所示的烯烃精馏塔的回流系统，丙烯由储槽回流至塔顶。丙烯储槽液面恒定，其液面上方的压力为 2.0 MPa(表压)，精馏塔内操作压力为 1.3 MPa(表压)。塔内丙烯管出口处高出储槽内液面 30 m，管内径为 140 mm，丙烯密度为 600 kg/m^3。现要求输送量为 40×10^3 kg/h，管路的全部能量损失为 150 J/kg(不包括出口能量损失)，试核算该过程是否需要泵。

21. 如图 2-49 所示，用泵将储槽中的某油品以 40 m^3/h 的流量输送至高位槽。两槽的液位恒定，且相差 20 m，输送管内径为 100 mm，管子总长为 45 m(包括所有局部阻力的当量长度)。已知油品的密度为 890 kg/m^3，粘度为 0.487 Pa·s，试计算泵所需的有效功率。

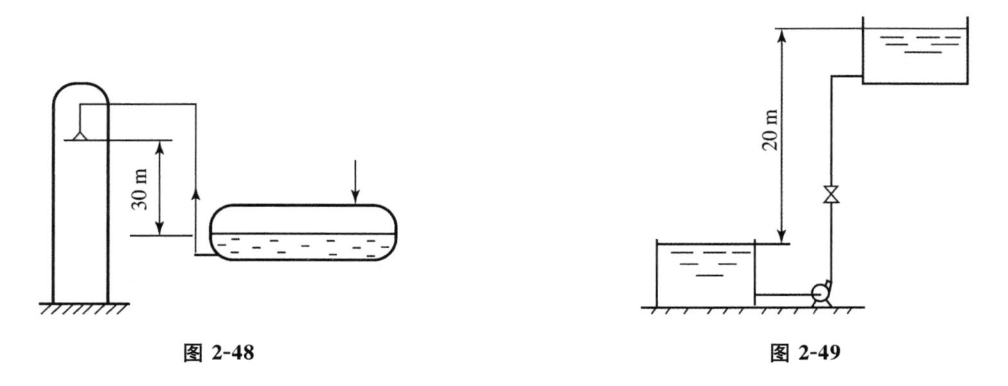

图 2-48　　　　**图 2-49**

22. 已知输出管径为 Φ 89 mm×3.5 mm，管长为 138 m，管子相对粗糙度 $\varepsilon/d=0.0001$，管路总阻力损失为 50 J/kg，求水的流量。已知水的密度为 1000 kg/m^3，粘度为 1×10^{-3} Pa·s。

23. 20℃苯由高位槽流入储槽中,两槽均为敞口,两槽液面恒定且相差 5 m。输送管为 Φ38 mm×3 mm 的钢管(ε=0.05 mm),总长为 100 m(包括所有局部阻力的当量长度),求苯的流量。

24. 用 20℃的清水对一台离心泵的性能进行测定,实验测得:体积流量为 10 m^3/h 时,泵出口的压力表读数为 1.67×10^5 Pa,泵入口的真空表读数为 -2.13×10^4 Pa,轴功率为 1.09 kW。真空表测压截面与压力表测压截面的垂直距离为 0.5 m。试求泵的压头与效率。

25. 原有一台水泵,其输水量为 20 m^3/h,扬程 25 m,直接由电机带动,转速 2900 r/min。因故临时将电机更换为 1450 r/min 的电机,问泵的性能大致有何变化?

第三章　传热及换热器

3.1　概　　述

由于温度差引起的能量转移称为传热。化工生产与传热单元操作关系密切，几乎所有的化工生产过程和单元操作都离不开传热。化工生产中传热有三种目的：一是冷却或加热某种流体，以达到工艺所要求的温度；二是热能的回收和利用；三是保温，以减少热量的损失。例如，化学反应通常在一定温度下进行，为了使反应器保持一定温度，就需要向反应器提供或取走一定热量；蒸馏单元操作中塔顶的轻组分需要经冷凝器冷却后作为回流液，塔底的重组分需要经再沸器加热后作为上升气体；此外，化工设备的保温、化工生产中热能的合理利用和废热的回收都与传热有关。

3.1.1　传热的基本方式

根据传热机理的不同，传热有三种基本方式：热传导、对流传热和热辐射。传热的过程可以通过其中一种方式或几种方式同时进行。

1. 热传导

热传导又称导热，可以发生在固体、液体和气体中。系统内温度较高部分借助微观粒子（分子、原子或自由电子等）的热运动将热量传递给温度较低部分而引起的热量传递，称为热传导。热传导的条件是系统两部分之间存在温度差，此时，热量从高温部分传向低温部分，或从高温物体传向与之相邻的低温物体，直至两者温度相等。热传导的特点是系统内各部分或质点不发生宏观位移。

2. 对流传热

对流传热也称为热对流或对流，仅发生在流体内。由于流体内质点发生宏观位移和混合，热量从高温处传递至低温处的过程，称为热对流。在对流传热的过程中常常伴随着热传导，如流体在固体表面流过时，在紧贴固体表面的层流内层中，流体质点之间的热量传递方式为热传导；而在流体湍流层内热量传递方式则为热对流。因而，工程上将流体流过固体表面而进行的热交换统称为对流传热。

引起流体内质点发生相对位移和混合的原因有两种：一是因流体内各处的温度不同导致的密度差别所引起的质点的相对位移，称为自然对流；二是因泵、风机等机械设备提供的机械能的介入而引起的质点的强制运动，称为强制对流。

3. 热辐射

热辐射也称为辐射传热。只要物体本身有一定温度，都在不停地向外发射辐射能，此能量以电磁波的形式在空间传播，当被其他物体部分或全部吸收时又转变为热能，这种通过电磁波传递热量的方式即为热辐射。由于高温物体发射的热量比吸收的多，而低温物体则相反，从而热量从高温物体传递至低温物体。

3.1.2 热平衡方程与热流量方程

1. 热平衡方程

冷热流体在换热器内进行热量交换，若忽略换热器的热量损失，根据能量守恒定律，热流体放出的热量等于冷流体吸收的热量，即 $Q_{放}=Q_{吸}$，称之为热平衡方程或热量衡算式。

若冷热流体在换热器内无相变，且流体的比热容不随温度改变或可取平均温度下的比热容，对于换热器微元面积，其热量衡算式为

$$dQ = -W_h c_{ph} dT = W_c c_{pc} dt \tag{3-1}$$

对于整个换热器，热量衡算式可表述为

$$Q = W_h c_{ph}(T_1 - T_2) = W_c c_{pc}(t_2 - t_1) \tag{3-2}$$

式(3-1)和(3-2)中，Q—换热器单位时间的换热量(换热器热负荷)，W；

W_c，W_h—冷、热流体的质量流量，kg/s；

c_{pc}，c_{ph}—冷、热流体的比热容，kJ/(kg・℃)；

t_1，t_2，T_1，T_2—冷、热流体的进口和出口温度，℃。

若冷热流体有相变，例如饱和蒸气冷凝时：

$$Q = W_h r = W_c c_{pc}(t_2 - t_1) \tag{3-3}$$

式中，W_h—饱和蒸气(热流体)的冷凝速率，kg/s；

r—饱和蒸气的冷凝热，kJ/kg。

式(3-3)应用条件为冷凝液在饱和温度下离开换热器。若冷凝液出口温度低于饱和温度，则式(3-3)应变为

$$W_h[r + c_{ph}(T_s - T_2)] = W_c c_{pc}(t_2 - t_1) \tag{3-4}$$

式中，c_{ph}—冷凝液的比热容，kJ/(kg・℃)；

T_s—冷凝液的饱和温度，℃。

2. 热流量方程

热流量(又称传热速率)是指单位时间内通过传热面的热量，用 Q 表示，单位为 W，是评价换热器的传热快慢的物理量。

热通量(又称传热速度)是指单位传热面积的传热速率，用 q 表示，单位 W/m^2。

传热速率与传热推动力(温度差，Δt)成正比，与传热过程的阻力(热阻，R)成反比。传热速率方程可表示为

$$传热速率 = \frac{传热推动力}{传热阻力} \tag{3-5}$$

若温度差以 Δt 表示，传热过程的阻力用 R 或 R' 表示，则传热速率可表述为

$$Q = \frac{\Delta t}{R} \tag{3-6}$$

$$q = \frac{\Delta t}{R'} \tag{3-7}$$

式中，R—整个换热器的热阻，℃/W；

R'—单位传热面积的热阻，$m^2 \cdot ℃/W$。

式(3-6)即为热流量方程(传热速率方程)。对于不同的传热方式，找出热阻的表达方式，即可求得传热速率。

3.2 热　传　导

3.2.1 温度场与傅里叶定律

1. 温度场和温度梯度

只要物体或系统内存在温度差，热量就会从高温部分(高温物体)向低温部分(低温物体)进行热传导，导热速率与物体(系统)内温度分布有关。温度场是某一时刻物体或系统内各点温度分布的总和，是该点空间位置和时间的函数，故温度场的数学表达式为

$$t = f(x,y,z,\theta) \tag{3-8}$$

式中，x,y,z—物体内任一点的空间坐标；

t—温度，℃或K；

θ—时间，s。

温度场内，若各点温度不随时间改变，此温度场为稳态温度场，其温度场表达式为

$$t = f(x,y,z) \tag{3-9}$$

若温度场内各点随时间改变，则此温度场称为非稳态温度场，$t=f(x,y,z,\theta)$。

如果稳态温度场内，温度只沿一个坐标方向改变，即为一维温度场，其温度场表达式为

$$t = f(x) \tag{3-10}$$

温度场内同一时刻下温度相同的点组成的面，称为等温面。等温面上各点温度相同，不发生热量传递；而相邻的等温面间存在温度的变化，将发生热量传递，其热量传递的速率与温度梯度有关。通常，将温度为$(t+\Delta t)$和温度为t的两个相邻等温面的温度差Δt与两个等温面间的垂直距离Δn的比值的极限，称为温度梯度(图3-1)。

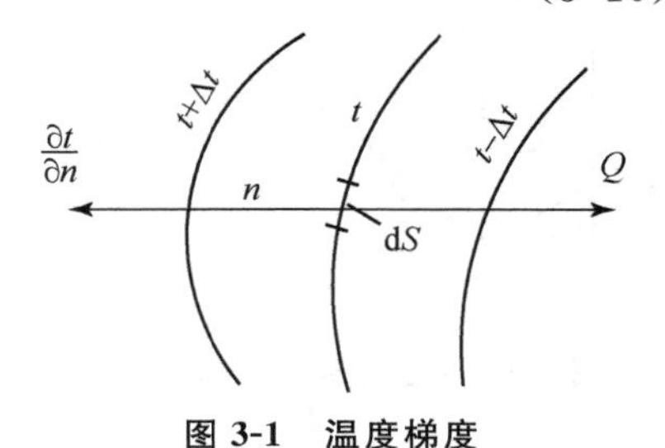

图3-1　温度梯度

$$\text{grad}t = \lim_{\Delta n \to 0}\frac{\Delta t}{\Delta n} = \frac{\vec{\partial t}}{\partial n} \tag{3-11}$$

温度梯度$\frac{\vec{\partial t}}{\partial n}$为向量，其方向垂直于等温面，并指向温度增加的方向。通常，将温度梯度的标量$\frac{\partial t}{\partial n}$也称为温度梯度。

2. 傅里叶定律

实验表明，通过两个等温面的导热速率与温度梯度和传热面积成正比，此即傅里叶定律，其表达式为

$$dQ = -\lambda dS \frac{\partial t}{\partial n} \tag{3-12}$$

式中，Q—导热速率，即单位时间传递的热量，其方向与温度梯度相反，W；

S—传热面积，m^2；

λ—导热系数，W/(m·℃)；

$\frac{\partial t}{\partial n}$—温度梯度；

由式(3-12)可以得到导热系数的定义式：

$$\lambda = \frac{-\mathrm{d}Q}{\mathrm{d}S\frac{\partial t}{\partial n}} \tag{3-13}$$

由式(3-13)可知，导热系数为单位温度梯度下的热通量。因此，导热系数为表征物体导热能力的参数，是物质性质之一。其数值大小与物质的化学组成、结构、密度、温度和压强有关，具体数值通常由实验测定，工程计算时也可从有关技术手册查找。一般而言，在各种材料中，金属材料是热的良导体，导热系数最大，非金属固体次之；液体的导热系数小；气体的导热系数最小。

3.2.2 平壁的稳态热传导

1. 单层平壁热传导

如图 3-2 所示，假设平壁材料均一，导热系数 λ 为定值或取两侧壁面温度下的平均值，壁厚为 b，平壁内的温度仅沿垂直于壁面的方向改变而不随时间改变，壁两侧温度分别为 t_1 和 t_2，且 $t_1 > t_2$。则此种情况为稳态的一维平壁热传导，等温面为垂直于 x 轴的平行面，导热面积 S 和导热速率 Q 为定值。根据傅里叶定律，稳态单层平壁热传导速率为

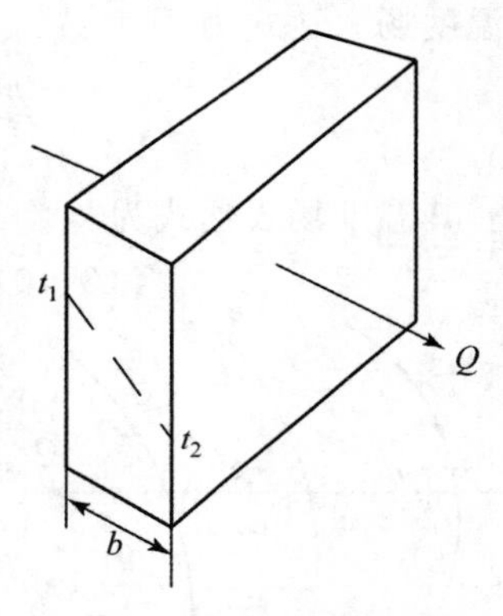

图 3-2 单层平壁热传导

$$Q = -\lambda S\frac{\mathrm{d}t}{\mathrm{d}x} \tag{3-14}$$

对式(3-14)进行积分，当 $x=0, t=t_1$；$x=b, t=t_2$，则

$$Q = \frac{t_1 - t_2}{\frac{b}{\lambda S}} = \frac{\Delta t}{R} \tag{3-15}$$

式中，Q—传热速率，W；

λ—导热系数，W/(m·℃)；

b—平壁厚度，m；

t_1, t_2—平壁两侧温度，℃；

Δt—平壁两侧温度差、导热推动力，℃；

R—导热热阻，℃/W。

2. 多层平壁热传导

以三层平壁为例，假设各层之间接触良好，互相接触的表面温度相等，各层的厚度和表面温度如图 3-3 所示。在稳态热传导过程中，各层的导热速率相等，即 $Q=Q_1=Q_2=Q_3$。

$$Q = \frac{t_1 - t_2}{\frac{b_1}{\lambda_1 S}} = \frac{t_2 - t_3}{\frac{b_2}{\lambda_2 S}} = \frac{t_3 - t_4}{\frac{b_3}{\lambda_3 S}} \tag{3-16}$$

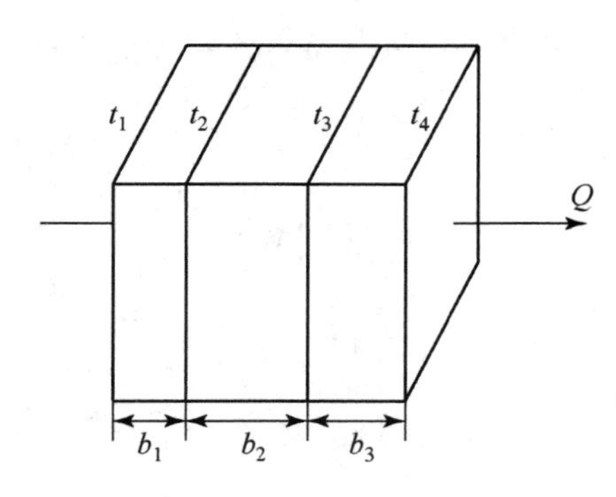

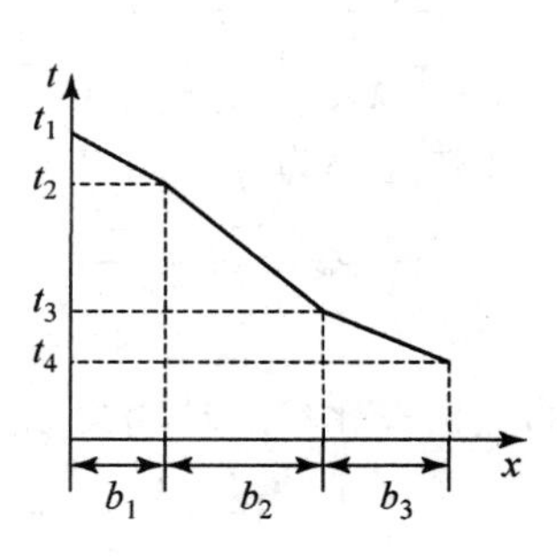

图 3-3　多层平壁热传导

对于第一层
$$\Delta t_1 = t_1 - t_2 = \frac{b_1}{\lambda_1 S}Q \tag{a}$$

对于第二层
$$\Delta t_2 = t_2 - t_3 = \frac{b_2}{\lambda_2 S}Q \tag{b}$$

对于第三层
$$\Delta t_3 = t_3 - t_4 = \frac{b_3}{\lambda_3 S}Q \tag{c}$$

将(a)、(b)和(c)三式相加并整理得

$$\Delta t_1 + \Delta t_2 + \Delta t_3 = t_1 - t_4 = \left(\frac{b_1}{\lambda_1 S} + \frac{b_2}{\lambda_2 S} + \frac{b_3}{\lambda_3 S}\right)Q$$

即
$$Q = \frac{\Delta t_1 + \Delta t_2 + \Delta t_3}{\dfrac{b_1}{\lambda_1 S} + \dfrac{b_2}{\lambda_2 S} + \dfrac{b_3}{\lambda_3 S}} = \frac{t_1 - t_4}{R_1 + R_2 + R_3} \tag{3-17}$$

那么推广到多层平壁，热传导速率：

$$Q = \frac{t_1 - t_{n+1}}{\sum\limits_{i=1}^{i=n} \dfrac{b_i}{\lambda_i S}} = \frac{t_1 - t_{n+1}}{\sum\limits_{i=1}^{i=n} R_i} \tag{3-18}$$

从式(3-18)可以看出，多层平壁稳态热传导总传热推动力等于各层传热推动力之和，总热阻为各层热阻之和。另外，式(3-16)表明，各层的导热推动力与该层的热阻成正比。

【例 3-1】　在寒冷的东北地区，一扇面积为 2 m^2 的玻璃窗，若使用单层玻璃结构，测得的玻璃内外表面的温度分别为 16℃和−21℃，玻璃厚度为 5 mm，导热系数为 0.7 W/(m·℃)。为了提高玻璃窗的保温效果，通常使用双层玻璃结构，即在双层玻璃之间充满一定厚度的空气。若已知双层玻璃间空气厚度为 10 mm，空气的导热系数为 0.02 W/(m·℃)，玻璃厚度仍为 5 mm，测得室内、外温度分别为 20℃和−21℃。试求：(1) 双层玻璃结构玻璃窗的热损失比原来单层结构玻璃窗减少的百分数；(2) 双层玻璃窗各层接触面的温度。

解　设 t_1 为室内温度，t_2、t_3 分别为空气层与内外两层玻璃的接触面温度，t_4 为室外温度。

(1) 双层玻璃窗为三层平壁热传导，其导热速率为

$$Q=\frac{t_1-t_4}{\frac{b_1}{\lambda_1 S}+\frac{b_2}{\lambda_2 S}+\frac{b_3}{\lambda_3 S}}=\frac{20-(-21)}{\frac{0.005}{0.7\times 2}+\frac{0.01}{0.02\times 2}+\frac{0.005}{0.7\times 2}}\ \mathrm{W/m^2}=159.4\ \mathrm{W/m^2}$$

单层玻璃窗的导热速率为

$$Q'=\frac{t_1'-t_2'}{\frac{b_1}{\lambda_1 S}}=\frac{16-(-21)}{\frac{0.005}{0.7\times 2}}\ \mathrm{W/m^2}=10360\ \mathrm{W/m^2}$$

双层玻璃窗的热损失比单层玻璃窗减少的百分数为

$$\frac{Q'-Q}{Q'}=\frac{10360-159.4}{10360}\times 100\%=98.46\%$$

(2) $$\Delta t_1=t_1-t_2=\frac{b_1}{\lambda_1 S}\times Q=\left(\frac{0.005}{0.7\times 2}\times 159.4\right)℃=0.6℃,\quad t_2=19.4℃;$$

$$\Delta t_2=t_2-t_3=\frac{b_2}{\lambda_2 S}\times Q=\left(\frac{0.01}{0.02\times 2}\times 159.4\right)℃=39.9℃,\quad t_3=-20.5℃$$

或 $$\Delta t_3=t_3-t_4=\frac{b_3}{\lambda_3 S}\times Q=\left(\frac{0.005}{0.7\times 2}\times 159.4\right)℃=0.6℃,\quad t_3=-20.4℃$$

3.2.3 圆筒壁的稳态热传导

1. 单层圆筒壁热传导

圆筒壁热传导在化工生产中非常普遍，如各种管式换热器的换热面都是圆筒壁。与平壁热传导不同之处在于，圆筒壁热传导的传热面积不是常量，而是随圆筒半径变化。若温度只沿半径变化，即等温面为同心圆柱面，如图 3-4 所示，在半径 r 处取微元 $\mathrm{d}r$ 的薄壁圆筒，则传热面积可视为常量，即为 $2\pi rL$。根据傅里叶定律，有

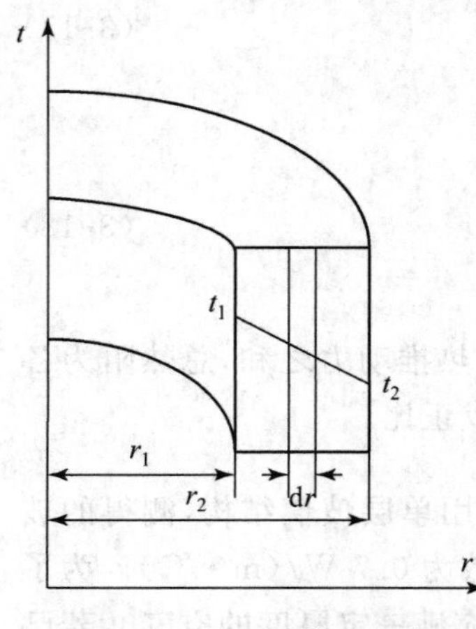

图 3-4 单层圆筒壁热传导

$$Q=-\lambda 2\pi rL\frac{\mathrm{d}t}{\mathrm{d}r}\tag{3-19}$$

对式(3-19)分离变量并进行积分，得

$$\int_{r_1}^{r_2}\frac{\mathrm{d}r}{r}=\frac{-2\pi\lambda L}{Q}\int_{t_1}^{t_2}\mathrm{d}t$$

$$Q=\frac{2\pi L\lambda(t_1-t_2)}{\ln\frac{r_2}{r_1}}\tag{3-20}$$

式(3-20)可以改写为平壁热传导速率形式：

$$Q=\frac{t_1-t_2}{\frac{r_2-r_1}{\frac{2\pi L(r_2-r_1)}{\ln\frac{r_2}{r_1}}\times\lambda}}=\frac{t_1-t_2}{\frac{b_\mathrm{m}}{S_\mathrm{m}\lambda}}\tag{3-21}$$

式中，$b_\mathrm{m}=r_2-r_1$；$S_\mathrm{m}=\frac{2\pi L(r_2-r_1)}{\ln\frac{r_2}{r_1}}=2\pi Lr_\mathrm{m}$；$r_\mathrm{m}$ 为对数平均半径，即 $r_\mathrm{m}=\frac{r_2-r_1}{\ln\frac{r_2}{r_1}}$，当 $\frac{r_2}{r_1}\leqslant 2$ 时，可以用算术平均半径代替对数平均半径，即 $r_\mathrm{m}=\frac{r_2+r_1}{2}$。

2. 多层圆筒壁热传导

其推导过程与多层平壁热传导速率推导过程类似，经推导可以得到

$$Q=\frac{t_1-t_{n+1}}{\sum_{i=1}^{n}\frac{b_{mi}}{\lambda_i S_{mi}}} \tag{3-22}$$

式中

$$b_{mi}=r_{i+1}-r_i,\quad S_{mi}=\frac{2\pi L(r_{i+1}-r_i)}{\ln\frac{r_{i+1}}{r_i}}$$

或者

$$Q=\frac{t_1-t_{n+1}}{\sum_{i=1}^{n}\frac{1}{2\pi L\lambda_i}\ln\frac{r_{i+1}}{r_i}} \tag{3-23}$$

【例 3-2】 Φ 60 mm×3 mm 铝合金管[导热系数按钢管选取，为 45.3 W/(m·℃)]，外包一层厚 30 mm 石棉后，又包一层 30 mm 软木。石棉和软木的导热系数分别为 0.16 W/(m·℃)和 0.04 W/(m·℃)。又已知管内壁温度为－110℃，软木外侧温度为 10℃。试求：(1) 每米管长所损失的热量。(2) 若将两保温材料互换，互换后假设石棉外侧的温度仍为 10℃不变，则此时每米管长上损失的热量为多少？

解　(1) 每米管长所损失的热量

$$Q=\frac{2\pi L(t_1-t_4)}{\frac{1}{\lambda_1}\ln\frac{r_2}{r_1}+\frac{1}{\lambda_2}\ln\frac{r_3}{r_2}+\frac{1}{\lambda_3}\ln\frac{r_4}{r_3}}$$

式中 $t_1=10$℃，$t_4=-110$℃，$L=1$ m，$r_1=(60-3\times2)$ mm$=54$ mm，$r_2=60$ mm，$r_3=90$ mm，$r_4=120$ mm，$\lambda_1=45.3$ W/(m·℃)，$\lambda_2=0.16$ W/(m·℃)，$\lambda_3=0.04$ W/(m·℃)。可得$Q=77.45$ W。

(2) 两保温材料互换后，每米管长所损失的热量

$$Q'=\frac{2\pi L(t_1-t_4)}{\frac{1}{\lambda_1'}\ln\frac{r_2}{r_1}+\frac{1}{\lambda_2'}\ln\frac{r_3}{r_2}+\frac{1}{\lambda_3'}\ln\frac{r_4}{r_3}}$$

式中 $t_1=10$℃，$t_4=-110$℃，$L=1$ m，$r_1=(60-3\times2)$ mm$=54$ mm，$r_2=60$ mm，$r_3=90$ mm，$r_4=120$ mm，$\lambda_1'=45.3$ W/(m·℃)，$\lambda_2'=0.04$ W/(m·℃)，$\lambda_3'=0.16$ W/(m·℃)。可得$Q'=63.12$ W。

3.3 热　对　流

3.3.1 对流传热过程

对流传热的发生依靠流体内质点的移动和混合，因而与流体的流动状态密切相关。工业过程中的流体流动多为湍流，湍流主体内质点互相碰撞和混合，因此在湍流主体中温度差很小，各处温度基本相同，如图 3-5 所示。在流体流动方向的垂直截面上，湍流主体内温度梯度很小。不论湍流程度多大，由于流体粘性的作用，靠近壁面处仍有一层层流内层，层流内层中流体分层流

动，层与层之间不发生相对位移。因此，在层流内垂直流体流动方向的热传递方式为热传导。由于流体的导热系数很小，使层流内层的导热热阻很大，因此层流内层温度梯度很大。对流传热的热阻主要集中在层流内层内，有效降低层流内层厚度是强化对流传热的有效途径。

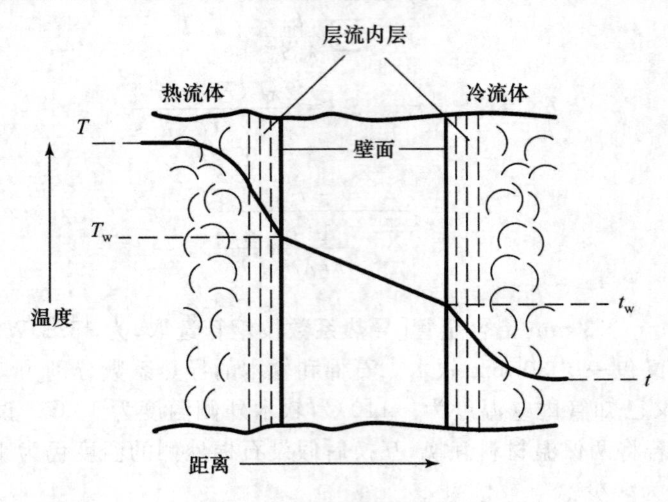

图 3-5 对流传热温度分布

3.3.2 牛顿冷却定律

化工生产中换热器多是间壁式换热器，如图 3-6 所示。冷热流体在间壁式换热器内逆流流动，热流体将热量传递给冷流体经过三个过程：

(1) 热流体将热量传递给固体壁面的一侧——对流传热；

(2) 热量由固体壁面的一侧传递至另一侧——热传导；

(3) 热量由固体壁面的另一侧传递给冷流体——对流传热。

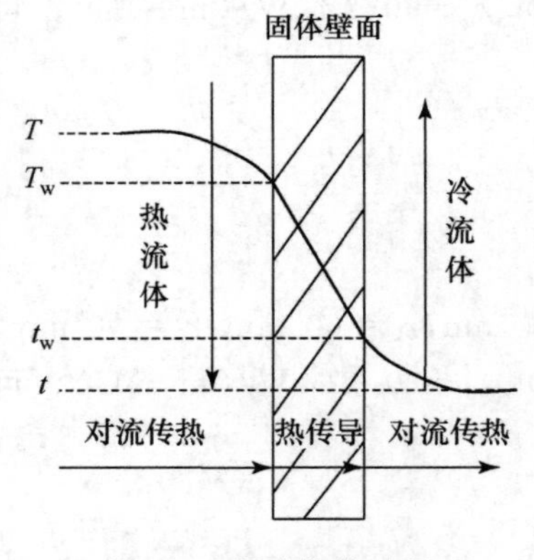

图 3-6 间壁传热过程

若想求得间壁式换热器的传热速率，要已知对流传热速率和热传导速率。热传导速率可由傅里叶定律得到；对流传热速率可用牛顿冷却定律来描述，即对流传热速率与对流传热面积及流体与壁面的温度差成正比。由于沿流体流动方向上，流体与壁面的温度是变化的，对流传热速率用微分形式表示。

以热流体一端的对流传热为例，对流传热速率可以表示为

$$dQ = \alpha(T - T_w)dS \tag{3-24}$$

式中，dQ—局部对流传热速率，W；

dS—微分传热面积，m^2；

α—局部对流传热系数，W/(m^2 · ℃)；

T—热流体的平均温度，℃；

T_w—与热流体相接触的壁面平均温度，℃。

对于管式换热器，若热流体在管内流动，冷流体在管间流动。基于不同换热面积，对流传热速率可以写成以下两种形式：

基于换热器的管内侧表面：　$dQ=\alpha_i(T-T_w)dS_i$　(3-25)

基于换热器的管外侧表面：　$dQ=\alpha_o(t_w-t)dS_o$　(3-26)

式中，α_i,α_o—换热器管内侧和管外侧对流传热系数，W/(m² · ℃)；

S_i,S_o—换热器管内侧表面积和管外侧表面积，m²；

T,t—热流体和冷流体平均温度，℃；

T_w,t_w—热流体一侧壁面温度，冷流体侧壁面温度，℃。

应该指出，牛顿冷却定律并非理论推导公式，而是一种推论，它表达了复杂的对流传热问题，将各种复杂因素集中到对流传热系数 α 的确定上来。影响对流传热系数 α 的因素很多，如流体的状态、流体的物理性质、流体流动形态及换热器形状等，一般由实验测定或半经验公式计算。

3.4　热交换的计算

3.4.1　总传热系数

前已述及，冷热流体在间壁式换热器内，热量传递经过热流体将热量传递到壁面的对流传热、间壁热传导和管壁与冷流体的对流传热三个过程。若此过程为稳态传热过程，则三个过程的传热速率相等，即 $dQ_1=dQ_2=dQ_3=dQ$。

由 $dQ_1=\alpha_i(T-T_w)dS_i$ 可得　$T-T_w=\frac{1}{\alpha_i}\frac{dQ_1}{dS_i}$　(3-27)

由 $dQ_3=\frac{(T_w-t_w)dS_m}{\frac{b}{\lambda}}$ 可得　$T_w-t_w=\frac{b}{\lambda}\frac{dQ_2}{dS_m}$　(3-28)

由 $dQ_3=\alpha_o(t_w-t)dS_o$ 可得　$t_w-t=\frac{1}{\alpha_o}\frac{dQ_3}{dS_o}$　(3-29)

将式(3-27)、(3-28)和(3-29)三式左右两侧相加得

$$(T-T_w)+(T_w-t_w)+(t_w-t)=T-t=\left(\frac{1}{\alpha_i dS_i}+\frac{b}{\lambda dS_m}+\frac{1}{\alpha_o dS_o}\right)dQ$$

$$dQ=\frac{1}{\frac{1}{\alpha_i}\times\frac{dS_o}{dS_i}+\frac{b}{\lambda}\times\frac{dS_o}{dS_m}+\frac{1}{\alpha_o}}(T-t)dS_o$$

由于$\frac{dS_o}{dS_i}=\frac{d_o}{d_i},\frac{dS_o}{dS_m}=\frac{d_o}{d_m}$，故

$$dQ=\frac{1}{\frac{d_o}{\alpha_i d_i}+\frac{bd_o}{\lambda d_m}+\frac{1}{\alpha_o}}(T-t)dS_o \tag{3-30}$$

令 $K_o=\frac{1}{\frac{d_o}{\alpha_i d_i}+\frac{bd_o}{\lambda d_m}+\frac{1}{\alpha_o}}$，代入式(3-30)，得

$$dQ=K_o(T-t)dS_o=K_o\Delta t dS_o \tag{3-31}$$

式(3-31)为总传热速率微分方程。其中，K_o 为基于管外表面积的总传热系数。此方程避开了间壁温度 T_w 和 t_w，因此，已知冷热流体温度，即可计算总传热速率。

同理，总传热速率微分方程可以表述为基于管内表面积或管平均表面积的形式：

$$dQ = K_i(T-t)dS_i = K_i\Delta t dS_i \tag{3-32}$$

$$dQ = K_m(T-t)dS_m = K_m\Delta t dS_m \tag{3-33}$$

$$K_i = \frac{1}{\frac{1}{\alpha_i}+\frac{bd_i}{\lambda d_m}+\frac{d_i}{\alpha_o d_o}},\quad K_m = \frac{1}{\frac{d_m}{\alpha_i d_i}+\frac{b}{\lambda}+\frac{d_m}{\alpha_o d_o}}$$

式(3-32)和(3-33)分别为基于管内表面积和管平均表面积的总传热速率微分方程。式中：

K_i，K_m—基于管内表面积和管平均表面积的总传热系数，W/(m² · ℃)；

S_i，S_m—管内表面积和管平均表面积，m²。

【例 3-3】 某列管换热器由 Φ 35 mm×2.5 mm 的钢管组成，用水蒸气加热原油，原油流经管程，且与水蒸气逆流流动。已知管内侧原油的对流传热系数为 900 W/(m² · ℃)，管外侧水蒸气冷凝的对流传热系数为 12000 W/(m² · ℃)，钢的导热系数为 45 kW/(m² · ℃)，冷热流体侧的污垢热阻分别为 0.2×10^{-3} m² · ℃/W 和 0.5×10^{-3} m² · ℃/W。试求：(1) 基于管外表面积的总传热系数；(2) 若忽略管内外两侧污垢热阻，其他条件不变，将管内外两侧流体分别提高 1 倍，试分别计算对流传热系数。

解 (1) 基于管外表面积的总传热系数：

$$\frac{1}{K_o} = \frac{d_o}{\alpha_i d_i}+\frac{bd_o}{\lambda d_m}+\frac{1}{\alpha_o}+R_{si}\frac{d_o}{d_i}+R_{so}$$

热流体走管程，冷流体走壳程：

$$\alpha_i = 900\ \text{W/(m}^2\cdot℃),\quad \alpha_o = 12000\ \text{W/(m}^2\cdot℃),\quad \lambda = 45\ \text{W/(m}^2\cdot℃)$$

$$R_{si} = 0.2\times10^{-3}\ \text{m}^2\cdot℃/\text{W},\quad R_{so} = 0.5\times10^{-3}\ \text{m}^2\cdot℃/\text{W}$$

$$d_o = 0.035\ \text{m},\quad d_i = 0.030\ \text{m},\quad b = 2.5\times10^{-3}\ \text{m},\quad d_m = 0.0325\ \text{m}$$

$$\frac{1}{K_o} = \Big(\frac{0.035}{900\times0.030}+\frac{0.0025\times0.035}{45\times0.0325}+\frac{1}{12000}$$

$$+0.2\times10^{-3}\times\frac{0.035}{0.030}+0.5\times10^{-3}\Big)\ \text{m}^2\cdot℃/\text{W}$$

$$K_o = 460.38\ \text{W/(m}^2\cdot℃)$$

(2) 将 α_i 提高一倍：

$$\frac{1}{K_o} = \Big(\frac{0.035}{1800\times0.030}+\frac{0.0025\times0.035}{45\times0.0325}+\frac{1}{12000}\Big)\ \text{m}^2\cdot℃/\text{W}$$

$$K_o = 1264.06\ \text{W/(m}^2\cdot℃)$$

将 α_o 提高一倍：

$$\frac{1}{K_o} = \Big(\frac{0.035}{900\times0.030}+\frac{0.0025\times0.035}{45\times0.0325}+\frac{1}{24000}\Big)\ \text{m}^2\cdot℃/\text{W}$$

$$K_o = 715.58\ \text{W/(m}^2\cdot℃)$$

由此题计算可知，若管内外两侧流体对流传热系数差别很大，提高对流传热系数较小的一侧的 α，可有效提高总传热系数 K。

3.4.2　传热的平均温差

根据冷热流体在换热器内温度变化情况，可将传热分为恒温传热和变温传热两类。两类传热的温度差计算方法不同，分别阐述如下。

1. 恒温传热

如饱和水蒸气和沸腾的液体在换热器内进行热量交换，冷、热流体温度不沿管长改变，即两者间的温度差 Δt 处处相等，称之为恒温传热。此时，若总传热系数 K 不随换热器管长改变，对总传热速率微分方程[式(3-31)]进行积分可得

$$Q = KS(T - t) = KS\Delta t \tag{3-34}$$

2. 变温传热

逆流和并流是工业上设计间壁式换热器时采用的最常见的冷热流体相对流向。当间壁两侧流体的流向相反，即为逆流；若间壁两侧流体流向相同，即为并流。如图 3-7 所示，变温传热时，换热器间壁两侧的流体的温度沿管长改变，此时，两流体间的温度差沿管长改变，且与冷热流体相对流动方向相关，因而需要求出平均温度差。

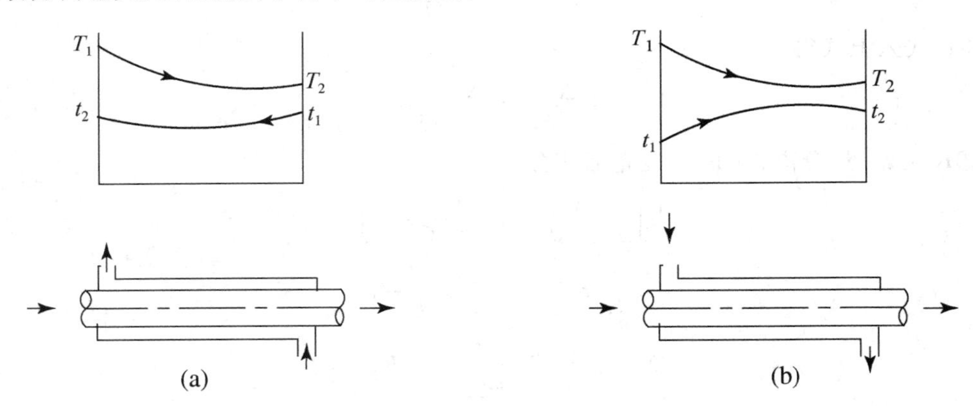

图 3-7　变温传热时的温度差变化：(a) 逆流；(b) 并流

在以下简化假定下：① 传热过程为稳态传热；② 冷热流体的比热容为常量，或可取进出口温度下的平均值；③ 总传热系数 K 为定值；④ 换热器热损失可以忽略不计，逆流和并流的平均温度差可以通过推导得到。以逆流流动为例，其推导过程如下：

由换热器微元面积的热量衡算式(3-1)可知：

$$\mathrm{d}Q = -W_{\mathrm{h}} cp_{\mathrm{h}} \mathrm{d}T = W_{\mathrm{c}} cp_{\mathrm{c}} \mathrm{d}t$$

根据假定条件①和②，可知：

$$\frac{\mathrm{d}Q}{\mathrm{d}T} = -W_{\mathrm{h}} cp_{\mathrm{h}} = \text{常量}, \quad \frac{\mathrm{d}Q}{\mathrm{d}t} = -W_{\mathrm{c}} cp_{\mathrm{c}} = \text{常量}$$

即 Q-T 及 Q-t 为线性方程，可分别表示为

$$T = mQ + b \tag{3-35}$$

$$t = pQ + c \tag{3-36}$$

将式(3-35)和(3-36)两式左右两侧相减可得

$$T - t = \Delta t = (m - p)Q + (b - c) \tag{3-37}$$

式(3-37)表明，Δt 与 Q 为线性关系，将上述线性方程定性地绘于图 3-8 中。

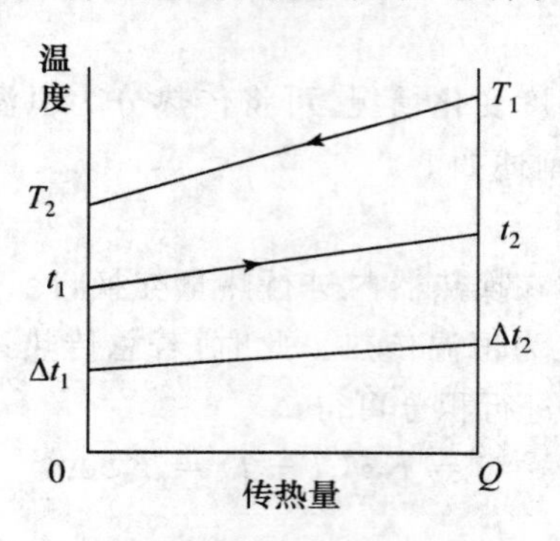

图 3-8 逆流流动时平均温度差推导

由图 3-8 可知，Δt-Q 的直线斜率为

$$\frac{d(\Delta t)}{dQ}=\frac{\Delta t_2-\Delta t_1}{Q} \tag{3-38}$$

将式(3-31)代入上式得

$$\frac{d(\Delta t)}{K dS \Delta t}=\frac{\Delta t_2-\Delta t_1}{Q} \tag{3-39}$$

由假定③K 为常量，分离式(3-39)变量后积分

$$\frac{1}{K}\int_{\Delta t_1}^{\Delta t_2}\frac{d(\Delta t)}{\Delta t}=\frac{\Delta t_2-\Delta t_1}{Q}\int_0^S dS$$

得

$$\frac{1}{K}\ln\frac{\Delta t_2}{\Delta t_1}=\frac{\Delta t_2-\Delta t_1}{Q}S$$

则

$$Q=KS\frac{\Delta t_2-\Delta t_1}{\ln\dfrac{\Delta t_2}{\Delta t_1}}=KS\Delta t_m \tag{3-40}$$

式(3-40)为适用于整个换热器的传热总速率方程式。由此式可知，平均温度差 Δt_m 为换热器两端冷热流体温度差的对数平均值，即

$$\Delta t_m=\frac{\Delta t_2-\Delta t_1}{\ln\dfrac{\Delta t_2}{\Delta t_1}} \tag{3-41}$$

若换热器内冷热流体并流流动，可导出与式(3-41)完全相同的结果。因此，此式为适用于逆流和并流时平均温度差 Δt_m 的通式。

式(3-40)中，逆流时，$\Delta t_1=T_1-t_2$，$\Delta t_2=T_2-t_1$；并流时，$\Delta t_1=T_1-t_1$，$\Delta t_2=T_2-t_2$。当 $\Delta t_2/\Delta t_1\leqslant 2$时，可用算术平均值代替对数平均值。

【例 3-4】 在一列管换热器中，用水冷却油。水的进出口温度分别为 15℃和 40℃，油的进出口温度分别为 150℃和 100℃。试求并流和逆流时的平均温度差，并作比较选定传热推动力的流体流向。

解

$$t_1=15℃ \longrightarrow t_2=40℃ \qquad t_1=15℃ \longrightarrow t_2=40℃$$

$$T_2=100℃ \longleftarrow T_1=150℃ \qquad T_1=150℃ \longrightarrow T_2=100℃$$

（1）逆流流动时：$\Delta t_1=T_1-t_2=110℃$，$\Delta t_2=T_2-t_1=85℃$，则

$$\Delta t_m=\frac{\Delta t_2-\Delta t_1}{\ln\frac{\Delta t_2}{\Delta t_1}}=\frac{110-85}{\ln\frac{110}{85}}℃=96.97℃$$

此时，$\frac{\Delta t_2}{\Delta t_1}=\frac{85}{110}=0.77<2$，使用算术平均值

$$\Delta t_m'=\frac{\Delta t_1+\Delta t_2}{2}=\frac{110+85}{2}℃=97.5℃$$

误差为
$$\frac{\Delta t_m'-\Delta t_m}{\Delta t_m}\times 100\%=\frac{97.5-96.97}{96.97}\times 100\%=0.55\%$$

说明，$\Delta t_2/\Delta t_1\leqslant 2$ 时可用算术平均值代替对数平均值，误差很小。

（2）并流流动时：$\Delta t_1=T_1-t_1=135℃$，$\Delta t_2=T_2-t_2=60℃$，则

$$\Delta t_m=\frac{\Delta t_2-\Delta t_1}{\ln\frac{\Delta t_2}{\Delta t_1}}=\frac{135-60}{\ln\frac{135}{60}}℃=92.48℃$$

计算结果表明，逆流流动时平均温度差大于并流流动，若换热的热负荷和总传热系数一定，冷热流体采用逆流流动，可以减少换热面积。并且，逆流流动时，热流体出口温度 T_2 的极限温度为冷流体进口温度 t_1；而并流流动时，热流体出口温度 T_2 的极限温度为冷流体出口温度 t_2，说明逆流流动时热流体的温降较并流时大，所以逆流流动时载热体的用量较少。同理，逆流流动时，冷流体的温升较并流时大，故冷却介质使用量少。因此，在换热器设计和使用时，优先采用逆流操作，但要根据实际工艺要求选择流体流向。例如，对热敏物质的加热不得超过一定温度，则采用并流流动。

3.4.3　热交换应用举例

1. 传热面积的计算

【例 3-5】 在一列管换热器中，用初温为 30℃的原油将重油由 180℃冷却到 120℃，已知重油和原油的流量分别为 1×10^4 kg/h 和 1.4×10^4 kg/h，比热容分别为 2.18 kJ/(kg·℃)和 1.95 kJ/(kg·℃)，传热系数 $K=450$ W/(m²·℃)。试计算逆流时换热器所需的传热面积。

解　由 $Q=W_h c p_h(T_1-T_2)=W_c c p_c(t_2-t_1)$ 求冷流体出口温度，其中 $W_h=1\times 10^4$ kg/h$=$2.78 kg/s，$cp_h=2.18$ kJ/(kg·℃)，$W_c=1.4\times 10^4$ kg/h$=$3.89 kg/s，$cp_c=1.95$ kJ/(kg·℃)，$T_1=180℃$，$T_2=120℃$，$t_1=30℃$，则

$$2.78\times 2.18\times(180-120)=3.89\times 1.95\times(t_2-30)$$

可得
$$t_2=78℃$$

可得热负荷：

$$Q=W_h c p_h(T_1-T_2)=[2.78\times 2.18\times(180-120)]\ \text{kW}=363.62\ \text{kW}$$

计算平均温度：

$$\Delta t_m=\frac{\Delta t_2-\Delta t_1}{\ln\dfrac{\Delta t_2}{\Delta t_1}}=\frac{102-90}{\ln\dfrac{102}{90}}℃=96.15℃$$

则
$$S=\frac{Q}{K\Delta t_m}=\frac{363.62\times 10^3}{450\times 96.15}\ m^2=8.4\ m^2$$

2. 总传热系数的测定

【例 3-6】 在一套管式换热器传热系数的测定实验中,已知该换热器内管为 Φ 35 mm×1.5 mm 的黄铜管,长度为 2.3 m。热水走管程,测得其流量为 5 L/min,进口温度为 50℃,出口温度为 40℃;冷水走环隙,进口温度为 18℃,出口温度为 30℃。试求基于内管的管外侧的总传热系数。

解

$$T_1=50℃ \longrightarrow T_2=40℃$$
$$t_2=30℃ \longleftarrow t_1=18℃$$

热负荷 Q:

$$Q=W_h c_{ph}(T_1-T_2)=\left(\frac{5}{60}\times 10^{-3}\times 1000\times 4.18\times 10^3\times 10\right)\ kW=3.48\ kW$$

平均温度:

$$\Delta t_1=(40-18)℃=22℃,\quad \Delta t_2=20℃,\quad \Delta t_2/\Delta t_1<2$$

$$\Delta t_m=\frac{\Delta t_1+\Delta t_2}{2}=\frac{22+20}{2}℃=21℃$$

传热面积:

$$S=\pi dL=(3.14\times 0.035\times 2.3)\ m^2=0.25\ m^2$$

所以

$$K=\frac{Q}{\Delta t_m S}=\frac{3.48\times 10^3}{21\times 0.25}\ W/(m^2\cdot ℃)=662.8\ W/(m^2\cdot ℃)$$

3.5 热交换器

3.5.1 热交换器的分类

1. 混合式换热器

在工业上的某些换热过程中,允许冷热流体直接接触,例如水蒸气的冷凝或气体的冷却,此时所使用的换热设备为混合式换热器,如凉水塔、冷凝器、洗涤器等。此类换热器结构简单,换热效果好,但换热机理复杂,传热过程同时伴有传质。

2. 蓄热式换热器

蓄热式换热器简称蓄热器,其内部装有填充材料(如耐火砖)。冷热气体交替流经换热器,当热气体流进蓄热器时，将其热量传递给蓄热器填充材料，将热量储存起来；当冷气体流经填充材料时，再从填充材料取走热量，以达到冷热流体的热量交换。蓄热器一般结构简单，可以耐高温，但体积庞大，不能完全杜绝冷热流体的混合，因而在化工传热中使用较少。

3. 间壁式换热器

间壁式换热器是化工生产中最常见的一种换热器，冷、热流体在间壁两侧进行热量交换，因而可以满足化工生产不允许冷热流体直接接触的要求。根据换热面结构不同，间壁式换热器可以分为管式换热器和板式换热器两大类。下面将主要介绍管式换热器。

3.5.2 典型的间壁式换热器

图 3-9 为一套管式换热器。它由直径不同的两根同心圆管构成，冷热流体分别走管内和环隙，其换热面为内管表面。

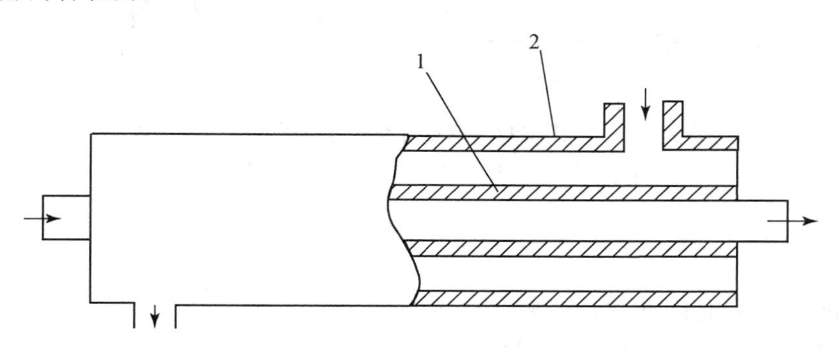

图 3-9　套管式换热器

1—内管　2—外管

图 3-10 为单程管壳式换热器。一种流体从接管 4 进入由封头 5 和管板 6 组成的分配室中，并被分配到各个管中，流经管束 2，由另一端的接管 4 流出换热器；另一种流体从接管 3 流入换热器，在壳体和管束间沿隔板作折流流动，从另一端壳体接管 3 流出。通常，流经管束的流体称为管程流体，在壳层内流动的流体称为壳层流体。由于管程流体在管束内只流过一次，故称为单程管壳式换热器。

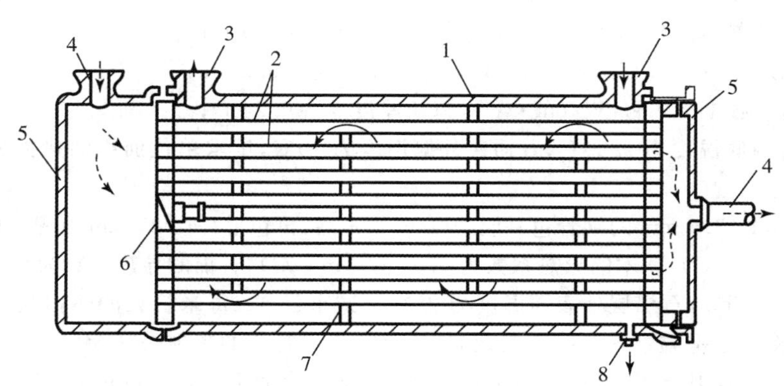

图 3-10　单程管壳式换热器

1—外壳　2—管束　3、4—接管　5—封头　6—管板　7—挡板　8—泄水管

图 3-11 为双程管壳式换热器。换热器一侧有两个分配室，另一侧有一个分配室。管程流体流经一半管束一次后，经换热器另一侧封头折回再流经另一半管束。由于管程流体流经 2 次管程，故称为双程管壳式换热器。若管程流体在管程流经多次（$2n$ 次），则称为多程管壳式换热器（四程、六程等）。

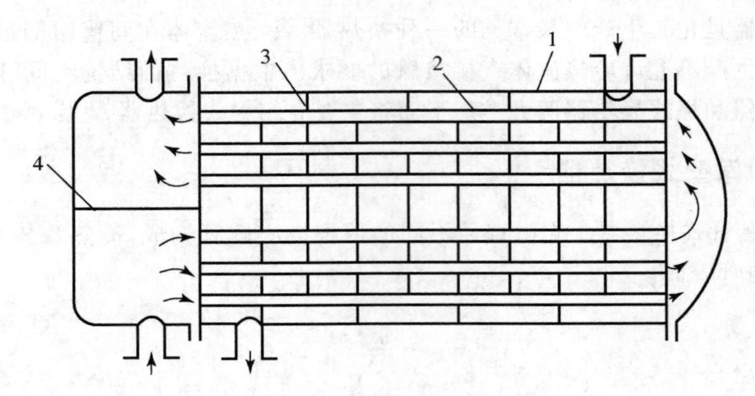

图 3-11 双程管壳式换热器

1—壳体 2—管束 3—挡板 4—隔板

参 考 文 献

[1] 夏清，等. 化工原理. 上册. 天津：天津大学出版社，2005.

[2] 张近. 化工基础. 北京：高等教育出版社，2002.

[3] 张四方. 化工基础. 北京：中国石化出版社，2004.

[4] 陈敏恒，等. 化工原理. 北京：化学工业出版社，2006.

习 题

1. 红砖平壁墙厚度为 500 mm，一侧温度为 200℃，另一侧为 30℃。设红砖的平均导热系数取 0.57 W/(m·℃)，试求：(1) 单位时间、单位面积导过的热量；(2) 距离高温侧 350 mm 处的温度。
2. 某燃烧炉的平壁由下列三种砖依次砌成：
   耐火砖：导热系数 $\lambda_1=1.05$ W/(m·℃)，每块厚度 $b_1=0.23$ m；
   绝热砖：导热系数 $\lambda_2=0.151$ W/(m·℃)，每块厚度 $b_2=0.23$ m；
   普通砖：导热系数 $\lambda_3=0.93$ W/(m·℃)，每块厚度 $b_3=0.24$ m；
   现测得耐火砖内侧温度为 1250℃，普通砖外侧温度为 40℃，试求单位面积的热损失和各层间接触温度。
3. 规格为 Φ 57 mm×3.5 mm 的钢管包一层 20 mm 软木后，再包上一层 25 mm 石棉。已知钢管的导热系数为 45 W/(m·℃)，软木的导热系数为 0.05 W/(m·℃)，石棉的导热系数为 0.25 W/(m·℃)，管内壁温度为 125℃，石棉层外表面温度为 25℃。试求：(1) 每米管长的热损失以及各界面间的温度；(2) 若将两层保温材料互换并假设温度不变，每米管长的热损失又为多少？
4. 炼油厂在管壳式换热器中用水蒸气加热原油。原油在直径 Φ 25 mm×2.5 mm 的列管内流动；已知管内侧原油的对流传热系数为 526 W/(m^2·℃)，管外侧水蒸气冷凝的对流传热系数为 10000 W/(m^2·℃)。换热器使用一段时候后，管壁内外两侧均有污垢形成，管内侧污垢热阻为 0.00025 $m^2 \cdot ℃/W$，管外侧污垢热阻为 0.00012 $m^2 \cdot ℃/W$。管壁导热系数为 45 W/(m·℃)。试求：(1) 基于管外表面积的总传热系数；(2) 产生污垢后热阻增加的百分数。

5. 用常压塔底重油预热原油，重油的初始温度为 365℃，最终温度为 210℃；原油的初始温度为 105℃，最终温度为 175℃。试比较并流和逆流传热时的必要传热面积之比(假设总传热系数不变)。

6. 在一套管式换热器中，用冷却水将 1.25 kg/s 的苯由 77℃ 冷却至 27℃，冷却水在规格为 Φ 25 mm×2.5 mm的管内与苯逆流流动，其进出口温度分别为 17℃和 47℃。已知水和苯的对流传热系数分别为 0.85 和 1.7 kW/(m^2·℃)，水和苯的比热容分别为 4.18 和 1.139 kJ/(kg·℃)，管壁导热系数为 45 W/(m·℃)，又两侧污垢热阻忽略不计。试求所需的管长和冷却水消耗量。

7. 在一管壳式换热器中，用冷水让常压下纯苯蒸气冷凝成饱和液体。苯蒸气的体积流量为 1650 m^3/h，常压下苯的沸点为 80.1℃，气化热为 394 kJ/kg。冷却水的进口温度为 20℃，流量为 3600 kg/h，水的平均比热容为 4.18 kJ/(kg·℃)。若总传热系数为 450 W/(m^2·℃)，试求换热器面积 S_o。假设换热器热损失可以忽略。

8. 在管长为 1 m 的单程套管式换热器中，用水冷却热油，两种流体并流换热。油的进口初始温度为 150℃，出口温度为 100℃；水的进口温度为 15℃，出口温度为 40℃。欲用加长换热器管子的方法，使油的出口温度降至 80℃，试求此时管长。假设在两种情况下，油和水的质量流量、进口温度、物性参数和传热系数均不变化，热损失可以忽略；换热器除管长外，其余尺寸不变。

9. 在一逆流套管式换热器中，用初温为 20℃的水将 1.25 kg/s 的液体[比热容为 1.9 kJ/(kg·℃)]由 80℃冷却到 30℃，换热器的直径为 Φ 25 mm×2.5 mm，水走管程，水侧和液体侧的对流传热系数分别为 0.85 kW/(m^2·℃)和 1.70 kW/(m^2·℃)，污垢热阻和管壁热阻忽略。若水的出口温度不能高于 50℃，试求换热器的传热面积 S_o。

10. 一传热面积为 15 m^2 的列管式换热器，壳程用 110℃饱和水蒸气将管程某溶液由 20℃加热至 80℃，溶液的处理量为 2.5×10^4 kg/h，比热容为 4 kJ/(kg·℃)，试求此操作条件下的总传热系数。又该换热器使用一年后，由于污垢热阻增加，溶液出口温度降至 72℃，若要出口温度仍为 80℃，加热水蒸气温度至少要多高？假设两种情况下饱和水蒸气出口时均为饱和水。

第四章　传质及塔设备

4.1　传质过程及塔设备简介

4.1.1　传质过程的类型

混合物的分离是化工生产中的重要过程，混合物分离常与化学反应共存，影响着化学反应过程，甚至成为化学反应的控制因素。混合物分为均相物系和非均相物系。非均相混合物的分离主要依靠质点运动与流体流动来实现。均相混合物的分离必须造成一个两相物系，依据混合物中不同组分间某种物性的差异，使一种组分或几种组分从一相转移到另一相，以达到混合物分离的目的。混合物的分离属于传质过程。所谓传质过程，是指物质以扩散方式从一处转移到另一处的过程，简称传质。在一相中发生的物质传递称为单相传质；通过相界面的物质传递为相间传质。化工生产中常见的传质过程有吸收、蒸馏、萃取等单元操作。这些单元操作的不同之处在于造成两相的方法和相态的差异。

传质过程的具体类型主要有：

1. 流体相间的传质过程

(1) 气相-液相：包括气体的吸收、液体的蒸馏、气体的增湿等单元操作。气体吸收指利用气体中各组分在液体溶剂中的溶解度不同，使易溶于溶剂的物质由气相传递到液相。液体蒸馏指依据液体中各组分的挥发性不同，使其中沸点低的组分气化，达到分离的目的。气体增湿是将干燥空气与液相接触，水分蒸发进入气相。

(2) 液相-液相：在均相液体混合物中加入具有选择性的溶剂，系统形成两个液相，如萃取过程。

2. 流体-固体间的传质过程

(1) 气相-固相：包括固体干燥、气体吸附等。固体干燥指含有水分或其他溶剂的固体，与比较干燥的热气体相接触，被加热的湿分气化而离开固体进入气相，从而将湿分除去。气体吸附指气相中某个或某些组分从气相向固相的传递过程。

(2) 液相-固相：包括结晶、固体浸取、液体吸附、离子交换等。结晶指含某物质的过饱和溶液与同一物质的固相相接触时，其分子以扩散方式通过溶液达到固相表面，并析出使固体长大。固体浸取是用液体溶剂将固体原料中的可溶组分提取出来的操作。液体吸附是固液两相相接触，使液相中某个或某些组分扩散到固相表面并被吸附的操作。离子交换是溶液中阳离子或阴离子与称为离子交换剂的固相上相同离子的交换过程。

4.1.2　传质过程的共性

化学工业传质过程各单元操作的分离原理不同，但是从传质角度来看，各个单元操作之间又有着共同的特点，如，均要求传质组分应充分接触，且接触后又能通过简单的过程达到分离，以迅速有效地实现相间的传质过程。

4.1.2.1　传质的方式与历程

1. 单相物系分子扩散

要研究传质机理，首先要搞清物质在单一相（气相或液相）中的传递规律。

物质在一相中的传递是靠扩散作用完成的，发生在流体中的扩散有分子扩散与涡流扩散两种。前者是凭借流体分子无规则热运动从高浓度处转移到低浓度处，发生在静止或层流流体里的扩散就是分子扩散，习惯上常把分子扩散称为扩散。后者是凭借流体质点的湍流和漩涡产生质点位移，使物质由高浓度转移到低浓度处，发生在湍流流体里的扩散就是涡流扩散。将一勺糖投入到装有水的杯子中，整杯水片刻就会变甜，就是分子扩散的表现；若用勺子搅动，则水将甜得更快，就是涡流扩散的效果。

如果用一块板将容器隔为左右两室，两室中分别充入温度及压力相同的 A、B 两种气体，如图 4-1 所示。当隔板抽出后，由于气体分子的无规则运动，左侧 A 分子会进入右半部，右侧的 B 分子也会进入左半部。左右两侧交换的分子数虽然相等，但因左侧 A 的浓度较高而右侧 A 的浓度较低，故在同一时间内 A 分子进入右侧的较多而返回左侧的较少。同理，B 分子进入左侧较多而返回右侧较少。其净结果必然是，物质 A 自左向右传递而物质 B 自右向左传递，即两种物质各自沿其浓度降低的方向发生了传递现象。产生这种传递现象的推动力是不同部位上的浓度差异，实现这种传递是凭借分子的无规则热运动。

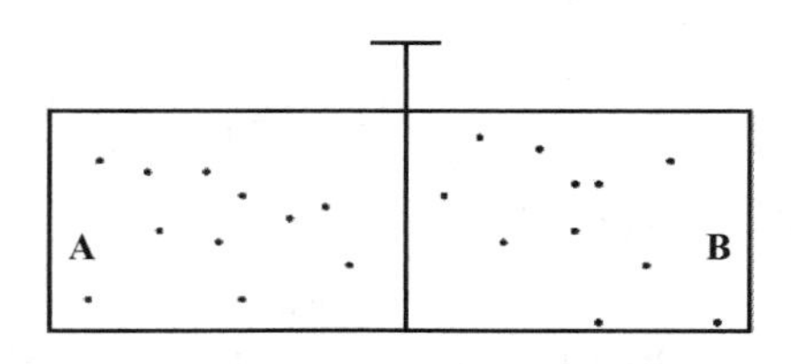

图 4-1　扩散现象

上述扩散过程将一直进行到整个容器里 A、B 两种物质的浓度完全均匀为止，这是一个非定态的分子扩散过程。随着容器内各部位上浓度差异逐渐减小，扩散的推动力也逐渐趋近于零，过程将进行得越来越慢。

扩散过程进行的快慢可用扩散通量来度量。单位面积上、单位时间内扩散传递的物质量称为扩散通量，其单位为 $kmol/(m^2 \cdot s)$。

当物质 A 在介质 B 中发生扩散时，任一点处物质 A 的扩散通量与该位置上 A 的浓度梯度成正比，即

$$J_A = -D_{AB}\frac{dc_A}{dz} \tag{4-1}$$

式中，J_A—物质 A 在 z 方向上的分子扩散通量，$kmol/(m^2 \cdot s)$；

$\frac{dc_A}{dz}$—物质 A 的浓度梯度，即物质 A 的浓度 c_A 在 z 方向上的变化率，$kmol/m^4$；

D_{AB}—物质 A 在介质 B 中的分子扩散系数，m^2/s；

负号表示扩散是沿着物质 A 浓度降低的方向进行的。

式(4-1)称为菲克(Fick)定律。菲克定律是对物质分子扩散现象基本规律的描述,它与描述热传导规律的傅里叶定律、描述粘性流体内摩擦力的牛顿粘性定律在表达形式上有共同的特点,因为它们都是描述某种传递现象的方程。但应注意,热量与动量并不单独占有任何空间,而物质本身却要占据一定的空间,这就使得物质传递现象较之其他两种传递现象更为复杂。

当分子扩散发生在 A、B 两种组分构成的混合气体中时,尽管组分 A、B 各自的摩尔浓度皆随位置不同而变化,但是只要系统总压不甚高且各处温度均匀,则单位体积内的 A、B 分子总数便不随位置而变化,即 $c=\frac{P}{RT}=$常数。而总摩尔浓度 c 等于组分 A 的摩尔浓度 c_A 与组分 B 的摩尔浓度 c_B 之和,即

$$c = c_A + c_B = \text{常数}$$

因此,任一时刻在系统内任一点处组分 A 沿任意方向 z 的浓度梯度与组分 B 沿 z 方向的浓度梯度互为相反值,即

$$\frac{dc_A}{dz} = -\frac{dc_B}{dz} \tag{4-2}$$

而且,组分 A 沿 z 方向的扩散通量必等于组分 B 沿 $-z$ 方向的扩散通量,即

$$J_A = -J_B \tag{4-3}$$

根据菲克定律知

$$J_A = -D_{AB}\frac{dc_A}{dz} \tag{4-4}$$

$$J_B = -D_{BA}\frac{dc_B}{dz} \tag{4-5}$$

将式(4-4)、(4-5)及(4-2)代入式(4-3),得到

$$D_{AB} = D_{BA} \tag{4-6}$$

此式表明,在由 A、B 两种气体所构成的混合物中,A 与 B 的扩散系数相等。

2. 气相中的定态分子扩散

(1) 等分子反向扩散

用一段粗细均匀的直管将两个很大的容器连通,如图 4-2 所示。两容器分别充有不同浓度的 A、B 两种气体混合物,其中 $c_{A1}>c_{A2}$,$c_{B1}<c_{B2}$。但两容器中混合气体的温度和总压相等,两容器均有搅拌器,用以保持各自浓度均匀。由于两容器间存在浓度差,连通管中将发生分子扩散现象,使 A 物质向右传递而 B 物质向左运动。由于容器很大,连通管很细,故在有限时间内扩散作用不会使两容器内的气相组成发生明显变化,可认为在 1-1′、2-2′两截面上的 A、B 分压都维持不变,因此连通管中发生的分子扩散过程是定态的。

因为两容器中总压相等,所以连通管内任一截面上,单位时间、单位面积向右传递的 A 分子数与向左传递的 B 分子数必然相等,这种情况属于定态的等分子反向扩散。

由等分子反向扩散和菲克定律可以得到

$$N_A = \frac{D}{RTz}(p_{A1} - p_{A2}) \tag{4-7}$$

式中,N_A—传质通量,kmol/(m² · s);

z—连通管的长度，m；

p_A—容器内 A 的压力，kPa。

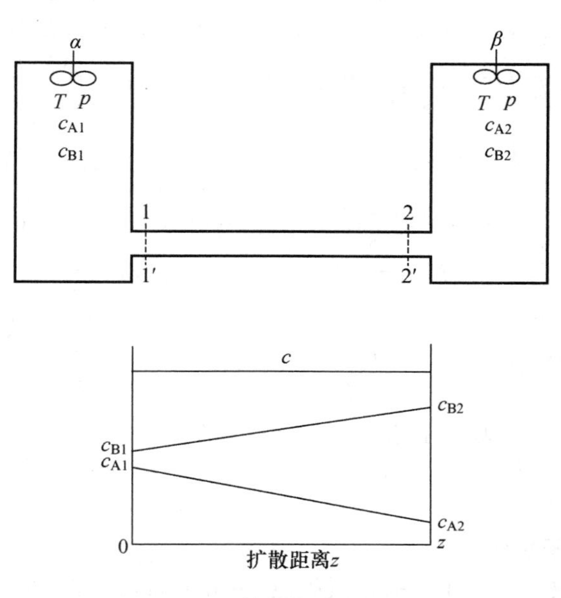

图 4-2　等分子反向扩散

(2) 单向扩散

当存在一层能够允许 A 分子通过，但不允许其他分子通过的膜（如图 4-3 所示的气液相界面），在此情况下，气相主体与膜层间存在浓度差异，可使物质 A 的分子不断地自左向右扩散，同时，在膜层处 B 物质也应有自右向左的扩散运动。但从分子扩散角度来看，两种物质的扩散通量仍然是数值相等而方向相反的，即 $J_A = -J_B$。

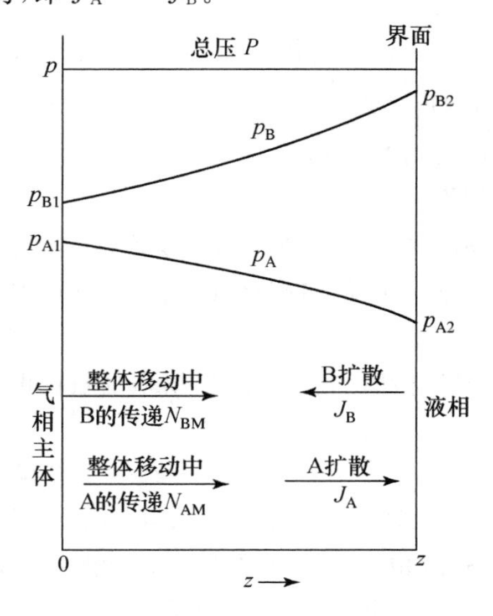

图 4-3　单向扩散

但是,在膜层处 A 分子不断地通过膜层进入右侧,却没有任何其他分子能够通过膜层返回左侧,因此在膜层处不断地留下相应的空位。于是气相主体便会自动向膜层的表面递补过来,以便随时填充穿过膜层而进入膜右侧的 A 分子留下的空位。这样 A、B 两种分子并行向右作递补运动,这种运动称为“总体流动”。若以 N 代表总体流动的通量,则 $N\frac{c_A}{c}$代表 A 在总体流动中所占的份额,$N\frac{c_B}{c}$代表 B 在总体流动中所占的份额。结合分子扩散和菲克定律可以得到 $N=N_A$。因此,在稳定情况下,总体流动通量等于组分 A 的传质通量。

$$N_A = \frac{D}{RTz}\frac{P}{p_{Bm}}(p_{A1} - p_{A2}) \tag{4-8}$$

$$p_{Bm} = \frac{p_{B2} - p_{B1}}{\ln\frac{p_{B2}}{p_{B1}}} \tag{4-9}$$

式中,p_{Bm}—气相主体与界面上物质 B 分压的对数平均值,kPa;

$\frac{P}{p_{Bm}}$—漂流因子,无量纲。

3. 液相中的定态分子扩散

物质在液相中的扩散与在气相中的扩散相似,一般说来,液相中的扩散速度远远小于气相中的扩散速度。但对液体的分子运动规律不如气体研究得充分,因此,仿效气相中的扩散速率关系式写出液相中的相应关系式:

$$N'_A = \frac{D'c}{zc_{Sm}}(c_{A1} - c_{A2}) \tag{4-10}$$

式中,N'_A—溶质 A 在液相中的传质速率,kmol/(m^2 · s);

D'—溶质 A 在溶剂 S 中的扩散系数,m^2/s;

c—溶质的总浓度,kmol/m^3;

z—两截面间的距离,m;

c_{A1},c_{A2}—两截面上的溶质浓度,kmol/m^3;

c_{Sm}—两截面上溶剂 S 浓度的对数平均值,kmol/m^3。

4.1.2.2 传质过程的方向与极限

相间传质和相际平衡具有相同的规律。如:一定条件下,处于非平衡态的两相体系内组分会自发地进行使体系组成趋于平衡态的传递;条件改变会破坏原有的平衡,其平衡体系的独立变量数由相律决定。

用以指导相平衡的普遍规律为相律,表示了平衡物系的自由度 f、相数 Φ 和独立组分数 C 之间的关系,即

$$f = C - \Phi + 2 \tag{4-11}$$

式中的数字“2”表示影响物系平衡态的仅是温度 T 和压强 p 这两个条件。对两组分的气液平衡,其中组分数为 2,相数为 2,故由相律可知该平衡物系的自由度为 2。由于气液平衡中可以改变的参数有四个,即温度 T、压强 p、一组分在液相和气相中的组成 x、y,因此在 T、p、x 和 y 四个变量中,任意规定其中两个变量,此平衡物系的状态也就被唯一地确定了。又若再固定某个变

量,则该物系仅有一个独立变量,其他变量都是它的函数。所以,两组分的气液平衡可以用一定压强下的 T-$x(y)$ 及 x-y 的函数关系或相图表示。

相间传质过程的方向和传质极限可由以下方式来判断:① 若物质在一相(A 相)中实际浓度大于其在另一相(B 相)中实际浓度所要求的平衡浓度,则物质将由 A 相向 B 相传递;② 物质在 A 相实际浓度小于其在 B 相实际浓度所要求的平衡浓度,则传质过程向相反方向进行,即从 B 相向 A 相传递;③ 若物质在 A 相实际浓度等于 B 相实际浓度所要求的平衡浓度,则无传质过程发生,体系处于平衡状态。

4.1.2.3　传质过程的推动力与速率

传质速率定义为单位时间内、单位相接触面上被传递组分的量。任何一个传递过程速率都可以表示为"传质速率$=\frac{\text{传质推动力}}{\text{传质阻力}}$"的形式。在相间传质的过程中,传质速率方程有不同的表示方法,后文将详细叙述。

4.1.3　塔设备简介

塔设备是化工生产中广泛使用的传质设备,根据其结构类型的不同,基本上可以分为板式塔和填料塔两大类。这两类塔均可以用于传质过程,但是在工业生产中往往根据两类塔设备各自的特点、处理量的大小和具体的工艺过程来选择适宜的塔设备。因此,评价塔设备性能的指标除了包括满足工业对生产设备的结构简单、造价低、安装维修方便等一般要求外,还要求塔设备具有生产能力大、分离效率高、阻力小、压降低、操作弹性大等特点。

4.1.3.1　板式塔

板式塔为逐板接触式的塔设备,内装塔板,气液传质在板上的液层空间内进行。其结构如图 4-4 所示。

在一个圆筒形的壳体内安装若干层具有一定间距的水平安装塔板,塔板分为错流塔板和逆流塔板。由于逆流塔板需要较高的气速才能维持板上液层,分离效率较低,现在工业上应用得较少。下面以错流塔板为例介绍板式塔内部具体结构。板式塔内,每层塔板安装有降液管。液体横向流过塔板,在重力作用下经降液管进入下一层塔板。液体逐板下降,最后由塔底流出。出口溢流堰维持塔板上一定流动液层厚度。气体从塔底进入最下一层塔板,在压力作用下穿过塔板和塔板上面的液层,逐板上升直至塔顶。气体与液层接触过程中形成泡沫,泡沫层提高了相际接触面积,有利于传质和传热。因此,总的来说,气液两相在整个板式塔内呈逆流流动,但是在每块塔板上呈均匀的错流。气液两相在板式塔内进行逐板接触,两相的组成沿塔高呈阶跃式变化。

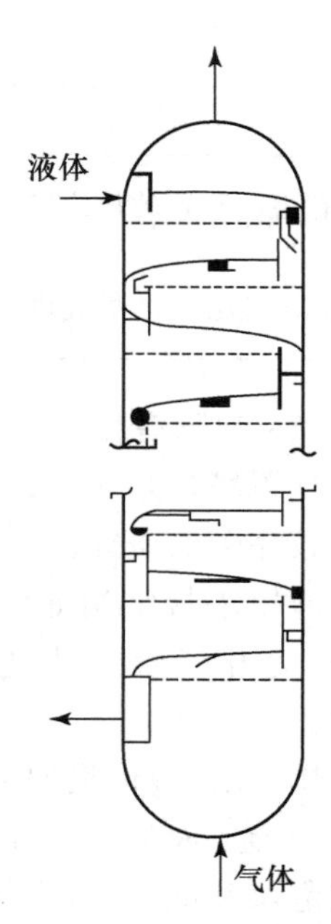

图 4-4　板式塔结构简图

气液两相在塔板上的接触状态主要有:鼓泡接触状态、泡沫接触状态和喷射接触状态三种,如图 4-5 所示。

鼓泡接触状态时,气速较低,气泡为传质表面,液相为连续相。随气速增大,气液两相呈泡沫接触状态,这时,液膜足够稳定,不易形成大气泡，不断更新的液膜为传质表面，液相仍为连续相。气速继续增加，塔板上气液两相以喷射接触状态存在，不断更新的液滴为传质表面，气相为连续相。

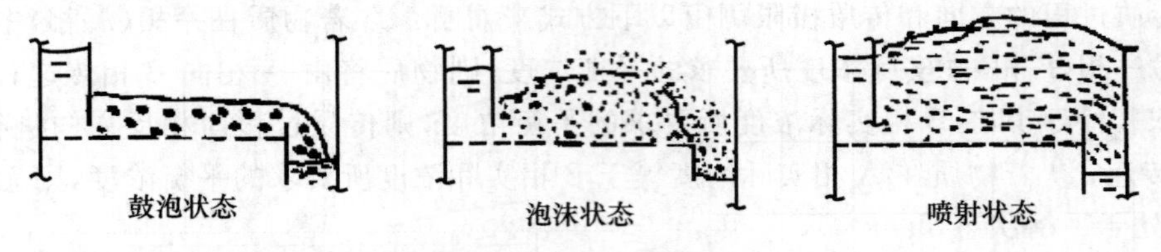

图 4-5 塔板上三种气液接触状态

板式塔的塔板基本结构如图 4-6 所示。图中 1 表示降液管的受液区。在较大的塔中，往往采用受液区，这种结构便于液体从侧线抽出，在液体流量低时仍能造成良好的液封，且可以改变液体流向的缓冲作用。2 表示进口安定区，此区域没有塔板筛孔或其他形式的塔板组件，设置这段安定区地带，免得气泡进入降液管。3 表示鼓泡区，塔板上气液接触组件设置在此区域，为气液传质的有效区。4 为出口安定区或破沫区，此区域防止液体带大量泡沫进入降液管。5 为降液管溢流区，通过溢流堰的高度控制塔板上液层厚度。6 为无效区，此区域为靠近塔壁的一圈边缘区域，以供支撑塔板的边梁使用。

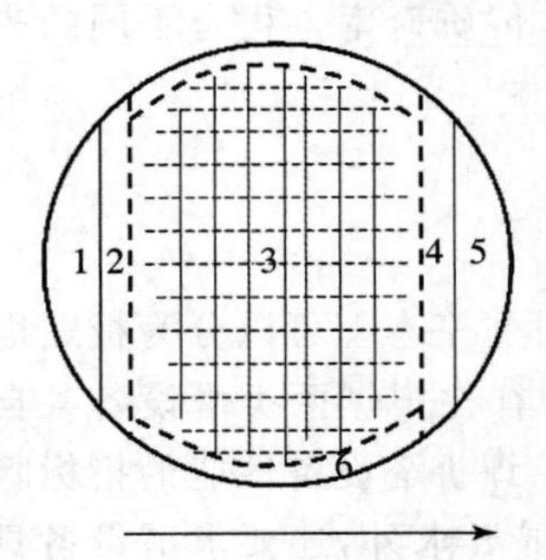

图 4-6 板式塔塔板基本结构

1. 塔板类型

塔板型式对分离效果有着较大的影响，化工生产中常见的塔板型式如表 4-1 所示。

下面主要介绍几种主要类型的塔板。

表 4-1 塔板型式

塔 型	塔板型式
有溢流装置的板式塔	泡罩塔板 S形塔板 浮阀塔板 舌形塔板 浮动喷射塔板
无溢流装置的板式塔	筛孔及筛孔穿流塔板 波纹塔板

(1) 泡罩塔板

泡罩塔板是应用最早的气液传质设备之一，经过多年生产实践中的使用，对泡罩塔板的性能有了较完善的研究。

泡罩塔板结构如图 4-7 所示。每层塔板上开有若干孔，孔上接有短管作为上升气体的通道，称为升气管。升气管上装有泡罩，泡罩下部开有齿缝。一般为矩形、三角形和梯形的齿缝。

操作时，液体横向流过塔板，靠溢流堰保持塔板上有一定厚度的流体液层，齿缝浸没于液层之中而形成液封。上升气体通过齿缝进入液层时，被分散成许多细小的气泡或流股，在板上形成了鼓泡层和泡沫层，为气液两相提供了大量的传质界面。

泡罩塔板的优点是：因升气管高出液层，不易发生漏液现象，有较好的操作弹性，即当

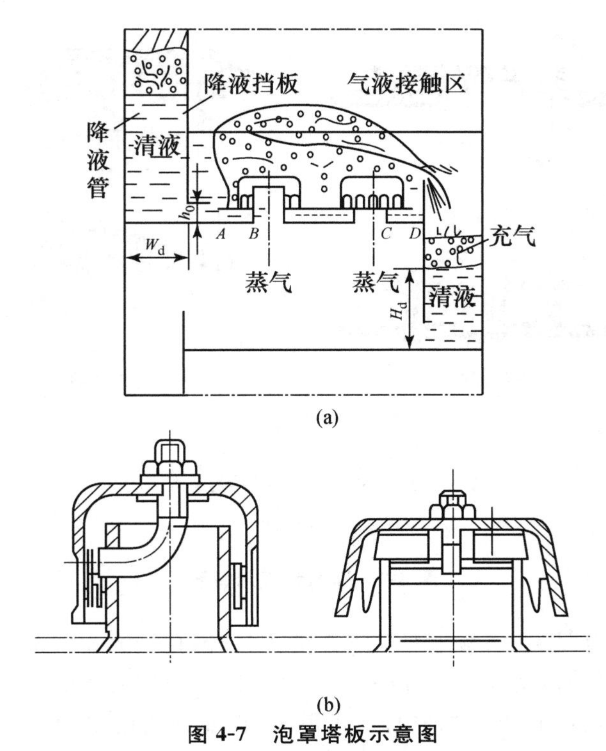

图 4-7　泡罩塔板示意图

(a) 泡罩塔板工作示意图;(b) 圆形泡罩

气、液流速有较大的波动时,仍能维持几乎恒定的板效率;塔板不易堵塞,适用于处理各种物料。缺点是:塔板结构复杂,金属耗量大,造价高;板上液层厚,气体流径曲折,塔板压降较大,兼因雾沫夹带现象较严重,限制了气速的提高,致使生产能力及板效率均较低。目前已较少使用。

(2) 筛板

筛板结构如图 4-8 所示。塔板上开有许多均匀分布的筛孔,孔径一般为 3～25 mm,筛孔在塔板上作正三角形排列。塔板上设有溢流堰,来维持一定的液层厚度。操作时,上升的气体通过筛孔分散成细小的流股,在板上液层中鼓泡而出。在正常操作气速下,通过筛孔上升的气流,能阻止液体经筛孔向下泄漏。

筛板塔的优点:结构简单,造价低廉,气体压降小,板上液面落差也较小,生产能力大。主要缺点:操作弹性小,易发生漏液,效率不高,筛孔小时容易堵塞。目前应用日趋广泛。

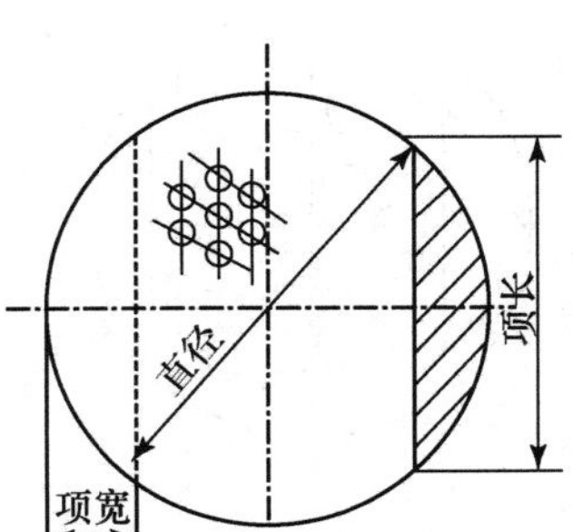

直径
项长
项宽

图 4-8　筛板结构示意图

(3) 浮阀塔板

浮阀塔板于 20 世纪 50 年代初期在工业上开始推广使用,其结构如图 4-9 所示。由于它兼有泡罩塔和筛板塔的优点,已经成为国内应用最广泛的塔型。特别在石油、化工中使用最普遍,对其性能的研究也较充分。

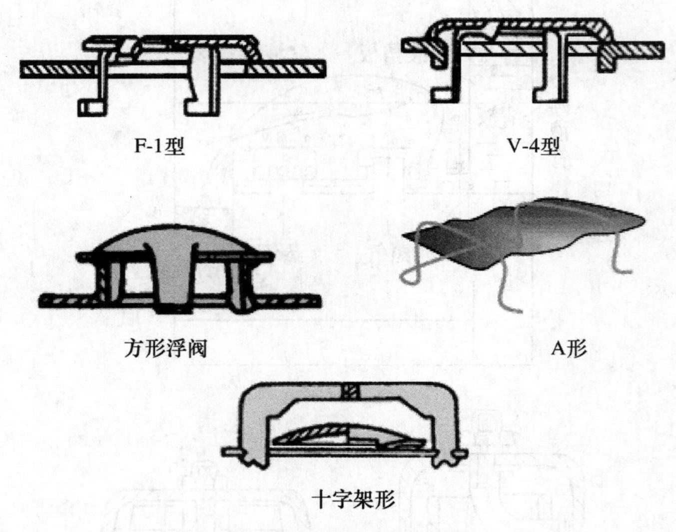

图 4-9 浮阀塔板示意图

浮阀塔板的结构特点是,在塔板上开有若干大孔(标准孔径为 39 mm),每个孔上装有一个可以上下浮动的阀片。操作时,由阀孔上升的气流,经过阀片与塔板间的间隙而与板上横流的液体接触。浮阀开度随气体负荷而变。浮阀的型式很多,目前国内已采用的浮阀有图 4-9 所示的五种,但最常用的浮阀为 F-1 型和 V-4 型。

浮阀塔板的优点:生产能力大,操作弹性大,塔板效率高,气体压降及液面落差较小,结构简单,造价低。但是浮阀塔不宜处理易结焦或粘度大的系统;对于粘度稍大及有一般聚合现象的系统,浮阀塔可以正常操作。应该能逐渐被广泛应用。

近年来,为了提高传质效果,降低塔板压降和雾沫夹带量,新型塔板不断涌现。

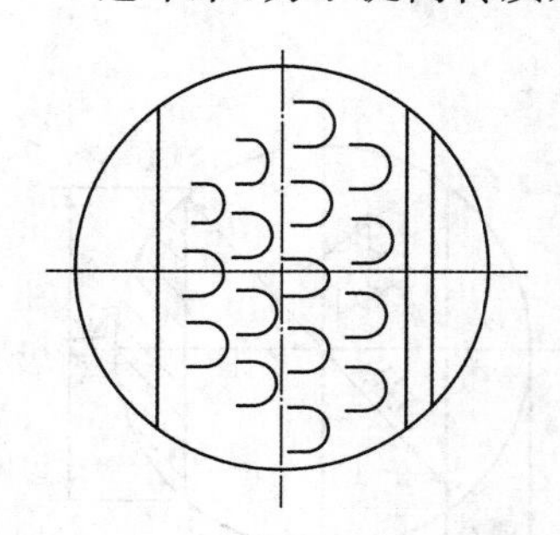

图 4-10 舌形塔板示意图

(4) 舌形塔板

舌形塔板是喷射型塔板的一种,其结构如图 4-10 所示。塔板上冲出许多舌形孔,舌片与板面形成一定角度,向塔板的溢流口侧张开。舌孔按正三角形排列,塔板的液流出口侧不设溢流堰,只保留降液管,降液管截面积要比一般塔板设计得大些。

上升气流穿过舌孔后,以较高的速度沿舌片的张角向斜上方喷出。从上层塔板降液管流出的液体,流过每一排舌孔时,被喷出的气流强烈扰动而形成泡沫体,并有部分液滴被斜向喷射到液层上方,喷射的液流冲至降液管上方的塔壁后流入降液管中。

优点:舌形塔板的开孔率较大,可采用较高的空塔气速,故生产能力大。气体通过舌孔斜向喷出时,有一个推动液体流动的水平分力,使液面落差减小,又因雾沫夹带量减小,板上无返混现象,从而强化了两相间的传质,故能获得较高的塔板效率。板上液层较薄,塔板压降较小。

缺点:由于舌形塔板的气流截面积是固定的,故舌形塔板对负荷波动的适应能力差,操作弹性小。此外,被气体喷射的液流在通过降液管时,会夹带气泡到下层塔板,这种气相夹带现象降低了板效率。

为了提高舌形塔板的操作弹性，可采用浮动舌片，这种塔板称为浮舌塔板。

浮舌塔板是综合浮阀塔板和固定舌形塔板的优点而提出的又一新型塔板，如图 4-11 所示。将固定舌形塔板的舌片改为浮动舌片。其优点为操作弹性大，负荷变动范围可超过浮阀塔板，压降较小，特别适宜于减压蒸馏，结构简单，制造方便，板效率较高。

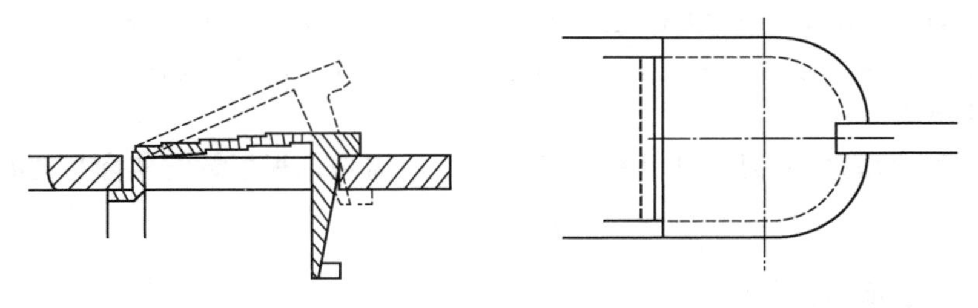

图 4-11　浮舌塔板示意图

(5) 斜孔塔板

筛孔塔板上气流垂直向上喷射，浮阀塔板上阀与阀之间喷出气流的相互冲击，都容易造成较大的液沫夹带，影响传质效果。在舌形塔板上气液并流，虽能做到气流水平喷出，减轻了液沫夹带量，但气流向一个方向喷出，液体被不断加速，往往不能保证气、液的良好接触，使传质效率下降。

斜孔塔板克服了上述的缺点。如图 4-12 所示，板上开有斜孔，孔口与板面成一定角度。斜孔的开口方向与液流方向垂直，同一排孔的孔口方向一致，相邻两排开孔方向相反，使相邻两排孔的气体反方向喷出，这样，气流不会对喷，又能互相牵制，既可得到水平方向较大的气速，又能阻止液沫夹带，使板面上液层低而均匀，气、液接触良好，传质效率提高。

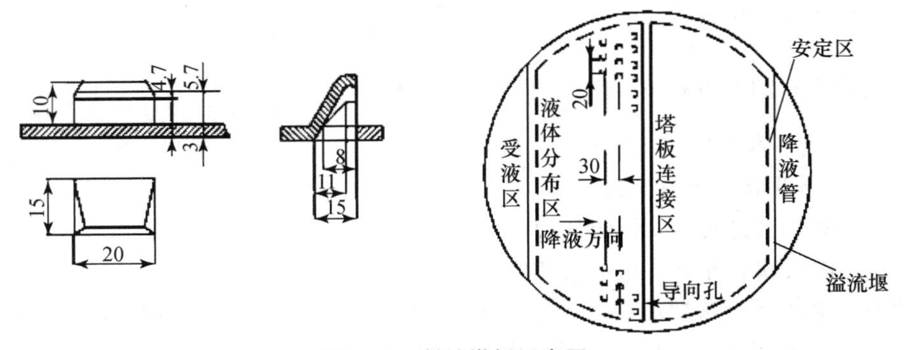

图 4-12　斜孔塔板示意图

对于大塔，每隔若干排孔可设一排和液流同向的导向孔，以减少液面落差。斜孔塔板结构简单，加工制造方便，压降较小，塔板效率与浮阀塔板相当，生产能力比浮阀塔板提高约 30%，适用于大塔装置及减压操作系统。

层出不穷的新型塔板结构各具特点，应根据不同的工艺及生产需要选择塔型，不是任何情况下都追求高的塔板效率。一般来说，对难分离物质的高纯度分离，希望得到高的塔板效率；对处理量大又易分离的物质，往往追求高的生成能力；对真空蒸馏，则要求有低的塔板压降。

2. 塔板效率

理论塔板的传质效果属于理想情况，但气液两相在实际板上接触时，由于气液两相接触表面有限，时间短暂，塔板上液体未能充分均匀混合，板上液体在入口处与溢流处往往存在着明显的浓度变化，离开每一块塔板的蒸气组成不可能与离开该塔板的液体组成互成平衡，因此实际塔板层数总是比理论板层数要多。理论板是衡量实际板分离效果的标准。由于实际板和理论板在分离效果上的差异，因此引入了"板效率"这个参数。塔板效率反映了实际塔板上气、液两相间传质的完善程度。塔板效率有多种表示方法，这里主要介绍三种常用的表示方法。

(1) 总板效率 E_T

总板效率又称全塔效率，是指达到指定分离效果所需理论板层数与实际板层数的比值。

$$E_T = \frac{N_T}{N_P} \tag{4-12}$$

式中，N_T—塔内所需理论板的层数；

N_P—塔内实际板的层数。

全塔效率反映塔中各层塔板的平均效率，因此它是理论板层数的一个校正系数，其值恒小于1。对一定结构的板式塔，若已知在某种操作条件下的全塔效率，便可以由 $E=\frac{N_T}{N_P}\times 100\%$ 求得实际板层数。上式将影响传质过程的动力学因素全部归结到总板效率内。然而，板式塔内各层塔板的传质效率并不相同，总板效率只是简单地反映了整个塔内的平均传质效果。

(2) 单板效率 E_M

单板效率又称莫弗里板效率，是指气相或液相经过一层塔板前后的实际组成变化与经过该层塔板前后的理论组成变化的比值。对任意的第 n 层塔板，单板效率可分别按气相组成及液相组成的变化来表示，即

按气相组成变化表示的单板效率：
$$E_{MV} = \frac{y_n - y_{n+1}}{y_n^* - y_{n+1}} \tag{4-13}$$

按液相组成变化表示的单板效率：
$$E_{ML} = \frac{x_{n-1} - x_n}{x_{n-1} - x_n^*} \tag{4-14}$$

式中，y_n^*—与 x_n 成平衡的气相组成；

x_n^*—与 y_n 成平衡的液相组成；

y_n, y_{n+1}—离开和进入第 n 板的气相摩尔分数；

x_{n-1}, x_n—进入和离开第 n 板的液相摩尔分数。

单板效率可直接反映该层塔板的传质效果，由于塔内每块板上流体性质及操作状况不同，故各板的单板效率也不相同。单板效率通常由实验测定。

(3) 点效率 E_O

点效率是指塔板上各点的局部效率。以气相点效率 E_{OV} 为例，其表达式为

$$E_{OV} = \frac{y - y_{n+1}}{y^* - y_{n+1}} \tag{4-15}$$

式中，y—与流经塔板某点的液相浓度 x 相接触后而离去的气相浓度；

y_{n+1}—由下层塔板进入该塔板某点的气相浓度；

y^*—与液相浓度 x 成平衡的气相浓度。

点效率与单板效率的区别在于,点效率中的 y 为离开塔板某点的气相组成,y^* 为与塔板上某点液相组成 x 相平衡的气相组成;而单板效率中的 y_n 是离开塔板气相的平均组成,y_n^* 为与离开塔板液体平均组成 x_n 相平衡的气相组成。只有当板上液体完全混合时,点效率和单板效率才具有相同的数值。

影响塔板效率的主要因素有:① 气液相的物性:密度、粘度、扩散系数、表面张力、挥发度等;② 操作参数:温度、压力、流量等;③ 塔板结构:开孔率、孔径大小、分布形式、孔结构等。这些因素使得板效率无法由理论计算,通常由实验测定。大量实践证明,全塔效率的数值范围通常在 0.2～0.8 之间,双组分混合液则多在 0.5～0.7 之间。全塔效率和单板效率定义的基准不同,全塔效率是基于所需理论板层数的概念,而单板效率基于塔板理论增浓程度的概念,因此二者并不相等。即使全塔各板的单板效率相同,总板效率也不一定等于单板效率。

4.1.3.2　填料塔

填料塔为连续接触式的气、液传质设备,结构简单,如图 4-13 所示。塔体一般取圆筒形,可由金属、塑料或陶瓷支承,金属筒体内壁常衬以防腐材料。在圆形塔底的下部,设置一层支承板,支承板上填充一定高度的填料。液体由入口进入经液体分布器喷淋到填料上,在重力作用下由填料的空隙中流过,并润湿填料表面形成流动的液膜。液体流经填料后由排出管排出。由于塔壁处阻力较小,液体在填料层中有倾向于塔壁的流动,使填料不能全部润湿,导致气液接触不良,影响传质效果。故填料层较高时,常将其分段,两段之间设置液体再分布器,以利液体的重新均布。气体在支承板下方入口管进入塔内,在压强差的推动下,通过填料间的空隙由塔的顶部排出管排出。填料层内气、液两相呈逆流流动,相际间传质通常是在填料表面的液体与气相间的界面上进行,两相的组成沿塔高连续变化。

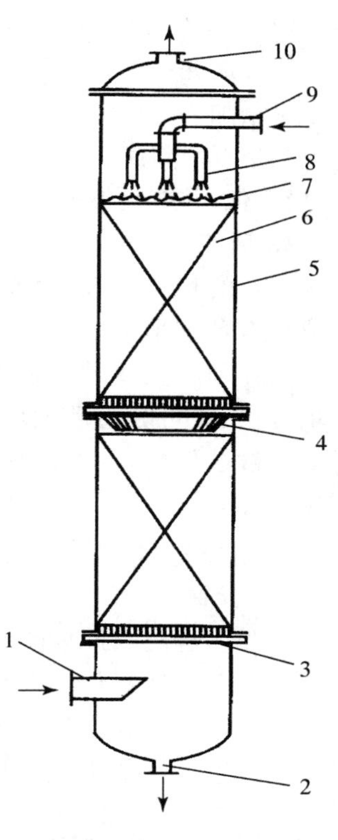

图 4-13　填料塔结构简图

1—气相进口　2—液体出口
3—填料支承板　4—液体再分布器
5—塔壁　6—填料层　7—填料压板
8—液体分布器　9—液体进口
10—气体出口

填料塔不仅结构简单,而且阻力小,便于用耐腐蚀材料制造。对于直径较小的塔、处理有腐蚀性的物料或要求压降较小的真空蒸馏系统,填料塔都具有明显的优越性。

近年来,国内外对填料的研究与开发进展很迅速。新型高效填料的不断出现,使填料塔的应用更加广泛,直径达几米甚至十几米的大型填料塔在工业中也较常见。

1. 填料特性

在填料塔内,气体由填料间的空隙流过,提高了气体湍动程度,降低了气相传质阻力。液体在填料表面形成液膜并沿填料间的空隙往下流,更新了液膜表面,降低了液相传质阻力。填料层是填料塔的核心,是气液接触的场所,气液两相间的传质过程在润湿的填料表面上进行。因此,填料塔的生产能力和传质速率均与填料特性密切相关。

表示填料性能的参数主要有以下几项:

(1) 比表面积:单位体积填料层的填料表面积称为比表面,以 α 表示,其单位为 m^2/m^3。被液体润湿的填料表面就是气液两相的接触面。填料的比表面积愈大，所能提供的气液传质面积愈大。同一种类的填料，尺寸愈小，则比表面积愈大。

(2) 空隙率：单位体积填料层所具有的空隙体积，称为空隙率，以 ε 表示，其单位为 m^3/m^3。代表的是气液两相流动的通道，填料的空隙率大，气液通过能力大且气体流动阻力小。

(3) 填料因子：将 α 与 ε 组合成 α/ε^3 的形式称为干填料因子，单位为 1/m。填料因子表示填料的流体力学性能。填料因子越小，流动阻力越小。当填料被喷淋的液体润湿后，填料表面覆盖了一层液膜，α 与 ε 均发生相应的变化，此时 α/ε^3 称为湿填料因子，以 φ 表示。湿填料因子一般在液泛条件下测得。φ 代表实际操作时填料的流体力学特性，故进行填料塔计算时，应采用液体喷淋条件下实测的湿填料因子。湿填料因子愈小，液体流动阻力降低，达到液泛时的液速愈大，填料的水力学性能愈好。

(4) 堆积密度：单位体积填料所具有的质量，称为堆积密度，以 ρ_P 表示，其单位为 kg/m^3。在机械强度允许的条件下，填料壁要尽量薄，以减小填料的堆积密度。堆积密度降低，填料层的空隙率增加。

在选择填料时，一般要求比表面积及空隙率要大，填料的润湿性能好，单位体积填料的质量轻，造价低，并有足够的机械强度和良好的化学稳定性。

2. 填料类型

填料的种类很多，大致可分为散装填料和规整填料（或实体填料和网体填料）两大类。实体填料有环形填料（拉西环、鲍尔环及阶梯环）、鞍形填料（如弧鞍、矩鞍），以及栅板、波纹板填料。网体填料主要是由金属丝网制成的各种填料，如鞍形网、θ 环、波纹网填料等。按填料的装填方法，又可分为乱堆填料及整砌填料。散装填料在塔内可乱堆也可整砌。各种颗粒型填料多属散装填料，如拉西环、鞍形网、θ 环。属于整砌填料的是各种新型组合填料，如波纹板、波纹网等。

下面主要介绍几种工业中常用的填料。

(1) 拉西环

拉西环是使用最早的一种填料，为外径与高度相等的陶瓷和金属等制成的空心圆环，如图 4-14 所示。在强度允许的条件下，壁厚应尽量减薄，以提高空隙率及降低堆积密度。一般直径在 75 mm 以下的拉西环采用乱堆方式，装卸方便，但气体阻力较大；直径大于 100 mm 的拉西环多采用整砌方式，以降低流动阻力。拉西环可用陶瓷、金属、塑料及石墨等材质制造。

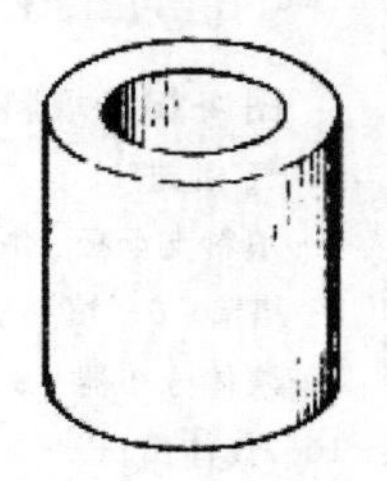
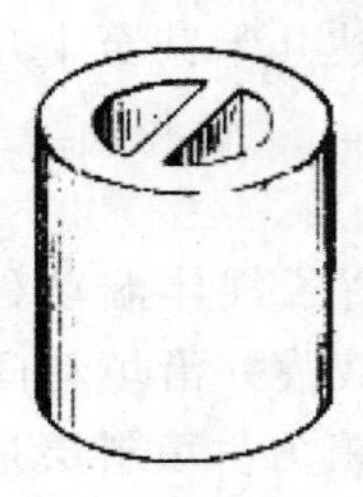
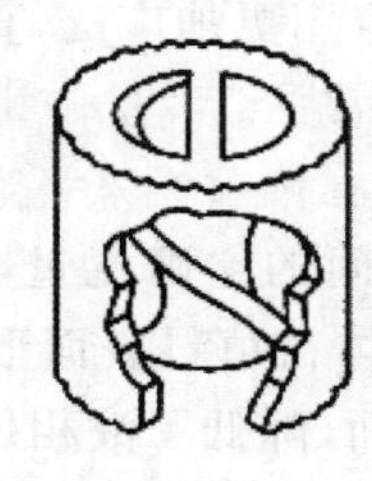

图 4-14　拉西环、θ 环

拉西环形状简单，制造容易，对其流体力学和传质特性的研究较为充分，在过去较长的时间内广泛应用于各种工业中。但拉西环为圆柱形，高径比大，堆积时相邻环之间容易形成线接触，存在着严重的沟流和壁流现象。且拉西环填料的内表面润湿率较低，因而传质速率也不高。塔径愈大，填料层愈高，沟流及壁流现象越严重，致使传质效率显著下降。此外，由于这种填料层的层流液量大，气体流动阻力较高，通量较低。

在拉西环基础上衍生了 θ 环、十字环及螺旋环等，其基本改进是在拉西环内增加一结构，以增大填料的比表面积。

(2) 鲍尔环

鲍尔环的构造是在拉西环的侧壁上开出一层或两层长方形的小孔，小孔的母材并不脱离侧壁而是形成向环内弯曲的叶片，且诸叶片的侧边在环中心相搭，上下两层长方形小孔位置交错，如图 4-15 所示。尽管同尺寸的鲍尔环填料与拉西环填料的空隙率和比表面积差不多，但由于环壁的开孔大大提高了环内空间及环内表面的利用率，气体流动阻力降低，液体分布较均匀。同种材质、同种规格的鲍尔环比拉西环的气体通量大，气体流动阻力小，在相同的压降下，鲍尔环的气体通量可较拉西环增大 50%以上；在相同气速下，鲍尔环填料的压降仅为拉西环的一半。又由于鲍尔环上的两排窗孔交错排列，气体流动通畅，避免了液体严重的沟流及壁流现象。因此，鲍尔环比拉西环的传质效率高，操作弹性大，但价格较高。鲍尔环以其优良的性能使它一直为工业所重视，应用十分广泛，可由陶瓷、金属或塑料制成。

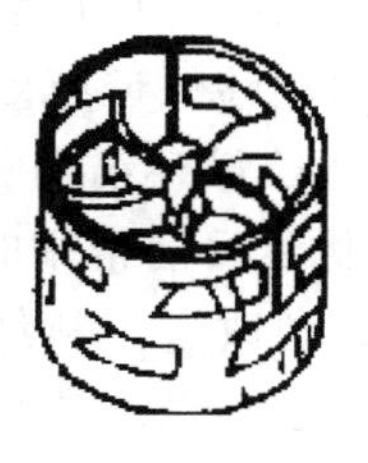

图 4-15　鲍尔环

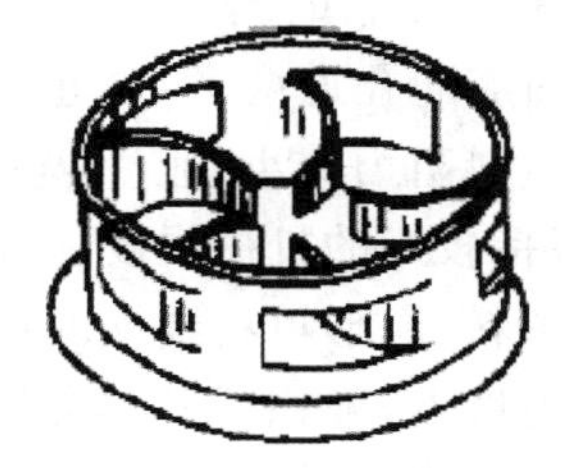

图 4-16　阶梯环

(3) 阶梯环

阶梯环填料的结构是在鲍尔环基础上加以改进而发展起来的一种新型填料，如图 4-16 所示。阶梯环与鲍尔环相似之处是，环壁上也开有长方形小孔，环内有两层交错 45°的十字形叶片，阶梯环的高度仅为直径的一半，环的一端制成喇叭口形状的翻边。

由于阶梯环填料较鲍尔环填料的高度减少一半，使得绕填料外壁流过的气体平均路径缩短，减少了气体通过填料层的阻力。阶梯环一端的喇叭口形状，不仅增加了填料的机械强度，而且使填料个体之间多呈点接触，增大了填料间的空隙。接触点成为液体沿填料表面流动的汇聚分散点，可使液膜不断更新，有利于填料传质效率的提高。阶梯环填料一般由塑料或金属制成，由于其气体通量大、流动阻力小、传质效率高等优点，成为目前使用的环形填料中性能最为良好的一种。

(4) 弧鞍与矩鞍

弧鞍与矩鞍均属敞开型填料，如图 4-17 所示。弧鞍填料是一种表面全部展开的具有马鞍形状的瓷质型填料。其特点是表面全部敞开，不分内外，在塔内呈相互搭接状态，形成弧形气体通道，气体流动阻力小，液体在表面两侧均匀流动，表面利用率高，制造也方便。但是弧鞍填料是两面对称结构，相邻填料容易重叠，使填料有效表面降低，且强度较差，容易破碎。

矩鞍填料结构不对称，两端为矩形，且填料两面大小不等。堆积时不会重叠，液体分布较均匀，传质效率提高。填料床层具有较大空隙率，且流体通道多为圆弧形，使气体流动阻力减小、气速提高，是性能较好的一种实体填料。瓷矩鞍填料是目前采用最多的一种瓷质填料。

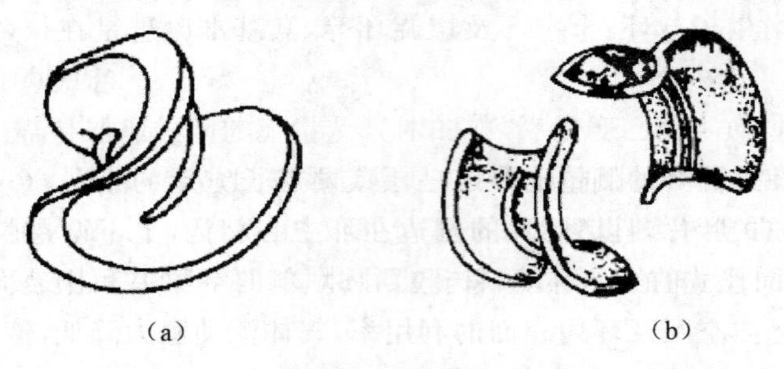

(a) (b)

图 4-17 弧鞍(a)与矩鞍(b)

(5) 金属鞍环(金属英特洛克斯填料)

金属鞍环填料是综合了环形填料通量大及鞍形填料的液体再分布性能好的优点而研制和发展起来的一种新型填料，如图 4-18 所示。这种填料既有类似开孔环形填料的圆环、开孔和内伸的叶片，也有类似矩鞍填料的侧面。敞开的侧壁有利于气体和液体通过，在填料层内极少产生滞留的死角。填料层内流通孔道增多，改进了液体分布，这种结构能够保证有效利用全部表面，较相同尺寸的鲍尔环填料阻力减小，通量增大，效率提高。此外，由于鞍环结构的特点，采用极薄的金属板轧制，仍能保持较好的机械强度。金属鞍环填料的性能优于目前常用的鲍尔环和矩鞍填料。

从环形填料、鞍形填料到鞍环形填料，人们千方百计地改进填料结构，以促使空隙率和比表面积尽可能地增大，堆积后又不会相互套叠，目的是为了达到气液的良好分布，从而不断改进流体在填料层中的流体力学及传质性能。

图 4-18 金属鞍环

(a) 网环

(b) 鞍形网

图 4-19 网体填料

(6) 网体填料

与实体填料对应的另一类填料为网体填料。网体填料有多种形式，如金属丝网制成的网环和鞍形网等，如图 4-19 所示。网体填料的网丝细密，空隙率高，表面积大。同时由于毛细管作用，填料表面润湿性能很好，故网体填料气体阻力小，传质速率高。但是网体填料造价很高，多用于实验室中难分离物系的分离。

(7) 规整填料

规整填料一般由波纹状的金属网丝或多孔板重叠而成。使用时根据填料塔的结构尺寸，叠成圆筒形整块放入塔内或分块拼成圆筒形在塔内砌装。规整填料流道规整，只要液体初始分布均匀，则在全塔内分布也均匀，因此规整填料几乎无放大效应，通常具有很高的传质效率。

波纹填料是一种整砌结构的新型高效填料，是由许多肋片波纹薄板组成的圆饼状填料，其直径略小于塔壳内径，如图4-20所示。波纹与水平方向成45°倾角，相邻两板反向靠叠，使波纹倾斜方向相互垂直。圆饼的高度约为40～60 mm，各饼垂直叠放于塔内，相邻的上下两饼之间，波纹板片排列方向互成90°角。

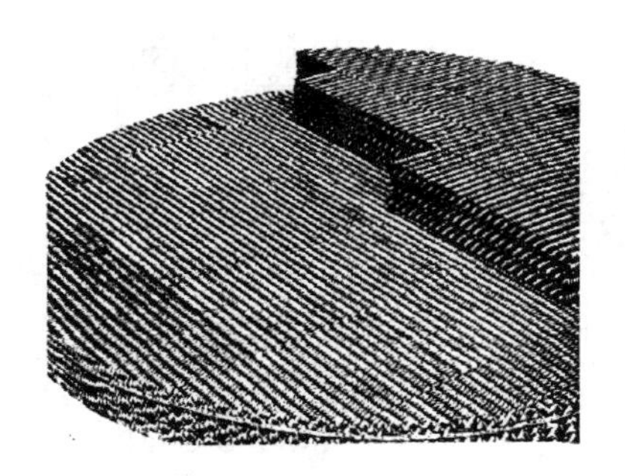

图4-20　波纹填料

由于结构紧凑，具有很大的比表面积，且因相邻两饼间板片相互垂直，使上升气体不断改变方向，下降的液体也不断重新分布，故传质效率高。填料的规整排列，使流动阻力减小，从而空塔气速可以提高。波纹填料的缺点是易堵塞，因此不适于处理粘度大、易聚合或有沉淀物的物料。此外，填料的装卸、清理也较困难，造价高。

近年来，又出现了金属孔板波纹填料和金属压延孔板波纹填料。

金属孔板波纹填料是在不锈钢波纹板上钻有许多5 mm左右的小孔。与同材质的丝网填料相比，虽然效率和通量低于波纹网填料，但其造价低，强度高，耐腐蚀性能强，特别适用于大直径蒸馏塔，大有扩大应用的趋势。

金属压延孔板波纹填料与金属孔板波纹填料的主要区别在于，板片表面不是钻孔，而是刺孔，孔径为0.5 mm左右，板片极薄，波纹高度较小，故比表面积和空隙率大，分离效率高。主要用于分离要求高、物料不易堵塞的场合。

3. 填料塔附件

填料塔的附件主要有填料支承装置、液体分布装置、液体再分布装置和除沫装置等。合理选择和设计填料塔的附件，对于保证塔的正常操作及良好性能十分重要。

(1) 填料支承装置

支承装置是用来支承塔内填料及其所持有的液体质量，故支承装置要有足够的机械强度。同时，为使气体及液体能顺利通过，支承装置的自由截面积应大于填料层的自由截面积，否则当气速增大时，填料塔的液泛将首先在支承装置处发生。

常用的支承装置为栅板式，由竖立的扁钢条组成，如图4-21所示。为防止填料从栅板条间空隙漏下，在装填料时，先在栅板上铺上一层孔眼小于填料直径的粗金属丝网，或整砌一层大直径的带隔离板的环形填料。

若处理腐蚀性物料，支承装置可采用陶瓷多孔板。但陶瓷多孔板的自由截面积一般要比填料的小，故也有将多孔板制成锥形以增大自由截面积的。

升气管式支承装置如图 4-22 所示。它在开孔板上装有一定数量的升气管，气体由升气管上升，通过气道顶部的孔及侧面的齿缝进入填料层，而液体则由支承装置板上的小孔流下，气、液分道而行，气体流通面积可以很大，特别适用于高空隙率填料的支承。

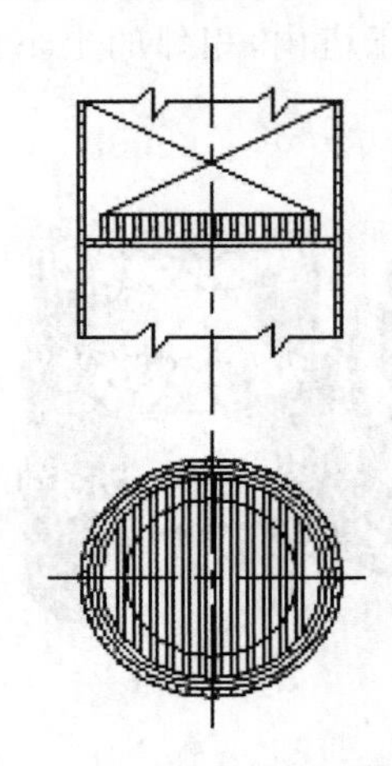

图 4-21 栅板式支承装置

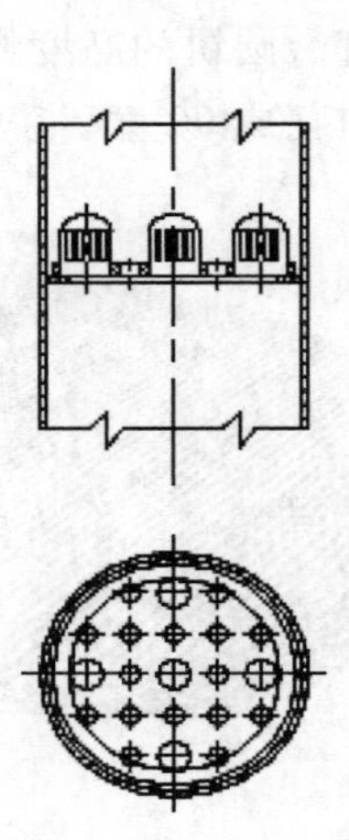

图 4-22 升气管式支承装置

(2) 液体分布装置

液体在填料塔内分布均匀，可以增大填料的润湿表面积，以提高分离效果，因此液体的初始分布十分重要。

近年来的实践表明，大直径填料塔的放大问题主要是保证液体初始分布均匀，若能保证单位塔截面积的喷淋点数目与小塔相同，大型填料塔的传质效率将不会低于小型塔。

常用的液体分布装置有莲蓬头式、盘式、齿槽式及多孔管式分布器，如图 4-23 所示。

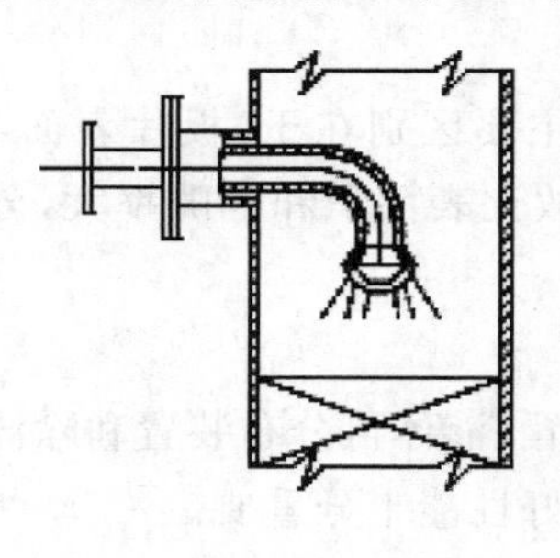

(a) 莲蓬头式分布器

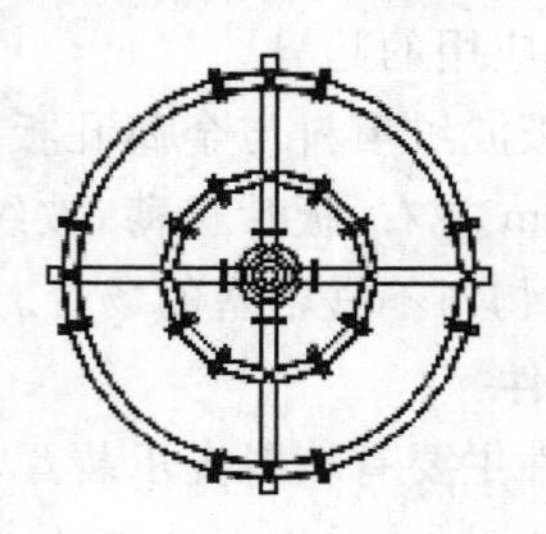

(b) 多孔盘管式分布器

图 4-23 液体分布器

莲蓬头式分布器为液体经半球形喷头的小孔喷出。小孔直径为 3～10 mm，作同心圆排列，喷洒角不超过 80°。这种喷淋器结构简单，但只适用于直径小于 600 mm 的塔中，且小孔容易堵塞。

盘式分布器盘底开有筛孔的称为筛孔式，盘底装有垂直短管的称为溢流管式。液体加至分布盘上，经筛孔或溢流短管流下。筛孔式的液体分布效果好；而溢流管式自由截面积较大，且不易堵塞。盘式分布器常用于直径较大的塔中，基本可保证液体分布均匀，但其制造较麻烦。

齿槽式分布器为液体先经过主干齿槽向其下层各条形齿槽作第一级分布，然后再向填料层上面分布。这种分布器自由截面积大，不易堵塞，多用于直径较大的填料塔。

多孔环管式分布器由多孔圆形盘管、连接管及中央进料管组成。这种分布器气体阻力小，特别适用于液量小而气量大的填料吸收塔。

（3）液体再分布装置

液体在乱堆填料层内向下流动时，有偏向塔壁流动的现象，偏流往往造成塔中心的填料不被润湿，降低表面利用率。塔径越小，对应于单位塔截面积的周边越长，这种现象越严重。为将流到塔壁处的液体重新汇集并引向塔中央区域，可在填料层内每隔一定高度设置液体再分布装置。每段填料层的高度因填料种类而异，对拉西环填料，可为塔径的 5～10 倍，但通常填料层高度最多不超过 6 m。

对于整砌填料，因液体沿竖直方向流下，不存在偏流现象，填料不必分层安装，也无需设再分布装置，但对液体的初始分布要求较高。相比之下，乱堆填料因具有自动均布液体的能力，对液体初始分布无过分苛刻要求，却因偏流需要考虑液体再分布装置。

再分布器的形式很多，如图 4-24 所示。常用的为截锥形再分布器，它是将截锥筒体焊在塔壁上，截锥筒本身不占空间，其上下仍能充满填料。截锥形再分布器适用于直径 0.8 m 以下的小塔。槽形再分布器为在截锥筒的上方加设支承板，截锥下面要隔一段距离再放填料。当需要考虑分段卸出填料时，可采用这种再分布器。

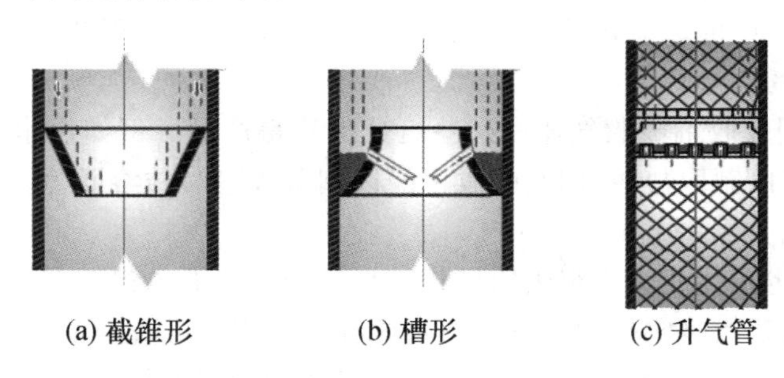

图 4-24　液体再分布器

安排再分布器时，应注意其自由截面积不得小于填料层的自由截面积，以免当气速增大时首先在此处发生液泛。

（4）除沫装置

除沫装置安装在液体分布器的上方，用以除去出口气流中的液滴。常用的除沫装置有折流板除沫器、旋流板除沫器及丝网除沫器等。

除此之外，填料层顶部常需设置填料压板或挡网，以避免操作中因气速波动而使填料被冲动及损坏。

填料塔的气体进口的构形，除考虑防止液体倒灌外，更重要的是有利于气体均匀地进入填料层。对于小塔，常见的方式是使进气管伸至塔截面的中心位置，管端做成 45°向下倾斜的切口或向下弯的喇叭口；对于大塔，应采取其他更为有效的措施。

4.2 气体的吸收

4.2.1 概述

使混合气体与适当的液体接触，气体中的一种或几种易溶组分溶解于液体内而形成溶液，不溶或难溶组分仍留在气相，从而实现原混合气体的分离。这种利用混合气体中各组分在某液体溶剂中溶解度差异而分离气体混合物的单元操作称为吸收。混合气体中，能够溶解的组分称为吸收物质或溶质，以A表示；不溶或难溶的组分称为惰性气体或载体，以B表示；吸收操作所用的溶剂为吸收剂，以S表示；吸收操作所得到的溶液，其主要成分为溶剂S和溶质A，称为吸收液或溶液；吸收后排出的气体称为吸收尾气，其主要成分除惰性气体B外，还含有少量未溶解的溶质A。

1. 吸收的用途

气体吸收在化工生产中主要用来达到以下目的：

(1) 分离混合气体：吸收剂选择性地吸收气体中某些组分以达到分离的目的。例如用硫酸处理焦炉气以回收其中的氨；用洗油处理焦炉气以回收其中的芳烃；用分子量较大的液态烃处理石油裂解气，以回收其中的乙烯、丙烯而达到与甲烷蒸气、氢分离的目的等。

(2) 除去有害组分以净化气体：一类是原料气的净化，即除去混合气体中的杂质，如用水或碱液脱除合成氨原料气中的二氧化碳、硫化氢等；另一类是尾气处理和废气净化以保护环境，如用丙酮脱除裂解气中的乙炔等。

(3) 制备产品：用吸收剂吸收气体中某些组分而获得产品。例如用水吸收二氧化氮以制造硝酸；用水吸收氯化氢以制取盐酸；用水吸收甲醛以制备福尔马林溶液等。

2. 吸收剂的选择

吸收剂性能的优劣往往成为决定吸收操作效果是否良好的关键。在分离出混合气中某种组分的吸收操作中，常需要对吸收剂加以选择。在选择吸收剂时，应注意考虑以下几方面的问题：

(1) 溶解度：吸收剂对于溶质组分应具有较大的溶解度，这样可以提高吸收速率并减小吸收剂的耗用量。当吸收剂与溶质组分间有化学反应发生时，溶解度可大大提高，但若要循环使用吸收剂，则化学反应必须是可逆的；对于物理吸收，应该选择其溶解度随操作条件改变而有显著差异的吸收剂，以便回收。

(2) 选择性：吸收剂要在对溶质组分有良好吸收能力的同时，对混合气体中的其他组分却基本上不吸收或吸收甚微，否则不能实现有效分离。

(3) 挥发度：操作温度下吸收剂的蒸气压要低，因离开吸收设备的气体往往为吸收剂蒸气所饱和。吸收剂的挥发度愈高，其损失愈小。

(4) 粘性：操作温度下吸收剂的粘度要低，这样可以改善吸收塔内的流动状况从而提高吸收速率，且有助于减小传热阻力、降低能耗。

(5) 其他：所选用的吸收剂还应尽可能无毒性、无腐蚀性、不易燃、不发泡、冰点低、价廉易得，以及具有化学稳定性，易再生。

3. 吸收的类型

在吸收过程中，如果溶质与溶剂之间不发生显著的化学反应，可以看作是气体单纯地溶解于液相的物理过程，则称为物理吸收；如果溶质与溶剂发生显著的化学反应，则称为化学吸收。水吸收二氧化碳就属于物理吸收过程；而用氢氧化钠或碳酸钠溶液吸收二氧化碳，用稀硫酸吸收氨等过程就属于化学吸收。化学反应可以大大提高单位体积液体所能吸收的气体量，并加快吸收速率，但溶液解吸再生较难。

气体溶解于液体之中常常伴随着热效应，当发生化学反应时还会有反应热，其结果是使液相温度逐渐升高，这样的吸收过程称为非等温吸收。但若热效应很小，或被吸收的组分在气相中的浓度很低而吸收剂的用量相对很大时，温度升高并不显著，可认为是等温吸收。如果吸收设备散热良好，能及时引出热量而维持液相温度大体不变，也按等温吸收处理。

若混合气体中只有一个组分进入液相，其余组分因溶解度甚小其吸收量可忽略不计，这样的吸收过程称为单组分吸收；如果混合气体中有两个或多个组分进入液相，则称为多组分吸收。例如，合成氨原料气含有 N_2、H_2、CO 及 CO_2 等几种成分，其中唯独 CO_2 在水中有较为显著的溶解，这种原料气用水吸收的过程即属于单组分吸收；用洗油处理焦炉气时，气体中的苯、甲苯、二甲苯等几种组分都在洗油中有显著的溶解，这种吸收过程则应属于多组分吸收。

另外，根据溶质浓度的不同，可把吸收过程分为低浓度吸收和高浓度吸收。当溶质在气液两相中的摩尔分数不超过 0.1 时，可看作是低浓度吸收；反之，则为高浓度吸收过程。根据操作压力，将吸收过程分为常压吸收和加压吸收。

4. 吸收操作流程

吸收分为并流吸收和逆流吸收。由于逆流吸收过程中气液两相的平衡组成间存在较大的差异，因此，工业中往往采用逆流吸收的流程。在工业吸收过程中，吸收和解吸往往同时存在，以减少吸收剂的用量。目前工业吸收过程中必须解决的问题主要有：吸收剂的选择、气液传质设备的选取和吸收剂的再生循环使用等问题。

4.2.2 吸收过程的气液相平衡

气体吸收是一种典型的相际间的传质过程。气液相平衡关系是研究气体吸收过程的基础，该关系通常用气体在液体中的溶解度及亨利定律表示。

1. 亨利定律

亨利定律是说明当总压不太高（一般不超过 0.5 MPa）时，一定的温度下，稀溶液上方的气体溶质平衡分压与该溶质在液相中的浓度之间的关系。一般情况下，当总压不太高时，恒定温度下的稀溶液的溶解度曲线近似为直线，即溶质在液相中的溶解度与其在气相中的分压成正比。由于互成平衡的气液两相组成各可采用不同的表示方法，因而亨利定律有不同的表达形式。

$$p_A^* = Ex_A \tag{4-16}$$

式中，p_A^*—溶质在气相中的平衡分压，kPa；

x_A—溶质在液相中的摩尔分数；

E—亨利系数，其数值随物系的特性及温度而异。E 的单位与压强单位一致。

式(4-16)称为亨利定律。此式表明，稀溶液上方的溶质分压与该溶质在液相中的摩尔分数成正比，其比例常数即为亨利系数。

凡理想溶液，在压强不高及温度不变的条件下，p^*-x 关系在整个浓度范围内都符合亨利定律，而亨利系数即为该温度下纯溶质的饱和蒸气压。但吸收操作所涉及的系统多为非理想溶液，此时亨利系数不等于纯溶质的饱和蒸气压，且只在液相中溶质浓度很低的情况下才是常数。在同一种溶剂中，不同的气体维持其亨利系数恒定的浓度范围是不同的。对于某些较难溶解的系统来说，当溶质分压不超过 0.1 MPa 时，恒定温度下的 E 值可视为常数；当分压超过0.1 MPa后，E 值不仅是温度的函数，且随溶质本身的分压而变。

亨利系数由实验测定。在恒定的温度下，对指定的物系进行实验，测得一系列平衡状态下的液相溶质浓度 x 与相应的气相溶质分压 p^*，将测得的数值在普通直角坐标纸上进行标绘，据此求出浓度趋近于零时的 p^*/x 值，便是系统在该温度下的亨利系数 E。常见物系的亨利系数也可以从有关手册中查得。

吸收剂和吸收质不同、体系不同，则 E 值就不相同。E 值的大小代表了气体在该溶剂中溶解的难易程度，在同一溶剂中，难溶气体的 E 值很大，而易溶气体的 E 值很小。因为气体在液体中的溶解度随温度的升高而下降，故一般来说，温度上升则 E 值增大。

实际应用中，亨利定律还有其他表示方法。

(1) p-c 关系

若将亨利定律表示成溶质在液相中的体积摩尔浓度 c_A 与其在气相中的分压 p_A^* 之间的关系，则可写成如下形式：

$$p_A^* = \frac{c_A}{H} \tag{4-17}$$

式中，c_A—溶质的体积摩尔浓度，即单位体积溶液中溶质的摩尔数，$kmol/m^3$；

p_A^*—气相中溶质的平衡分压，kPa；

H—溶解度系数，$kmol/(kPa \cdot m^3)$。

溶解度系数 H 当然也是温度的函数。对于一定的溶质和溶剂，H 值随温度升高而减小。易溶气体的 H 值很大，难溶气体的 H 值很小。

溶解度系数 H 与亨利系数 E 的关系可推导如下：若溶液的浓度为 c [$kmol(A)/m^3$]、密度为 ρ (kg/m^3)，则 1 m^3 溶液中所含的溶质 A 为 c_A(kmol)，而溶剂 S 为 $\frac{\rho - c_A M_A}{M_S}$ (kmol)(M_A 及 M_S 分别为溶质 A 及溶剂 S 的摩尔质量)，于是可知溶质在液相中的摩尔分数为

$$x_A = \frac{c_A}{c_A + \frac{\rho - c_A M_A}{M_S}} = \frac{c_A M_S}{\rho + c_A(M_S - M_A)} \tag{4-18}$$

将式(4-18)代入(4-16)可得

$$p_A^* = \frac{E c_A M_S}{\rho + c_A(M_S - M_A)} \tag{4-19}$$

将式(4-19)与(4-17)比较，可知

$$\frac{1}{H} = \frac{E M_S}{\rho + c_A(M_S - M_A)} \tag{4-20}$$

对于稀溶液来说，c_A 值很小，故上式可简化为 $H = \frac{\rho}{E M_S}$。

（2）x-y 关系

若溶质在液相和气相中的浓度分别用摩尔分数 x_A 及 y_A 表示，则亨利定律可写成如下形式：

$$y_A^* = mx_A \tag{4-21}$$

式中，x_A—液相中溶质的摩尔分数；

y_A^*—与该液相成平衡的气相中溶质的摩尔分数；

m—相平衡常数，或称分配系数，无量纲。

相平衡常数 m 也是由实验结果计算出来的数值。对于一定的物系，它是温度和压强的函数。由 m 的数值大小同样可以比较不同气体溶解度的大小，m 值越大，则表明该气体的溶解度越小。温度升高、总压下降，则 m 值变大，不利于吸收操作。

m 与 E 的关系可由下面的推导得到：若系统总压为 P，则由理想气体的分压定律可知，溶质在气相中的分压为 $p_A = Py_A$；同理，$p_A^* = Py_A^*$。代入式(4-16)可得

$$Py_A^* = Ex_A, \quad 即\ y_A^* = \frac{E}{P}x_A \tag{4-22}$$

将式(4-22)与(4-21)比较，可得

$$m = \frac{E}{P} \tag{4-23}$$

2. 气体在液体中的溶解度

如果把氨气和水共同封存在容器中，令体系的压力和温度维持一定，由于氨气易溶于水，氨分子便会穿越两相界面进入水中，但进入到水中的氨分子也会有一部分返回气相，只不过刚开始的时候进入水中的多，出去的少。水中溶解的氨量越多，浓度越大，氨分子从溶液逸出的速率也就越大。直到最后，氨分子从溶液逸出的速率等于它从液相返回气相的速率，表示出来就是氨不再进入水中，溶液的浓度也不再改变。也就是，在恒定的温度和压强下，使一定量的吸收剂与混合气体接触，溶质便向液相转移，直至液相中溶质达到饱和，浓度不再增加为止。此时并非没有溶质分子继续进入液相，只是任何瞬间内进入液相的溶质分子数与从液相逸出的溶质分子数刚好相抵，在宏观上过程就像停止了。这种状态称为相际平衡，简称相平衡或平衡。平衡状态下气相中的溶质分压称为平衡分压或饱和分压，与之对应的液相中的溶质浓度称为平衡浓度或饱和浓度，也就是气体在液体中的溶解度，习惯上常以单位质量（或单位体积）的液体中所含溶质的质量来表示。

气体在液体中的溶解度表明一定条件下吸收过程可能达到的极限程度。要确定吸收设备内任何位置上气液实际浓度与其平衡浓度的差距，从而计算过程进行的速度，就需了解系统的平衡关系。

互成平衡的气液两相彼此依存，而且任何平衡状态都是有条件的。所以，一般而言，气体溶质在一定液体中的溶解度与整个物系的温度、压强及该溶质在气相中的浓度密切相关。在一定温度下达到平衡时，溶液的浓度随气体压力的增加而增加。如果要使一种气体在溶液中达到某一特定的浓度，必须在溶液上方维持较高的平衡压力。因为单组分的物理吸收涉及由 A、B、S 三个组分构成的气液两相物系，根据相律可知其自由度数应为 3，所以在一定的温度和总压之下，溶质在液相中的溶解度取决于它在气相中的组成。但是，在总压不是很高的情况下，可以认为气体在液体中的溶解度只取决于该气体的分压，而与总压无关。

在同一溶剂中，不同气体的溶解度有很大差异。图 4-25 表示常压下氨、二氧化硫在水中的溶解度与其在气相中的分压之间的关系（以温度为参数）。在一定温度、压力下，平衡时溶质在气相和液相中浓度的关系曲线称为溶解度曲线，如图 4-25 中的曲线。

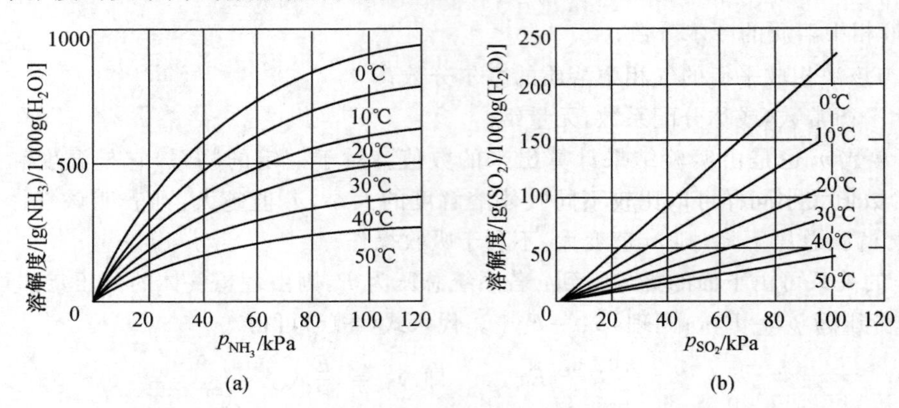

图 4-25 氨(a)、二氧化硫(b)在水中的溶解度曲线

从图中可以看出，当温度为 20℃、溶质分压为 20 kPa 时，每 1000 kg 水中所能溶解的氨、二氧化硫的质量分别为 200 kg、20 kg 左右。这表明，氨易溶于水，二氧化硫为中等溶解度气体，溶解度更小的气体则为难溶气体（如氧气在 30℃和溶质的分压为 40 kPa 时，1 kg 水中溶解的质量仅为 0.014 g）。从图中也可以看出，在 20℃时，若分别有 100 kg 的氨和 100 kg 的二氧化硫各溶于 1000 kg 水中，则氨在其溶液上方的分压约为 9 kPa，而二氧化硫在其溶液上方的分压约为 90 kPa。显然，对于同样浓度的溶液，易溶气体溶液上方的分压较低，而难溶气体所需的分压则很高。从图中还可以看出，对同一种溶质，在相同的气相分压下，溶解度随温度升高而减小；对同一溶质，在相同的温度下，溶解度随气相分压的升高而增大。这反映了一般情况下气体溶解度随温度变化的正常趋势。因此，加压和降温有利于吸收操作，减压和升温有利于解吸操作。

3. 用摩尔比表示的相平衡关系

在低浓度气体吸收计算中，常可以认为惰性组分不进入液相，溶剂也没有显著的挥发现象，因而在塔的各个横截面上，气相中惰性组分 B 的摩尔流量和液相中溶剂 S 的摩尔流量不变。若以 B 和 S 的量作为基准分别表示溶质 A 在气液两相中的浓度，对吸收计算会带来一些方便。为此，常采用摩尔比 Y 和 X 分别表示气液两相的组成。摩尔比的定义如下：

$$Y_A = \frac{\text{气相中溶质的摩尔数}}{\text{气相中惰性组分的摩尔数}} = \frac{y_A}{1-y_A}$$

$$X_A = \frac{\text{液相中溶质的摩尔数}}{\text{液相中溶剂的摩尔数}} = \frac{x_A}{1-x_A}$$

由以上二式可知

$$x_A = \frac{X_A}{1+X_A} \tag{4-24}$$

$$y_A = \frac{Y_A}{1+Y_A} \tag{4-25}$$

将式(4-24)、(4-25)两式代入 $y_A^* = mx_A$，可得 $\frac{Y_A^*}{1+Y_A^*} = m\frac{X_A}{1+X_A}$，整理后得

$$Y_A^* = \frac{mX_A}{1+(1-m)X_A} \tag{4-26}$$

上式由亨利定律导出，它在 X-Y 直角坐标系中的图形总是曲线。但是，当溶液浓度很低时，等号右侧分母趋近于1，于是该式可简化为

$$Y_A^* = mX_A \tag{4-27}$$

式(4-27)为亨利定律的又一种表示形式。它表明，当液相中溶质浓度足够低时，平衡关系在 X-Y 图中也可近似表示成一条通过原点的直线，其斜率为 m。

亨利定律的各种表达式所描述的都是互成平衡的气液两相组成间的关系，它们既可用来根据液相组成计算平衡的气相组成，又可用来根据气相组成计算平衡的液相组成。从这种意义上来说，上述亨利定律的几种表达形式可改写为如下形式：

$$x_A^* = \frac{p_A}{E}$$

$$c_A^* = Hp_A$$

$$x_A^* = \frac{y_A}{m}$$

$$X_A^* = \frac{Y_A}{m}$$

吸收过程相平衡关系可以用来判断传质过程的方向、计算传质推动力和确定传质过程的极限。

【例4-1】 在总压101.3 kPa、温度为303 K下，含 SO_2 为0.105(摩尔分数)的气体与含 SO_2 为0.002的水溶液相遇，已知平衡关系为 $y^*=46.5x$。问：会发生吸收还是脱吸？

解 从气相分析：

$$y^* = 46.5x = 46.5\times0.002 = 0.093 < 0.105$$

所以 SO_2 必由气相传递到液相，进行吸收。

从液相分析：$x^* = \frac{y}{46.5} = \frac{0.105}{46.5} = 0.0023 > 0.002$，结论同上。

4.2.3 吸收速率方程

平衡关系只能回答混合气体中溶质气体能否进入液相这个问题，至于进入液相的速率大小，却无法解决。后者属于传质的机理问题。本节将结合吸收操作来说明传质的基本原理，并导出传质的速率关系。

吸收操作是溶质从气相转移到液相的过程，其中包括溶质由气相主体扩散到气液界面，这是在气相内传质。然后溶质在界面上溶解，该过程是通过界面的传质过程。再由相界面向液相主体扩散传递，这是液相内的传质过程。

1. 双膜理论

对于吸收操作这样的相际传质过程的机理，W. K. Lewis和W. G. Whitman在20世纪20年代提出的双膜理论一直占有重要地位。本章前面所有关于单相内部传质过程的分析和处理，都是按照双膜理论进行的。

双膜理论把两流体间的对流传质过程描述成如图4-26所示的模式，它包含以下几点基本假设：

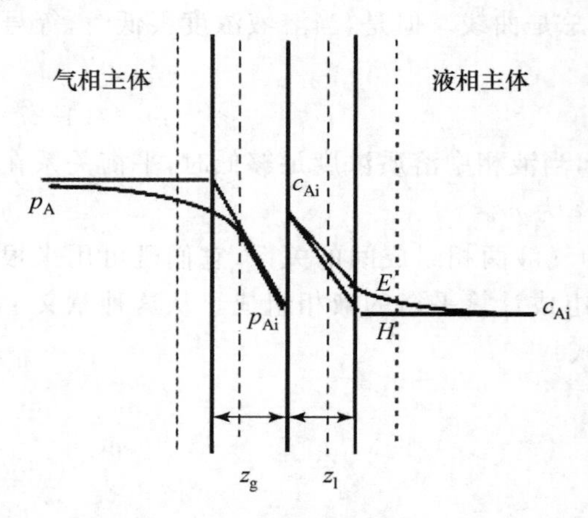

图4-26　双膜理论示意图

(1) 相互接触的气液两相液体间存在着稳定的相界面，界面两侧各有一个很薄的流体膜，溶质以分子扩散方式通过此两膜层由气相主体进入液相主体；

(2) 在相界面处没有传质阻力，即溶质在相界面处的浓度处于平衡状态；

(3) 在膜层以外的两相主流区，由于流体湍动剧烈，传质速率高，传质阻力可以忽略不计，相际的传质阻力集中在两个膜层内。

双膜理论把复杂的相际传质过程归结为经由两个流体停滞膜层的分子扩散过程，而相界面处及两相主体中均无阻力存在。这样，整个相际传质过程的阻力便全部体现在两个停滞膜层里。在两相主体浓度一定的情况下，两膜的阻力便决定了传质速率的大小。因此，双膜理论也可称为双阻力理论。

双膜理论将两流体相际传质过程简化为经两膜层的稳定分子扩散的串联过程。对吸收过程，则为溶质通过气膜与液膜的分子扩散。按照这一理论的基本概念所确定的传质速率关系，至今仍是传质设备设计计算的主要依据，这一理论对于生产实践发挥了重要的指导作用。

2. 膜推动力表示的吸收速率方程

要计算指定的吸收任务所需设备的尺寸，或核算混合气体通过指定设备所能达到的吸收程度，都需要知道吸收速率。所谓吸收速率，是指单位相际传质面积上单位时间内吸收的溶质量。

对于吸收过程的速率关系，可表示为“速率$=\dfrac{\text{推动力}}{\text{阻力}}$”的形式，其中推动力是浓度差，吸收阻力为吸收系数的倒数。因此，吸收速率关系又可以写成“吸收速率＝吸收系数×推动力”的形式。

在定态操作的吸收设备内任一部位上，相界面两侧的气液膜层中的传质速率应是相同的，因此，其中任何一侧有效膜中的传质速率都能代表该部位上的吸收速率。单独根据气膜或液膜的推动力及阻力写出的速率关系式，称为气膜或液膜吸收速率方程式，相应的吸收系数称为膜系数或分系数，用k表示。

(1) 气膜吸收速率方程式

为由气相主体到相界面的对流传质速率方程式，即气相有效膜层内的传质速率方程式。根据双膜理论，吸收过程的扩散可以看作是组分A通过一停滞组分B的扩散，所以传质速率方程为

$$N_A=\frac{DP}{RTz_g p_{Bm}}(p_A-p_{Ai}) \tag{4-28}$$

式中，$\dfrac{P}{p_{Bm}}$—气相扩散漂流因子；

p_A—气相主体中溶质的分压，kPa；

z_g—气膜厚度，m；

p_{Ai}—溶质在相界面处的分压，kPa。

式(4-28)中存在着不易解决的问题，即膜层的厚度 z_g 难于测知。但经分析可知，在一定条件下此式中的$\frac{DP}{RTz_g p_{Bm}}$可视为常数。因为一定的物系及一定的操作条件规定了 T、P 及 D 值，一定的流动状况及传质条件规定了 z_g 值。故可令$\frac{DP}{RTz_g p_{Bm}}=k_G$，则

$$N_A = k_G(p_A - p_{Ai}) \tag{4-29}$$

式中，k_G 为气膜吸收系数，kmol/(m^2·s·kPa)。

式(4-29)称为气膜吸收速率方程式。它也可写成如下形式：

$$N_A = \frac{p_A - p_{Ai}}{\frac{1}{k_G}} \tag{4-30}$$

气膜吸收系数的倒数$\frac{1}{k_G}$表示吸收质通过气膜的传递阻力，这个阻力的表达形式是与气膜推动力($p_A - p_{Ai}$)相对应的。

当气相的组成以摩尔分数表示时，相应的气膜吸收速率方程式为

$$N_A = k_y(y_A - y_{Ai}) \tag{4-31}$$

式中，y_A—溶质 A 在气相主体中的摩尔分数；

y_{Ai}—溶质 A 在相界面处的摩尔分数。

当气相总压不是很高时，根据分压定律可知 $p_A = Py_{Ai}$ 及 $p_{Ai} = Py_{Ai}$。将此关系式代入式(4-29)并与式(4-31)相比较，可知

$$k_y = Pk_G \tag{4-32}$$

式中，k_y 也称为气膜吸收系数，其单位与传质速率的单位相同，即为 kmol/(m^2·s)。它的倒数$\frac{1}{k_y}$是与气膜推动力($y_A - y_{Ai}$)相对应的气膜阻力。

欲提高传质速率，则必须提高 k_G，增大气体流速，降低气膜厚度，使阻力下降。

(2) 液膜吸收速率方程式

为由相界面到液相主体的对流传质速率方程式，即液相有效滞留膜层内的传质速率方程式。

$$N_A = \frac{D'C}{z_1 c_{Sm}}(c_{Ai} - c_A) \tag{4-33}$$

令$\frac{D'C}{z_1 c_{Sm}}=k_L$，则上式可以写成

$$N_A = k_L(c_{Ai} - c_A) \tag{4-34}$$

$$N_A = \frac{c_{Ai} - c_A}{\frac{1}{k_L}} \tag{4-35}$$

式中，k_L 为液膜吸收系数，m/s。

式(4-34)和(4-35)称为液膜吸收速率方程式。液膜吸收系数的倒数$\frac{1}{k_L}$即表示吸收质通过液膜的传递阻力，这个阻力的表达形式是与液膜推动力($c_{Ai} - c_A$)相对应的。

当液相的组成以摩尔分数表示时，相应的液膜吸收速率方程式为

$$N_A = k_x(x_{Ai} - x_A) \tag{4-36}$$

将 $c_{Ai}=cx_{Ai}$ 及 $c_A=cx_A$ 代入式(4-34)并与(4-36)相比较,可知

$$k_x = ck_L \tag{4-37}$$

式中,k_x 也称为液膜吸收系数,其单位与传质速率的单位相同,即为 kmol/(m^2·s)。它的倒数 $\frac{1}{k_x}$ 是与液膜推动力($x_{Ai}-x_A$)相对应的液膜阻力。

3. 总推动力表示的吸收速率方程

为了避开难于测定的界面浓度或分压,在计算过程中,一般可采用两主体中某一相的实际浓度与平衡浓度的差值,作为传质总推动力,而写出吸收速率方程式。这种速率方程式中的系数,称为总系数,以 K 表示。总系数的倒数即为总阻力,总阻力应当是两膜传质阻力之和。问题在于,气、液两相的浓度表示法不同(譬如气相浓度以分压表示,液相浓度以单位体积内的溶质摩尔数表示),二者不能直接相减。即使二者的表示方法相同(譬如都以摩尔分数表示),其差值也不能代表过程的推动力。

吸收过程之所以能自动进行,就是由于两相主体浓度尚未达到平衡,一旦任何一相主体浓度与另一相主体浓度达到平衡,推动力便等于零。因此,吸收过程的总推动力应该用任何一相的主体浓度与其平衡浓度的差额来表示。由于浓度的表示方法有多种,因此,总推动力表示的传质速率方程也有多种形式。

(1) 以 $p-p^*$ 表示总推动力的吸收速率方程式

令 p_A^* 为与液相主体浓度 c_A 成平衡的气相分压,p_A 为吸收质在气相主体中的分压,若吸收系统服从亨利定律,或在过程所涉及的浓度区间内平衡关系为直线,则 $p_A^*=\frac{c_A}{H}$。根据双膜理论,相界面上两相互成平衡,则 $p_{Ai}=\frac{c_{Ai}}{H}$。

将以上两式分别代入液相吸收速率方程式 $N_A=k_L(c_{Ai}-c_A)$,得

$$N_A = k_L H(p_{Ai}-p_A^*) \tag{4-38}$$

或

$$\frac{N_A}{Hk_L}=p_{Ai}-p_A^* \tag{4-39}$$

气相速率方程式 $N_A=k_G(p_A-p_{Ai})$ 也可改写成 $\frac{N_A}{k_G}=p_A-p_{Ai}$。将前式和式(4-39)相加,得

$$N_A\left(\frac{1}{Hk_L}+\frac{1}{k_G}\right)=p_A-p_A^* \tag{4-40}$$

令 $\frac{1}{K_G}=\frac{1}{Hk_L}+\frac{1}{k_G}$,则

$$N_A=K_G(p_A-p_A^*) \tag{4-41}$$

式中,K_G 为气相总吸收系数,kmol/(m^2·s·kPa)。

式(4-41)即为以 $p_A-p_A^*$ 为总推动力的吸收速率方程式,也可称为气相总吸收速率方程式。总系数 K_G 的倒数为两膜总阻力。由 $\frac{1}{K_G}=\frac{1}{Hk_L}+\frac{1}{k_G}$ 可以看出,此总阻力是由气膜阻力 $\frac{1}{k_G}$ 和液膜阻力 $\frac{1}{Hk_L}$ 两部分组成的。

对于易溶气体,H 值很大,在 k_G 与 k_L 数量级相同或接近的情况下存在如下关系,即

$\frac{1}{Hk_L} \ll \frac{1}{k_G}$，此时传质阻力的绝大部分存在于气膜之中，液膜阻力可以忽略，因而 $\frac{1}{K_G}=\frac{1}{Hk_L}+\frac{1}{k_G}$ 可简化为 $\frac{1}{K_G}\approx\frac{1}{k_G}$ 或 $K_G\approx k_G$，亦即气膜阻力控制着整个吸收过程的速率，吸收总推动力的绝大部分用于克服气膜阻力，这种情况称为“气膜控制”。用水吸收氨或氯化氢及用浓硫酸吸收气相中的水蒸气等过程，通常都被视为气膜控制的吸收过程。显然，对于气膜控制的吸收过程，若要提高其速率，在选择设备型式及确定操作条件时，应特别注意减小气膜阻力。

(2) 以 c^*-c 表示总推动力的吸收速率方程式

令 c_A^* 代表与气相分压 p_A 成平衡的液相浓度，若系统服从亨利定律，或在过程所涉及的浓度范围内平衡关系为直线，则 $p_A=\frac{c_A^*}{H}$ 或 $p_A^*=\frac{c_A}{H}$，代入式(4-40)并且两端皆乘以 H，可得

$$N_A\left(\frac{H}{k_G}+\frac{1}{k_L}\right)=c_A^*-c_A \tag{4-42}$$

令 $\frac{H}{k_G}+\frac{1}{k_L}=\frac{1}{K_L}$，则

$$N_A=K_L(c_A^*-c_A) \tag{4-43}$$

式中，K_L 为液相总吸收系数，m/s。

式(4-43)即为以 $c_A^*-c_A$ 为总推动力的吸收速率方程式，也可称为液相总吸收速率方程式。总系数 K_L 的倒数为两膜总阻力，由式 $\frac{H}{k_G}+\frac{1}{k_L}=\frac{1}{K_L}$ 可以看出，此总阻力是由气膜阻力 $\frac{H}{k_G}$ 与液膜阻力 $\frac{1}{k_L}$ 两部分组成的。

对于难溶气体，H 值很小，在 k_G 与 k_L 数量级相同或接近的情况下存在如下关系，即 $\frac{H}{k_G}\ll\frac{1}{k_L}$，此时传质阻力的绝大部分存在于液膜之中，气膜阻力可以忽略，因而 $\frac{H}{k_G}+\frac{1}{k_L}=\frac{1}{K_L}$ 可简化为 $\frac{1}{K_L}\approx\frac{1}{k_L}$ 或 $K_L\approx k_L$，即液膜阻力控制着整个吸收过程的速率，吸收总推动力的绝大部分用于克服液膜阻力，这种情况称为“液膜控制”。用水吸收二氧化碳、氢气或氧气等气体的过程，都是液膜控制的吸收过程。对于液膜控制的吸收过程，若要提高其速率，在选择设备型式及确定操作条件时，应特别注意减小液膜阻力。

一般情况下，对于具有中等溶解度的气体吸收过程，气膜阻力和液膜阻力均不可忽略。要提高过程速率，必须兼顾气、液两膜阻力的降低，方能得到满意的效果。

(3) 以 $Y-Y^*$ 表示总推动力的吸收速率方程式

在吸收计算中，当溶质浓度较低时，通常以摩尔比表示浓度较为方便，故常用到以 $Y-Y^*$ 或 X^*-X 表示总推动力的吸收速率方程式。

若操作总压强为 P，根据分压定律可知吸收质在气相中的分压为 $p_A=Py_A$。又知 $y_A=\frac{Y_A}{1+Y_A}$，故 $p_A=P\,\frac{Y_A}{1+Y_A}$。同理，$p_A^*=P\,\frac{Y_A^*}{1+Y_A^*}$。将以上两式代入式(4-41)，得

$$N_A=K_G\left(P\,\frac{Y_A}{1+Y_A}-P\,\frac{Y_A^*}{1+Y_A^*}\right)$$

简化为
$$N_A=\frac{K_G P}{(1+Y_A)(1+Y_A^*)}(Y_A-Y_A^*) \tag{4-44}$$

令$\frac{K_G P}{(1+Y_A)(1+Y_A^*)}=K_Y$，则

$$N_A=K_Y(Y_A-Y_A^*) \tag{4-45}$$

式中，K_Y 为气相总吸收系数，$kmol/(m^2 \cdot s)$。

式(4-45)即为以 $Y_A-Y_A^*$ 表示总推动力的吸收速率方程式，它也属于气相总吸收速率方程式。式中总系数 K_Y 的倒数为两膜总阻力。

当吸收质在气相中的浓度很小时，Y_A 和 Y_A^* 都很小，$\frac{K_G P}{(1+Y_A)(1+Y_A^*)}=K_Y$ 左端的分母接近于1，于是 $K_Y \approx K_G P$。

(4) 以 X^*-X 表示总推动力的吸收速率方程式

令液相浓度以摩尔比 X_A 表示，与气相浓度 Y_A 成平衡的液相浓度以 X_A^* 表示，又知 $x_A=\frac{X_A}{1+X_A}$，故 $c_A=c\frac{X_A}{1+X_A}$。同理，$c_A^*=c\frac{X_A^*}{1+X_A^*}$。

将上面二式代入 $N_A=K_L(c_A^*-c_A)$ 得

$$N_A=K_L\left(c\frac{X_A^*}{1+X_A^*}-c\frac{X_A}{1+X_A}\right) \tag{4-46}$$

简化为
$$N_A=\frac{K_L c}{(1+X_A^*)(1+X_A)}(X_A^*-X_A)$$

令$\frac{K_L c}{(1+X_A^*)(1+X_A)}=K_X$，则

$$N_A=K_X(X_A^*-X_A) \tag{4-47}$$

式中，K_X 为液相总吸收系数，$kmol/(m^2 \cdot s)$。

式(4-47)即为以 $X_A^*-X_A$ 表示总推动力的吸收速率方程式，它也属于液相总吸收速率方程式。式中总系数 K_X 的倒数为两膜总阻力。

传质速率方程的表达形式很多，要注意传质阻力与传质推动力的对应关系：① 传质系数与传质推动力表示方式之间必须对应；② 各传质系数的单位和对应的基准要一致；③ 传质阻力的表达形式必须与传质推动力的对应。

4.2.4 填料层高度的计算

化工单元设备的计算，按给定条件、任务和要求的不同，一般分为设计型计算和操作型计算两大类。设计型计算指按给定的生产任务和工艺条件来设计满足任务要求的单元设备。操作型计算是根据已知的设备参数和工艺条件来求算所能完成的任务。两种计算所遵循的基本原理及所用关系式都是相同的，只是具体的计算方法和步骤不同而已。本章主要讨论吸收塔的设计型计算。吸收塔的设计型计算是按给定的生产任务及条件，如已知待分离气体的种类、组成以及要达到的分类要求，在选定吸收剂的基础上确定吸收剂用量，继而计算塔的主要工艺尺寸，包括塔径和填料层高度等。

4.2.4.1 吸收塔的物料衡算与操作线方程

图4-27所示是一个处于定态操作状况下的逆流接触吸收塔，塔底截面一律以下标“1”代表，

塔顶截面一律以下标“2”代表。图中各个符号的意义如下：

V—单位时间内通过吸收塔的惰性气体量，kmol/s；

L—单位时间内通过吸收塔的溶剂量，kmol/s；

Y_1，Y_2—分别为进塔及出塔气体中溶质组分的摩尔比；

X_1，X_2—分别为出塔及进塔液体中溶质组分的摩尔比。

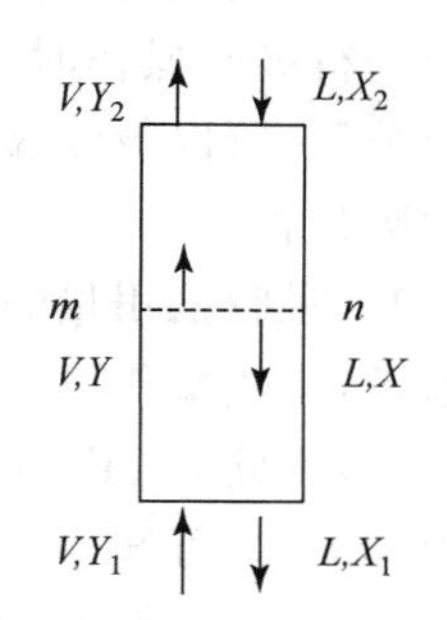

图 4-27　逆流吸收塔物料衡算

对单位时间内进入吸收塔的 A 物质量作衡算，可知

$$VY_1 + LX_2 = VY_2 + LX_1 \tag{4-48}$$

或

$$V(Y_1 - Y_2) = L(X_1 - X_2) \tag{4-49}$$

一般情况下，进塔混合气的组成与流量是由吸收任务规定的。如果吸收剂的组成与流量已经确定，则 V、Y_1、L 及 X_2 皆为已知数。又根据吸收任务所规定的溶质回收率，可以得知气体出塔时应有的浓度 Y_2 为

$$Y_2 = Y_1(1 - \eta) \tag{4-50}$$

式中，η 为混合气中溶质 A 被吸收的百分率，称为吸收率或回收率。

如此，通过全塔物料衡算可以求得塔底排出的吸收液浓度 X_1，于是，在填料层底部与顶部两个端面上的液、气组成 X_1、Y_1 与 X_2、Y_2 都应成为已知数。

在逆流吸收操作的填料塔内，气体自下而上，其浓度由 Y_1 逐渐变至 Y_2；液体自上而下，其浓度由 X_2 逐渐变至 X_1。那么，在定态状况下，填料层中各个横截面上的气、液浓度 Y 与 X 之间的变化关系如何？要解决这个问题，需在填料层中的任一横截面与塔的任何一个端面之间作组分 A 的衡算。

在图 4-27 中 m-n 截面与塔底端面之间作组分 A 的物料衡算，得

$$VY + LX_1 = VY_1 + LX \tag{4-51}$$

或

$$Y = \frac{L}{V}X + Y_1 - \frac{L}{V}X_1 \tag{4-52}$$

若在 m-n 截面与塔顶端面之间作组分 A 的衡算，则得到

$$Y = \frac{L}{V}X + Y_2 - \frac{L}{V}X_2 \tag{4-53}$$

式(4-51)～(4-53)皆可称为逆流吸收塔的操作线方程式。它表明，塔内任一横截面上的气相浓度 Y 与液相浓度 X 之间成直线关系，直线的斜率为 $\frac{L}{V}$，且此直线通过 B(X_1，Y_1)及 T(X_2，Y_2)两点。在图 4-28 中的直线 BT，即为逆流吸收塔的操作线。操作线 BT 上任何一点 W，代表着塔内相应截面上的液、气浓度 X、Y；端点 B 代表填料层底部端面，即塔底的情况；端点 T 代表填料层顶部端面，即塔顶情况。在逆流吸收塔中，塔底部具有最大的气、液浓度，故称之为浓端；塔顶部具有最小的气、液浓度，故称为稀端。

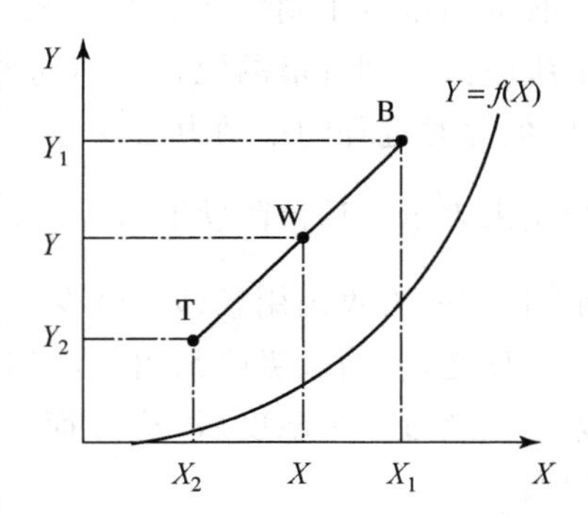

图 4-28　逆流吸收塔的操作线

以上关于操作关系的讨论，都是针对逆流情况。在气、液

并流情况下，吸收塔的操作线方程式及操作线可用同样方法求得。

当进行吸收操作时，在塔内任一横截面上，溶质在气相中的实际分压总是高于与其接触的液相平衡分压，所以吸收操作线总是位于平衡线的上方。反之，如果操作线位于平衡线下方，则应进行脱吸过程。

4.2.4.2 吸收剂用量的决定

通常，吸收操作中需要处理的气体流量及气体的初、终浓度已由生产过程本身和生产分离要求所规定，因此，V、Y_1、Y_2 及 X_2 皆为已知数。但是，吸收剂的用量尚待设计者决定。

由图 4-29 可知，在 V、Y_1、Y_2 及 X_2 已知的情况下，吸收塔操作线的一端（塔顶）T 点已经固定，另一端（塔底）B 点则可在 $Y=Y_1$ 的水平线上移动。点 B 的横坐标将取决于操作线的斜率 $\frac{L}{V}$。

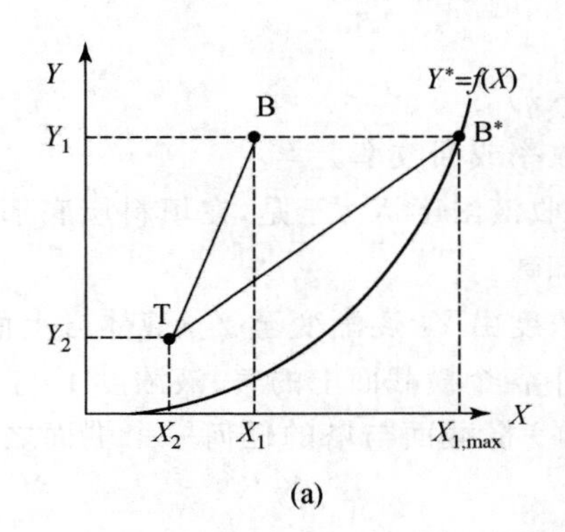

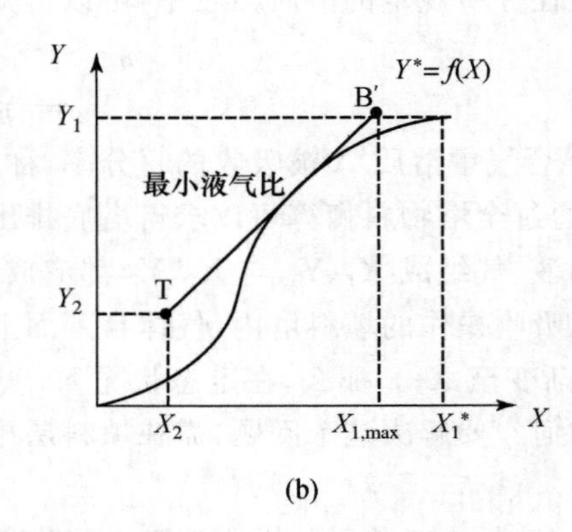

图 4-29 吸收塔的最小液气比

操作线的斜率 $\frac{L}{V}$，称为“液气比”，是溶剂与惰性气体摩尔流量的比值。它反映单位气体处理量的溶剂耗用量大小。在此，V 值已经确定，故若减小吸收剂用量 L，操作线的斜率就要变小，点 B 便沿水平线 $Y=Y_1$ 向右移动，其结果是使出塔吸收液的浓度加大，而吸收推动力相应减小。若吸收剂用量减小到恰使点 B 移至水平线 $Y=Y_1$ 与平衡线的交点 B^* 时，$X_1=X_1^*$，亦即塔底流出的吸收液与刚进塔的混合气达到平衡，如图 4-29(a)所示。这是理论上吸收液所能达到的最高浓度，但此时过程的推动力已变为零，因而需要无限大的相际传质面积。这实际上是办不到的，只能用来表示一种极限状况，此种情况下吸收操作线（B^* T）的斜率称为最小液气比，以 $\left(\frac{L}{V}\right)_{min}$ 表示；相应的吸收剂用量即为最少吸收剂用量，用 L_{min} 表示。

反之，若增大吸收剂用量，则 B 点将沿水平线向左移动，使操作线远离平衡线，过程推动力增大。但超过一定限度后，这方面的效果便不明显，而溶剂的消耗、运输及回收等操作费用急剧增大。

由以上分析可见，吸收剂用量的大小应选择适宜的液气比，使设备费与操作费之和最小。根据生产实践经验，一般情况下，取吸收剂用量为最小用量的 1.1～1.2 倍。

最小液气比可用图解法求出：如果平衡曲线符合图 4-29(a)所示的情况，则需要找到水平线

$Y=Y_1$ 与平衡线的交点 B^*，从而读出 X_1^* 的数值，然后用下式计算最小液气比，即

$$\left(\frac{L}{V}\right)_{\min}=\frac{Y_1-Y_2}{X_1^*-X_2} \tag{4-54}$$

如果平衡曲线呈现如图 4-29(b)所示的形状，则应过点 T 作平衡曲线的切线，找到水平线 $Y=Y_1$ 与此切线的交点 B'，从而读出点 B'的横坐标 X'的数值，然后按下式计算最小液气比，即

$$\left(\frac{L}{V}\right)_{\min}=\frac{Y_1-Y_2}{X_1'-X_2} \tag{4-55}$$

若平衡关系符合亨利定律，可用 $Y^*=mX$ 表示，则可以直接用下式计算最小液气比，即

$$\left(\frac{L}{V}\right)_{\min}=\frac{Y_1-Y_2}{\dfrac{Y_1}{m}-X_2} \tag{4-56}$$

4.2.4.3　塔径的计算

吸收塔的直径与体系的物性、所选填料的种类和尺寸，以及气体在塔内的流速密切相关，可根据圆形管道内的流量公式计算，即

$$D=\sqrt{\frac{4V_s}{\pi u}} \tag{4-57}$$

式中，D—塔径，m；

V_s—操作条件下混合气体的体积流量，m^3/s；

u—空塔气速，即按整个塔截面积计算的混合气体速度，m/s。

在吸收过程中，由于吸收质不断进入液相，故混合气体量由塔底至塔顶逐渐减小。在计算塔径时，一般应以塔底的气量为依据。

如果计算的塔径不是整数时，应按压力容器公称直径标准进行圆整。

4.2.4.4　填料层高度计算的基本方程式

就基本关系而论，填料层高度等于所需的填料层体积除以塔截面积。塔截面积已由塔径确定，填料层体积则取决于完成规定任务所需的总传质面积和每立方米填料层所能提供的气、液有效接触面积。上述总传质面积应等于塔的吸收负荷与塔内传质速率的比值。塔的吸收负荷指单位时间内的传质量，kmol/s。塔内传质速率指单位时间内单位气液接触面积上的传质量，$kmol/(m^2 \cdot s)$。计算塔的吸收负荷要依据物料衡算关系，计算传质速率要依据吸收速率方程式，而吸收速率方程式中的推动力总是实际浓度与某种平衡浓度的差额，因此又要知道相平衡关系。所以，填料层高度的计算将要涉及物料衡算、传质速率与相平衡这三种关系。

就整个填料层而言，气、液浓度沿塔高不断变化，塔内各横截面上的吸收速率并不相同，因此吸收速率方程式只适用于吸收塔的任一横截面，而不能直接用于全塔。

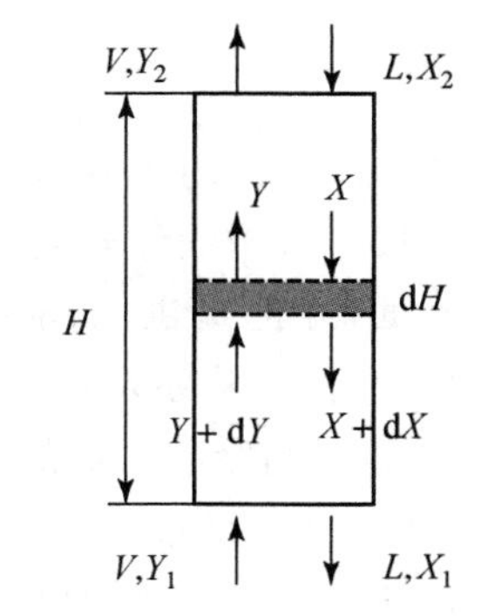

图 4-30　微元填料层的物料衡算

为解决填料层高度的计算问题，先在填料吸收塔中任意截取一段高度为 dH 的微元填料层来研究，如图 4-30 所示。

对此微元填料层作组分 A 衡算可知，单位时间内由气相转入液相的 A 物质量为

$$dG_A=VdY=LdX \tag{4-58}$$

在此微元填料层内，因气、液浓度变化极小，故可认为吸收速率 N_A 为定值。假设塔的截面积为Ω (m^2)，单位体积填料层所提供的有效接触面积为 $a(m^2/m^3)$，则

$$dG_A = N_A dA = N_A(a\Omega dH) \tag{4-59}$$

式中，dA 为微元填料层内的传质面积，m^2。

微元填料层中的吸收速率方程式可写为 $N_A = K_Y(Y-Y^*)$ 及 $N_A = K_X(X^*-X)$，将此二式分别代入式(4-59)，得到

$$dG_A = K_Y(Y-Y^*)a\Omega dH \tag{4-60}$$

及

$$dG_A = K_X(X^*-X)a\Omega dH \tag{4-61}$$

再将 $dG_A = VdY = LdX$ 代入式(4-60)、(4-61)，得到

$$VdY = K_Y(Y-Y^*)a\Omega dH \tag{4-62}$$

及

$$LdX = K_X(X^*-X)a\Omega dH \tag{4-63}$$

整理式(4-62)、(4-63)，分别得到

$$\frac{dY}{Y-Y^*} = \frac{K_Y a\Omega}{V}dH \tag{4-64}$$

及

$$\frac{dX}{X^*-X} = \frac{K_X a\Omega}{L}dH \tag{4-65}$$

对于定态操作的吸收塔，当溶质在气、液两相中的浓度不高时，L、V、a、Ω 皆不随时间而变，且不随截面位置而变，K_Y 及 K_X 通常也可视为常数。于是，对式(4-64)及(4-65)，可在全塔范围内积分如下：

$$\int_{Y_2}^{Y_1}\frac{dY}{Y-Y^*} = \frac{K_Y a\Omega}{V}\int_0^H dH$$

及

$$\int_{X_2}^{X_1}\frac{dX}{X^*-X} = \frac{K_X a\Omega}{L}\int_0^H dH$$

由此得到低浓度气体吸收时计算填料层高度的基本关系式，即

$$H = \frac{V}{K_Y a\Omega}\int_{Y_2}^{Y_1}\frac{dY}{Y-Y^*} \tag{4-66}$$

及

$$H = \frac{L}{K_X a\Omega}\int_{X_2}^{X_1}\frac{dX}{X^*-X} \tag{4-67}$$

式(4-66)、(4-67)中，单位体积填料层内的有效接触面积 a（称为有效比表面积）总要小于单位体积填料层中固体表面积（称为比表面积）。这是因为，只有那些被流动的液体膜层所覆盖的填料表面，才能提供气、液接触的有效面积。所以，a 值不仅与填料的形状、尺寸及填充状况有关，而且受流体物系及流动状况的影响。a 的数值很难直接测定，为了避开难以测定的有效比表面积 a，将它与吸收系数的乘积视为一体，$K_Y a$ 或 $K_X a$ 作为一个完整的物理量来看待，这个乘积称为“体积吸收系数”。体积吸收系数的物理意义是，在单位推动力情况下，单位时间、单位体积填料层内所传递的吸收质的量，单位为 $kmol/(m^3 \cdot h)$，它易于测定，故可直接用于求填料层高度。

4.2.4.5 传质单元法求填料层高度

$H = \dfrac{V}{K_Y a\Omega}\int_{Y_2}^{Y_1}\dfrac{dY}{Y-Y^*}$ 及 $H = \dfrac{L}{K_X a\Omega}\int_{X_2}^{X_1}\dfrac{dX}{X^*-X}$ 是根据总吸收系数 K_Y、K_X 与相应的吸收

推动力计算填料层高度的关系式。填料层高度还可以根据膜系数与相应的吸收推动力来计算。但 $H=\dfrac{V}{K_{Y}a\Omega}\int_{Y_2}^{Y_1}\dfrac{dY}{Y-Y^*}$ 及 $H=\dfrac{L}{K_{X}a\Omega}\int_{X_2}^{X_1}\dfrac{dX}{X^*-X}$ 反映了所有此类填料层高度计算式的共同点。下面以 $H=\dfrac{V}{K_{Y}a\Omega}\int_{Y_2}^{Y_1}\dfrac{dY}{Y-Y^*}$ 为例来分析它所反映的这种共同点。

$H=\dfrac{V}{K_{Y}a\Omega}\int_{Y_2}^{Y_1}\dfrac{dY}{Y-Y^*}$，此式等号右端因式 $\dfrac{V}{K_{Y}a\Omega}$ 的单位为 $\dfrac{[\mathrm{kmol/s}]}{[\mathrm{kmol/(m^2\cdot s)}][\mathrm{m}]}=[\mathrm{m}]$，而 m 是高度的单位，因此可将 $\dfrac{V}{K_{Y}a\Omega}$ 理解为由过程条件所决定的某种单元高度。此单元高度称为“气相总传质单元高度”，以 H_{OG} 表示，即 $H_{OG}=\dfrac{V}{K_{Y}a\Omega}$。

积分号内的分子与分母具有相同的单位，因而整个积分必然得到一个无量纲的数值。可以认为它代表所需填料层高度 H 相当于气相总传质单元高度 H_{OG} 的倍数，此倍数称为“气相总传质单元数”，以 N_{OG} 表示，即 $N_{OG}=\int_{Y_2}^{Y_1}\dfrac{dY}{Y-Y^*}$。

于是，$H=\dfrac{V}{K_{Y}a\Omega}\int_{Y_2}^{Y_1}\dfrac{dY}{Y-Y^*}$ 可写成

$$H=H_{OG}N_{OG}$$

同理，$H=\dfrac{L}{K_{X}a\Omega}\int_{X_2}^{X_1}\dfrac{dX}{X^*-X}$ 可写成

$$H=H_{OL}N_{OL}$$

式中，$H_{OL}=\dfrac{1}{K_{X}a\Omega}$，称为液相总传质单元高度，m；

$N_{OL}=\int_{X_2}^{X_1}\dfrac{dX}{X^*-X}$，称为液相总传质单元数，无量纲。

传质单元数（N_{OG}、N_{OL}）的大小反映吸收过程进行的难易程度，它与吸收塔的结构因素以及气液流动状况无关。

传质单元高度可理解为一个传质单元所需的填料层高度，是吸收设备效能高低的反映。

4.2.4.6 传质单元数的求算

传质单元数反映吸收过程的难度。任务所要求的气体浓度变化越大，过程的平均推动力越小，则意味着过程的难度越大，此时所需传质单元数也就越多。根据平衡关系的不同情况，可以选用不同的传质单元数的计算方法。传质单元数的求算方法根据平衡关系的不同，主要分为解析法、图解积分法、数值积分法以及梯级图解法。

1. 平衡线为直线

(1) 对数平均推动力法

设 $Y^*=mX$，则 $\dfrac{dY^*}{dX}=m$。由 $Y=\dfrac{L}{V}X+Y_1-\dfrac{L}{V}X_1$，得 $\dfrac{dY}{dX}=\dfrac{L}{V}$，$dX=\dfrac{V}{L}dY$，所以

$$\frac{d(Y-Y^*)}{dX}=\frac{L}{V}-m \quad 或 \quad \frac{d(Y-Y^*)}{dY}=\frac{V}{L}\left(\frac{L}{V}-m\right)$$

令 $\Delta Y=Y-Y^*$，则 $\dfrac{d(\Delta Y)}{dY}=\dfrac{V}{L}\left(\dfrac{L}{V}-m\right)=$ 常数，所以 ΔY 与 Y 成线性关系，其斜率为

$\frac{d(\Delta Y)}{dY}=\frac{\Delta Y_1-\Delta Y_2}{Y_1-Y_2}$。因此

$$dY=\frac{Y_1-Y_2}{\Delta Y_1-\Delta Y_2}d(\Delta Y)$$

$$N_{OG}=\int_{Y_2}^{Y_1}\frac{dY}{Y-Y^*}=\int_{Y_2}^{Y_1}\frac{Y_1-Y_2}{\Delta Y_1-\Delta Y_2}\frac{d(\Delta Y)}{\Delta Y}=\frac{Y_1-Y_2}{\Delta Y_1-\Delta Y_2}\int_{Y_2}^{Y_1}\frac{d(\Delta Y)}{\Delta Y}$$

$$=\frac{Y_1-Y_2}{\Delta Y_1-\Delta Y_2}\ln\frac{\Delta Y_1}{\Delta Y_2}=\frac{Y_1-Y_2}{\frac{\Delta Y_1-\Delta Y_2}{\ln\frac{\Delta Y_1}{\Delta Y_2}}} \tag{4-68}$$

而

$$\Delta Y_m=\frac{\Delta Y_1-\Delta Y_2}{\ln\frac{\Delta Y_1}{\Delta Y_2}} \tag{4-69}$$

式(4-69)表示的是塔顶与塔底两截面上吸收推动力 ΔY_1 和 ΔY_2 的对数平均值,称为对数平均推动力。则

$$N_{OG}=\frac{Y_1-Y_2}{\Delta Y_m} \tag{4-70}$$

同理

$$N_{OL}=\frac{X_1-X_2}{\Delta X_m} \tag{4-71}$$

$$\Delta X_m=\frac{\Delta X_1-\Delta X_2}{\ln\frac{\Delta X_1}{\Delta X_2}} \tag{4-72}$$

由式(4-70)和(4-71)可知,传质单元数是全塔范围内某相浓度的变化与按该相浓度差计算的对数平均推动力的比值。

(2) 脱吸因数法或吸收因数法

当平衡线为通过原点的直线,服从亨利定律。由吸收操作线方程

$$Y=\frac{L}{V}X+Y_2-\frac{L}{V}X_2$$

得

$$X=\frac{V}{L}(Y-Y_2)+X_2$$

代入 $Y^*=mX$ 中,得

$$Y^*=m\left[\frac{V}{L}(Y-Y_2)+X_2\right]$$

所以

$$N_{OG}=\int_{Y_2}^{Y_1}\frac{dY}{Y-Y^*}=\int_{Y_2}^{Y_1}\frac{dY}{Y-m\left[\frac{V}{L}(Y-Y_2)+X_2\right]}$$

$$=\int_{Y_2}^{Y_1}\frac{dY}{\left(1-\frac{mV}{L}\right)Y+m\frac{V}{L}Y_2-mX_2}$$

$$=\frac{1}{1-\frac{mV}{L}}\int_{Y_2}^{Y_1}\frac{d\left[\left(1-\frac{mV}{L}\right)Y+m\frac{V}{L}Y_2-mX_2\right]}{\left(1-\frac{mV}{L}\right)Y+m\frac{V}{L}Y_2-mX_2}$$

$$= \frac{1}{1-\frac{mV}{L}} \ln \frac{\left(1-\frac{mV}{L}\right)Y_1 + m\frac{V}{L}Y_2 - mX_2}{\left(1-\frac{mV}{L}\right)Y_2 + m\frac{V}{L}Y_2 - mX_2} \tag{4-73}$$

对式(4-73)中右侧分子上加入$\frac{m^2V}{L}X_2-\frac{m^2V}{L}X_2$，并整理得

$$N_{OG} = \frac{1}{1-\frac{mV}{L}} \ln\left[\left(1-\frac{mV}{L}\right)\frac{Y_1 - mX_2}{Y_2 - mX_2} + \frac{mV}{L}\right] \tag{4-74}$$

令 $S=\frac{mV}{L}$，称为脱吸因数，是平衡线斜率与操作线斜率的比值，无量纲。则式(4-74)可写成

$$N_{OG} = \frac{1}{1-S}\ln\left[(1-S)\frac{Y_1 - mX_2}{Y_2 - mX_2} + S\right] = \frac{1}{1-S}\ln\left[(1-S)\frac{Y_1 - Y_2^*}{Y_2 - Y_2^*} + S\right] \tag{4-75}$$

同理

$$N_{OL} = -\frac{1}{1-A}\ln\left[(1-A)\frac{X_1 - \frac{Y_2}{m}}{X_2 - \frac{Y_2}{m}} + A\right] = -\frac{1}{1-A}\ln\left[(1-A)\frac{X_1 - X_2^*}{X_2 - X_2^*} + A\right] \tag{4-76}$$

式中 $A=\frac{L}{mV}$称为吸收因数，为脱吸因数的倒数，是操作线斜率与平衡线斜率的比值，无量纲。

(3) 梯级图解法

若吸收过程中所涉及的浓度范围内，平衡关系为直线或弯曲程度不大的曲线，可以采用梯级图解法估算总传质单元数。这种梯级图解法是直接根据传质单元数的物理意义引出的一种近似方法。

该方法的具体步骤如下：

首先建立平面直角坐标系并画出平衡线 OE 和操作线 TB。然后将操作线和平衡线之间垂直线中点连线得 NM。从点 T 出发，作水平线交 NM 于点 F，延长 TF 至点 F′，使 FF′＝TF，过点 F′作垂直线交 TB 于点 A。再从点 A 类推作梯级，直至达到或超过点 B，如图 4-31 所示。每个梯级代表一个气相总传质单元。

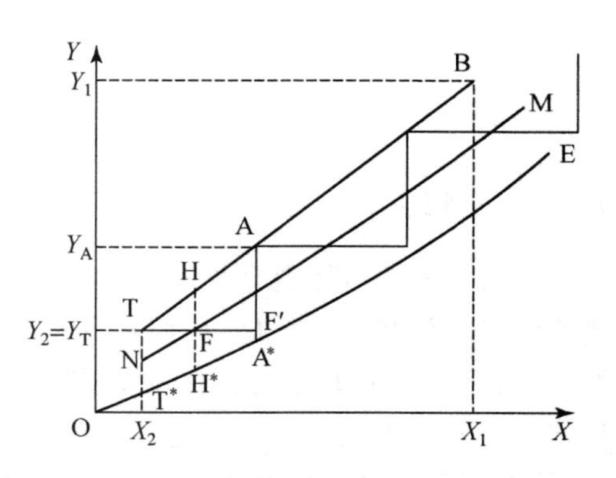

图 4-31　梯级图解法求 N_{OG}

由 $\Delta TF'A \propto \Delta TFH$，TF＝FF′，得 F′A＝2FH＝$HH^*$，而 F′A 代表塔顶一段填料层内气相浓度的变化 Y_1-Y_2。又 $HH^* \approx \frac{1}{2}(TT^*+AA^*)$，即 HH^* 代表该段填料内气相总推动力$(Y-Y^*)$的算术平均值，所以梯级 TF′A 代表一个气相总传质单元。因此，按照上述方法作出的每一梯级都代表一个气相总传质单元。

将操作线和平衡线之间的水平线中点连线，用类似的方法可以求出液相总传质单元数。

因为在梯级图解法中把每一梯级内的平衡线视为一段直线，并以吸收推动力的算术均值代替对数均值，所以梯级图解法是估算总传质单元数的近似值。

2. 平衡线为曲线

图解积分法是直接根据定积分的几何意义引出的一种计算传质单元数的方法。该方法主要用于平衡线为曲线的形式，但无论平衡线为直线还是曲线，都可以用该方法计算传质单元数。

以气相总传质单元数 N_{OG} 的计算为例，当平衡线 $Y^* = f(X)$ 为曲线时，令 $\varphi(Y) = \frac{1}{Y-Y^*}$，则 $N_{OG} = \int_{Y_2}^{Y_1} \frac{dY}{Y-Y^*} = \int_{Y_2}^{Y_1} \varphi(Y)dY$。

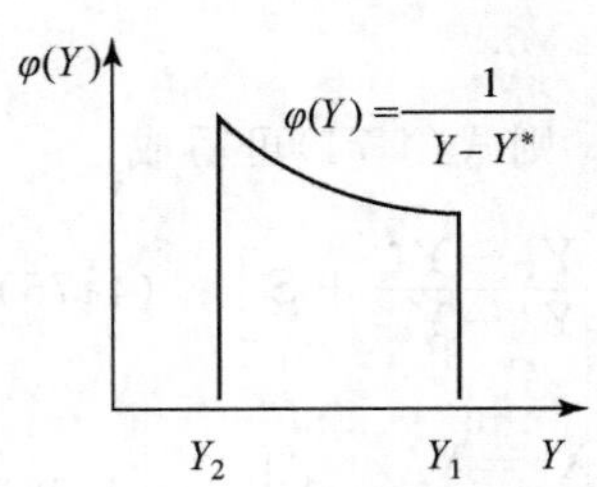

图 4-32 图解积分法求 N_{OG}

只要有了相平衡方程及操作线方程，便可由任一 Y 值求出相应截面上的推动力 $(Y-Y^*)$ 值，继而求出 $\frac{1}{Y-Y^*}$ 的数值。然后在直角坐标系里将 $\frac{1}{Y-Y^*}$ 与 Y 的对应数值进行标绘，所得函数曲线与 $Y = Y_1$，$Y = Y_2$ 及 $\frac{1}{Y-Y^*} = 0$ 三条直线之间所包围的面积，便是定积分 $\int_{Y_2}^{Y_1} \varphi(Y)dY$ 的值，也就是气相总传质单元数 N_{OG}，如图 4-32 所示。

液相总传质单元数 N_{OL} 或其他形式的传质单元数的求算方法和步骤与气相总传质单元数计算相同。

在实际计算中，N_{OG} 既可通过曲线所包围的面积求解，也可通过适宜的近似公式计算，即数值积分法。常用的数值积分法有矩形法、梯形法和抛物线法（辛普森法）。

传质单元数的计算方法根据平衡曲线的不同形式有不同的求法。在选用计算方法时要注意每一种传质单元数的各自特点和具体的适用场合。

4.3 液体的精馏

4.3.1 概述

蒸馏是分离液体混合物的典型单元操作。它是利用物系内各组分的挥发度不同的特性，以热能为媒介使其部分气化，从而在气相中富集轻组分、液相中富集重组分，以实现分离的目的。例如，加热苯和甲苯的混合液，使之部分气化，由于苯的沸点较甲苯的低，即其挥发度较甲苯高，故苯较甲苯易于从液相中气化出来。若将气化的蒸气全部冷凝，即可得到苯组成高于原料的产品，从而使苯和甲苯得以分离。通常，将沸点低的组分称为易挥发组分或轻组分，沸点高的组分称为难挥发组分或重组分。

1. 蒸馏分离的特点

（1）通过蒸馏操作，可以直接得到所需要的产品，因此，一般蒸馏操作流程较为简单。

（2）蒸馏分离应用较广泛，历史悠久。它不仅可以分离液体混合物，而且可以分离气体混合物。例如，可将空气等加压液化，建立气液两相系统，再用蒸馏方法使它们分离；又如固体混合物，例如脂肪酸的混合物，可以加热使其熔化并在减压下建立气液两相系统，也同样可用蒸馏方法分离。

(3) 在蒸馏过程中,由于要产生大量的气相或液相,因此需消耗大量的能量。能耗的大小是决定能否采用蒸馏分离的主要因素。此外,为建立气液系统,有时需要高压、真空、高温或低温等条件。这些条件带来的技术问题或困难,常是不宜采用蒸馏分离某些物系的原因。

2. 蒸馏过程的分类

由于待分离混合物中各组分挥发度的差别、要求的分离程度、操作条件等各有不同,因此蒸馏方法也有多种,其分类如下:

(1) 按操作方式,可分为间歇蒸馏和连续蒸馏。大批量工业生产中多以连续蒸馏为主,间歇蒸馏主要应用于小批量生产或某些有特殊要求的场合。连续蒸馏通常为定态操作,间歇蒸馏为非定态操作。

(2) 按蒸馏方式,可分为简单蒸馏、平衡蒸馏、精馏和特殊精馏等。当混合物中各组分的挥发度差别很大,且对分离要求又不高时,可采用简单蒸馏和平衡蒸馏,它们是最简单的蒸馏方法。当混合物中各组分的挥发度相差不大,而又有较高的分离要求时,宜采用精馏。当混合物中各组分的挥发度差别很小或形成共沸液时,采用普通精馏方法达不到分离要求,则应采用特殊精馏。特殊精馏有萃取精馏和恒沸精馏等。工业生产中以精馏应用最为广泛。

(3) 按操作压强,可分为常压、减压和加压蒸馏。通常,对在常压下、沸点在室温至150℃左右的混合液,可采用常压蒸馏。对常压下沸点为室温的混合液,一般可加压提高其沸点,如常压下的气态混合物,则采用加压蒸馏。对在常压沸点较高或在较高温度下易发生分解、聚合等变质现象的混合物,常采用减压蒸馏,以降低操作温度。

(4) 按待分离混合物中组分的数目,可分为两组分精馏和多组分精馏。工业生产中以多组分精馏最为常见,例如原油的分离。但两者在精馏原理、计算方法等方面均无本质区别,只是处理多组分精馏过程更为复杂,因此常以两组分精馏为基础。

本章重点讨论常压下两组分连续精馏的原理和计算方法。

4.3.2 双组分物系的气液相平衡

1. 气液相组成与相平衡的关系

(1) 理想溶液

根据溶液中同分子间与异分子间作用力的差异,可将溶液分为理想溶液和非理想溶液。所谓理想溶液,是指溶液中不同组分分子之间的吸引力和相同分子之间的吸引力完全相等($a_{AB}=a_{AA}=a_{BB}$)的溶液。严格来说,理想溶液是不存在的,但根据"相似相溶"的原则,一般说来,对于性质极相近、分子结构相似的组分所组成的溶液,例如,苯-甲苯、甲醇-乙醇、氯苯-溴苯、正己烷-正庚烷等,都能以任意比例混合形成理想溶液。实践证明,理想溶液的气液相平衡服从拉乌尔定律。拉乌尔定律指出,一定温度下,气相中任一组分的分压等于此温度下该纯组分的饱和蒸气压乘以它在溶液中的摩尔分数。

$$p_A = p_A^\circ x_A, \quad p_B = p_B^\circ x_B \tag{4-77}$$

式中,p°—在溶液温度下纯组分的饱和蒸气压,Pa;

x—溶液中组分的摩尔分数;

下标 A 表示易挥发组分,B 表示难挥发组分。

(2) 理想物系

所谓理想物系，是指液相和气相符合以下条件：液相为理想溶液，遵循拉乌尔定律；气相为理想气体，遵循道尔顿分压定律。

根据拉乌尔定律，理想溶液上方的平衡分压为

$$p_A = p_A^\circ x_A, \quad p_B = p_B^\circ x_B = p_B^\circ (1 - x_A)$$

式中，p 为溶液上方组分的平衡分压，Pa。

2. 液相组成 *x* 与液相温度 *T*(泡点)关系式

当溶液沸腾时，溶液上方的总压等于各组分蒸气压之和，即

$$P = p_A + p_B \tag{4-78}$$

联立式(4-77)和(4-78)可得

$$x_A = \frac{P - p_B^\circ}{p_A^\circ - p_B^\circ} \tag{4-79}$$

纯组分的饱和蒸气压 p° 与温度 T 的关系式可用安托因方程表示，即

$$\lg p^\circ = A - \frac{B}{T + C} \tag{4-80}$$

常用液体的安托因常数 A、B、C 值可由有关手册查得。式(4-80)中压强 p° 的单位为 kPa，温度 T 的单位为℃。因此，式(4-79)表示气液平衡下液相组成与平衡温度间的关系。

3. 气相组成 *y* 与气相温度 *T*(露点)关系式

当外压不太高(一般不高于 10^4 kPa)时，气相可视为理想气体。平衡气相也可视为理想气体，遵循道尔顿分压定律，即

$$y_A = \frac{p_A}{P} \tag{4-81}$$

于是

$$y_A = \frac{p_A^\circ}{P} x_A \tag{4-82}$$

将式(4-79)代入式(4-82)可得

$$y_A = \frac{p_A^\circ}{P} \frac{P - p_B^\circ}{p_A^\circ - p_B^\circ} \tag{4-83}$$

式(4-83)表示气液平衡时气相组成与平衡温度间的关系。

4. 用相对挥发度表示的气液平衡关系

通常纯液体的挥发度是指该液体在一定温度下的饱和蒸气压。而溶液中各组分的蒸气压因组分之间的相互影响要比纯态时的低，故溶液中各组分的挥发度 ν 是指体系达到相平衡时，某组分在气相中的分压与该组分在相应条件下液相中的摩尔分数之比。对于 A，B 组分，则有

$$\nu_A = \frac{p_A}{x_A}, \quad \nu_B = \frac{p_B}{x_B} \tag{4-84}$$

式中 ν_A 和 ν_B 分别为溶液中 A、B 两组分的挥发度。

对于理想溶液，因符合拉乌尔定律，则有 $\nu_A = p_A^\circ$，$\nu_B = p_B^\circ$。由此可知，溶液中组分的挥发度是随温度而变的，因此在使用上不甚方便。在两组分蒸馏的分析和计算中，应用相对挥发度来表示气液平衡关系更为简便。

习惯上将溶液中易挥发组分的挥发度对难挥发组分的挥发度之比，称为相对挥发度，以 α 表

示,即

$$\alpha=\frac{\nu_A}{\nu_B}=\frac{p_A/x_A}{p_B/x_B} \tag{4-85}$$

若操作压强不高,气相遵循道尔顿分压定律,式(4-85)可改写成

$$\alpha=\frac{Py_A/x_A}{Py_B/x_B}=\frac{y_Ax_B}{y_Bx_A} \tag{4-86}$$

通常,将式(4-86)作为相对挥发度的定义式。相对挥发度的数值可由实验测得。对理想溶液,则有 $\alpha=\frac{p_A^\circ}{p_B^\circ}$,该式表明,理想溶液中组分的相对挥发度等于同温度下两纯组分的饱和蒸气压之比。由于 p_A° 和 p_B° 均随温度沿相同方向变化,因而两者的比值变化不大。故一般将 α 视为常数,计算时可取操作温度范围内的平均值。

对于两组分溶液,当总压不高时,由式(4-86)可得

$$\frac{y_A}{y_B}=\alpha\frac{x_A}{x_B} \tag{4-87}$$

或

$$\frac{y_A}{1-y_A}=\alpha\frac{x_A}{1-x_A} \tag{4-88}$$

由式(4-88)解出 y_A,并略去下标,可得

$$y=\frac{\alpha x}{1+(\alpha-1)x} \tag{4-89}$$

若 α 为已知时,可利用式(4-89)求得 x-y 关系,故称之为气液平衡方程。

相对挥发度 α 值的大小可以用来判断:某混合液是否能用蒸馏方法加以分离以及分离的难易程度。若 $\alpha>1$,表示组分 A 较 B 容易挥发。α 愈大,挥发度差异愈大,分离愈容易;操作压力愈小,则 α 愈大,越易分离。若 $\alpha=1$,即气相组成等于液相组成,此时不能用普通精馏方法分离该混合液。

5. 两组分理想溶液的气液平衡相图

气液平衡用相图来表达比较直观、清晰,应用于两组分蒸馏中更为方便,而且影响蒸馏的因素可在相图上直接反映出来。蒸馏中常用的相图为恒压下的温度-组成图和气相-液相组成图。

(1) 温度-组成(T-x 或 y)图

蒸馏操作通常在一定的外压下进行,溶液的平衡温度随组成而变。溶液的平衡温度-组成图是分析蒸馏原理的理论基础。

在总压为 101.33 kPa 下,苯-甲苯混合液的平衡温度-组成图如图 4-33 所示。图中以温度 T 为纵坐标,以 x 或 y 为横坐标。图中两个端点:A 端点代表纯易挥发组分 A,B 端点代表纯难挥发组分 B。纯 A 沸点小于纯 B 沸点。图中有两条曲线:上曲线为 T-y 线,表示混合液的平衡温度 T 和气相组成 y 之间的关系,此曲线称为饱和蒸气线;下曲线为 T-x 线,表示混合液的平衡温度 T 和液相组成 x 之间的关系,此曲线称为饱和液体线。气相线位于液相线之上,这是因为一定温度下的两相平衡体系中,易挥发组分在气相中的浓度要大于在液相中的浓度。上述的两条曲线将 T-x(y)图分成三个区域:饱和液体线以下

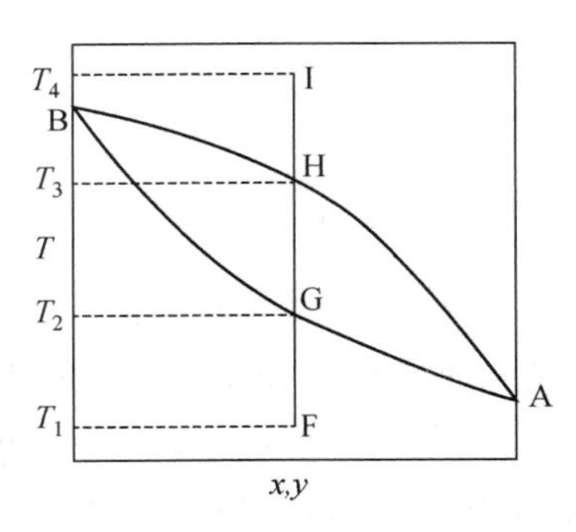

图 4-33　苯-甲苯混合气的 T-x(y)图

的区域温度低于沸点，代表未沸腾的液体，称为液相区；饱和蒸气线上方的区域，溶液全部气化，代表过热蒸气，称为过热蒸气区；二曲线包围的区域表示气液两相同时存在，称为气液共存区，此区内气液两相组成 y 与 x 服从相平衡关系，自由度数为1，两相的量符合杠杆定律。要想将混合物分离，只有使体系落在气液共存区，才能实现一定程度的分离。

若将温度为 T_1、组成为 x_1(图中点F表示)的混合液加热，当温度升高到 T_2(点G)时，溶液开始沸腾，此时产生第一个气泡，相应的温度称为泡点温度，因此饱和液体线又称泡点线。所谓泡点，即组成一定的液体在恒定压力下加热到产生第一个气泡时的温度。同样，若将温度 T_4、组成为 y_1(点I)的过热蒸气冷却，当温度降到 T_3(点H)时，混合气开始冷凝产生第一滴液体，相应的温度称为露点温度，因此饱和蒸气线又称露点线。所谓露点，即组成一定的气体在恒定压力下冷凝到产生第一个液滴时的温度。

由图可知，气液两相呈平衡状态时，气液两相的温度相同，但气相组成大于液相组成。若气液两相组成相同，则气相露点温度总是大于液相的饱和温度。

(2) x-y 图

蒸馏计算中，经常应用一定外压下的 x-y 图，如图4-34为苯-甲苯混合液在 $P=101.33$ kPa 下的 x-y 图。图中以 x 为横坐标，y 为纵坐标，曲线表示液相组成和与之平衡的气相组成间的关系，曲线上各点对应不同的温度，y、x 值越大，体系的平衡温度越低。例如，图中曲线上任意点D表示组成为 x_1 的液相组成与组成为 y_1 的气相互成平衡，且表示点D有一确定的状态。图中对角线为 $x=y$ 的直线。对于大多数溶液，两相达到平衡时，y 总是大于 x，故平衡线位于对角线上方。平衡线偏离对角线越远，表示该溶液越易分离。

x-y 图可以通过 T-$x(y)$图作出。图4-34就是依据图4-33上相对应的 x 和 y 的数据标绘而成的。许多常见的两组分溶液在常压下已实测出其 x-y 平衡数据，需要时可从物理化学或化工手册中查取。

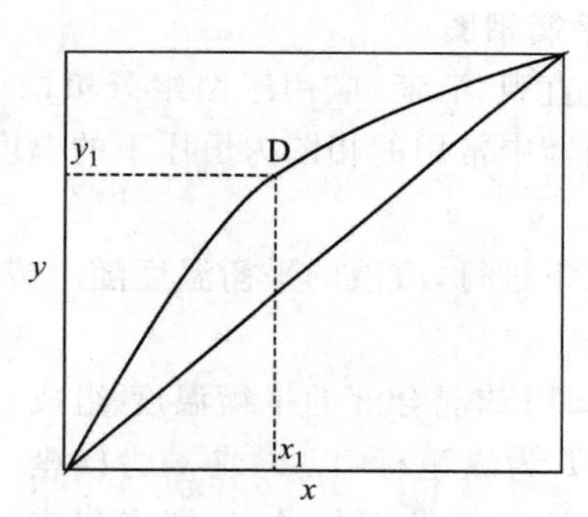

图4-34 苯-甲苯混合液的 x-y 图

应指出，上述的平衡曲线是在恒定压强下测得的。当外压发生变化时，T-x 图上的露点线和泡点线亦会随之变化。若系统外压升高，则二元混合液的露点和泡点也随着升高，引起 T-x 图上的露点线和泡点线上移，同时气液两相共存区变窄，物系分离变难。同理，在 x-y 图上，随着外压升高，平衡线便向对角线靠拢，物系分离变难；反之，降压，二元物系的分离会变得容易。或者说，对同一物系而言，混合液的平衡温度愈高，各组分间挥发度差异愈小，即相对挥发度 α 愈小。因此蒸馏压强愈高，平衡温度随之升高，α 减小，分离变得愈难；反之亦然。

4.3.3 精馏原理

精馏是利用混合液中各组分挥发度的差异，实现组分高纯度分离的多级蒸馏操作，即同时进行多次部分气化和部分冷凝的过程，因此可使混合液得到几乎完全的分离。精馏可视为由多次蒸馏演变而来。不管何种操作方式，混合液中组分间挥发度差异是蒸馏分离的前提，实现精馏操作的主体设备是精馏塔。

精馏过程原理可以用气液平衡相图说明。若混合液具有图 4-35 所示的 T-$x(y)$图，设原始二元混合液的组成为 x_F，温度低于泡点的该混合液加热到泡点以上，使其部分气化，并将气相和液相分开，则所得气相组成为 y_1，液相组成为 x_1，且 $y_1>x_F>x_1$，此时气相、液相流量可由杠杆定律确定。继续将组成为 y_1 的气相混合物进行部分冷凝，则可得到组成为 y_2 的气相（且 $y_2>y_1$）和组成为 x_2 的液相。以此类推，气相混合物经过多次部分冷凝后，在气相中可获得高纯度的易挥发组分。同时若将组成为 x_1 的液相进行部分气化，则得到组成为 x_3 的液相和组成为 y_3 的气相，且 $x_3>x_1$。由此可见，将液体混合物进行多次部分气化，在液相中可获得高纯度的难挥发组分。

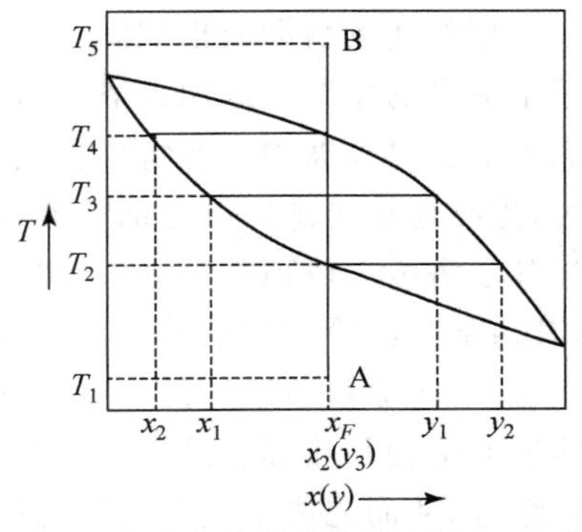

图 4-35　多次部分气化和冷凝的 T-$x(y)$图

总之，多次反复的部分气化和部分冷凝的结果是，使气相组成下降，最后蒸出的是纯 A；液相组成沿液相线上升，最后剩余的是纯 B。

如果将前面所示的蒸馏单级分离加以组合，则变成如图 4-36 所示的多级分离流程。若将第一级溶液部分气化，所得气相产品在冷凝器中加以冷凝，然后再将冷凝液在第二级中部分气化，此时，气相组成为 y_2，且 $y_2>y_1$，这种部分气化的级数越多，所得的蒸气浓度也越高，最后几乎可得到纯态的易挥发组分。同理，若将从各分离器所得到的液相产品分别进行多次部分气化和分离，那么得到的液相浓度也越低，最后几乎得到纯态的难挥发组分。

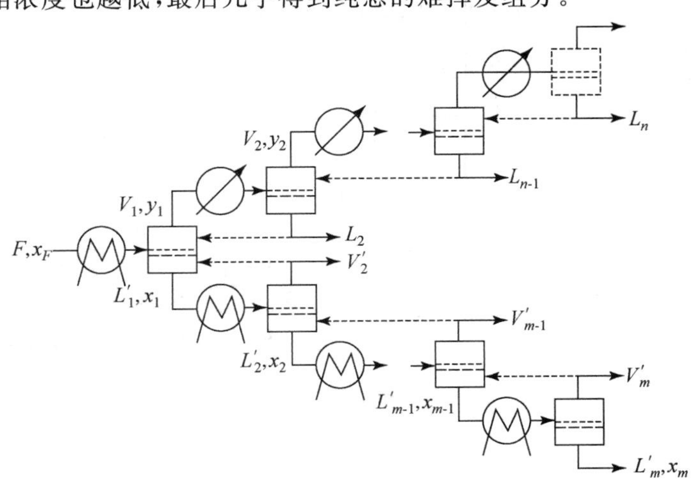

图 4-36　多级分离流程

显然，上述重复的单级操作所需设备庞杂，能量消耗大，且因产生中间馏分，使产品收率降低。工业上精馏过程是多次部分气化和部分冷凝的联合操作。

根据精馏原理可知，仅有精馏塔还不能完成精馏操作，必须同时有塔底再沸器和塔顶冷凝器，有时还要配有原料预热器、回流液泵等附属设备，才能实现整个精馏操作。再沸器的作用是提供一定量的上升蒸气，冷凝器的作用是提供塔顶液相产品及保证有适宜的液相回流，因而使精馏能连续稳定地进行。

典型的连续精馏流程如图 4-37 所示。由图可见，原料液经预热器加热到一定温度后，从塔体某个适当的位置连续加入塔内，在进料板上与自塔上部下降的回流液体汇合后，逐板溢流，最后流入塔底再沸器中。在每层板上，回流液体与上升蒸气互相接触，进行热量和质量的传递。操作时，连续地从再沸器取出部分液体作为塔底产品（釜残液），部分液体气化，产生上升蒸气，依次通过各层塔板。塔顶蒸气进入冷凝器中被全部冷凝，并将部分冷凝液用泵送回塔顶作为回流液体，其余部分经冷却器后被送出作为塔顶产品（馏出液）。

通常，将原料液进入的那层板称为加料板。加料板以上的塔段内进行着上升蒸气与回流液间的逆流接触和热、质传递，使上升蒸气中轻组分浓度逐渐升高，所达塔顶的蒸气将成为高纯度的轻组分，从而完成了上升蒸气的精制，称为精馏段。加料板以下的塔段（包括加料板）内，由再沸器上升的蒸气与塔内下降的液体进行传质、传热，下降液体中轻组分向气相转移，上升蒸气中重组分向液相传递，从而使向下流动的液体中所含重组分越来越多，完成重组分的提浓，称为提馏段。

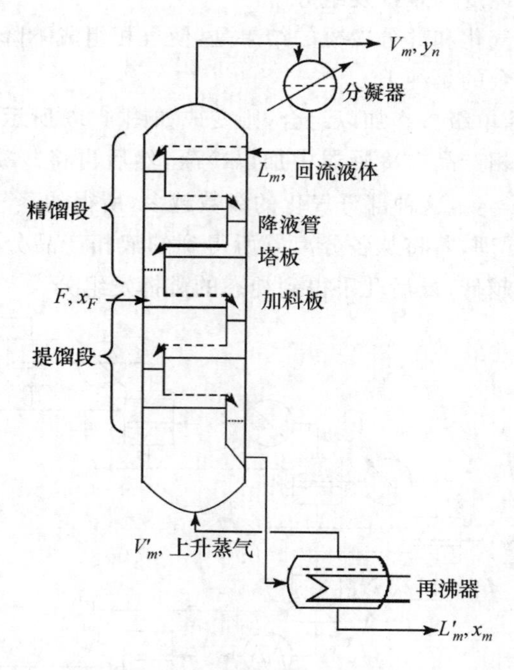

图 4-37　精馏操作流程简图

4.3.4　双组分连续精馏的物料衡算

由于精馏过程是传质和传热的过程，相互影响的因素较多。为了简化计算，通常假设塔内为恒摩尔流动，即：

● 恒摩尔气流：精馏操作时，在精馏塔的精馏段内，每层板的上升蒸气摩尔流量都是相等的，在提馏段内也是如此，但两段的上升蒸气摩尔流量却不一定相等。即

$$V_1 = V_2 = \cdots = V_n = V,\quad V'_1 = V'_2 = \cdots = V'_n = V'$$

式中，V—精馏段中上升蒸气摩尔流量，kmol/h；

V'—提馏段中上升蒸气摩尔流量，kmol/h；

下角标表示塔板序号。

● 恒摩尔液流：精馏操作时，在精馏塔的精馏段内，每层板的下降液体摩尔流量都是相等的，在提馏段内也是如此，但两段的下降液体摩尔流量却不一定相等。即

$$L_1 = L_2 = \cdots = L_n = L,\quad L'_1 = L'_2 = \cdots = L'_n = L'$$

式中，L—精馏段中下降液体的摩尔流量，kmol/h；

L'—提馏段中下降液体的摩尔流量，kmol/h。

若在精馏塔塔板上气液两相接触时有 n(kmol)的蒸气冷凝，相应就有 n(kmol)的液体气化，这样恒摩尔流的假定才能成立。为此，必须满足的条件是：① 各组分的摩尔气化热相等；② 气液接触时因温度不同而交换的显热可以忽略；③ 塔设备保温良好，热损失可以忽略。

在精馏计算过程中涉及理论板的概念。所谓理论板，是指气液两相在塔板上充分接触、混合，进行传质、传热后，两相组成均匀且离开该板的气液两相组成互成平衡。显然，在相同条件下，理论板具有最大的分离能力，是塔分离的极限。如，对任意层理论板 n 而言，离开该板的液相组成 x_n 与气相组成 y_n 符合平衡关系。实际上，由于塔板上气液两相接触面积和接触时间有限，因此在任何型式的塔板上气液两相都难以达到平衡状态，也就是说，理论板是不存在的。理论板仅作为衡量实际板效率的依据和标准，它是一种理想板。通常，在设计中先求得理论板层数，然后由塔板效率予以校正，即可求得实际板层数。总之，引入理论板的概念，对精馏过程的分析和计算是十分有用的。

若已知某系统的气液平衡关系，则离开理论板的气液两相组成 y_n 与 x_n 之间的关系即已确定。若能再知道由任意板下降液体的组成 x_n 及由它下一层塔板上升的蒸气组成 y_{n+1} 之间的关系，从而塔内各板的液相组成可逐板予以确定，因此即可求得在指定分离要求下的理论板层数。而 y_{n+1} 与 x_n 间的关系是由精馏条件所决定的，这种关系可由物料衡算求得，并称之为操作关系。

1. 全塔物料衡算

通过全塔物料衡算，可求出精馏产品的流量、组成和进料流量、组成之间的关系。

对图 4-38 所示的连续精馏塔作全塔物料衡算，并以单位时间为基准，即

总物料：
$$F = D + W \tag{4-90}$$

易挥发组分：
$$Fx_F = Dx_D + Wx_W \tag{4-91}$$

式中，F—原料液流量，kmol/h；

D—塔顶产品(馏出液)流量，kmol/h；

W—塔顶产品(釜残液)流量,kmol/h;

x_F—原料液中易挥发组分的摩尔分数;

x_D—馏出液中易挥发组分的摩尔分数;

x_W—釜残液中易挥发组分的摩尔分数。

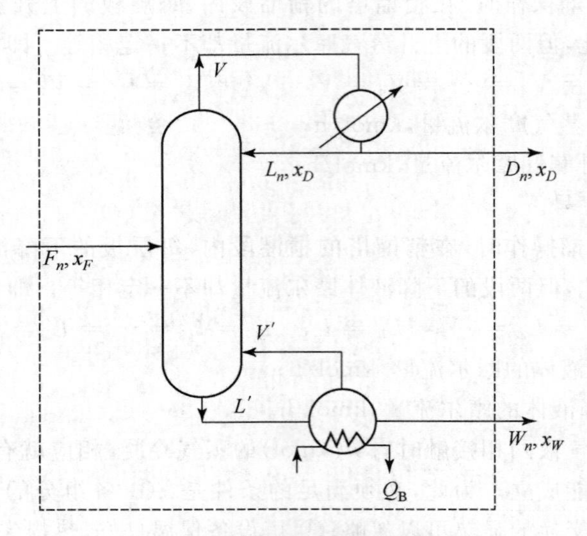

图 4-38 精馏塔的全塔物料衡算

在精馏计算中,分离程度除用两产品的摩尔分数表示外,有时还用回收率或采出率表示,即

塔顶产品采出率:
$$\frac{D}{F}=\frac{x_F-x_W}{x_D-x_W} \tag{4-92}$$

塔底产品采出率:
$$\frac{W}{F}=1-\frac{D}{F}=\frac{x_D-x_F}{x_D-x_W} \tag{4-93}$$

在给定进料量及组成和一定的分离程度下,通过式(4-92)和式(4-93)即可求出塔顶及塔底产品的量。而塔顶易挥发组分的回收率:

$$\eta=\frac{Dx_D}{Fx_F}\times 100\% \tag{4-94}$$

塔底难挥发组分的回收率:

$$\eta'=\frac{W(1-x_W)}{F(1-x_F)}\times 100\% \tag{4-95}$$

2. 精馏段物料衡算和操作线方程

在连续精馏塔中,因原料液不断地进入塔内,故精馏段和提馏段的操作关系是不相同的,应分别予以讨论。

按图 4-39 虚线范围(包括精馏段的第 n 层板以上塔段及冷凝器),作总物料衡算和易挥发组分的物料衡算,以单位时间为基准,即

总物料:
$$V_{n+1}=L_n+D \tag{4-96}$$

易挥发组分:
$$V_{n+1}y_{n+1}=L_nx_n+Dx_D \tag{4-97}$$

式中,x_n—精馏段中第 n 层板下降液体中易挥发组分的摩尔分数;

y_{n+1}—精馏段中第 $n+1$ 层板上升蒸气中易挥发组分的摩尔分数。

根据前述，精馏段内各板上升的蒸气摩尔流量及下降液体的摩尔流量分别相等，即

$$V_{n+1}=V_n=V_{n-1}=V,\quad L_{n+1}=L_n=L_{n-1}=L$$

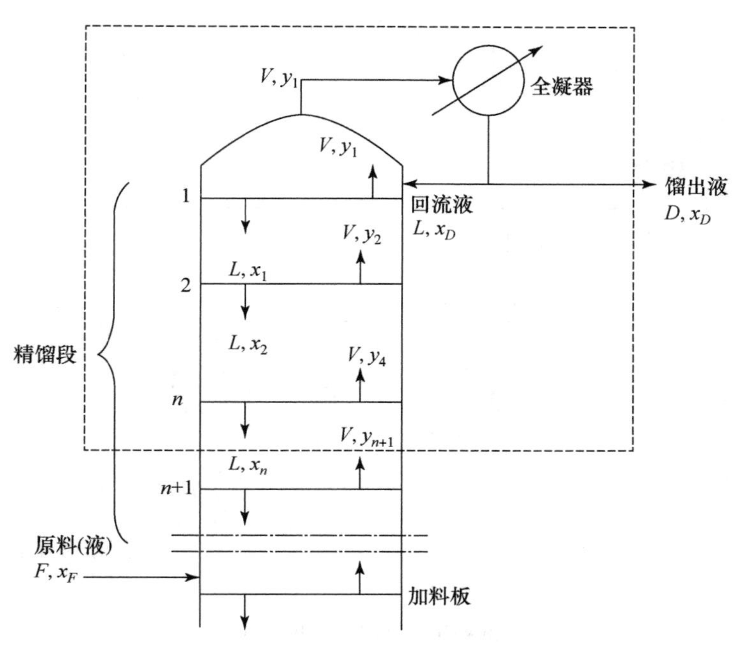

图 4-39　精馏段物料衡算

将式(4-96)代入(4-97)，并整理得

$$y_{n+1}=\frac{L}{L+D}x_n+\frac{D}{L+D}x_D \tag{4-98}$$

上式等号右边两项的分子及分母同时除以 D，则

$$y_{n+1}=\frac{L/D}{L/D+1}x_n+\frac{1}{L/D+1}x_D \tag{4-99}$$

令 $R=L/D$，代入式(4-99)得

$$y_{n+1}=\frac{R}{R+1}x_n+\frac{1}{R+1}x_D \tag{4-100}$$

式中 R 称为回流比。根据恒摩尔流假定，L 为定值，且在稳定操作时 D 及 x_D 为定值，故 R 也是常数，其值一般由设计者选定。该式在 x-y 直角坐标图上为直线，其斜率为 $R/(R+1)$，截距为 $x_D/(R+1)$。决定这个直线方程的都是精馏塔的操作条件，所以式(4-98)和(4-100)称为精馏段操作线方程。此二式表示，在一定操作条件下，精馏段内自任意第 n 层板下降的液相组成 x_n 与其相邻的下一层板上升蒸气相组成 y_{n+1} 之间的关系。

3. 提馏段物料衡算和操作线方程

按图 4-40 所示虚线范围(包括提馏段第 m 层板以下塔段及再沸器)作物料衡算，以单位时间为基准，即

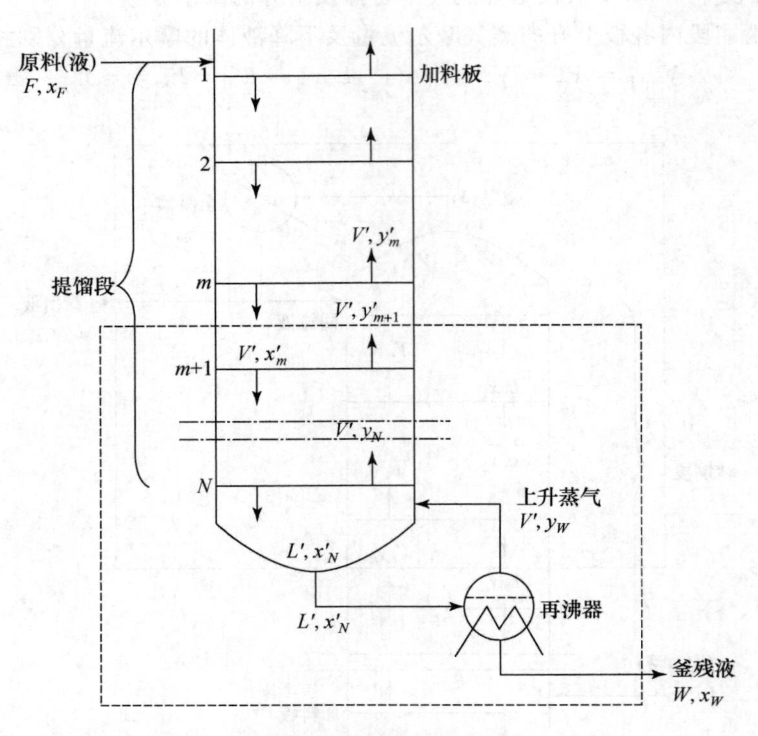

图 4-40 提馏段物料衡算

总物料：
$$L' = V' + W \tag{4-101}$$
易挥发组分：
$$L'x'_m = V'y'_{m+1} + Wx_W \tag{4-102}$$
式中，x'_m—提馏段第 m 层板下降液体中易挥发组分的摩尔分数；

y'_{m+1}—提馏段第 $m+1$ 层板上升蒸气中易挥发组分的摩尔分数。

根据恒摩尔流假设，将式(4-101)代入式(4-102)，并整理得

$$y'_{m+1} = \frac{L'}{L' - W} x'_m - \frac{W}{L' - W} x_W \tag{4-103}$$

式(4-103)称为提馏段操作线方程。此式表示，在一定操作条件下，提馏段内自任意第 m 层板下降液体组成 x'_m 与其相邻的下层板(第 $m+1$ 层)上升蒸气组成 y'_{m+1} 之间的关系。根据恒摩尔流假定，L' 为定值，且在定态操作时，W 和 x_W 也为定值，故此式在 x-y 图上也是直线。

应予以指出，由于受加料的影响，提馏段的液体流量 L' 并不一定等于精馏段的回流液流量 L；同样，两段的上升蒸气量 V' 和 V 也不一定相等。它们之间的关系，将随料液热状况不同而有所变化。

4. 进料热状况的影响

(1) 进料的预热状况

精馏塔中两段的气液摩尔流量之间的关系与进料的热状况有关，通用的定量关系可通过进料板上的物料衡算与热量衡算求得。

对图 4-41 所示的进料板分别作总物料衡算及热量衡算，即

$$F + V' + L = V + L' \tag{4-104}$$

$$FI_F + V'I_{V'} + LI_L = VI_V + L'I_{L'} \tag{4-105}$$

式中，I_F—原料液的焓，kJ/kmol；

I_V，$I_{V'}$—进料板上、下处的饱和蒸气的焓，kJ/kmol；

I_L，$I_{L'}$—进料板上、下处的饱和液体的焓，kJ/kmol。

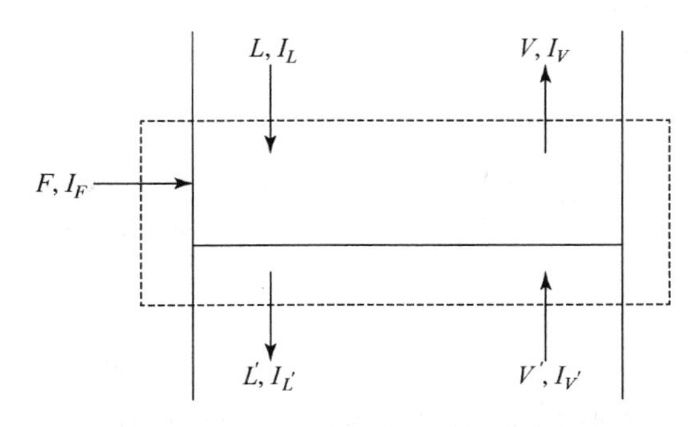

图 4-41　进料板上的物料衡算和热量衡算

由于塔中液体和蒸气都呈饱和状态，且进料板上、下处的温度及气液相组成各自都比较相近，故 $I_V \approx I_{V'}$ 及 $I_L \approx I_{L'}$。于是，式(4-105)可改写为

$$FI_F + V'I_V + LI_L = VI_V + L'I_L$$

整理得

$$(V - V')I_V = FI_F - (L' - L)I_L \tag{4-106}$$

将式(4-104)代入上式，可得

$$[F - (L' - L)]I_V = FI_F - (L' - L)I_L \tag{4-107}$$

或

$$\frac{I_V - I_F}{I_V - I_L} = \frac{L' - L}{F} \tag{4-108}$$

令 $q = \dfrac{I_V - I_F}{I_V - I_L} \approx \dfrac{\text{将 1 kmol 进料变为饱和蒸气所需的热量}}{\text{原料液的摩尔气化潜热}}$，$q$ 值称为进料热状况参数。由式(4-108)可得

$$L' = L + qF \tag{4-109}$$

将式(4-104)代入(4-109)，并整理得

$$V = V' - (q - 1)F \tag{4-110}$$

将式(4-109)代入(4-103)，则提馏段操作线方程可写为

$$y'_{m+1} = \frac{L + qF}{L + qF - W}x'_m - \frac{W}{L + qF - W}x_W \tag{4-111}$$

对一定的操作条件而言，上式中的 L、F、W、x_W 及 q 为已知值或易于求算的值。

(2) 进料状况对上升蒸气量和回流液量的影响

在实际生产中，加入精馏塔中的原料液可能有五种热状况：① 温度低于泡点的冷液体；② 泡点下的饱和液体；③ 温度介于泡点和露点之间的气液混合物；④ 露点下的饱和蒸气；⑤ 温度高于露点的过热蒸气。

由于不同进料热状况的影响，使从进料板上升蒸气量及下降液体量发生变化，也即上升到精馏段的蒸气量及下降到提馏段的液体量发生了变化。图 4-42 定性表示在不同的进料热状况下，由进料板上升的蒸气及由该板下降的液体的摩尔流量变化情况。

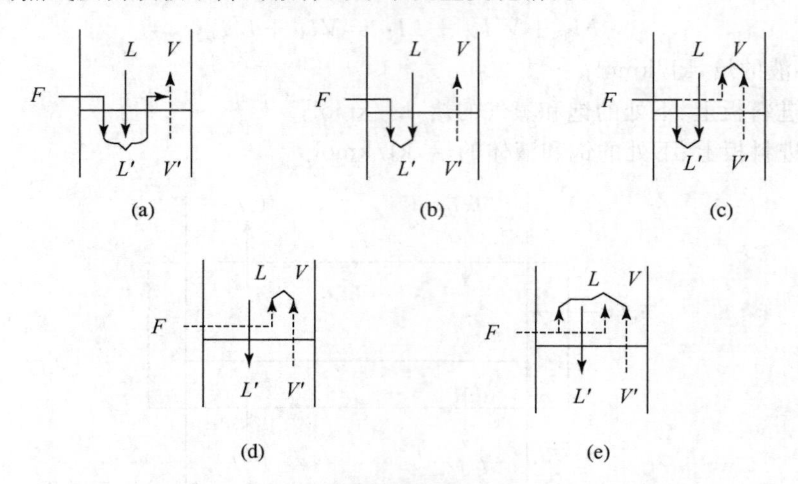

图 4-42 进料热状况对进料板上流体的影响

(a) 冷液进料；(b) 饱和液体进料；(c) 气液混合物进料；(d) 饱和蒸气进料；(e) 过热蒸气进料

- 冷液进料：进料温度要比进料板处的泡点温度低，因此提馏段内回流液流量 L' 包括三部分：① 精馏段的回流液流量 L；② 原料液流量 F；③ 为将原料液加热到板上温度，必然会有一部分自提馏段上升的蒸气被冷凝下来，冷凝液量也成为 L' 的一部分。由于这部分蒸气的冷凝，故上升到精馏段的蒸气量 V 比提馏段的 V' 要少，其差额即为冷凝的蒸气量。
- 泡点进料：由于原料液的温度与板上液体的温度接近，因此原料液全部进入提馏段，作为提馏段的回流液，而两段的上升蒸气流则相等。
- 气液混合物进料：因原料液已经部分气化，因此进料中液相部分成为 L'，而蒸气部分成为 V 的一部分。
- 饱和蒸气进料：整个进料变为 V 的一部分，而两段的液体流量则相等。
- 过热蒸气进料：此种情况与冷液进料的情况恰好相反，精馏段上升蒸气流量 V 包括以下三部分：提馏段上升蒸气流量 V'；原料液流量 F；为将原料液温度降至板上温度，必然会有一部分来自精馏段的回流液体被气化，气化的蒸气量也成为 V 的一部分，由于这部分液体的气化，故下降到提馏段中的液体量 L' 将比精馏段的 L 少，其差额即为气化的那部分液体量。

(3) 进料线方程(q 线方程)

由于直接利用点(x_W, y_W)和截距$-\dfrac{Wx_W}{L+qF-W}$绘制提馏段操作线很难作准；若用点(x_W, y_W)和斜率$\dfrac{L+qF}{L+qF-W}$绘制，又比较麻烦，而且这种作图方法不能直接反映出不同进料热状况对提馏段的影响。实际上，通常用以下方法作提馏段操作线：在 x-y 图上作精馏段操作线，先定出提馏段操作线与精馏段的交点 M，连接 M 点与点(x_W, y_W)即得提馏段操作线。

欲找到交点，设两操作线的交点 d(x, y)(见图 4-43)，已知精馏段操作线方程为

$$y_{n+1} = \frac{L}{V}x_n + \frac{D}{V}x_D$$

提馏段操作线方程为

$$y_{m+1}=\frac{L'}{V'}x_m-\frac{W}{V'}x_W$$

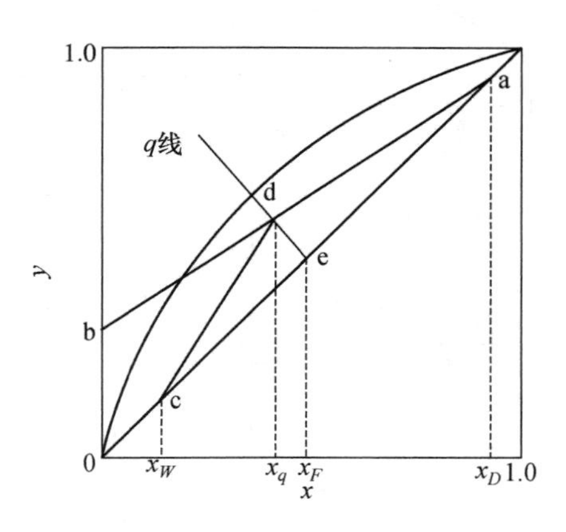

图 4-43　两操作线交点及 q 线

两操作线交点 d 应同时满足以下两个方程，即

$$y=y_{n+1}=y_m,\quad x=x_n=x_{m+1}$$

由精馏段操作线方程得　$Vy=Lx+Dx_D$

由提馏段操作线方程得　$V'y=L'x-Wx_W$

以上两式相减得　$(V'-V)y=(L'-L)x-(Wx_W+Dx_D)$

将式(4-109)、(4-110)和式(4-91)代入整理得

$$y=\frac{q}{q-1}x-\frac{x_F}{q-1} \tag{4-112}$$

式(4-112)一般称为进料方程或 q 线方程，它代表了交点 d 的运动轨迹也是一条直线。q 线的位置取决于进料热状态和进料组成。

4.3.5　理论塔板数的计算

通常，采用逐板计算法或图解法确定精馏塔的理论板层数。求算理论板层数时，必须已知原料液组成、进料热状况、操作回流比和分离程度，并利用：① 气液平衡关系；② 相邻两板之间气液两相组成的操作关系，即操作线方程。

1. 逐板计算法

逐板计算法是利用进料的气液相平衡关系和操作线方程，去计算每一块理论板上的气液相浓度。其依据是：进入每块塔板的气液相在塔板上充分接触，最大限度地实现热量、质量传递，由不平衡达到平衡。

如图 4-44 所示，若塔顶采用全凝器，从塔顶最上一层板（即第 1 层塔板）上升的蒸气进入冷凝器中被全部冷凝，因此塔顶馏出液组成及回流液组成均与第 1 层板的上升蒸气组成相同，即 $y_1=x_D=$已知值。

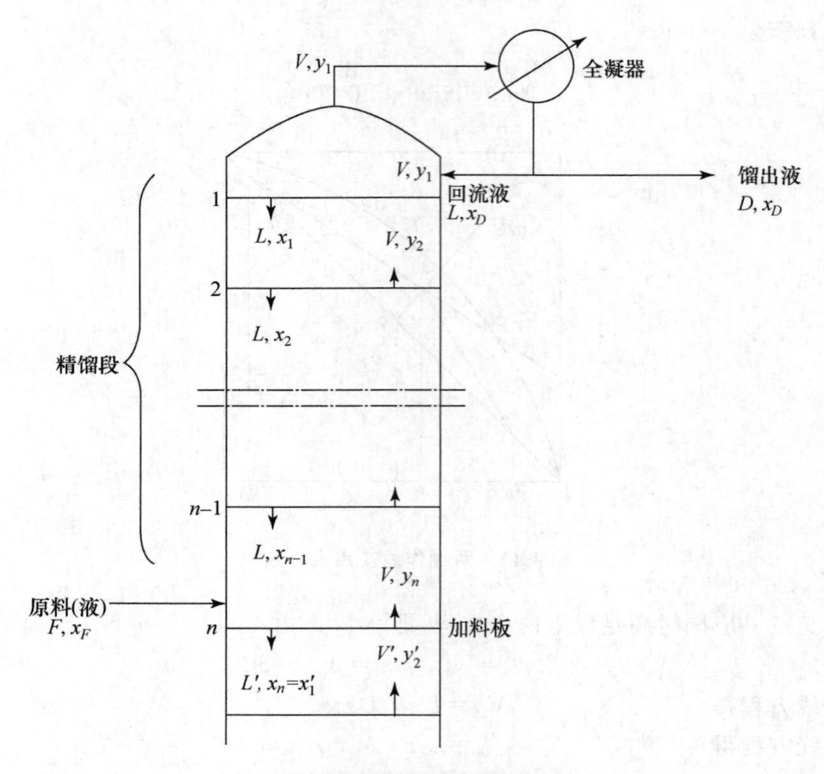

图 4-44 逐板计算法示意图

由于离开每层理论板的气液两相是互成平衡的，故可由 y_1 用气液平衡方程求得 x_1。由于从下一层(第 2 层)板上升的蒸气组成 y_2 与 x_1 符合精馏段操作关系，故利用精馏段操作线方程由 x_1 求得 y_2，即

$$y_2 = \frac{R}{R+1}x_1 + \frac{x_D}{R+1}$$

同理，y_2 与 x_2 互成平衡，即可用平衡方程由 y_2 求得 x_2，再用精馏段操作线方程由 x_2 求得 y_3。如此重复计算，直至计算得到 $x_n \leqslant x_F$(仅指饱和液体进料情况)时，说明第 n 层理论板是加料板，因此精馏段所需理论板层数为$(n-1)$。应予注意，在计算过程中，每使用一次平衡关系，表示需要一层理论板。对其他进料状况，应计算到 $x_n \leqslant x_q$(x_q 为两操作线交点坐标)。

此后，可改用提馏段操作线方程，继续用与上述相同的方法求提馏段的理论板层数。因 $x'_1 = x_n =$ 已知值，故可用提馏段操作线方程求 y'_2，即

$$y'_2 = \frac{L+qF}{L+qF-W}x'_1 - \frac{W}{L+qF-W}x_W$$

然后利用平衡方程由 y'_2 求 x'_2，如此重复计算，直到 $x'_m \leqslant x_W$ 为止。因一般再沸器内气液两相视为平衡，再沸器相当于一层理论板，故提馏段所需理论板层数为$(m-1)$。

逐板计算法是求算理论板层数的基本方法，计算结果准确，且可同时求得各层塔板上的气液相组成。

2. 图解法

图解法求理论板层数的基本原理与逐板计算法完全相同，只不过是用平衡曲线和操作线分

别代替平衡方程和操作线方程,用简便的图解法代替复杂的计算而已。虽然图解法的准确性较差,但因其简单,目前在两组分精馏计算中仍被广泛采用。

如前所述,精馏段和提馏段操作线方程在 x-y 图上均为直线。根据已知条件分别求出二线的截距和斜率,便可绘出这两条操作线。但实际作图还可以简化,即分别找出两直线上的固定点,例如,操作线与对角线的交点及两操作线的交点等,然后由这些点及各线的截距或斜率就可以分别作出两条操作线。

(1) 精馏段操作线的作法

若略去精馏段操作线方程中变量的下标,则该式可写为

$$y=\frac{R}{R+1}x+\frac{x_D}{R+1}$$

对角线方程为

$$y = x$$

上两式联立求解,可得到精馏段操作线与对角线的交点,即交点的坐标为 $x=x_D$,$y=x_D$,如图 4-45 中点 a 所示。根据已知的 R 及 x_D,算出精馏段操作线的截距为$\frac{x_D}{R+1}$,依此值定出该线在 y 轴的截距,如图 4-45 中点 b 所示。直线 ab 即为精馏段操作线。当然,也可以从点 a 作斜率为$\frac{R}{R+1}$的直线 ab,得到精馏段操作线。

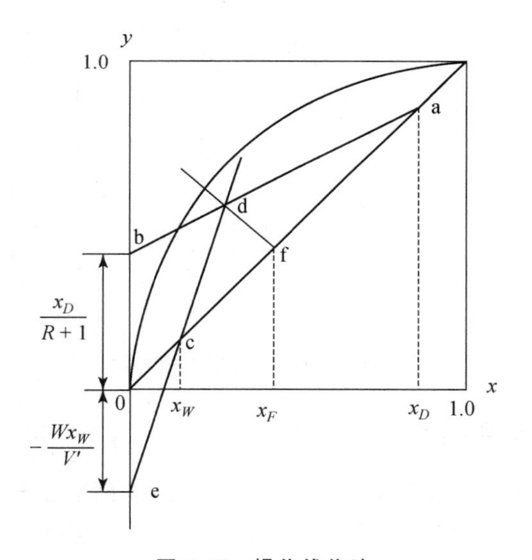

图 4-45　操作线作法

(2) 提馏段操作线的作法

若略去提馏段操作线方程中变量的上下标,则提馏段操作线方程可写为

$$y=\frac{L+qF}{L+qF-W}x-\frac{W}{L+qF-W}x_W$$

该式与对角线方程联解,得到提馏段操作线与对角线的交点坐标为 $x=x_W$,$y=x_W$,如图4-45中点 c 所示。由于提馏段操作线截距的数值往往很小,交点 c(x_W,x_W)与代表截距的点可能离得很近,作图不易准备。若利用斜率作图,不仅麻烦,且在图上不能直接反映出进料热状况的影响。

故通常先找出提馏段操作线与精馏段操作线的交点，将点 c 与此交点相连即可得到提馏段操作线。两操作线的交点可由联解操作线方程而得。q 线方程与对角线方程联立，解得交点坐标为 $x=x_F$，$y=x_F$，如图 4-45 中点 f 所示。再从点 f 作斜率为$\dfrac{q}{q-1}$的直线，如图上的 df 线，该线与 ab 线交于 d 点，点 d 即为两操作线的交点。连接 c、d 两点所得的 cd 线即为提馏段操作线。

(3) 图解法求理论板数的步骤

理论板层数的图解方法如图 4-46 所示。首先建立平面直角坐标系，在 x-y 图上作平衡曲线和对角线，并依上述方法作精馏段操作线 ac、q 线 ef 和提馏段操作线 bd。然后从点 a 开始，在精馏段操作线与平衡线之间绘出由水平线和铅垂线构成的梯级。当梯级跨过两操作线交点 d 时，则在该提馏段操作线与平衡线之间绘梯级，直至梯级的铅垂线达到或越过点 b(x_W，x_W)为止。每一个梯级代表一层理论板。在图 4-46 中，梯级总数为 9，第 4 级跨过点 d，即第 4 级为加料板，故精馏段理论板层数为 3；因再沸器相当于一层理论板，故提馏段理论板层数为 5。该过程共需 8 层理论板(不包括再沸器)。应予指出，图解时也可从点 b 开始绘梯级，所得结果相同。这种图解理论板层数的方法称为麦克布-蒂利法，简称 M-T 法。

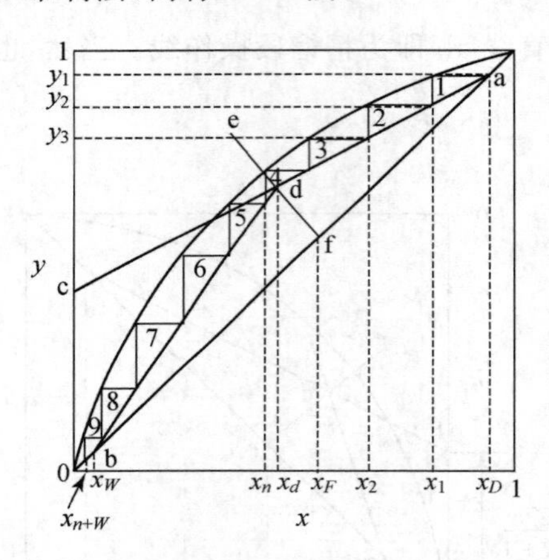

图 4-46 图解法求理论板层数

4.3.6 回流比的影响及其选择

回流是保证精馏塔连续稳定操作的必要条件之一，由前面的分析和图 4-46 可见，增大回流比，精馏段操作线的截距减小。操作线离平衡线越远，则每一梯级的垂直线段及水平线段都增大，说明每块理论板的分离程度加大，为完成一定分离任务所需的理论板就减小。然而，增大回流比是以增加能耗为代价的，因此，回流比是影响精馏操作费用和投资费用的重要因素。对于一定的分离任务而言，应选择适宜的回流比。

回流比有两个极限值：上限为全回流时的回流比，下限为最小回流比。实际回流比为介于两极限之间的适宜值。

1. 全回流和最小理论板层数

若塔顶上升蒸气经冷凝后全部回流至塔内，这种方式称为全回流。此时，塔顶产品 D 为零。为保持稳定，既不向塔内进料，也不从塔内取出产品，即 F 和 W 也均为零。全塔也就无精馏段和提馏段之分。

全回流时的回流比

$$R=\frac{L}{D}=\frac{L}{0}=\infty$$

因此,精馏段操作线的斜率$=\frac{R}{R+1}\to 1$,在 y 轴上的截距 $\frac{x_D}{R+1}\to 0$。此时在 x-y 图上操作线与对角线重合,操作线方程为 $y_{n+1}=x_n$。显然,此时操作线和平衡线的距离最远,因此达到给定分离程度所需的理论板层数最少,用 N_{min}表示。

全回流条件下,所需的理论板数 N_{min}可在 x-y 图上的平衡线与对角线间直接图解求得,对理想溶液也可采用解析法求解。

相平衡方程:$y=\frac{\alpha x}{1+(\alpha-1)x}$,由此得到 $\alpha=\frac{y(1-x)}{(1-y)x}$,进而得到

$$\frac{y_A}{y_B}=\alpha\frac{x_A}{x_B}$$

操作线方程:$y=x$,因此有$(y_A)_{n+1}=(x_A)_n$ 和$(1-y_A)_{n+1}=(1-x_A)_n$,得到

$$\left(\frac{y_A}{y_B}\right)_{n+1}=\left(\frac{x_A}{x_B}\right)_n$$

全回流时,若塔顶采用全凝器,则塔顶蒸气轻、重组分之比为

$$\left(\frac{y_A}{y_B}\right)_1=\left(\frac{x_A}{x_B}\right)_D \tag{a}$$

第一块理论板的气液相组成为

$$\left(\frac{y_A}{y_B}\right)_1=\alpha_1\left(\frac{x_A}{x_B}\right)_1 \tag{b}$$

第二与第一块理论板间相遇的气液两相符合操作关系,即 $y_{n+1}=x_n$,故

$$\left(\frac{y_A}{y_B}\right)_2=\left(\frac{x_A}{x_B}\right)_1 \tag{c}$$

离开第二块理论板的气液相组成为

$$\left(\frac{y_A}{y_B}\right)_2=\alpha_2\left(\frac{x_A}{x_B}\right)_2 \tag{d}$$

将式(c)代入式(b),再由式(d)可得

$$\left(\frac{y_A}{y_B}\right)_1=\alpha_1\left(\frac{y_A}{y_B}\right)_2=\alpha_1\alpha_2\left(\frac{x_A}{x_B}\right)_2 \tag{e}$$

以此类推,离开第一块理论板的蒸气与离开第 N 块理论板(再沸器)的液体组成之间的关系为

$$\left(\frac{y_A}{y_B}\right)_1=\alpha_1\alpha_2\alpha_3\cdots\alpha_N\left(\frac{x_A}{x_B}\right)_N$$

当液体组成已达到指定的$\left(\frac{x_A}{x_B}\right)_W$ 时,则塔板数 N 即为全回流时所需的最少理论塔板数,记为 N_{min}。若采用一个全塔平均相对挥发度

$$\alpha_m=\sqrt[N]{\alpha_1\alpha_2\cdots\alpha_N} \tag{f}$$

若将第 N 块理论板，即再沸器以符号 W 表示，由式(a)、式(e)和式(f)得

$$\left(\frac{x_{\mathrm{A}}}{x_{\mathrm{B}}}\right)_D=\alpha_{\mathrm{m}}^N\left(\frac{x_{\mathrm{A}}}{x_{\mathrm{B}}}\right)_W$$

等式两边同时取对数，并以 $N_{\min}$ 表示 N，经整理得

$$N_{\min}=\frac{\lg\left[\left(\frac{x_{\mathrm{A}}}{x_{\mathrm{B}}}\right)_D\Big/\left(\frac{x_{\mathrm{A}}}{x_{\mathrm{B}}}\right)_W\right]}{\lg\alpha_{\mathrm{m}}} \tag{4-113}$$

对于双组分溶液，略去式(4-113)中的下标 A、B，可写成

$$N_{\min}=\frac{\lg\left[\left(\frac{x_D}{1-x_D}\right)\left(\frac{x_W}{1-x_W}\right)\right]}{\lg\alpha_{\mathrm{m}}} \tag{4-114}$$

式中，α_{m} 为全塔平均相对挥发度。当 α 变化不大时，α_{m} 可取塔顶 α 和塔底 α 的几何平均值。

式(4-113)和式(4-114)称为芬斯克方程。它粗略地表示，在全回流条件下，采用全凝器时的分离程度与总理论板数(包括再沸器)之间的关系。

全回流是回流比的上限，在这种情况下得不到产品，即生产能力为零，因此对正常生产无实际意义。但是在精馏的开关阶段或实验研究时，多采用全回流操作，以便对过程进行稳定或控制。

2. 最小回流比

当回流从全回流逐渐减小时，精馏段操作线的截距随之逐渐增大，两操作线的位置将向平衡线靠近，因此，为达到一定分离程度所需的理论板层数亦逐渐增多。当回流比减小到使两操作线交点正好落在平衡曲线上时，所需的理论板层数就要无穷多，如图 4-47 所示。这是因为在点 f 前后各板之间的气液两相组成基本上不发生变化，故这个区域称为恒浓区(或称为夹紧区)，点 f 称为夹紧点。此时若在平衡线和操作线之间绘梯级，就需要无限多梯级才能达到点 f，这种情况下的回流比称为最小回流比，以 $R_{\min}$ 表示。最小回流比是回流比的下限。当回流比较 $R_{\min}$ 还要低时，操作线和 q 线的交点就落在平衡线之外，精馏操作将无法进行；但若回流比较 $R_{\min}$ 稍高一点，就可以进行实际操作，不过所需理论板层数很多。

最小回流比有以下两种求法。

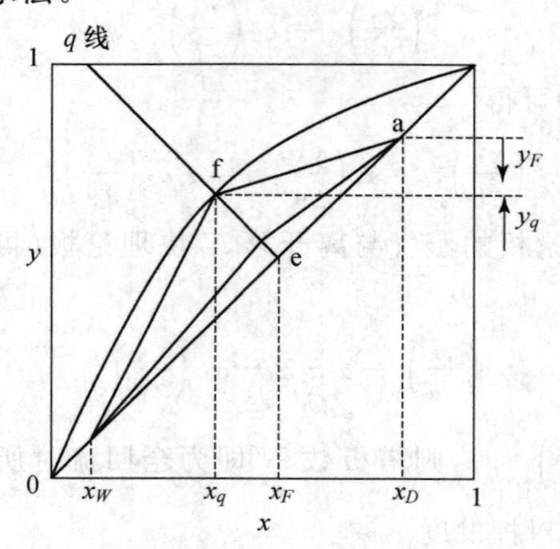

图 4-47 最小回流比示意图

（1）作图法

依据平衡曲线形状不同，作图方法有所不同。对于常见的平衡曲线，由精馏段操作线斜率知

$$\frac{R_{\min}}{R_{\min}+1}=\frac{x_D-y_q}{x_D-x_q}$$

化简得

$$R_{\min}=\frac{x_D-y_q}{y_q-x_q} \tag{4-115}$$

式中，x_q，y_q 为 q 线与平衡线的交点坐标，可由图中读出。

（2）解析法

因在最小回流比下，操作线与 q 线交点坐标（x_q，y_q）位于平衡线上，对于相对挥发度为定值（或取平均值）的溶液，有

$$y_q=\frac{\alpha x_q}{1+(\alpha-1)x_q}$$

将上式代入式(4-115)，可得

$$R_{\min}=\frac{x_D-\dfrac{\alpha x_q}{1+(\alpha-1)x_q}}{\dfrac{\alpha x_q}{1+(\alpha-1)x_q}-x_q}$$

化简得

$$R_{\min}=\frac{1}{\alpha-1}\left[\frac{x_D}{x_q}-\frac{\alpha(1-x_D)}{1-x_q}\right] \tag{4-116}$$

对于某些进料热状况，上式可以进一步简化，如：

饱和液体进料，$x_q=x_F$，故

$$R_{\min}=\frac{1}{\alpha-1}\left[\frac{x_D}{x_F}-\frac{\alpha(1-x_D)}{1-x_F}\right]=\frac{x_D-y_F^*}{y_F^*-x_F}$$

饱和蒸气进料，$y_q=y_F$，故

$$R_{\min}=\frac{1}{\alpha-1}\left[\frac{\alpha x_D}{y_F}-\frac{1-x_D}{1-y_F}\right]-1$$

式中，y_F 为饱和蒸气原料中易挥发组分的摩尔分数。

（3）适宜回流比的选择

对于一定的分离任务，若在全回流下操作，虽然所需理论板层数为最少，但是得不到产品；若在最小回流比下操作，则所需理论板层数为无限多。因此，实际回流比总是介于两种极限情况之间。适宜的回流比应通过经济衡算得到。

在精馏设计中，一般不进行详细的经济衡算，而是根据经验选取。一般操作回流比为最小回流比的 1.1～1.2 倍。

上述考虑的是一般原则，实际回流比应视具体情况选定。对于难分离的混合液，应选用较大的回流比；为了减少加热蒸气消耗量，应采用较小的回流比。

3. 简捷法求理论板层数

精馏塔理论板层数除了可用图解法和逐板计算法求算外，还可以采用简捷法计算。简捷法准确度稍差，但因简单，特别适用于初步设计计算。

精馏塔在全回流和最小回流比两个极限之间进行操作。最小回流比时，所需理论板层数为

无限多；全回流时，所需理论板层数为最小；采用实际回流比时，则需要一定层数的理论板。为此，人们对 R_{min}、R、N_{min} 及 N 四个变量之间的关系进行了研究，得到一个关于四个变量的关联图，称为吉利兰图，如图 4-48 所示。吉利兰图的关联采用了 8 种物质，在如表 4-2 所示的条件下，由逐板计算法得出的结果绘制在双对数坐标纸上。横坐标表示 $(R-R_{min})/(R+1)$，纵坐标表示 $(N-N_{min})/(N+2)$，其中，N、N_{min} 分别为不包括再沸器的理论板层数及最少理论板层数。

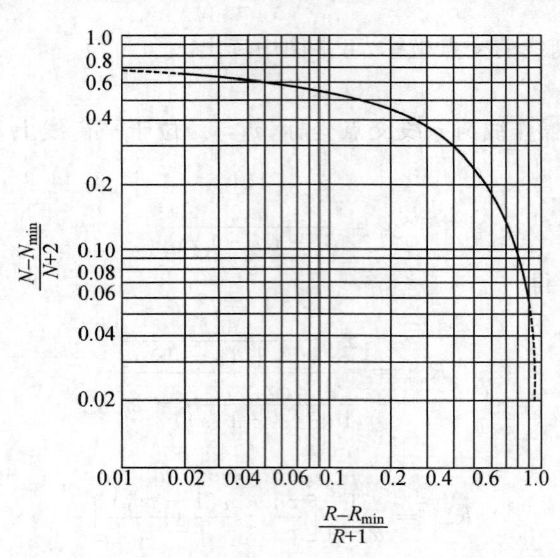

图 4-48 吉利兰图

表 4-2 吉利兰关联图采用的精馏条件

组分数	进料热状况	最小回流比 R_{min}	相对挥发度 α	理论塔板数 N_T
2～11	5 种	0.53～7.0	1.26～4.05	2.4～43.1

由图可见，曲线的两端代表两种极限情况。右端表示全回流下的操作情况，即 $R=\infty$，$(R-R_{min})/(R+1)=1$，故 $(N-N_{min})/(N+2)=0$ 或 $N=N_{min}$，说明全回流操作时理论板层数为最少。曲线左端延长后表示在最小回流比下的操作情况，此时 $(R-R_{min})/(R+1)=0$，故 $(N-N_{min})/(N+2)=1$ 或 $N=\infty$，说明最小回流比操作时理论板层数为无限多。

通常，简捷法求理论板层数的步骤如下：

(1) 先按设计条件求出最小回流比 R_{min}，并选择操作回流比 R。

(2) 计算全回流下的最少理论板层数 N_{min}。

(3) 然后利用吉利兰关联图计算全塔理论板层数 N。

(4) 用精馏段的最小理论板层数代替全塔的，确定适宜的进料板位置。

参 考 文 献

[1] 姚玉英，主编. 化工原理. 天津：天津大学出版社，1999.
[2] 李德华. 化学工程基础. 第二版. 北京：化学工业出版社，2010.
[3] 陈敏恒，丛德滋，方图南，等. 化工原理. 北京：化学工业出版社，2006.

[4] 林爱光.化学工程基础.北京：清华大学出版社，2008.
[5] J. R. 威尔特，C. E. 威克斯，R. E. 威尔逊，等.动量、热量和质量传递原理.原著第四版.北京：化学工业出版社，2005.
[6] 王志魁，刘丽英，刘伟.化工原理.北京：化学工业出版社，2010.
[7] 谭天恩，窦梅，周明华.化工原理.第三版.北京：化学工业出版社，2006.

习　题

1. 含有30%(体积分数)CO_2的某种混合气体与水接触，系统温度为30℃，总压为101.33 kPa。试求液相中CO_2的平衡浓度c^*(kmol/m^3)。
2. 在20℃及101.325 kPa下CO_2与空气的混合物缓慢地沿Na_2CO_3溶液液面流过，空气不溶于Na_2CO_3溶液。CO_2透过厚1 mm的静止空气层扩散到Na_2CO_3溶液中。气体中CO_2的摩尔分数为0.2。在Na_2CO_3溶液液面上，CO_2被迅速吸收，故相界面上CO_2的浓度极小，可忽略不计。CO_2在空气中20℃时的扩散系数D为0.18 cm^2/s。试求CO_2的扩散速率。
3. 用吸收剂对某低浓度混合气体进行吸收操作(服从亨利定律)。已知其气相传质膜系数k_G和液相传质膜系数k_L分别为1.00×10^{-6} kmol/(m^2·h·Pa)和0.25 m/h，溶解度常数H为0.0040 kmol/(m^3·Pa)。试求气相吸收总传质系数K_G，并说明该气体是属于易溶气体还是难溶气体。
4. 已知湿壁塔某一塔截面上气相主体的溶质浓度$y=0.05$，液相$x=0.01$，气相与液相传质系数分别为$k_y=5\times10^{-4}$ kmol/(m^2·s)，$k_x=8\times10^{-4}$ kmol/(m^2·s)，亨利系数$m=2$，总压为101.3 kPa。试求传质过程的推动力、总传质系数、传质速率。
5. 为吸收焦炉气中芳烃，拟采用含芳烃为0.006(摩尔分数，下同)的洗油从吸收塔顶喷淋。洗油用量为31.2 kmol/h，在温度为30℃、操作压强为108.2 kPa时，含芳烃为0.022的焦炉气进吸收塔的流量为4000 m^3/h。若要求出塔气体中芳烃的含量不大于0.001，试求：(1) 吸收率；(2) 塔底流出的洗油中芳烃的浓度x_1。
6. 在常压填料塔中以清水吸收焦炉气中的NH_3。标准状况下，焦炉气中NH_3的浓度为0.01 kg/m^3，流量为5000 m^3/h，要求回收率不低于99%。若吸收剂用量为最小用量的1.5倍，混合气体进塔的温度为30℃，空塔速度为1.1 m/s，操作条件下的平衡关系为$Y=1.2X$，气体体积吸收总系数$K_{Ya}=200$ kmol/(m^3·h)。试分别用对数平均推动力法及吸收因子法求总传质单元数及填料层高度。
7. 已知某精馏塔塔顶蒸气的温度为80℃，经全凝器冷凝后馏出液中苯的组成为0.90，甲苯的组成为0.10(以上均为轻组分A的摩尔分数)，试求该塔的操作压强。

   注：溶液中纯组分的饱和蒸气压可用安托尼公式计算，即

$$\lg p^\circ = A - \frac{B}{t+C}$$

   式中，苯和甲苯的相应常数值为

组　分	A	B	C
苯	6.898	1206.35	220.24
甲苯	6.953	1343.94	219.58

8. 用连续精馏方法分离两组分理想溶液，原料液易挥发组分的摩尔分数为0.40，馏出液中易挥发组分的摩尔分数为0.95。溶液的相对挥发度为2.8，最小回流比为1.5。试求 q 值并说明原料液的进料热状况。
9. 用连续精馏塔分离苯-甲苯二元混合液，已知进料量为4000 kg/h，组成为0.3(质量分数，下同)。若要求釜液组成不大于0.05，塔顶馏出液的回收率为88%，试求以摩尔流量及摩尔分数表示的馏出液的流量和组成。
10. 某连续精馏操作分离二元混合溶液，已知操作线方程为

$$\text{精馏段}\quad y=0.80x+0.16;\quad \text{提馏段}\quad y=1.40x-0.02$$

若进料时，原料为气液相各占一半的混合态，试求塔顶及塔底产品产率及回流比。
11. 用一精馏塔分离二元液体混合物，进料量为100 kmol/h，易挥发组分 $x_F=0.5$，泡点进料，塔顶产品 $x_D=0.9$，釜残液 $x_W=0.05$(皆为摩尔分数)，操作回流比为最小回流比的1.5倍，该物系平均相对挥发度为2.25，塔顶为全凝器。试求：(1) 塔顶和塔底产品量；(2) 第一块塔板下降的液体组成；(3) 写出提馏段操作线数值方程。
12. 在常压连续精馏塔中分离两组分理想溶液。该物系的平均相对挥发度为2.5，原料液组成为0.35(易挥发组分摩尔分数，下同)，饱和蒸气加料。塔顶采出率 D/F 为40%，且已知精馏段操作线方程为 $y=0.75x+0.20$。试求：(1) 提馏段操作线方程；(2) 若塔顶第一板下降的液相组成为0.7，求该板的气相默夫里效率 E_{mv1}。

第五章　化学反应工程及反应器

5.1　概　　述

5.1.1　工业化学反应过程的特征

研究表明，对于同一化学反应，在实验室或小规模进行时可以达到相对比较高的转化率或产率，但放大到工业反应器中进行时，维持相同反应条件，所得转化率却往往低于实验室结果。其原因有以下几方面：

（1）大规模生产条件下，反应物系的混合不可能像实验室那么均匀。

（2）生产规模下，反应条件不能像实验室中那么容易控制，体系内温度和浓度并非均匀。

（3）生产条件下，反应体系多维持在连续流动状态，反应器的构型以及反应器内物料的流动状况、流动条件对反应过程有极大的影响。工业反应器内存在一个停留时间分布。

工业反应器中实际进行的过程不但包括化学反应，还伴随有各种物理过程，如热量的传递，物质的流动、混合和传递等，这些传递过程显著地影响着反应的最终结果，这就是工业规模下的反应过程。

5.1.2　化学反应工程学的任务和研究方法

化学反应工程学的任务是研究生产规模下的化学反应过程和设备内的传递规律，它应用化学热力学和动力学知识，结合流体流动、传热、传质等传递现象，进行工业反应过程的分析、反应器的选择和设计及反应技术的开发，并研究最佳的反应操作条件，以实现反应过程的优化操作和控制。

化学反应工程学有着自身特有的研究方法。在一般的化工单元操作中，通常采用的方法是经验关联法，例如摩擦阻力系数、对流传热系数的获得等等，这是一种实验综合的方法。但化学反应工程涉及的内容、参数及其相互间的影响更为复杂。研究表明，这种传统的方法已经不能解决化学反应工程问题，需采用以数学模型为基础的数学模拟法。

所谓数学模拟法，是将复杂的研究对象合理地简化成一个与原过程近似等效的模型，然后对简化的模型进行数学描述，即将操作条件下的物理因素（包括流动状况、传递规律等过程的影响）和所进行化学反应的动力学综合在一起，用数学公式表达出来。

建立数学模型的关键是对过程实质的了解和对过程的合理简化，这些都依赖于实验。同样模型的验证和修改，也依赖于实验。只有对模型进行反复修正，才能得到与实际过程等效的数学模型。

在实际工作中，先提出理想反应器模型，然后讨论实际反应器和理想反应器的偏离，再通过校正和修改，最后建立实际反应器的模型。

5.1.3 工业反应器分类

工业反应器是化学反应工程的主要研究对象，其类型繁多。根据不同的特性，可以有不同的分类。

1. 按操作状况分类

根据反应物料加入反应器的方式，可将反应器分为间歇反应器、半间歇或半连续反应器和连续反应器。

间歇反应器：反应物料一次性加入，在搅拌的存在下，经过一定时间达到反应要求后，反应产物一次性卸出，生产为间歇地分批进行。特征是反应过程中反应体系的各种参数(如浓度、温度等)随着反应时间逐步变化，但不随器内空间位置而变化。物料经历的反应时间都相同。

连续反应器：稳定操作时，反应物和产物连续稳定地流入和引出反应器，反应器内的物系参数不随时间发生变化，但可随位置而变。反应物料在反应器内停留时间可能不同。

半连续反应器/半间歇反应器：一种或几种反应物先一次性加入反应器，而另外一种反应物或催化剂则连续注入反应器，这是一种介于连续和间歇之间的操作方式，反应器内物料参数随时间发生变化。如青霉素的生产，菌种和青霉素母体是间歇加入和排出，但糖分、空气是连续加入，废气是连续排出。

2. 按反应器的形状分类

根据反应器的几何形状，可分为管式、釜式和塔式三类反应器。

管式反应器的特征是长度远较管径大，内部中空，不设置任何构件。物料混合作用很小，一般用于连续操作过程。

釜式反应器又称反应釜。一般其高度与管径相等或稍高。釜内通常设有搅拌器，目的是使器内物料混合比较均匀。为了控制反应温度，一般都将反应釜做成夹套式以利于换热，有的还在釜内安装加热或冷却用的蛇管。此类反应器既可用于连续操作，也可用于间歇操作。

塔式反应器一般为高大的圆筒形设备，其高度一般为直径的几倍至十余倍。塔内一般装有填料或塔板以利于传热。塔式反应器常用于两种流体相反应的过程，如气-液反应和液-液反应。采用连续操作方式。

3. 按反应混合物的相态分类

可分为均相反应器和非均相反应器。均相反应器又分为气相和液相反应器。非均相反应器分为气-液、气-固、液-液、液-固、气-液-固等反应器。

生产中的反应器有多种特性，通常是将以上的分类加以综合。

5.1.4 反应器设计的基本方程

反应器设计最基本的内容是：① 选择合适的反应器型式；② 确定最佳的操作条件；③ 针对所选定的反应器型式，根据所确定的操作条件，计算完成规定的生产任务所需的反应体积。所谓反应体积，是指进行化学反应的空间。依据反应体积来确定反应器的主要尺寸。

反应体积的确定是反应器设计的核心内容。那么，在反应器型式和操作条件已定的前提下，如何来确定反应体积呢？这种情况下反应体积的大小由反应组分的转化速率来决定，而反应组分的转化速率又取决于反应物系的组成、压力和温度。但是，就大多数反应器而言，反应器内反应物系的组成、压力和温度总是随位置或时间而改变，或随两者同时而变。所以，在反应器内化学反应是以变速进行的。为了确定反应体积，就需要找出这些物理量在反应器内变化的数学关系式，即反应器设计的基本方程。

反应器设计的基本方程共三类：① 描述浓度变化的物料衡算式；② 描述温度变化的能量衡算式；③ 描述压力变化的动量衡算式。建立这三类方程的依据分别为质量守恒定律、能量守恒定律和动量守恒定律。

由于实际反应过程是复杂的，所以上述的计算过程也将非常复杂，为此可对具体过程作出合理的简化。当流体通过反应器前后的压力降不大时，可作恒压反应处理，动量衡算可忽略。对于大多数反应器，常常可把位能、动能及功等略去，实质上只作热量衡算；而对于等温过程，则无需作热量衡算。本章主要讨论等温、均相反应器的计算。

对于任一反应器，其物料衡算表达式为：

$$\text{引入反应物的速率} = \text{引出反应物的速率} + \text{反应物消耗的速率} + \text{反应物积累速率} \tag{5-1}$$

(1) 间歇操作：由于间歇操作在反应时无物料的加入和引出，所以式(5-1)变为

$$\text{反应物消耗的速率} + \text{反应物积累速率} = 0 \tag{5-2}$$

(2) 连续稳定操作：连续稳定操作时，物料的累积速率为零，因此

$$\text{引入反应物的速率} = \text{引出反应物的速率} + \text{反应物消耗的速率} \tag{5-3}$$

进行物料衡算时，通常是对物料的某一组分进行衡算。衡算范围则根据反应器形状和流动状态而定。如果反应器内的物料组成均匀，可对整个反应器中的某一组分进行衡算；如果物料组成随着在反应器内位置的不同而变化，则必须对微元反应体积内的某一组分进行衡算。

5.2　理想反应器及其计算

从本节开始，将讨论恒温、均相反应器的流动状况，反应器计算及其强化和优化等内容。为讲述方便起见，我们从理想反应器的介绍入手。

5.2.1　间歇搅拌釜式反应器(BSTR)

1. 结构与操作特点

图 5-1 是一种常见的间歇搅拌釜式反应器。若具有以下特点，可视为理想间歇釜式反应器：

(1) 由于剧烈搅拌，物料达到分子尺度上的均匀，且浓度处处相等，因而排除了物质传递过程对反应的影响。

(2) 由于反应器配有换热器，具有足够大的传热速率，可使反应器内物料温度处处相等，因而排除了热量传递过程对反应的影响。

这种操作特点决定了间歇搅拌釜式反应器的反应结果只由化学动力学所确定。实际生产中的大多数间歇釜式反应器基本具有以上特点。此种反应器具有较大的通用性和灵活性，适用于小批量多品种产品的生产，也常应用于中间实验厂以取得反应速率等有关数据。在精细化工、制药、染料、涂料等行业中得到广泛的应用。

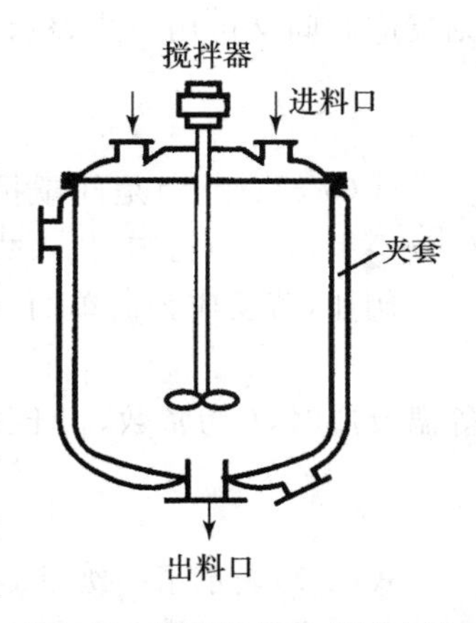

图 5-1　间歇搅拌釜式反应器

然而由于间歇釜式反应器属于间歇操作，釜内物料组成、反应速率等均随时间不断变化。这种情况下如果没有严格的操作规程，则会导致不同批次产品质量的差异，且难以实现自动化。

2. 间歇搅拌釜式反应器的计算

设计间歇釜式反应器的关键在于，确定反应物达到规定的转化率所需的反应时间。由于反应釜内的物料组成是均匀的，所以可以整个反应器为衡算范围，在微元时间 $\mathrm{d}t$ 内对某一反应组分 A 进行物料衡算。

设反应混合物所占体积为 V_R，又称为反应器的有效容积。在反应温度下按反应组分 A 计算的反应速率为 $(-r_\mathrm{A})$ [$\mathrm{kmol \cdot m^{-3} \cdot s^{-1}}$]，反应器内组分 A 的初始量为 $n_{\mathrm{A},0}$ [kmol]，任意瞬间的浓度为 n_A [kmol]，则在时间间隔 $\mathrm{d}t$ 内，反应组分 A 的量变化为 $\mathrm{d}n_\mathrm{A}$，反应组分 A 的反应量为 $(-r_\mathrm{A})V_\mathrm{R}\mathrm{d}t$。根据式(5-2)得

$$(-r_\mathrm{A})V_\mathrm{R}\mathrm{d}t + \mathrm{d}n_\mathrm{A} = 0$$

则

$$(-r_\mathrm{A})V_\mathrm{R} = -\frac{\mathrm{d}n_\mathrm{A}}{\mathrm{d}t}$$

又因为 $n_\mathrm{A} = n_{\mathrm{A},0}(1-x_\mathrm{A})$，所以

$$\frac{\mathrm{d}n_\mathrm{A}}{\mathrm{d}t} = \frac{\mathrm{d}[n_{\mathrm{A},0}(1-x_\mathrm{A})]}{\mathrm{d}t} = -n_{\mathrm{A},0}\frac{\mathrm{d}x_\mathrm{A}}{\mathrm{d}t}$$

因此

$$\mathrm{d}t = n_{\mathrm{A},0}\frac{\mathrm{d}x_\mathrm{A}}{V_\mathrm{R}(-r_\mathrm{A})}$$

上式积分得

$$t = n_{\mathrm{A},0}\int_0^{x_\mathrm{A}} \frac{\mathrm{d}x_\mathrm{A}}{V_\mathrm{R}(-r_\mathrm{A})} \tag{5-4}$$

如果反应过程中，反应混合物的体积不发生变化，即为恒容过程，则

$$t = \frac{n_{\mathrm{A},0}}{V_\mathrm{R}}\int_0^{x_\mathrm{A}} \frac{\mathrm{d}x_\mathrm{A}}{(-r_\mathrm{A})} = c_{\mathrm{A},0}\int_0^{x_\mathrm{A}} \frac{\mathrm{d}x_\mathrm{A}}{(-r_\mathrm{A})} \tag{5-5}$$

因为恒容反应的转化率与浓度有如下关系：

$$x_\mathrm{A} = \frac{c_{\mathrm{A},0} - c_\mathrm{A}}{c_{\mathrm{A},0}}, \quad \mathrm{d}x_\mathrm{A} = -\frac{\mathrm{d}c_\mathrm{A}}{c_{\mathrm{A},0}}$$

则反应时间又可用下式表示：

$$t = -\int_{c_{\mathrm{A},0}}^{c_\mathrm{A}} \frac{\mathrm{d}c_\mathrm{A}}{(-r_\mathrm{A})} \tag{5-6}$$

式(5-5)、(5-6)是间歇搅拌釜式反应器的基本计算方程。若反应速率与浓度的函数关系 $(-r_\mathrm{A}) = kf(c_\mathrm{A})$ 已知，代入式(5-5)或(5-6)即可求出反应时间。

例如，若反应为简单的一级反应：$\mathrm{A} \longrightarrow \mathrm{R}$。则有

$$(-r_\mathrm{A}) = kc_\mathrm{A} = kc_{\mathrm{A},0}(1-x_\mathrm{A})$$

等温反应时，k 为常数，将上式分别代入式(5-5)、(5-6)，积分得

$$t = \frac{1}{k}\ln\frac{1}{1-x_\mathrm{A}} = \frac{1}{k}\ln\frac{c_{\mathrm{A},0}}{c_\mathrm{A}} \tag{5-7}$$

式(5-7)表示了一级反应的反应结果与反应时间的关系。之所以用两种形式表示，是为了适应工业生产上的两种不同要求。工业生产上对这样的简单反应主要有两种要求：一是要求达到

规定的单程转化率，即着眼于反应物的利用率或是着眼于减轻后处理工序分离任务，这时应用前者较为方便；另一是要求反应物达到规定的残余浓度，这完全是为了适应后处理工序的要求，例如有害杂质的除去即属此类，这时应用后者较为方便。

对于二级反应：$A+A \longrightarrow R$，有

$$(-r_A) = kc_A^2 = kc_{A,0}^2(1-x_A)^2$$

代入式(5-5)、(5-6)，积分得

$$t = \frac{1}{kc_{A,0}} \frac{x_A}{1-x_A} = \frac{1}{k}\left(\frac{1}{c_A} - \frac{1}{c_{A,0}}\right) \tag{5-8}$$

对于零级反应，$(-r_A)=k$，代入式(5-5)、(5-6)，积分得

$$t = \frac{c_{A,0}x_A}{k} = \frac{c_{A,0}-c_A}{k} \tag{5-9}$$

对于某些反应，若$(-r_A)=kf(c_A)$的关系比较复杂，难以进行积分，可以采用图解积分法求反应时间。将$1/(-r_A)$对x_A或c_A作图，如图 5-2 所示，曲线下方的面积即为反应时间。

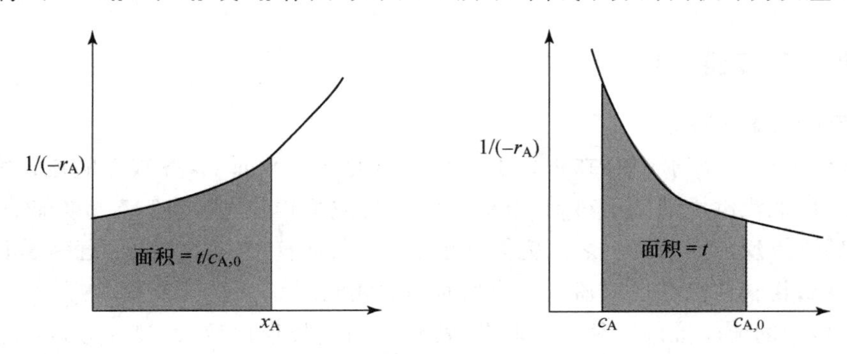

图 5-2 间歇釜式反应器基本方程的图解

由式(5-5)、(5-6)可以得出，间歇反应器中达到一定转化率所需要的反应时间仅与反应速率有关，而与反应器的容积无关。反应器的大小是由需处理的反应物料量决定的。这说明，无论在大型反应器还是在小型反应器中进行反应，只要保证反应条件相同，就可达到相同的反应结果。所以，可根据实验室数据直接设计、放大工业规模的间歇釜式反应器。但需注意，实验室的小型反应器容易达到温度、浓度等处处均匀一致，而大型反应器不容易做到这一点。因此，工业规模的间歇釜式反应器的反应效果与实验室的反应效果相比，或多或少是有一定差异的。

3. 反应器容积的计算

间歇釜式反应器的有效容积V_R需根据单位时间处理的反应物料体积q_V及操作时间来决定。前者可由生产任务计算得到；后者由两部分组成，一是反应时间t，二是辅助时间t'(即装料、卸料、清洗等时间)，其值可根据生产实际经验来确定。由此可得反应器体积V_R的计算公式：

$$V_R = q_V(t+t') \tag{5-10}$$

由于搅拌的影响，釜式反应器不能装满反应物料。为安全起见，实际反应器的体积V_T要比有效容积V_R大。定义有效容积所占总体积的分数为装料系数，即$\varphi=V_R/V_T$，则

$$V_T = V_R/\varphi \tag{5-11}$$

装料系数φ根据经验选定，一般为 0.4～0.8。对不发生泡沫、不沸腾的液体，取上限。如果计算

所得反应器实际容积太大，则可折成几个适当大小的较小反应器同时生产。

【例 5-1】 在间歇搅拌釜式反应器中进行如下分解反应：$A \longrightarrow B+C$。已知在 328 K 时 $k=0.00231\ s^{-1}$，反应物 A 的初始浓度为 1.24 kmol/m³，要求 A 的转化率达到 90%。又每批操作的辅助时间为 30 min，A 的日处理量为 14 m³，装料系数为 0.75，求反应器的体积。

解 (1) 确定达到要求的转化率所需反应时间：此反应为一级反应，根据式(5-7)有

$$t=\frac{1}{k}\ln\frac{1}{1-x_A}=\left(\frac{1}{0.00231}\ln\frac{1}{1-0.9}\right)\ s=1000\ s$$

(2) 计算反应器体积：假定日工作时间为 12 小时。根据式(5-10)和(5-11)，有

$$V_R=q_V(t+t')=\frac{14}{12}\times\left(\frac{1000}{3600}+\frac{30}{60}\right)\ m^3=0.90\ m^3$$

$$V_T=V_R/\varphi=(0.90/0.72)\ m^3=1.2\ m^3$$

5.2.2 活塞流反应器(PFR)

1. 活塞流反应器的特点

连续稳定流入反应器的流体，在垂直于流动方向的任一截面上，各质点的流速完全相同，且平行向前流动，恰似汽缸中活塞的移动，故称为活塞流或平推流，又叫理想置换流、理想排挤流。其特点是，先后进入反应器的物料之间完全无混合，而在垂直于流动方向的任一截面上，物料的参数都是均匀的；物料质点在反应器内停留的时间都相同。

管式反应器中的流动接近这种流动形态，特别是当其长径比较大、流速较高、流体流动阻力很小时，可视为活塞流，习惯称为理想管式反应器。

2. 活塞流反应器的计算

定态操作时，活塞流反应器内物料的参数不随时间发生变化，而沿着长度方向发生变化。故取反应器内体积为 dV_R 的一微元作为衡算范围，对反应组分 A 进行物料衡算。

如图 5-3 所示，设反应器进口处反应组分 A 的初始浓度为 $c_{A,0}$，反应混合物的体积流量为 $q_{V,0}$，则在微元体积内有

进入微元体积的反应物 A 的速率：$q_{n,A}=q_{V,0}c_A=q_{V,0}c_{A,0}(1-x_{A,0})$

流出微元体积的反应物 A 的速率：$q_{n,A}+dq_{n,A}=q_{V,0}c_{A,0}(1-x_{A,0}-dx_A)$

反应物 A 的消耗速率：$(-r_A)V_R$

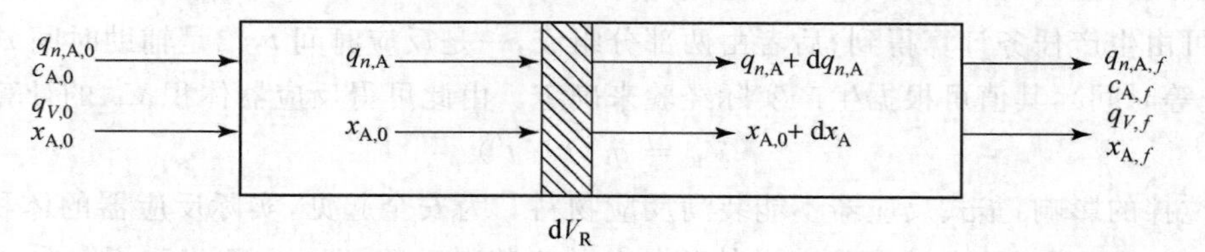

图 5-3 活塞流反应器

根据物料衡算公式(5-3)，可得

$$q_{V,0}c_{A,0}(1-x_{A,0}) = q_{V,0}c_{A,0}(1-x_{A,0}-\mathrm{d}x_A)+(-r_A)V_R$$

简化上式则有

$$q_{V,0}c_{A,0}\mathrm{d}x_A = (-r_A)V_R \tag{5-12}$$

对整个反应器进行积分，得

$$\frac{V_R}{q_{V,0}} = c_{A,0}\int_0^{x_{A,f}}\frac{\mathrm{d}x_A}{(-r_A)} \tag{5-13}$$

对于恒容过程，$c_A=c_{A,0}(1-x_A)$，则 $\mathrm{d}x_A=-\mathrm{d}c_A/c_{A,0}$，式(5-13)变为

$$\frac{V_R}{q_{V,0}} = -\int_{c_{A,0}}^{c_{A,f}}\frac{\mathrm{d}c_A}{(-r_A)} \tag{5-14}$$

令

$$\tau = \frac{V_R}{q_{V,0}} \tag{5-15}$$

其中 τ 称作空间时间，定义为反应物料以入口状态体积流量通过反应器所需的时间。对于恒容过程，τ 又称为停留时间，指物料从进入到流出反应器所需要的时间。则式(5-13)、式(5-14)分别变为

$$\tau = c_{A,0}\int_0^{x_{A,f}}\frac{\mathrm{d}x_A}{(-r_A)} \tag{5-16}$$

$$\tau = -\int_{c_{A,0}}^{c_{A,f}}\frac{\mathrm{d}x_A}{(-r_A)} \tag{5-17}$$

式(5-13)、(5-14)、(5-16)和(5-17)是活塞流反应器的基本计算方程。若反应速率与浓度的函数关系$(-r_A)=kf(c_A)$已知，代入式(5-13)、(5-14)、(5-16)或(5-17)，即可求出空间时间 τ。

【例 5-2】 在理想管式反应器中进行分解反应 $A \longrightarrow B+C$，条件与例 5-1 相同，试计算反应器的容积。

解

$$\tau=\frac{1}{k}\ln\frac{1}{1-x_A}=\left(\frac{1}{0.00231}\ln\frac{1}{1-0.9}\right)\ \mathrm{s}=1000\ \mathrm{s}$$

$$V_R=q_{V,0}\tau=\left(\frac{14}{12}\times\frac{1000}{3600}\right)\ \mathrm{m^3}=0.32\ \mathrm{m^3}$$

5.2.3　全混流反应器(CSTR)

1. 全混流反应器的特点

全混流是指连续稳定流入反应器的物料在强烈的搅拌下与反应器中的物料瞬间达到完全混合，又称理想混合流。其特点是，反应器内物料的参数处处均匀，且都等于流出物料的参数，但物料质点在反应器中停留的时间各不相同，即形成停留时间分布(图 5-4)。

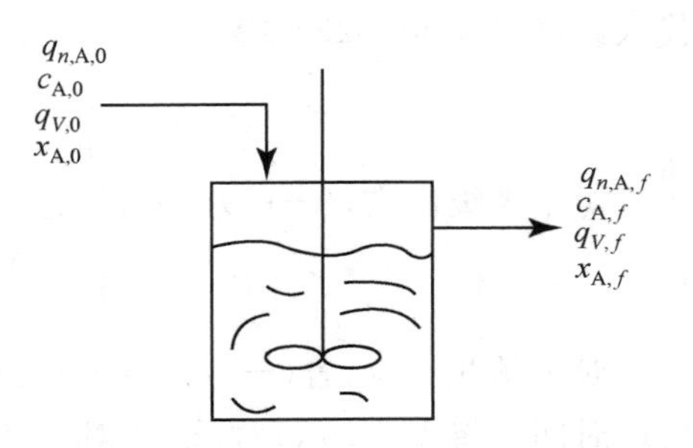

图 5-4　全混流反应器示意图

这亦是一种理想的流动模型，常见的连续搅拌釜式反应器接近于全混流模型。当搅拌比较强烈、流体粘度较小、反应器尺寸较小时，可看作是理想混合，因此习惯上常称之为理想釜式反应器。

2. 全混流反应器的计算

根据全混流反应器的特点，确定整个反应器为物料衡算范围，对反应组分A进行物料衡算。组分A的引入速率：$q_{V,0}c_{A,0}$；组分A的引出速率：$q_{V,f}c_A$；组分A的消耗速率：$(-r_A)V_R$。根据连续流动物料衡算式(5-3)，可得

$$q_{V,0}c_{A,0} = q_{V,f}c_A + (-r_A)V_R \tag{5-18}$$

式中，$(-r_A)$—反应器内条件下，即出口条件下的反应速率，为一定值；

$q_{V,0}$、$q_{V,f}$—进出口处物料的体积流量；

V_R—反应物料的体积，即反应器的有效容积。

恒容反应时，$q_{V,0}=q_{V,f}$，$c_A=c_{A,0}(1-x_A)$，代入式(5-18)得

$$q_{V,0}c_{A,0} - q_{V,0}c_{A,0}(1-x_A) = (-r_A)V_R \tag{5-19}$$

整理得

$$q_{V,0}c_{A,0}x_A = (-r_A)V_R \tag{5-20}$$

$$\frac{V_R}{q_{V,0}} = \frac{c_{A,0}-c_A}{(-r_A)} \tag{5-21}$$

$$\frac{V_R}{q_{V,0}} = \frac{c_{A,0}x_A}{(-r_A)} \tag{5-22}$$

令

$$\bar{\tau} = \frac{V_R}{q_{V,0}} \tag{5-23}$$

式中，$\bar{\tau}$称为空间时间。

式(5-21)、(5-22)及(5-23)是全混流反应器的基本计算方程。若反应速率与浓度的函数关系$(-r_A)=kf(c_A)$已知，代入式(5-21)或(5-22)即可求出空间时间$\bar{\tau}$，进而求出反应器的有效容积V_R。

例如，对于一级反应，有

$$(-r_A) = kc_A = kc_{A,0}(1-x_A)$$

等温反应时，k为常数，将上式分别代入式(5-21)和(5-22)，得

$$\bar{\tau} = \frac{V_R}{q_{V,0}} = \frac{c_{A,0}-c_A}{kc_A} = \frac{x_A}{k(1-x_A)} \tag{5-24}$$

对于二级反应，有

$$(-r_A) = kc_A^2 = kc_{A,0}^2(1-x_A)^2$$

代入式(5-21)和(5-22)，得

$$\bar{\tau} = \frac{V_R}{q_{V,0}} = \frac{c_{A,0}-c_A}{kc_A^2} = \frac{x_A}{kc_{A,0}(1-x_A)^2} \tag{5-25}$$

对于零级反应，$(-r_A)=k$，代入式(5-21)和(5-22)，得

$$\bar{\tau} = \frac{V_R}{q_{V,0}} = \frac{c_{A,0}-c_A}{k} = \frac{c_{A,0}x_A}{k} \tag{5-26}$$

对于某些反应，若$(-r_A)=kf(c_A)$的关系比较复杂，难以进行积分，可以采用图解积分法求反应时间。将$1/(-r_A)$对x_A或对c_A作图，如图5-5所示，曲线下方的面积即为空间时间。

需注意，对于全混流反应器，空间时间不等于物料在反应器内的停留时间。对于全混流反应器，各流体微元在反应器内的停留时间不尽相同。对于恒容反应，空间时间等于物料在反应器内

的平均停留时间。

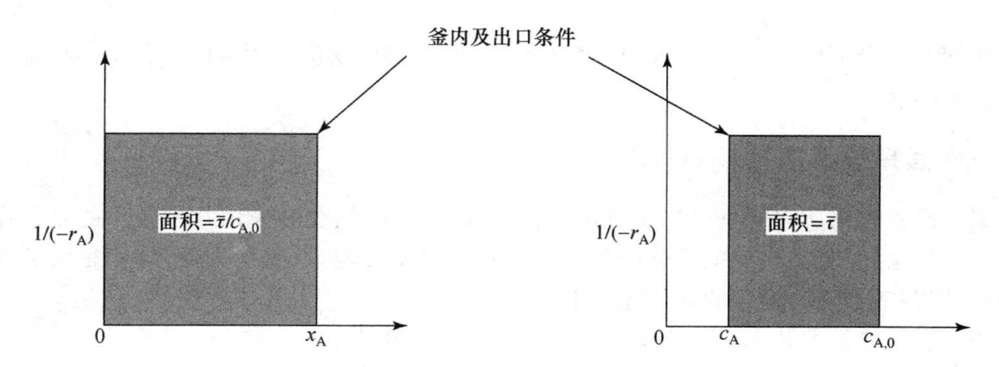

图 5-5　全混流反应器的空间时间图解

【例 5-3】　某液相反应 A+B ⟶ R+S,其反应动力学表达式为$(-r_A)=kc_Ac_B$。$T=373$ K 时,$k=0.24\ m^3/(kmol\cdot min)$。今要完成一生产任务,A 的处理量为 80 kmol/h,入口物料的浓度为 $c_{A,0}=2.5\ kmol/m^3$,$c_{B,0}=5.0\ kmol/m^3$,要求 A 的转化率达到 80%,问:(1) 若采用活塞流反应器,反应器容积应为多少 m^3? (2) 若采用全混流反应器,反应器的容积应为多少 m^3?

解　已知 $q_{n,A,0}=80\ kmol/m^3$,$c_{A,0}=2.5\ kmol/m^3$,$c_{B,0}=5.0\ kmol/m^3$,所以

$$q_{V,0}=q_{n,A,0}/c_{A,0}=32\ m^3/h$$

又因反应混合物中 B 稍过量,$c_{B,0}=2c_{A,0}$,则当 A 的转化率为 x_A 时,

$$c_A = c_{A,0}(1-x_A)$$

$$c_B = c_{B,0} - c_{A,0}x_A = c_{A,0}(2-x_A)$$

$$(-r_A) = kc_Ac_B = kc_{A,0}^2(1-x_A)(2-x_A)$$

(1) 活塞流反应器:

$$\tau = c_{A,0}\int_0^{x_{A,f}}\frac{dx_A}{(-r_A)} = c_{A,0}\int_0^{x_{A,f}}\frac{dx_A}{kc_{A,0}^2(1-x_A)(2-x_A)}$$

$$= \frac{1}{kc_{A,0}}\int_0^{x_{A,f}}\left(\frac{1}{1-x_A}-\frac{1}{2-x_A}\right)dx_A$$

$$= \frac{1}{kc_{A,0}}\left[\ln\frac{2-x_A}{1-x_A}\right]_0^{x_{A,f}}$$

$$= \frac{1}{0.24\times 2.5}[\ln 6-\ln 2]\ min$$

$$= 1.83\ min$$

所以　$$V_R = q_{V,0}\tau = (32\times 1.83/60)\ m^3 = 0.976\ m^3$$

(2) 全混流反应器:

$$(-r_A)_f = kc_{A,0}^2(1-x_{A,f})(2-x_{A,f})$$

$$= [0.24\times 2.5^2\times(1-0.8)(2-0.8)]\ kmol/(m^3\cdot min)$$

$$= 0.36\ kmol/(m^3\cdot min)$$

$$\bar{\tau} = \frac{c_{A,0}x_{A,f}}{(-r_A)_f} = \frac{2.5\times 0.8}{0.36}\ min = 5.56\ min$$

$$V_R = q_{V,0}\bar{\tau} = (32 \times 5.56/60)\ m^3 = 2.96\ m^3$$

在相同的生产条件、物料处理量和最终转化率下，全混流反应器所需的容积要比活塞流反应器的容积大得多。

5.2.4 多釜串联反应器(MMFR)

如果生产过程中所需的全混流反应器体积比较大，这时往往会采用几个较小的全混流反应器串联。一方面，直径很大的釜式反应器制造及安装都比较困难；另一方面，体积很大的反应器中搅拌的效果相对较差，混合的均匀程度不好。

多釜串联反应器即几个全混流反应器串联(图 5-6)，其特点为：

(1) 每一级反应器都是全混流反应器。

(2) 反应器之间，流体不相互混合。前一级反应器出口的物料浓度为后一级反应器入口的浓度，反应在后一级反应器中继续进行，反应转化率高于前一级。串联级数越多，各级之间反应物浓度差别越小，整个多釜串联反应器越接近活塞流反应器。

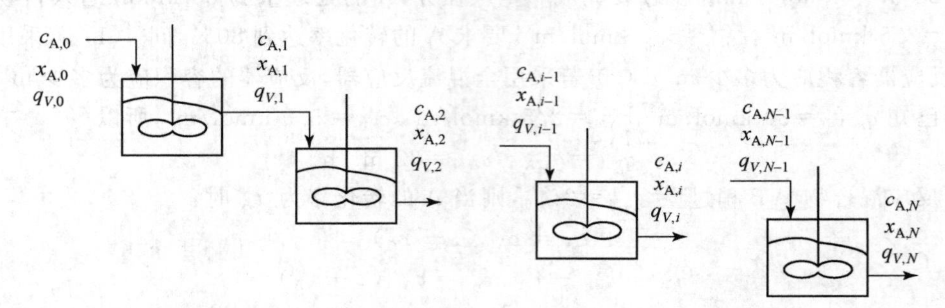

图 5-6 多釜串联反应器

对第 i 个反应器进行物料衡算得

$$c_{A,i-1}q_{V,i-1} = c_{A,i}q_{V,i} + (-r_A)_i V_{R,i} \tag{5-27}$$

定容过程，$q_{V,0} = q_{V,1} = \cdots = q_{V,i} = \cdots = q_{V,N}$，则有

$$\bar{\tau}_i = \frac{V_{R,i}}{q_{V,0}} = \frac{c_{A,i-1} - c_{A,i}}{(-r_A)_i} = \frac{c_{A,0}(x_{A,i} - x_{A,i-1})}{(-r_A)_i} \tag{5-28}$$

式(5-28)即为多釜串联反应器的基本计算方程。在多釜串联反应器的计算中，涉及每级反应器的有效容积 $V_{R,i}$、串联反应器的级数 N、最终转化率 $x_{A,N}$、反应物最终浓度 $c_{A,N}$ 四个参数。若反应速率与浓度的函数关系以及 V_R 和 $q_{V,0}$ 为已知，根据反应物的初始浓度逐级计算，即可求出各釜的浓度或转化率。可用代数法和图解法。

1. 代数法

对一级反应 A ⟶ R，由式(5-28)可得

$$\bar{\tau}_i = \frac{c_{A,i-1} - c_{A,i}}{k_i c_{A,i}}$$

由此可推出

$$\frac{c_{A,i-1}}{c_{A,i}} = 1 + k_i\bar{\tau}_i \tag{5-29}$$

则
$$\frac{c_{A,0}}{c_{A,1}}=1+k_1\bar{\tau}_1$$
$$\frac{c_{A,1}}{c_{A,2}}=1+k_2\bar{\tau}_2$$
$$\frac{c_{A,2}}{c_{A,3}}=1+k_3\bar{\tau}_3$$
……
$$\frac{c_{A,N-1}}{c_{A,N}}=1+k_N\bar{\tau}_N$$

所有上式连乘
$$\frac{c_{A,0}}{c_{A,N}}=\prod_{i=1}^{N}(1+k_i\bar{\tau}_i)$$

则
$$x_{A,N}=1-\prod_{i=1}^{N}\left(\frac{1}{1+k_i\bar{\tau}_i}\right)\tag{5-30}$$

生产中,往往各级反应器的体积相等,且反应条件也相同,因此各釜的速率常数及空间时间不变。即
$$\bar{\tau}_1=\bar{\tau}_2=\cdots=\bar{\tau}_N=\bar{\tau}$$
$$k_1=k_2=\cdots=k_N=k$$

则有
$$x_{A,N}=1-\left(\frac{1}{1+k\bar{\tau}}\right)^N\tag{5-31}$$

由此可得
$$\bar{\tau}=\frac{1}{k}\left[\left(\frac{1}{1-x_{A,N}}\right)^{\frac{1}{N}}-1\right]\tag{5-32}$$
$$N=-\frac{\ln(1-x_{A,N})}{\ln(1+k\bar{\tau})}\tag{5-33}$$

对于非一级反应,如果釜数不多,也可采用代数法;当釜数较多时,用代数法时需要迭代或试差,这时往往采用图解法。

2. 图解法

对定容反应过程,将第 i 级釜的基本计算式(5-28)改写为
$$(-r_A)_i=\frac{c_{A,i-1}}{\bar{\tau}_i}-\frac{c_{A,i}}{\bar{\tau}_i}\tag{5-34}$$

上式称为物料衡算式或操作线方程。此公式表明,当第 i 级釜进口浓度 $c_{A,i-1}$ 已知,其出口浓度 $c_{A,i}$ 与 $(-r_A)_i$ 为直线关系,斜率为 $-1/\bar{\tau}_i$,截距为 $c_{A,i-1}/\bar{\tau}_i$,如图 5-7 所示。

第 i 级釜的反应亦应满足动力学关系:
$$(-r_A)_i=kf(c_A)\tag{5-35}$$

反应的动力学关系可利用已知的关系式或实验数据,绘制在 $(-r_A)$-c_A 图上。两条线的交点所对应的横坐标 c_A,即为釜出口的浓度。

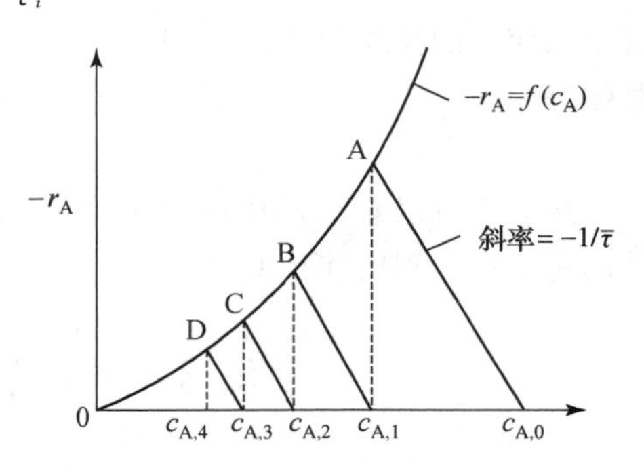

图 5-7　多釜串联反应器的图解计算

在已知各级反应器的体积、处理量和原料浓度的前提下,$\bar{\tau}_i$ 已知。从 $c_{A,0}$ 开始作操作线,它与动力学关系

线相交的横坐标为第一级出口的浓度 $c_{A,1}$；再从 $c_{A,1}$ 作操作线，它与动力学关系线相交的横坐标为第二级出口的浓度 $c_{A,2}$；以此类推，直至所得 $c_{A,i}$ 小于或等于最终出口浓度为止，所作操作线的数目即为釜数 N。如果各釜体积相等，则停留时间也相等，操作线的斜率亦相等。

若已知釜数 N，按上法作图，第 N 根操作线与动力学关系线的交点的横坐标即为最终出口的浓度。若已知釜数和最终出口的浓度，需要确定总体积或体积流量时，则要采用试差法。

应当指出的是，只有当反应速率能用单组分的浓度来表示时，才能绘制在 $(-r_A)$-c_A 图上。对平行、串联等复杂反应则不适用。

【例 5-4】 如果例 5-3 中条件改为 $c_{A,0}=c_{B,0}=2.5\ \text{kmol/m}^3$，其他条件不变，则采用全混流反应器时体积为多少？如果采用体积相同的三个全混流反应器串联，则所需反应器的容积又为多少？

解 (1) 采用单个全混流反应器：根据式(5-25)有

$$\bar{\tau}=\frac{x_{A,f}}{kc_{A,0}(1-x_{A,f})^2}=\frac{0.8}{0.24\times 2.5(1-0.8)^2}\ \text{min}=33.3\ \text{min}$$

故
$$V_R=q_{V,0}\bar{\tau}=(32\times 33.3/60)\ \text{m}^3=17.78\ \text{m}^3$$

(2) 当串联三个反应釜时：因为 $(-r_A)_i=kc_{A,i}c_{B,i}=kc_{A,i}^2=kc_{A,0}^2(1-x_{A,i})^2$，根据多釜串联反应器公式(5-28)有

$$\bar{\tau}=\bar{\tau}_i=\frac{c_{A,0}(x_{A,i}-x_{A,i-1})}{kc_{A,0}^2(1-x_{A,i})^2}$$

第三级
$$\bar{\tau}=\frac{(0.8-x_{A,2})}{kc_{A,0}(1-0.8)^2}=\frac{0.8-x_{A,2}}{0.024}$$

整理，得
$$x_{A,2}=0.8-0.024\bar{\tau}$$

第二级
$$\bar{\tau}=\frac{(x_{A,2}-x_{A,1})}{kc_{A,0}(1-x_{A,2})^2}=\frac{0.8-0.024\bar{\tau}-x_{A,1}}{0.6(1-0.8+0.024\bar{\tau})^2}$$

第一级
$$\bar{\tau}=\frac{x_{A,1}}{0.6(1-x_{A,1})^2}$$

利用试差法解联立方程组，得

$$x_{A,1}=0.520,\quad \bar{\tau}=3.76\ \text{min}$$

每个反应釜的体积为 $V_{R,1}=V_{R,2}=V_{R,3}=(32\times 3.76/60)\ \text{m}^3=2.00\ \text{m}^3$

总体积为
$$V_R=6.00\ \text{m}^3$$

从上例可以看出，相同的生产条件和生产任务，采用多个反应釜串联时，反应器的总体积比采用单个反应器的体积明显减少。

5.3 理想反应器的评比与选择

从工艺上看，评价反应器的指标有两个，一是生产强度，二是收率。反应器的生产强度是单位体积反应器所具有的生产能力。在规定的物料处理量和最终转化率的条件下，反应器所需的反应体积也就反映了其生产强度。在相同条件下，反应器所需反应体积越小，则表明其生产能力越大。

对简单反应，不存在产品分布问题，只需从生产能力上优化。对复杂反应，则存在产品分布，且产品分布随反应过程条件的不同而变化，因而涉及这类反应时，首先应考虑目的产物的产率和选择性。

本节介绍理想反应器的评比、反应器型式的选择和操作方法的优化。

5.3.1　理想反应器的评比

1. 返混

在全混流反应器中，由于受搅拌作用，进入反应器的物料粒子可能有一部分立即从出口流出，以致停留时间很短；也可能有些粒子到了出口附近，刚要离开反应器却又被搅了回来，以致这些粒子在反应器内的停留时间很长。所以，物料粒子在全混流反应器中的停留时间是不同的，最短几乎为零，最长可为无限。换言之，在全混流反应器中不同停留时间的物料可以在同一时刻同聚反应器中。通常把这种先后进入反应器、具有不同停留时间的物料粒子之间的混合称为返混。

返混有别于一般的搅拌混合，它是一种时间概念上的混合，因而称为逆向混合。而搅拌混合仅是指物料粒子在空间位置上的混合，所以又叫空间混合。返混同时也包含空间位置上的混合，空间混合是逆向混合造成的原因，逆向混合的程度亦反映了空间混合的状况。

对于活塞流反应器，所有粒子在反应器内的停留都相同，并不发生返混，即返混为零。对于全混流反应器，物料粒子的停留时间各不相同，有些在反应器内停留时间很短，有些则停留很长时间，并且这些物料粒子达到了完全混合，因此是最大限度的返混。对于多釜串联反应器，每一个釜是全返混，而釜与釜之间又完全无返混，釜数确定的多釜串联反应器，整个反应器的返混程度一定；釜数越多，从整体上看，多釜串联反应器的返混程度越小，越接近活塞流反应器。

2. 连续理想反应器的推动力比较

流体流况对化学反应的影响主要是由于返混造成反应器内反应推动力的不同，从而导致反应的速率不同。

设有一反应体系，$c_{A,0}$、$c_{A,f}$分别为反应物 A 在反应器进、出口的浓度，c_A^* 为反应物 A 的平衡浓度。则反应器中任一位置处的浓度推动力为 $c_A - c_A^* = \mathrm{d}c_A$，整个反应器中反应推动力即为任一位置处推动力的积分，即

$$F = \int_{c_{A,0}}^{c_{A,f}} \mathrm{d}c_A$$

图 5-8 是各种连续反应器浓度的变化曲线。根据积分的物理意义，各自的浓度推动力即为阴影部分的面积。从图可以看出，在相同的生产任务下，活塞流反应器的浓度推动力大于全混流反应器的推动力，而多釜串联反应器的推动力介于二者之间。釜数越多，多釜串联反应器的推动力越接近于活塞流反应器。

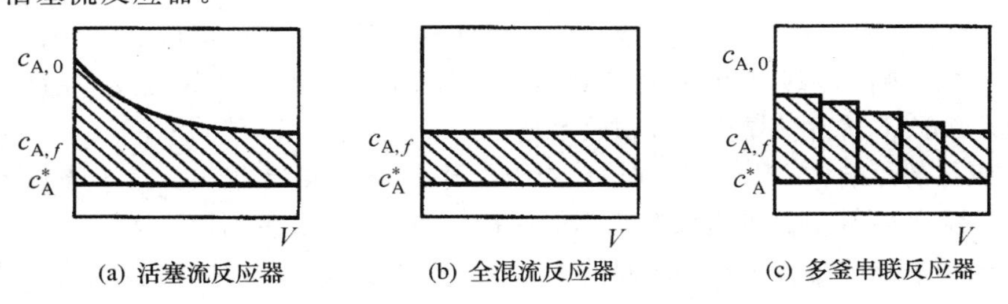

(a) 活塞流反应器　(b) 全混流反应器　(c) 多釜串联反应器

图 5-8　理想流动反应器的推动力

3. 反应器体积的比较

(1) 间歇搅拌釜式反应器与活塞流反应器的比较

这两种反应器在构造上和物料流况上都不相同，它们却具有相同的反应时间或(有效)体积计算式。这是因为两种反应器中浓度的变化相同，间歇搅拌釜式反应器内浓度随时间改变，活塞流反应器内的浓度则随空间位置(管长)而改变，两者反应推动力呈现出相同的分布，反应器内反应速率相同。因此，相同生产条件下，完成一定的任务所需反应时间或(有效)体积相同。

然而，间歇反应器除反应时间外，还有辅助时间，所需的实际体积要大于活塞流反应器。换言之，连续活塞流反应器比间歇搅拌釜式反应器的生产能力要大，完成一定任务所需实际反应体积要小，即连续操作带来了生产的强化。

(2) 连续反应器的比较

由于存在返混，全混流反应器新加入的高浓度的反应物料与已充分反应了的低浓度物料之间瞬间达到了完全混合，并等于出口浓度，即反应器内反应推动力或反应速率一直处于最小；而活塞流反应器中反应物的浓度则由入口到出口逐渐减少，亦即反应速率逐渐减小，在出口达到最小，于是活塞流反应器内的反应速率总是高于全混流反应器。因而，在相同生产条件和任务下，全混流反应器所需容积要大于活塞流反应器的容积。

为更好地比较、定义同一反应，在生产要求相同(物料流量相同、反应物达到的转化率相同、反应温度条件相同)的情况下，活塞流反应器的有效容积$(V_R)_P$与全混流反应器的有效容积$(V_R)_C$之比为容积效率，记作η。有

$$\eta=\frac{(V_R)_P}{(V_R)_C}=\frac{q_{V,0}\tau_P}{q_{V,0}\bar{\tau}_C}=\frac{\tau_P}{\bar{\tau}_C}=\frac{c_{A,0}\int_0^{x_{A,f}}\frac{dx_A}{(-r_A)}}{\frac{c_{A,0}x_{A,f}}{(-r_A)_f}}=\frac{(-r_A)_f}{x_{A,f}}\int_0^{x_{A,f}}\frac{dx_A}{(-r_A)} \tag{5-36}$$

零级反应，$(-r_A)=k$，即反应速率与浓度无关，代入式(5-36)，得

$$\eta=1 \tag{5-37}$$

一级反应，$(-r_A)=kc_A=kc_{A,0}(1-x_A)$，代入式(5-36)并化简，得

$$\eta=\frac{1-x_{A,f}}{x_{A,f}}\ln\frac{1}{1-x_{A,f}} \tag{5-38}$$

二级反应，$(-r_A)=kc_A^2=kc_{A,0}^2(1-x_A)^2$，代入式(5-36)并化简，得

$$\eta=1-x_{A,f} \tag{5-39}$$

n级反应$(n>1)$，$(-r_A)=kc_A^n$，代入式(5-36)并化简，得

$$\eta=\frac{1-x_{A,f}}{x_{A,f}}\cdot\frac{1-(1-x_{A,f})^{n-1}}{n-1} \tag{5-40}$$

图 5-9 显示了容积效率与转化率、反应级数之间的关系。从图中可得出如下结论：

- 转化率的影响：零级反应，转化率对容积效率无影响。其他正级数反应的容积效率都小于 1，一定反应级数下，转化率越大，容积效率越小。
- 反应级数的影响：转化率一定时，反应级数越大，容积效率越小。对于级数大的反应，如用全混流反应器，则需要更大的有效容积。但这种差别在小转化率时不显著。

图 5-10 表示了釜数与容积效率之间的关系。由图中看出，釜数越多，容积效率越大，其总容积越接近活塞流反应器；当$N\to\infty$时，容积比等于 1，其性能与活塞流反应器完全一样。尽管反

应器釜数越多,越接近活塞流反应器,反应器所需总体积越小,但并不是釜数越多越好。从图可见,釜数增大到一定程度以后,再增加釜数,其反应器总体积的减小已不明显。另外,釜数增多,材料费用和加工成本增加,操作管理复杂,经济上并非合理。一般常用的釜数不超过 4 个。

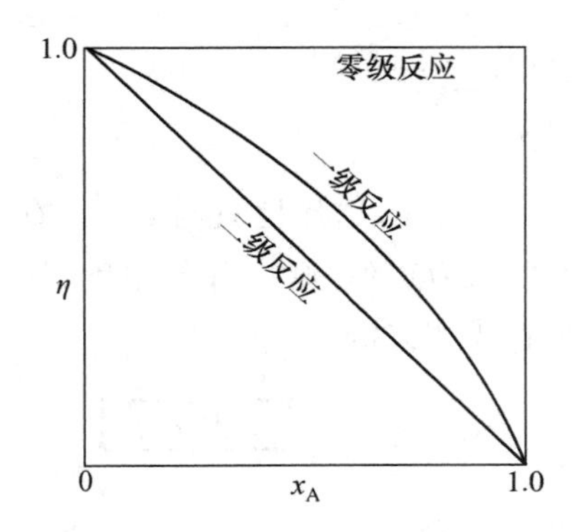

图 5-9　容积效率与反应级数的关系

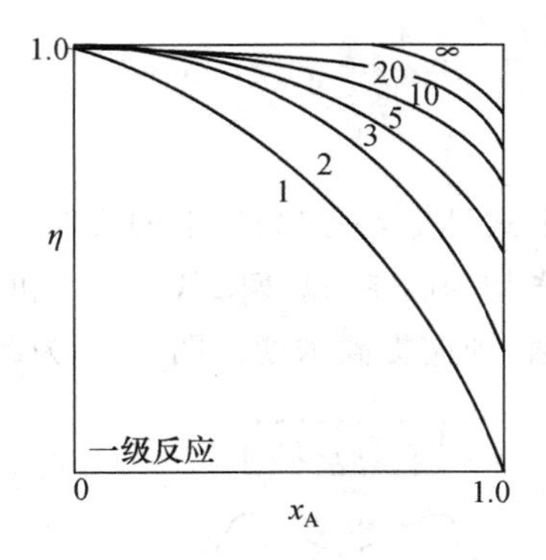

图 5-10　釜数对容积效率的影响

总的来讲,在相同的反应条件、反应转化率及物料处理量的情况下,所需反应时间以活塞流最小,全混流最大,多釜串联居中。如果要求反应时间及反应转化率相同,以活塞流反应器生产能力最大,多釜串联次之,全混流最小。

5.3.2　理想反应器的选择

对于复杂反应,生成的产物中既有希望的目的产物,又有不希望的副产物。在选择反应器时,反应器容积大小和得到目的产物的多少均要考虑,而后者往往更为重要。因为目的产物少、副产物多,意味着原料消耗高,而且这样也增加了后续分离难度等。

为了描述复杂反应中目的产物与副产物的分布,常用收率 φ 和选择性 β 来表示。

$$\varphi = \frac{\text{转化为目的产物的反应物的物质的量}}{\text{进入反应器的反应物的物质的量}} \tag{5-41}$$

$$\beta = \frac{\text{转化为目的产物的反应物的物质的量}}{\text{转化为目的产物和副产物的反应物的物质的量}} \tag{5-42}$$

收率、选择性和转化率之间的关系为

$$\varphi = \beta x \tag{5-43}$$

对于平行或连串等复杂反应,在选择反应器时,首先要考虑选择性和收率。可以证明,选择性高的产物收率也高,所以以下仅就选择性进行讨论。

1. 平行反应

设一平行反应为

$$A+B \begin{cases} \rightarrow S \text{（目的产物）（主反应，速率常数 } k_1\text{，反应级数 } a_1,\ b_1) \\ \rightarrow T \text{（副产物）（副反应，速率常数 } k_2\text{，反应级数 } a_2,\ b_2) \end{cases}$$

主、副反应的反应速率为

$$r_S = \frac{dc_S}{dt} = k_1 c_A^{a_1} c_B^{b_1}$$

$$r_T = \frac{dc_T}{dt} = k_2 c_A^{a_2} c_B^{b_2}$$

可以用主反应的反应速率和主、副反应速率之和的比值来表示上述反应中目的产物 S 的选择性，即

$$\beta = \frac{r_S}{r_T + r_S} = \frac{1}{1 + \frac{k_2}{k_1} c_A^{a_2 - a_1} c_B^{b_2 - b_1}} \tag{5-44}$$

由上式可知，一定条件下的反应，当 k_1、k_2、a_1、a_2、b_1、b_2 为已知，选择性只与 c_A、c_B 有关。要提高主产物的收率，就要降低 $c_A^{a_2-a_1}$ 和 $c_B^{b_2-b_1}$ 的值，指数代数和为正值，则应降低浓度；指数代数和为负值，则应提高浓度。图 5-11 为各种型式反应器及加料操作方法。

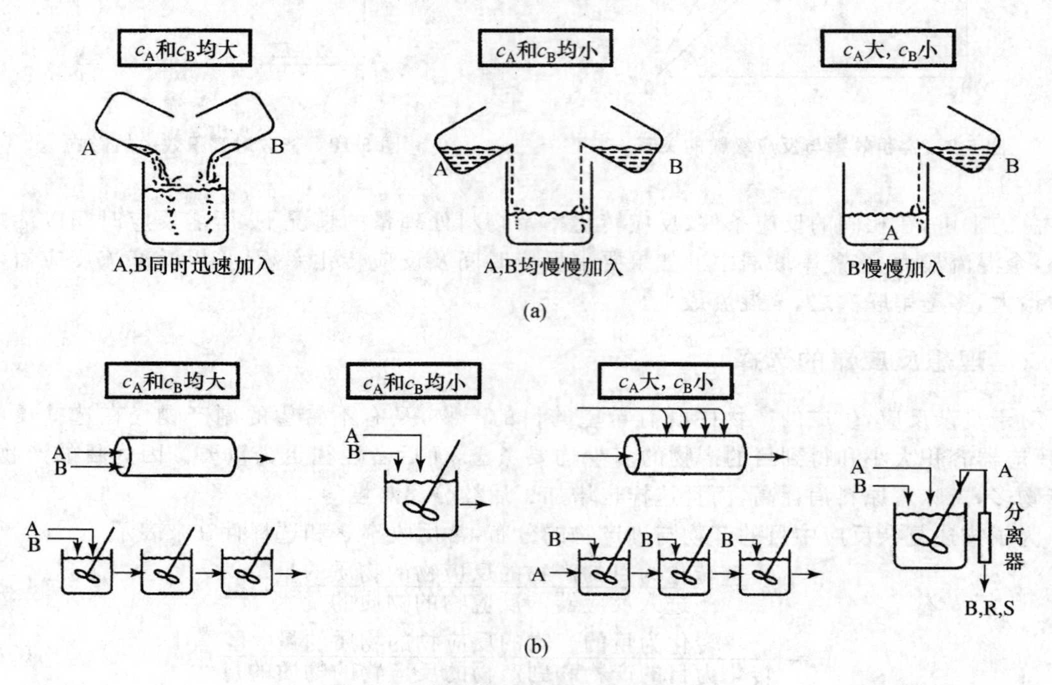

图 5-11　操作方法与反应浓度的关系

(a) A,B 组分在间歇操作时加入的方法；(b) A,B 组分在连续操作时加入的方法

(1) 当 $a_1 > a_2$ 且 $b_1 > b_2$ 时，同时提高 c_A 和 c_B 可提高选择性，选用活塞流反应器或间歇搅拌釜式反应器为宜。若由于其他原因必须采用全混流反应器时，也应选用多釜串联反应器。在操作方法上，应将 A 与 B 同时加入。

(2) 当 $a_1 < a_2$ 且 $b_1 < b_2$ 时，则同时降低 c_A 和 c_B 可提高选择性。选用全混流反应器时，A 和 B 一次性加入；或选用间歇搅拌釜式反应器，A 和 B 慢慢加入。

(3) 当 $a_1 > a_2$ 且 $b_1 < b_2$ 时，应提高 c_A、降低 c_B。可考虑以下选择：

- 选择活塞流反应器：反应物 A 一次性加入，B 沿反应器不同位置分小股分别加入；
- 选择间歇搅拌釜式反应器：反应物 A 一次性加入，B 慢慢加入；
- 选择多釜串联反应器：A 由第一釜进口连续加入，B 逐釜连续加入；

● 选择活塞流反应器：反应物 A、B 全部由进口加入，A 组分过量，在反应后 A 组分再进行分离回收。

(4) 当 $a_1<a_2$ 且 $b_1>b_2$ 时，应提高 c_B、降低 c_A，反应器的选择及操作与(3)相反。

(5) 当 $a_1=a_2$ 且 $b_1=b_2$ 时，选择性与反应物浓度无关，此时应通过其他途径来解决。

2. 连串反应

设所进行的连串反应为 $A \longrightarrow R \longrightarrow S$(目的产物 R，主、副反应速度常数分别为 k_1 和 k_2)。若反应均为一级，其速率表达式分别为

$$-\frac{dc_A}{dt}=k_1c_A \tag{5-45}$$

$$\frac{dc_R}{dt}=k_1c_A-k_2c_R \tag{5-46}$$

$$\frac{dc_S}{dt}=k_2c_R \tag{5-47}$$

反应开始时 $c_A=c_{A,0}$，$c_R=0$，$c_S=0$。将式(5-45)积分，得

$$c_A=c_{A,0}e^{-k_1t} \tag{5-48}$$

将式(5-48)代入式(5-46)，解得

$$c_R=\frac{k_1}{k_2-k_1}c_{A,0}(e^{-k_1t}-e^{-k_2t}) \tag{5-49}$$

因为 $c_{A,0}=c_A+c_R+c_S$，所以

$$c_S=c_{A,0}\left[1+\frac{1}{k_1-k_2}(k_2e^{-k_1t}-k_1e^{-k_2t})\right] \tag{5-50}$$

具有不同 k_1 和 k_2 值的连串反应的组分浓度随反应时间的变化关系曲线如图 5-12 所示。

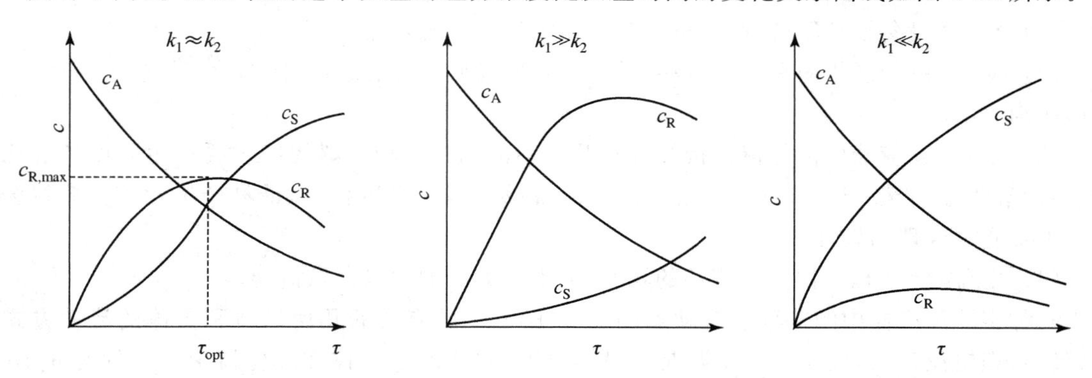

图 5-12　连串反应 $A \longrightarrow R \longrightarrow S$ 中各组分浓度随反应时间变化的关系曲线

由图中可以看出，反应物 A 的浓度单调下降，副产品 S 的浓度单调上升，而主产品 R 的浓度先升后降，存在最大值：

$$c_{R,max}=c_{A,0}\left(\frac{k_1}{k_2}\right)^{\frac{k_2}{k_2-k_1}} \tag{5-51}$$

此时反应时间为

$$t_{R,max}=\frac{\ln(k_2/k_1)}{k_2-k_1} \tag{5-52}$$

虽然这是由一级反应导出的，但若有一个或几个反应不是一级，曲线的变化趋势仍然相似。为使目的产物获得最大的收率，要严格控制反应时间，因此应选用活塞流反应器和间歇反应器，并在反应达到规定的时间时，采取迅速终止反应的措施，如降温、调节 pH 等。

连串反应的瞬间选择性 β' 可表示为

$$\beta' = \frac{r_R}{r_A} = 1 - \frac{k_2 c_R}{k_1 c_A} \tag{5-53}$$

由上式可见，同时提高 c_R 与 β' 是矛盾的，前者为大的生产能力所必需，后者是提高原料利用率所要求。当今原料的费用在生产成本中占有很大的比例，因而提高反应的选择性是矛盾的主要方面。提高连串反应的选择性，可以通过适当选择反应物的初始浓度和转化率来实现。转化率增大，c_A 降低，β' 下降，所以对连串反应不能盲目追求过高的转化率。工业生产中进行连串反应时，常使反应在较低的转化率下操作，而把未反应原料经分离回收后再循环使用。

5.4 非理想流动及实际反应器的计算

活塞流反应器和全混流反应器是两种理想流动模型，是反应器内物料混合的两个极端情况。实际反应器中流体的流动状况往往偏离理想流动，存在一定程度的返混而介于两者之间。在研究上，往往从理想流动出发，找出非理想流动与理想流动的偏离，并寻求度量偏离程度的方法，由此建立非理想流动模型，进行实际反应器的计算。

5.4.1 非理想流动对理想流动的偏离

引起实际反应器流况偏离理想流动的原因多种多样，概括起来主要有以下几种：

(1) 短路：设备设计不合理，如进出口离得太近会出现短路。

(2) 沟流：由于催化剂颗粒或填料装填不匀，形成低阻力的通道，使部分流体快速从此通过，而形成沟流。

(3) 死角：反应器中流体流动极慢导致几乎不流动的区域。滞留区主要产生于设备的死角中，如设备两端、挡板与设备壁的交接处以及设备设有其他障碍物时，最易产生死角。滞留区的减少主要通过合理的设计来保证。

(4) 旁流：流体粒子偏离了流动的轴心，而沿阻力小的边缘区域流动。

几种实际反应器中的非理想流动如图 5-13 所示。反应器的几何构造和流体的流动方式是造成偏离理想流动、形成一定程度返混的根本原因，它导致了流体在反应器中停留的时间不一。不同的反应器的流况各异、返混程度不同，某一反应器的返混，可用停留时间分布来描述。

5.4.2 停留时间分布的表示方法

停留时间指流体质点在反应器内停留的时间，停留时间分布是指反应器出口流体中不同停留时间的流体质点的分布情况。流体在实际反应器内的停留时间完全是随机的，停留时间分布呈概率分布。定量描述流体质点的停留时间分布有两种方法。

1. 停留时间分布密度函数 $E(\tau)$

本书所讨论的停留时间分布只限于仅有一个进口和一个出口的闭式系统，如图 5-14 所示。

流体连续地通过导管由系统的一端输入，而在另一端流出。

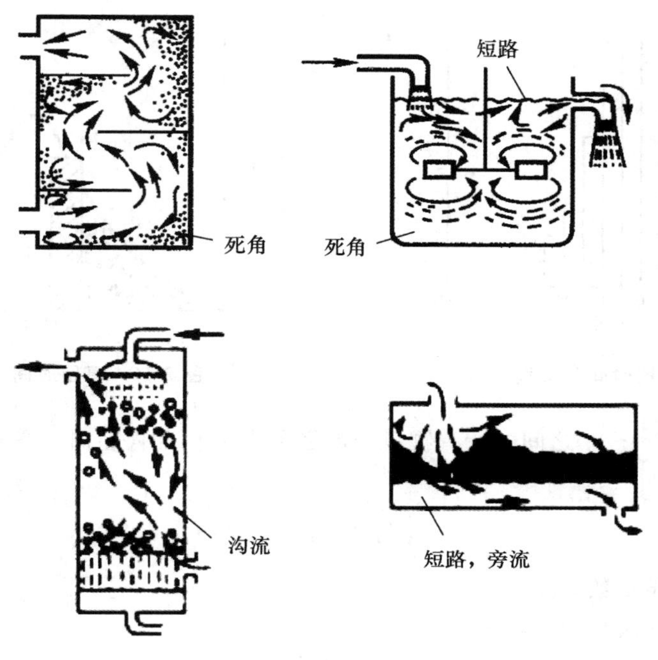

图 5-13　实际反应器中的流动状况

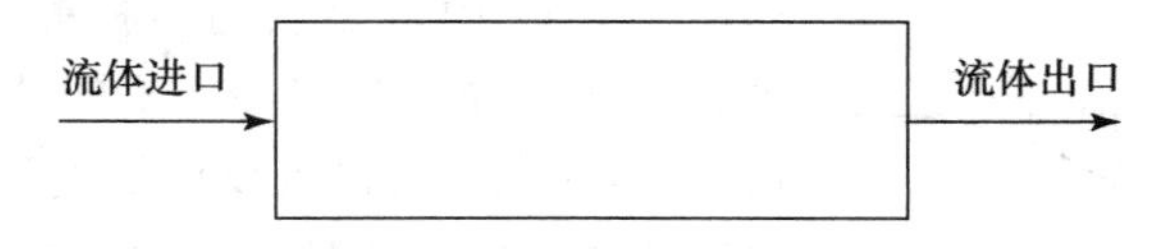

图 5-14　闭式系统示意图

假定流体作稳态流动。设流入系统的流体是无色的，当流动已达稳定流动时，于某一时刻(记为 $\tau=0$)极快地向入口流中加入 100 个红色粒子，同时在系统出口处记下不同时间间隔内流出的红色粒子数。根据观察结果，以出口流中的红色粒子数对时间作图，得到如图 5-15 所示的停留时间分布直方图。例如，如图可见，从加入红色粒子时算起，第 5 分钟至第 6 分钟间，出口流中红色粒子的数目为 18，因此可以说 100 个红色粒子中有 18%在系统中的停留时间介于 5～6 min 之间。如果假定红色粒子和主流体之间除了颜色的差别以外，其余性质都完全相同，那么，就可以认为主流体在系统中的停留时间也是 18%介于 5～6 min 之间。假如改用红色流体作示踪剂，连续检测出口流中红色流体的浓度，这样就可以将观测的时间间隔缩到非常之小，得到的将是一条连续的停留时间分布曲线，如图 5-16 所示。其中阴影所示的面积 $E(\tau)\mathrm{d}\tau$ 表示在 τ 和 $\tau+\mathrm{d}\tau$之间离开系统的粒子占 $\tau=0$ 时进入系统的流体粒子的分数。根据概率论可知，$E(\tau)\mathrm{d}\tau$ 表示流体粒子在系统内的停留时间介于 τ 和 $\tau+\mathrm{d}\tau$ 之间的概率。由此可见，$E(\tau)$是停留时间的函数，与系统的性质有关。$E(\tau)$叫作停留时间分布密度函数。在实际应用中，与其把 $E(\tau)$作为概率密度，还不如把 $E(\tau)\mathrm{d}\tau$ 当作概率，意义更加直接些。

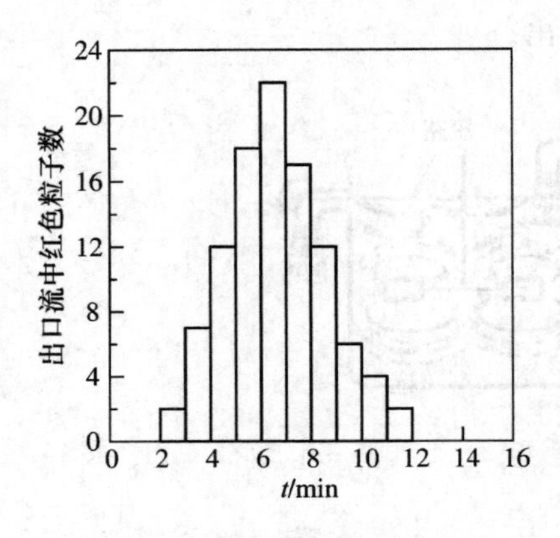

图 5-15 停留时间分布直方图

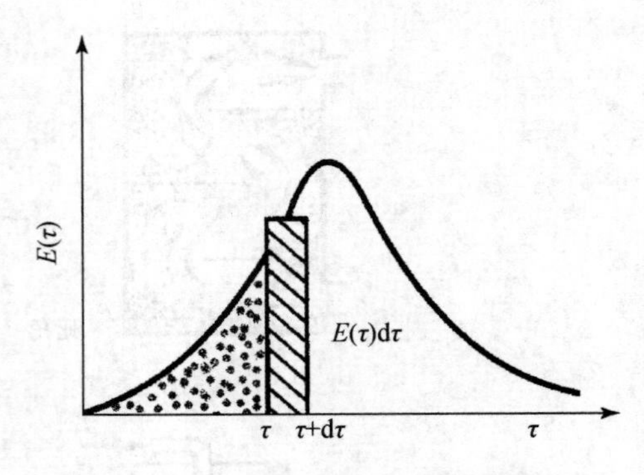

图 5-16 停留时间分布密度函数

由于停留时间在 0～∞之间的所有物料分数之和为 1,因而停留时间分布密度函数具有归一化的性质,即

$$\int_0^\infty E(\tau)\mathrm{d}\tau = 1 \tag{5-54}$$

2. 停留时间分布函数 $F(\tau)$

如果将 $E(\tau)$对 τ 从 0 积分至 τ,可得

$$F(\tau) = \int_0^\tau E(\tau)\mathrm{d}\tau \tag{5-55}$$

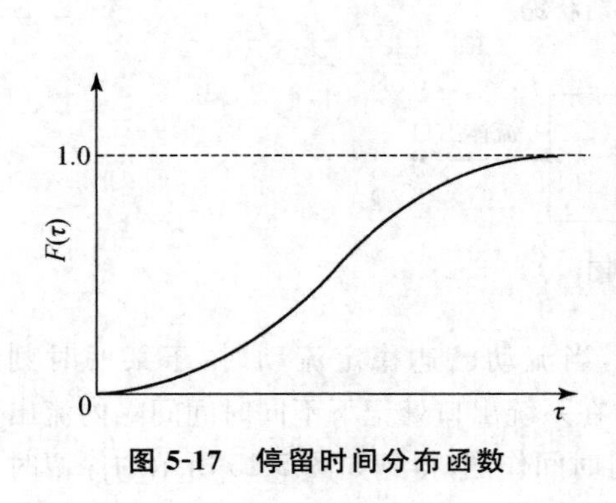

图 5-17 停留时间分布函数

图 5-16 中带黑点的面积等于积分值。由于该积分值包括所有停留时间小于 τ 的流体粒子的贡献,不难理解 $F(\tau)$的意义是进入反应器的所有物料的质点中,停留时间小于 τ 的物料粒子所占的分数。$F(\tau)$称为停留时间分布函数。从概率论的角度,$F(\tau)$表示流体粒子的停留时间小于 τ 的概率。图 5-17 为一典型的 $F(\tau)$图。显然,$\tau=0$ 时,$F(\tau)=0$;$\tau=\infty$,$F(\tau)=1$。

$F(\tau)$与 $E(\tau)$的关系为

$$\frac{\mathrm{d}F(\tau)}{\mathrm{d}\tau} = E(\tau) \tag{5-56}$$

5.4.3 停留时间分布的测定方法

停留时间分布由实验测定,通常采用刺激响应技术,又称示踪法。即在反应器的进口加入某种示踪物,同时在出口测定示踪物浓度等的变化,由此确定流经反应器中物料的停留时间分布。

示踪法的关键是利用示踪物的光、电、化学或放射等特性,并使用相应的仪器进行检测。除要求示踪物有上述特性外,还应当不挥发、不吸收、易溶于主流体,并在很小的浓度下也能检测出。示踪物的输入方式主要有脉冲法和阶跃法。

1. 脉冲示踪法

脉冲示踪法的实质是在极短的时间内,在系统入口处,向体积流量为 q_V 的流体中加入一定

物质的量 n 的示踪剂 A。输入示踪剂后，立刻检测系统出口处流体中示踪剂浓度 $c(\tau)$随时间的变化。

出口流中示踪剂浓度与时间的关系曲线叫作响应曲线(图 5-18)。由响应曲线即可计算停留时间分布曲线。由物料衡算，得

$$n = \int_0^\infty q_V c(\tau) \mathrm{d}\tau \tag{5-57}$$

由 $E(\tau)$ 的定义，得

$$E(\tau) = \frac{q_V c(\tau)}{n} = \frac{c(\tau)}{\int_0^\infty c(\tau) \mathrm{d}\tau} \tag{5-58}$$

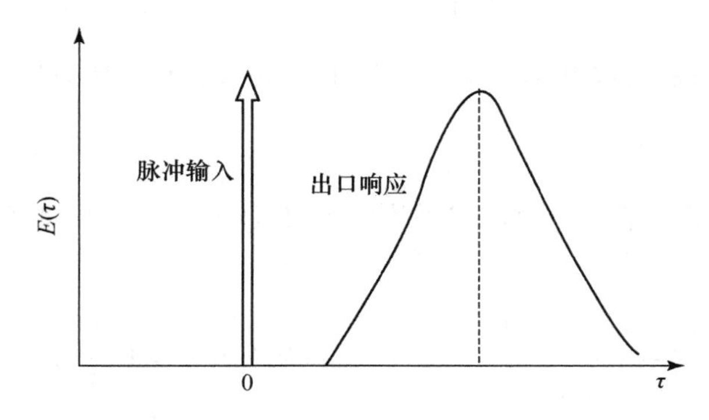

图 5-18　脉冲示踪法所得输入-响应曲线

2. 阶跃示踪法

阶跃示踪法的实质是将在系统中作稳态流动的流体，瞬间切换为流量相同的含有示踪剂的流体[浓度为 $c(\infty)$]。在出口处测定示踪物浓度 $c(\tau)$，直至 $c(\tau)=c(\infty)$为止。在时刻$(\tau-\mathrm{d}\tau)$到 τ 的时间间隔内，从系统流出的示踪剂量为 $q_V c(\tau)\mathrm{d}\tau$，这部分示踪剂在系统内的停留时间必定小于或等于 τ，而在相应的时间间隔内输入的示踪剂的量为 $q_V c(\infty)\mathrm{d}\tau$，所以，由 $F(\tau)$的定义可得

$$F(\tau) = \frac{q_V c(\tau) \mathrm{d}\tau}{q_V c(\infty) \mathrm{d}\tau} = \frac{c(\tau)}{c(\infty)} \tag{5-59}$$

由此可见，由阶跃响应曲线(图 5-19)直接求得的是停留时间分布函数，而由脉冲响应曲线求得的则是停留时间分布密度函数。

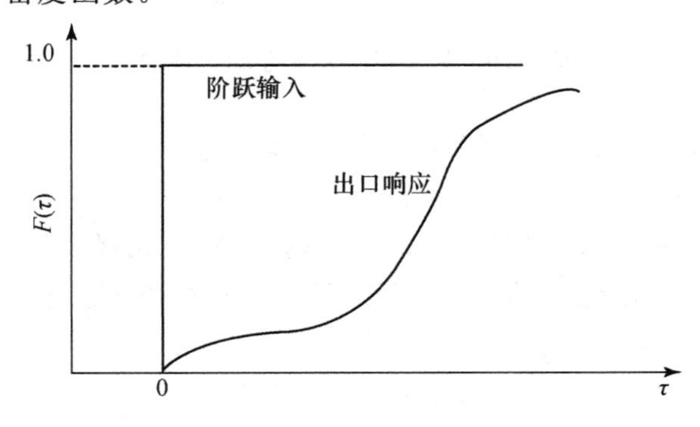

图 5-19　阶跃示踪法所得输入-响应曲线

5.4.4　停留时间分布的统计特征值

为了比较不同的停留时间分布，通常是比较其统计特征值。常用的统计特征值有两个，一个是数学期望，另一个是方差。

1. 数学期望——平均停留时间

数学期望也就是均值，对停留时间分布而言即平均停留时间。平均停留时间是指全部物料质点在反应器中停留时间的平均值。可通过分布密度函数来计算：

$$\bar{\tau} = \frac{\int_0^{\infty} \tau E(\tau)\mathrm{d}\tau}{\int_0^{\infty} E(\tau)\mathrm{d}\tau} = \int_0^{\infty} \tau E(\tau)\mathrm{d}\tau \tag{5-60}$$

从几何上看，$\bar{\tau}$ 是 $E(\tau)$ 曲线与横坐标之间所围图形的重心的横坐标，它是停留时间的分布中心。

2. 方差

方差用来描述物料质点各停留时间与平均停留时间的偏离程度，即停留时间分布的离散程度。其定义为

$$\sigma_\tau^2 = \frac{\int_0^{\infty} (\tau - \bar{\tau})^2 E(\tau)\mathrm{d}\tau}{\int_0^{\infty} E(\tau)\mathrm{d}\tau} = \int_0^{\infty} (\tau - \bar{\tau})^2 E(\tau)\mathrm{d}\tau = \int_0^{\infty} \tau^2 E(\tau)\mathrm{d}\tau - \bar{\tau}^2 \tag{5-61}$$

图 5-20 所示为具有不同 σ_τ^2 的 $E(\tau)$ 曲线。σ_τ^2 越大，物料的停留时间分布越分散，偏离平均停留时间的程度越大；反之，偏离平均停留时间的程度越小。$\sigma_\tau^2=0$ 表明，物料的停留时间分布都相同。

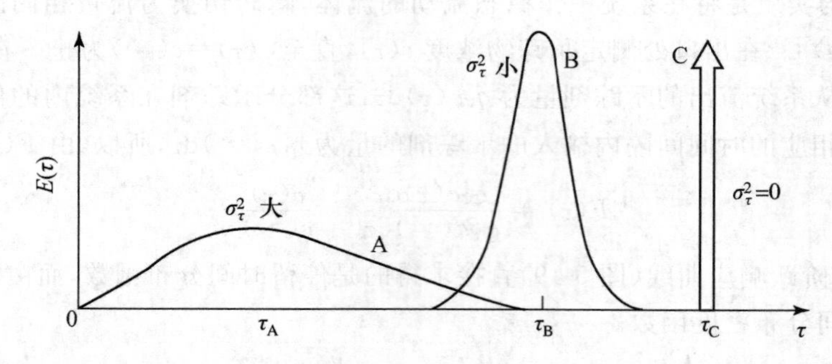

图 5-20　具有不同 $\sigma^2\tau$ 的 $E(\tau)$ 曲线

有时为了应用方便，常常使用无量纲停留时间 θ，其定义为

$$\theta = \tau/\bar{\tau} \tag{5-62}$$

如果一个流体粒子的停留时间介于区间$(\tau,\tau+\mathrm{d}\tau)$内，则它的无量纲停留时间也一定介于区间$(\theta,\theta+\mathrm{d}\theta)$内。这是因为我们所指的是同一事件，所以 τ 和 θ 介于这些区间的概率一定相等，于是有

$$E(\tau)\mathrm{d}\tau = E(\theta)\mathrm{d}\theta$$

将式(5-62)带入上式，简化得

$$E(\theta) = \bar{\tau}E(\tau) \tag{5-63}$$

由于 $F(\tau)$本身是一累积概率，而 θ 是 τ 的确定性函数，根据随机变量的确定性函数的概率应与随机变量的概率相等的原则，有

$$F(\theta) = F(\tau) \tag{5-64}$$

无量纲平均停留时间及无量纲方差如下：

$$\bar{\theta} = \int_0^\infty \theta E(\theta)\mathrm{d}\theta \tag{5-65}$$

$$\sigma_\theta^2 = \frac{\sigma_\tau^2}{\bar{\tau}^2} = \int_0^\infty \theta^2 E(\theta)\mathrm{d}\theta - 1 \tag{5-66}$$

用 σ_θ^2 的大小来度量停留时间分布的离散程度更为方便。当 $\sigma_\theta^2=0$ 时，为活塞流；当 $\sigma_\theta^2=1$ 时，为全混流；当 $0<\sigma_\theta^2<1$ 时，则为非理想流动。

5.4.5　理想流动反应器的停留时间分布

1. 活塞流反应器

活塞流反应器中，物料在反应器中无任何返混，所有物料粒子都具有相同的停留时间，都等于平均停留时间 $\tau=\bar{\tau}=V_R/q_V$。其停留时间分布函数为

$$E(\tau) = \begin{cases} \infty, & \tau = \bar{\tau} \\ 0, & \tau \neq \bar{\tau} \end{cases} \tag{5-67}$$

$$F(\tau) = \begin{cases} 0, & \tau < \bar{\tau} \\ 1, & \tau \geqslant \bar{\tau} \end{cases} \tag{5-68}$$

方差为

$$\sigma_\theta^2 = 0, \quad \sigma_\tau^2 = 0 \tag{5-69}$$

活塞流反应器的 $F(\tau)$与 $E(\tau)$函数的曲线如图 5-21 所示。

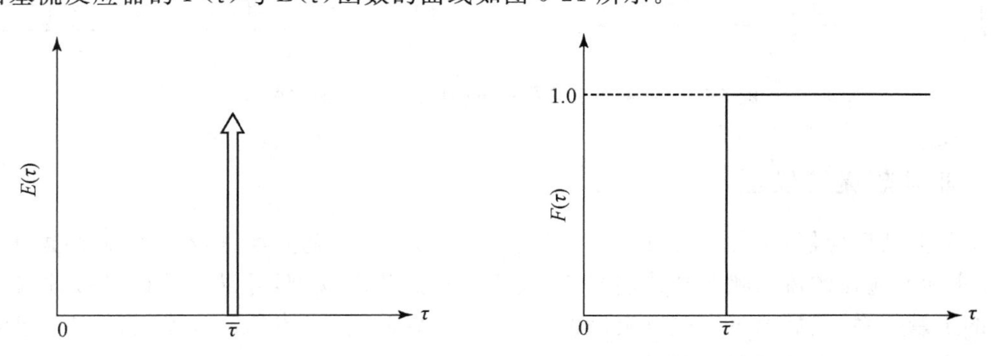

图 5-21　活塞流反应器的 $E(\tau)$与 $F(\tau)$函数的曲线

2. 全混流反应器

全混流反应器中物料的浓度处处相等，物料返混程度最大。因此，$\tau=0$ 时刻进入反应器的物料，到达出口的时间介于 0～∞ 之间。为便于测定，采用阶跃输入法，可得出停留时间分布函数 $F(\tau)$。

设反应器体积为 V_R，物料流的体积流量为 q_V，阶跃输入示踪剂浓度为 $c_{A,0}$，经过 τ 时间后，

测定出口示踪剂浓度为 c_A，在时间间隔 $d\tau$ 内，反应器内示踪剂物料变化为 $V_R dc_A$，则

$$q_V c_{A,0} d\tau - q_V c_A d\tau = V_R dc_A$$

或

$$\frac{dc_A}{d\tau} = \frac{q_V}{V_R}(c_{A,0} - c_A) = \frac{1}{\bar{\tau}}(c_{A,0} - c_A) \tag{5-70}$$

因为

$$F(\tau) = \frac{c_A}{c_{A,0}}$$

即

$$\frac{dF(\tau)}{d\tau} = \frac{1}{c_{A,0}}\frac{dc_A}{d\tau}$$

将上式代入式(5-70)，分离变量并积分得

$$F(\tau) = 1 - \exp\left(-\frac{\tau}{\bar{\tau}}\right) \tag{5-71}$$

则

$$E(\tau) = \frac{dF(\tau)}{d\tau} = \frac{1}{\bar{\tau}}\exp\left(-\frac{\tau}{\bar{\tau}}\right) \tag{5-72}$$

方差为

$$\sigma_\theta^2 = 1, \quad \sigma_\tau^2 = \bar{\tau}^2 \tag{5-73}$$

全混流反应器的 $F(\tau)$ 与 $E(\tau)$ 函数的曲线绘于图 5-22。可见，$\tau=0$，$F(\tau)=0$，$E(\tau)$ 为最大值 $1/\bar{\tau}$；$\tau=\bar{\tau}$，$F(\tau)=0.632$，表明此时有 63.2%的物料质点在反应器内停留时间小于平均停留时间；$F(\tau)=1$，$E(\tau)=0$，说明有的物料质点在器内停留很长时间。

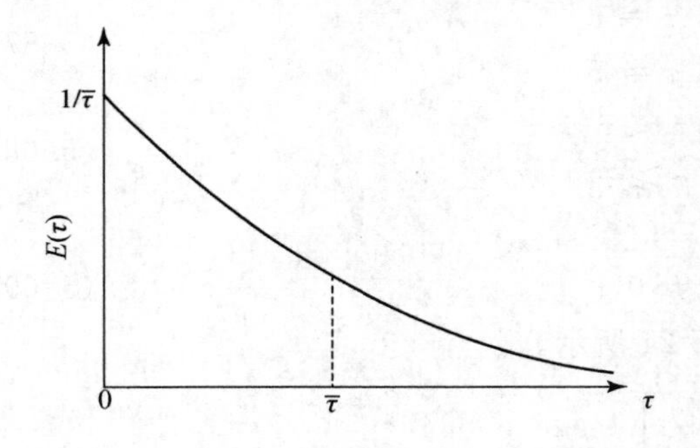

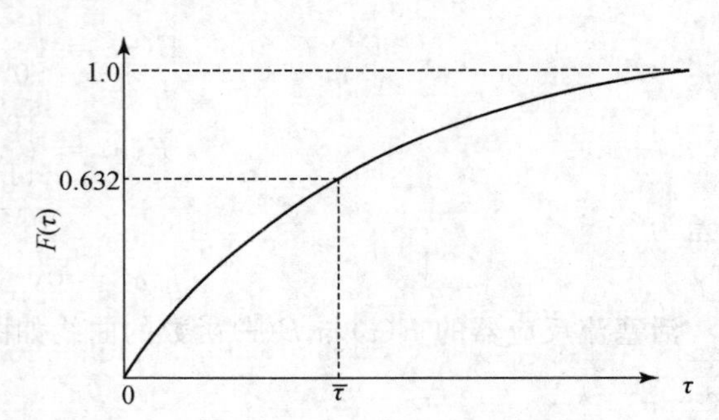

图 5-22 全混流反应器的 $E(\tau)$ 与 $F(\tau)$ 函数的曲线

5.4.6 非理想流动模型

对实际流动反应器，仍像理想反应器一样建立流动模型。建立实际反应器流动模型的思路是，研究实际反应器的流动状况和传递规律，设想非理想流动模型，并导出该模型参数与停留时间分布的定量关系，然后通过实验测定停留时间分布来确定模型参数。通常用的非理想流动模型有多釜串联模型、轴向扩散模型等。

1. 多釜串联模型

多釜串联模型假设一个实际反应器的返混情况等效于若干级等体积的全混釜的返混。实际反应器内的流动状况，都可用多釜串联模型参数 N 来模拟。

根据多釜串联反应器公式(5-27)，得

$$\frac{dc_i}{d\tau} = \frac{q_V}{V_{R,i}}(c_{i-1} - c_i)$$

若各釜体积相同，则

$$\frac{V_{R,1}}{q_V}=\frac{V_{R,2}}{q_V}=\cdots=\frac{V_{R,N}}{q_V}=\bar{\tau}$$

$$\frac{dc_i}{d\tau}=\frac{1}{\bar{\tau}}(c_{i-1}-c_i) \tag{5-74}$$

对于一个釜（$N=1$）：

$$\frac{dc_1}{d\tau}+\frac{c_1}{\bar{\tau}}=\frac{c_0}{\bar{\tau}}$$

积分，得

$$c_1=c_0(1-e^{-\tau/\bar{\tau}_1}) \tag{5-75}$$

其中，$\bar{\tau}_1$ 是第一釜的平均停留时间，即

$$\bar{\tau}_1=\frac{V_{R,1}}{q_V}=\bar{\tau}$$

对于两个釜（$N=2$）：

$$\frac{dc_2}{d\tau}+\frac{c_2}{\bar{\tau}}=\frac{c_0}{\bar{\tau}}(1-e^{-\tau/\bar{\tau}})$$

积分，得

$$c_2=c_0\left[1-e^{-2\tau/\bar{\tau}_2}\left(1+\frac{2\tau}{\bar{\tau}_2}\right)\right] \tag{5-76}$$

其中，$\bar{\tau}_2$ 是两个釜的平均停留时间，即

$$\bar{\tau}_2=\frac{V_{R,1}+V_{R,2}}{q_V}=\frac{2V_R}{q_V}=2\bar{\tau}$$

因此，N 个釜的出口浓度表达式为

$$c_N=c_0\left[1-e^{-N\tau/\bar{\tau}_N}\sum_{i=1}^{N}\frac{(N\tau/\bar{\tau}_N)^{i-1}}{(i-1)!}\right] \tag{5-77}$$

其中

$$\bar{\tau}_N=\frac{NV_R}{q_V}=N\bar{\tau}$$

根据以上推导，得出如下多釜串联模型的停留时间分布函数：

$$F_N(\tau)=\frac{c_N}{c_0}=1-e^{-N\tau/\bar{\tau}_N}\sum_{i=1}^{N}\frac{(N\tau/\bar{\tau}_N)^{i-1}}{(i-1)!} \tag{5-78}$$

$$E_N(\tau)=\frac{N^N}{\bar{\tau}_N}\left(\frac{\tau}{\bar{\tau}_N}\right)^{N-1}\frac{e^{-N\tau/\bar{\tau}_N}}{(N-1)!} \tag{5-79}$$

写成无量纲形式：

$$F(\theta)=1-e^{-N\theta}\sum_{i=1}^{N}\frac{(N\theta)^{i-1}}{(i-1)!} \tag{5-80}$$

$$E(\theta)=\frac{N^N}{(N-1)!}\theta^{N-1}e^{-N\theta} \tag{5-81}$$

$$\bar{\theta}=\int_0^{\infty}\frac{N^N\theta^N e^{-N\theta}}{(N-1)!}d\theta=1 \tag{5-82}$$

$$\sigma_\theta^2=\int_0^{\infty}\frac{N^N\theta^{N+1}e^{-N\theta}}{(N-1)!}d\theta-1=\frac{N+1}{N}-1=\frac{1}{N} \tag{5-83}$$

多釜串联模型停留时间分布函数 $F(\theta)$ 和 $E(\theta)$ 的特征曲线绘于图 5-23。多釜串联模型的流动状况介于全混流和活塞流之间，通过模型参数 N 可模拟实际流动状况。当 $N=1.0$ 时，为全混流；当 $N\to\infty$ 时，就是活塞流。N 的值可通过方差求取。

可知：N 越大，σ_θ^2 越小；当 $N\to\infty$ 时，$\sigma_\theta^2=0$，为活塞流；当 $N=1$，$\sigma_\theta^2=1$，为全混流。

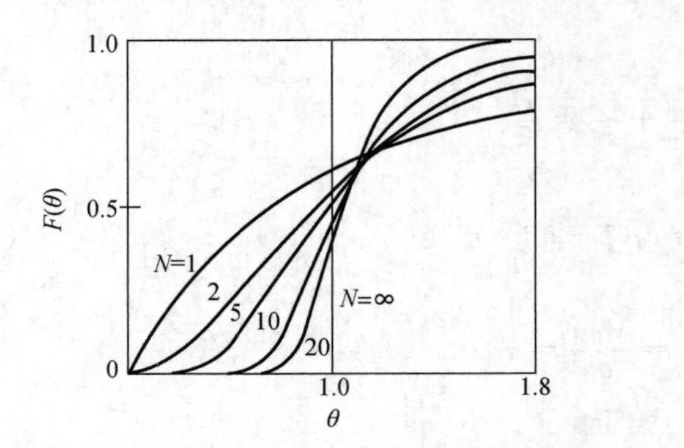

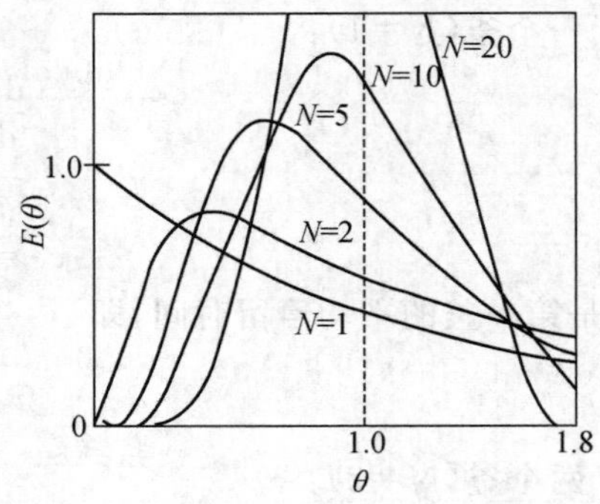

图 5-23 多釜串联模型停留时间分布函数 $F(\theta)$ 和 $E(\theta)$ 的特征曲线

2. 轴向扩散模型

流体在活塞流反应器中完全无返混，物料粒子停留时间都相同；而实际流体在管内流动时，由于分子扩散、涡流扩散以及流速分布的不均匀等原因，而使流动状况偏离理想流动，这可用轴向扩散模型来模拟，对于管式反应器尤为合适。该模型假定：① 流体以恒定的流速通过系统；② 在垂直于流体运动方向的横截面上径向浓度分布均一，即径向混合达到最大；③ 由于分子扩散、涡流扩散以及流速分布等传递机理而产生的扩散，仅发生在流动方向即轴向，并以轴向扩散系数 D 表示这些因素的综合作用，且用菲克定律加以描述。

$$J=-DA\frac{\partial c}{\partial z} \tag{5-84}$$

同时假定在同一反应器内轴向扩散系数不随时间及位置而变，其数值大小与反应器的结构、操作条件及流体性质有关。根据上述假设，可建立轴向扩散模型的数学模型方程。由于这样的系统为一分布参数系统，所以取微元体积作为控制体积。对此微元体积作示踪剂的物料衡算及模型方程。

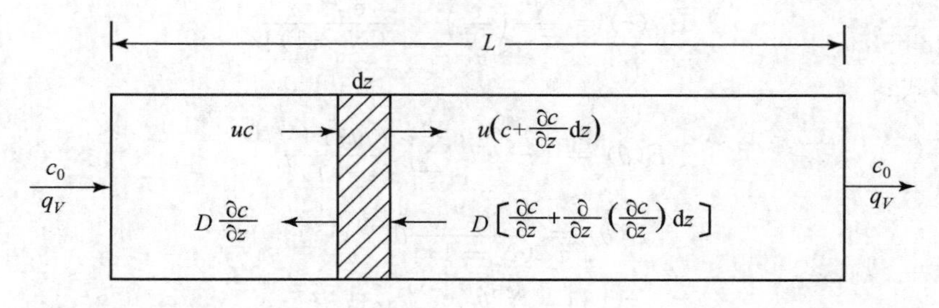

输入微元体积的物料为

$$uAc-DA\frac{\partial c}{\partial z}$$

第一项表示对流，第二项表示扩散。

输出微元体积的物料为

$$uA\left(c+\frac{\partial c}{\partial z}\mathrm{d}z\right)-DA\left[\frac{\partial c}{\partial z}+\frac{\partial}{\partial z}\left(\frac{\partial c}{\partial z}\right)\mathrm{d}z\right]$$

积累项为

$$\frac{\partial c}{\partial \tau}A\,\mathrm{d}z$$

假定系统不发生化学反应，则输入量＝输出量＋积累量，将上列各项联合整理后得

$$D\frac{\partial^2 c}{\partial z^2}-u\frac{\partial c}{\partial z}=\frac{\partial c}{\partial \tau} \tag{5-85}$$

式(5-85)为扩散模型数学表达式。由此式可以看出，轴向扩散模型实质上是活塞流模型再叠加一扩散项。通过此项反映系统内返混的大小调整。若 $D\to 0$，则为活塞流基本计算方程。通过 D 的大小调整，轴向扩散模型可以模拟从活塞流至全混流间的任何非理想流动。但实际经验表明，只有返混程度不太大时，才是合适的。

通常将式(5-85)化为无量纲形式，这样使用起来比较方便。为此，引入下列各无量纲量：

$$\theta=\frac{u\tau}{L_r},\quad \psi=\frac{c}{c_0},\quad \xi=\frac{Z}{L_r},\quad Pe=\frac{uL_r}{D} \tag{5-86}$$

代入式(5-85)，则得轴向扩散模型无量纲方程为

$$\frac{\partial\psi}{\partial\theta}=\frac{1}{Pe}\frac{\partial^2\psi}{\partial\xi^2}-\frac{\partial\psi}{\partial\xi} \tag{5-87}$$

Pe 称为传质贝克来(Peclet)数，其物理意义可由其定义式看出：

$$Pe=\frac{uL_r}{D}=\frac{\text{对流传递速率}}{\text{扩散传递速率}} \tag{5-88}$$

Pe 表示对流流动和扩散传递的相对大小，反映了返混的程度。当 Pe 越小时，这种模型越接近全混流模型，$Pe=0$ 时成为全混流模型；当 Pe 越大时，越接近活塞流模型，$Pe\to\infty$ 即活塞流模型。

停留时间分布函数为

$$F(\theta)=1-\mathrm{e}^{\frac{Pe}{2}}\sum_{n=1}^{\infty}\frac{8\omega_n\sin\omega_n\exp[-(Pe^2+4\omega_n)\theta/(4Pe)]}{Pe^2+4Pe+4\omega_n^2} \tag{5-89}$$

式中 ω_n 为下列方程的正根：

$$\tan\omega_n=\frac{4\omega_n Pe}{4\omega_n^2-Pe^2} \tag{5-90}$$

停留时间分布密度函数为

$$E(\theta)=\mathrm{e}^{\frac{Pe}{2}}\sum_{n=1}^{\infty}\frac{(-1)^{n+1}8\omega_n^2\exp[-(Pe^2+4\omega_n^2)\theta/(4Pe)]}{Pe^2+4Pe+4\omega_n^2} \tag{5-91}$$

平均停留时间及方差分别为

$$\bar{\theta}=1 \tag{5-92}$$

$$\sigma_\theta^2=\frac{2}{Pe}-\frac{2}{Pe^2}(1-\mathrm{e}^{-Pe}) \tag{5-93}$$

5.4.7　实际反应器的计算

实际反应器的计算同样是根据生产任务和要求达到的转化率，确定反应器体积；或由生产任务和选定的反应器体积，确定所要达到的转化率。下面从非理想流动模型出发，简介实际反应器的计算。

1. 直接应用停留时间分布进行计算

实际反应器内,各物料粒子的停留时间不同,反应程度也不一样,转化率也就不相同。实际反应器出口物料的转化率应是所有物料粒子转化率的平均值。

设出口物料中停留时间介于 τ 和 $\tau+\mathrm{d}\tau$ 之间的物料分数为 $E(\tau)\mathrm{d}\tau$,而其转化率为 $x(\tau)$,则

$$\bar{x}=\int_0^\infty x(\tau)E(\tau)\mathrm{d}\tau \tag{5-94}$$

可见,只要测得反应器的停留时间分布和其内反应的动力学关系,就可求得平均转化率。如果停留时间用平均停留时间表示,就可得到 $\bar{x}$ 与反应器体积 V_R 之间的关系。

以全混流反应器中进行一级不可逆反应为例,其动力学方程为 $x=1-\mathrm{e}^{-k\tau}$,全混流反应器的停留时间分布密度函数为

$$E(\tau)=\frac{1}{\bar{\tau}}\mathrm{e}^{-\tau/\bar{\tau}} \tag{5-95}$$

将其代入式(5-94),得

$$\bar{x}=\int_0^\infty(1-\mathrm{e}^{-k\tau})\frac{\mathrm{e}^{-\tau/\bar{\tau}}}{\bar{\tau}}\mathrm{d}\tau \tag{5-96}$$

积分,得

$$\bar{x}=\frac{k\bar{\tau}}{k\bar{\tau}+1} \tag{5-97}$$

因为

$$\bar{\tau}=\frac{V_\mathrm{R}}{q_V}$$

所以

$$V_\mathrm{R}=\frac{q_V\bar{x}}{k(1-\bar{x})} \tag{5-98}$$

计算结果与 5.2.3 节全混流模型所得结果完全一样。

2. 依据多釜串联模型进行计算

若一连续反应器流况符合多釜串联模型,由前面所得多釜串联模型的停留时间分布密度函数,得

$$\bar{x}=\int_0^\infty xE_N(\tau)\mathrm{d}\tau=\int_0^\infty x\frac{N^N}{\bar{\tau}_N}\left(\frac{\tau}{\bar{\tau}_N}\right)^{N-1}\frac{\mathrm{e}^{-N\tau/\bar{\tau}_N}}{(N-1)!}\mathrm{d}\tau \tag{5-99}$$

模型参数 N 由实验测得停留时间分布后,按式(5-83)计算。

当反应为一级不可逆反应时,$x=1-\mathrm{e}^{-k\tau}$,代入式(5-99)得

$$\bar{x}=1-\left(\frac{1}{1+k\tau}\right)^N \tag{5-100}$$

计算结果与 5.2.4 节中多釜串联反应器的计算结果完全相同。

3. 依据扩散模型进行计算

假定反应器符合扩散模型,将物料衡算式(5-85)改写为

$$D\frac{\partial^2 c}{\partial z^2}-u\frac{\partial c}{\partial z}-(-r)=0 \tag{5-101}$$

对于一级不可逆反应,$(-r)=kc$,引入适当边界条件,将上式求解得

$$\frac{c}{c_0}=1-x=\frac{4\beta}{(1+\beta)^2\exp\left[-\frac{1}{2}\left(\frac{Lu}{D}\right)(1-\beta)\right]-(1-\beta)^2\exp\left[-\frac{1}{2}\left(\frac{Lu}{D}\right)(1+\beta)\right]} \tag{5-102}$$

式中

$$\beta=\left(1+4k\tau\frac{D}{Lu}\right)^{0.5}$$

若 $D\to 0$，则 $\beta\to 1$，$\frac{1}{2}\left(\frac{Lu}{D}\right)(1-\beta)\approx k\tau$，所以

$$x = 1 - e^{-k\tau}$$

即是活塞流反应器中进行一级不可逆反应的转化率计算公式。

5.5　气固相催化反应器

气固相催化反应器内进行的是非均相反应。均相反应与非均相反应的基本区别在于，前者的反应物料之间无相界面；后者在反应物料之间或反应物与催化剂之间有相界面，存在相际物质传递过程。因此，非均相反应器的实际反应速率还与相界面的大小及相间扩散速率有关。

气固相催化反应过程是化工生产中最常见的非均相反应过程，而气固相催化反应器也是近代化学工业中普遍采用的反应器之一。

5.5.1　气固相催化反应过程

1. 固相催化反应过程分析

图 5-24 为气固相催化反应的整个反应过程示意图。共七个步骤：① 反应组分 A 从气流主体扩散到催化剂颗粒外表面；② 组分 A 从颗粒外表面通过微孔扩散到颗粒内表面；③ 组分 A 在内表面上被吸附；④ 组分 A 在内表面上进行化学反应，生成产物 B；⑤ 组分 B 在内表面上脱附；⑥ 组分 B 从颗粒内表面通过微孔扩散到颗粒外表面；⑦ 反应生成物 B 从颗粒外表面扩散到气流主体。

①、⑦称为外扩散过程，主要与床层中流体流动情况有关；②、⑥称为内扩散过程，主要受孔隙大小所控制；③、⑤分别称为表面吸附和脱附过程，④为表面反应过程，③、④、⑤这三个步骤总称为表面动力学过程，其速率与反应组分、催化剂性能、温度和压强等有关。整个气固催化宏观反应过程是外扩散、内扩散、表面动力学三类过程的综合。上述七个步骤中某一步的速率与其他各步相比特别慢时，整个气固催化宏观反应过程的速率就取决于它，此步骤成为控制步骤。

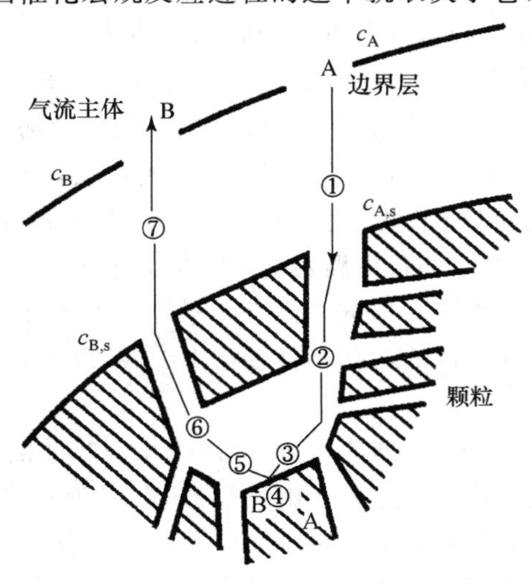

图 5-24　气固相催化反应过程示意图

2. 外扩散过程

外扩散过程由分子扩散和涡流扩散组成。工业规模的气固相催化反应器中，气体的流速较高，涡流扩散占主导地位。

在进行气固相催化反应时，如果反应速率极快，而气体流过催化剂的流速较慢，则整个反应过程可能为外扩散控制。当反应为外扩散控制时，整个反应的速率等于外扩散过程的速率。图5-24 的反应 $A \longrightarrow B$，流体主流中反应组分 A 的浓度 c_A 大于催化剂颗粒外表面上组分 A 的浓度 $c_{A,s}$。在稳态状况下，单位时间、单位体积催化剂层中组分 A 的反应量$(-r_A)$等于由主流体扩散到颗粒外表面的组分 A 的量，即

$$N_A = (-r_A) = k_g S_e \varphi(c_{A,g} - c_{A,s}) = k'_g S_e \varphi(p_{A,g} - p_{A,s}) \tag{5-103}$$

式中，$(-r_A)$—催化剂层中组分 A 的反应速率，$mol/(m^3 \cdot s)$(催化剂)；

k_g—外扩散传质系数，m/s，$k'_g = k_g/RT$；

S_e—催化剂层(外)比表面积，m^2/m^3；

φ—催化剂的形状系数，圆球为 1，圆柱为 0.91，不规则颗粒为 0.9；

$c_{A,g}$、$c_{A,s}$—气体主流及颗粒外表面组分 A 的浓度，mol/m^3；

$p_{A,g}$、$p_{A,s}$—气体主流及颗粒外表面组分 A 的分压，Pa。

k_g 与吸收过程的气膜传质分系数相似，取决于流体力学情况和气体的物理性质，增大气速可以显著增大外扩散传质系数。

工业生产中，一般的过程都可通过提高气体流速来消除外扩散阻力。但也有处于外扩散控制的反应过程，例如氨氧化生成 NO 的反应，以几层铂铑金属网为催化剂。由于这个网丝的直径为 0.05～0.09 mm，床层很薄，氨和空气混合物的流速不能快，所以反应过程成为外扩散控制。

3. 内扩散过程

当反应组分向催化剂微孔内扩散的同时，便在微孔内壁上进行表面催化反应。由于反应消耗了反应组分，因而愈深入微孔内部，反应物浓度愈小。在催化剂颗粒外表面上反应组分 A 的浓度为 $c_{A,s}$，在微孔底端的浓度为 $c_{A,c}$。对不可逆反应，$c_{A,c}$可能为零；对可逆反应，$c_{A,c} \geqslant c_A^*$，c_A^*为平衡浓度。

在微孔中，内扩散路径极不规则，既有以分子间的碰撞为阻力的容积扩散(即正常扩散)，又有以分子与孔壁之间碰撞为阻力的诺森扩散。当微孔直径远大于气体分子运动的平均自由路径时，气体分子相互碰撞的机会远比与孔壁碰撞的机会多得多，这种扩散称为容积扩散。容积扩散系数与微孔半径大小无关，而与绝对温度的 1.75 次方成正比，与压力成反比。对于压力超过 1×10^7 Pa的反应或常压下颗粒微孔半径大于 10^{-7} m 的扩散，均属容积扩散。

当微孔直径小于气体分子的平均自由路径时，气体分子与微孔壁碰撞的机会比与其他分子碰撞的机会多得多，这种扩散称为诺森扩散。诺森扩散系数与孔半径及绝对温度的平方根成正比，而与压力无关。多数工业催化剂的微孔半径多在 10^{-7} m 以下，如操作压力不高，气体的扩散均属诺森扩散。

由于催化剂内部微孔大小不一、迂回曲折，同时由于诺森扩散使反应组分的气体分子在扩散途中就有一部分被吸附而反应，造成气体分子的不断改变，各处反应速率因而不同；有的甚至还来不及扩散到微孔深处，就已经被吸附而反应完毕，使得一部分催化剂的内表面得不到充分利用。因此，提出内表面利用率的概念来表示催化剂颗粒内表面的有效利用程度。

颗粒内表面上的催化反应速率取决于反应组分 A 的浓度。在微孔口浓度较大,反应速率较快;在微孔底浓度最小,反应速率也最小。在等温情况下,整个催化剂颗粒内单位时间的实际反应量 N_1 为

$$N_1 = \int_0^{S_i} k_s f(c_{A,s}) \mathrm{d}S_i \tag{5-104}$$

式中,S_i—单位床层体积催化剂的内表面积;

k_s—表面反应速率常数;

$f(c_{A,s})$—颗粒内表面上以浓度表示的动力学浓度函数。

若按颗粒外表面上的反应组分浓度 $c_{A,s}$ 及催化剂颗粒内表面积进行计算,则得理论反应量为

$$N_2 = k_s S_i f(c_{A,s}) \tag{5-105}$$

令 $N_1/N_2=\eta$,η 称为催化剂颗粒的内表面利用率,则

$$\eta = \frac{\int_0^{S_i} k_s f(c_{A,s}) \mathrm{d}S_i}{k_s S_i f(c_{A,s})} \tag{5-106}$$

内表面利用率实际上是受内扩散影响的反应速率与不受内扩散影响的反应速率之比。若内表面利用率的值接近或等于 1,反应过程为动力学控制;若远小于 1,则为内扩散控制。工业催化剂颗粒的内表面利用率一般在 0.2～0.8 之间。

有了内表面利用率的概念,问题的关键成为如何求出不同情况下具体的 η 值,即找出 η 与其影响因素的函数关系。最直接的办法是在不同条件下实测 η 值,然后关联成经验式。人们也从机理分析出发,作出各种合理简化,在推论与实验基础上找出它们的规律,该方法的思路是:

粒内的传递过程速率
表面过程动力学方程 } —合理的简化假设→ **建立内扩散-反应的数学模型**

→ **结合边界条件求解**
粒内浓度的分布 } **确定 η 的函数关系**

以球形颗粒催化剂表面进行等温一级不可逆反应的内表面利用率为例,所求得的 η 的计算公式为

$$\eta = \frac{1}{\varphi}\left[\frac{1}{\mathrm{th}(3\varphi)} - \frac{1}{3\varphi}\right] \tag{5-107}$$

式中,φ 是无量纲的数,称内扩散模数,又称西勒模数。η 是 φ 的函数,两者成反比,φ 增大,η 降低。其定义为

$$\varphi = \frac{R}{3}\sqrt{\frac{k_v}{D_e}} \tag{5-108}$$

式中,R—催化剂颗粒半径,m;

K_v—催化剂反应速度常数,s^{-1};

D_e—内扩散系数,$m^2 \cdot s^{-1}$。

由式(5-108)可分析影响内表面利用率的因素,催化剂颗粒半径 R 越大,内孔越小,扩散系数

D_e 越小，φ 越大，而 η 越小，表明选用小颗粒、大孔径的催化剂有利于提高内扩散速率。催化剂体积反应速率常数 K_v 越大，η 越小，说明反应速率太大，内扩散对整个过程的阻滞作用越严重。同时亦表明，并非催化剂活性越大越好，而要使催化剂活性与催化剂的结构调整和颗粒大小相适应。

4. 气固催化反应宏观动力学模型

气固催化反应的七个步骤是连串进行的，当反应处于稳态，即七个步骤的中间环节上都没有物料的积累时，各过程的速度必定相等，宏观反应速度等于其中任一步的速度。

根据式(5-103)和(5-104)，则有

$$(-r_A) = kc_A^n = k_g S_e \varphi(c_{A,g} - c_{A,s}) = k_s S_i \eta f(c_{A,s}) \tag{5-109}$$

因为上式包含不易测定的界面参数 $c_{A,s}$，无法用气相主体中的各组分直接确定$(-r_A)$，不便于使用，需要进一步处理。

以一级不可逆反应 A ⟶ B 为例，

$$(-r_A) = k(c_{A,s} - c_A^*)$$

$$f(c_{A,s}) = c_{A,s} - c_A^*$$

式中，c_A^* 为在操作温度、压强下组分 A 的平衡浓度，故

$$k_g S_e \varphi(c_{A,g} - c_{A,s}) = k_s S_i \eta(c_{A,s} - c_A^*)$$

解出 $c_{A,s}$，代入速度方程式，得

$$r_A = \frac{1}{\dfrac{1}{k_g S_e \varphi} + \dfrac{1}{k_s S_i \eta}}(c_A - c_A^*) \tag{5-110}$$

式(5-110)便是在多孔催化剂进行一级不可逆反应的宏观反应速率方程式或宏观动力学模型，它描述了总反应速度与其影响因素的关系式。式中 $1/(k_g S_e \varphi)$ 表示外扩散阻力，$1/(k_s S_i \eta)$ 表示内扩散阻力，而$(c_A - c_A^*)$表示反应过程的推动力。已知 k_g、k_s 和 η 等参数，应用式(5-110)便能计算出反应速率。

根据式(5-110)中各项阻力的大小，可以判断过程的控制阶段：

(1) 当$\dfrac{1}{k_g S_e \varphi} \gg \dfrac{1}{k_s S_i \eta}$时，$1/(k_s S_i \eta)$可以忽略不计，总反应过程为外扩散控制。这种情况比较少见，发生在催化剂活性好、颗粒相当小的时候。

(2) 当$\dfrac{1}{k_g S_e \varphi} \ll \dfrac{1}{k_s S_i \eta}$时，$1/(k_g S_e \varphi)$可以忽略不计，如果 $\eta < 1$，说明反应过程为内扩散控制。这种情况通常发生在主气流速度足够大，且催化剂的活性和颗粒都比较大的时候。

(3) 当$\dfrac{1}{k_g S_e \varphi} \ll \dfrac{1}{k_s S_i \eta}$时，且当 $\eta = 1$，说明外扩散和内扩散均可忽略。式(5-110)变为

$$r_A = k_s S_i (c_A - c_A^*) \tag{5-111}$$

总反应过程属动力学控制。这种情况一般发生在主气流速度足够大，而催化剂的活性和颗粒都比较小的时候。

在工业催化反应器中，由于存在着温度分布、浓度分布和压力分布，在不同“空间”，甚至不同“时间”(指非定常操作，如开工、停工或不正常操作)，可能会有不同的控制阶段。气固相催化反应的控制步骤并非一成不变，它随具体条件而变化。在处理实际问题时，必须予以注意。

5.5.2 固定床催化反应器

流体通过静止不动的固体催化剂或反应物床层而进行反应的装置称为固定床反应器。

固定床反应器的主要优点：床层内流体的流动接近活塞流，可用较少量的催化剂和较小的反应器容积获得较大的生产能力，当伴有串联副反应时，可获得较高的选择性；结构简单、操作方便、催化剂机械磨损小。

缺点是传热能力差，催化剂不能更换。

固定床反应器有三种基本型式：绝热式、对外换热式和自热式反应器。

1. 绝热式反应器

此类反应器不与外界进行任何热量交换。对于放热反应，反应过程中所放出的热量完全用来加热系统内的物料。物料温度的提高，称为绝热温升。如果是吸热反应，系统温度会降低，相应地称之为绝热温降。

简单绝热式反应器的结构如图 5-25 所示。其外形一般呈圆筒状，下有栅板用来支承催化剂。反应气体从上部进入，气体均匀地通过催化剂床层，适用于反应的热效应较小、反应过程对温度的变化不敏感及副反应较少的简单反应。

简单绝热式反应器具有结构简单、气体分布均匀、反应空间利用率高和造价便宜等优点。其缺点是反应器轴向温度分布很不均匀，不适用于热效应大的反应。

为了克服简单绝热式反应器的缺点，将上述反应器改成多段式，即把催化剂层分成数层，如图 5-26 所示。在各段间进行热交换，以保证每段床层的绝热温升或绝热温降维持在允许范围之内。例如，SO_2 转化为 SO_3 所用的多段绝热式反应器段与段之间引入空气进行冷激。

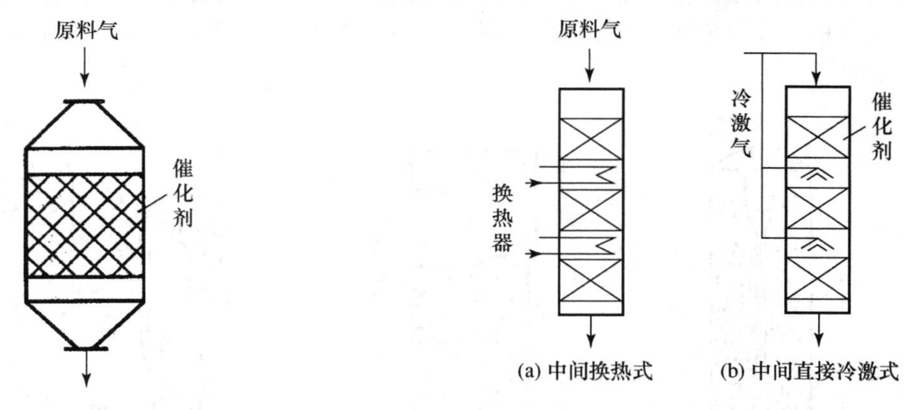

图 5-25　绝热式反应器

图 5-26　多段绝热式反应器

2. 对外换热式列管反应器

在反应热较大的反应中，广泛应用对外换热式列管反应器，其特点是在反应区进行热交换。类似于管壳式换热器，管内填充催化剂，壳间走载热流体，如图 5-27 所示。为了避免壁效应，催化剂的颗粒直径不得超过管内径的 1/8，一般采用直径为 2～6 mm 的颗粒。

对外换热式列管反应器的优点是传热效果好，容易保证温度均匀一致，特别适用于以中间产物为目的产物的强放热复杂反应。缺点是结构比较复杂，不宜在高压下操作。

3. 非绝热自热式列管反应器

此类反应器是指在反应区用原料气体加热或冷却催化剂层的一类反应器。合成氨和二氧化硫的氧化中广泛应用这类反应器。图 5-28 是自热式双套管催化床反应器的主要部分示意图。

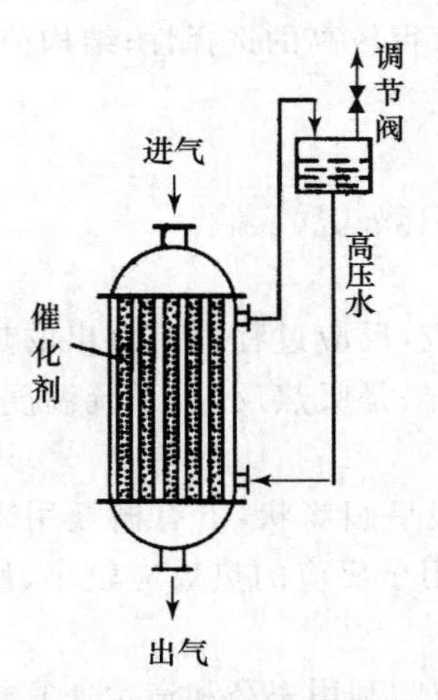

图 5-27 对外换热式固定床催化反应器

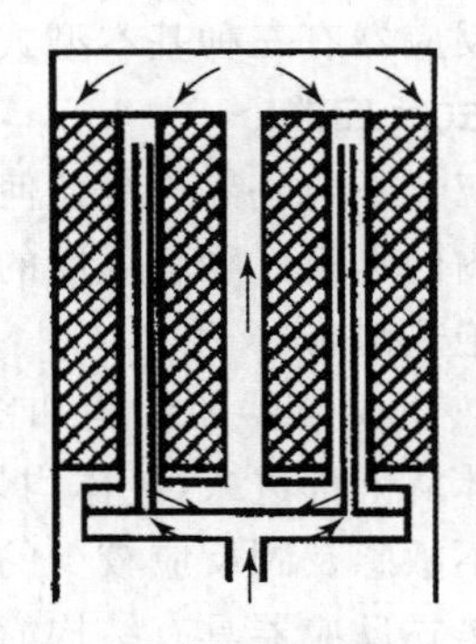

图 5-28 自热式固定床催化反应器

5.5.3 流化床催化反应器

流化床催化反应器是利用气体自下而上通过固体颗粒层而使固体颗粒处于悬浮运动状态，并进行气固相反应的装置。流化床催化反应器亦有多种类型，各适用于不同的反应。常用的型式见图 5-29。

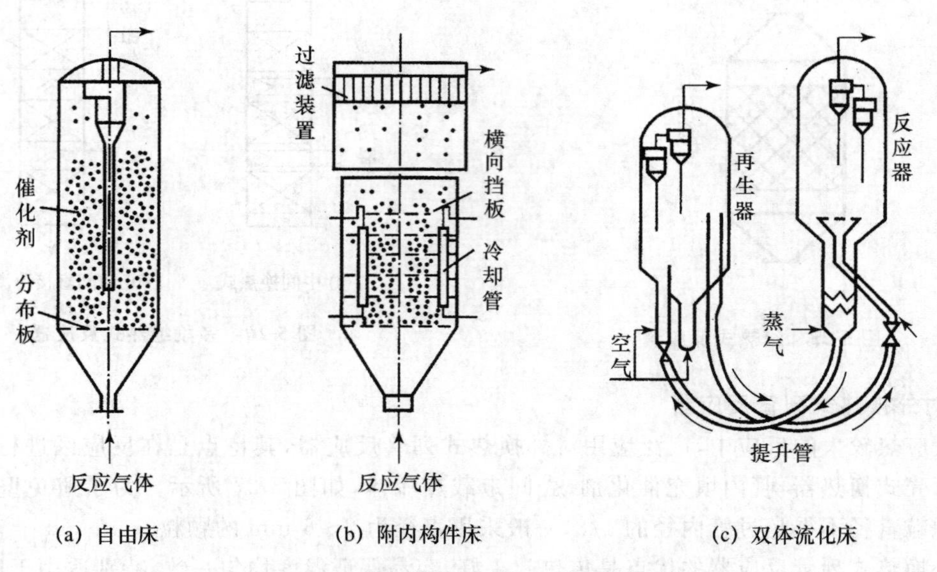

图 5-29 流化床催化反应器的常见型式

(1) 自由床：流化床内除分布板和旋风分离器外，没有其他构件。床中催化剂被反应气体密相流化。床的高径比约1～2。它适用于热效应不大的一些反应，例如乙炔与醋酸生成醋酸乙烯所用的反应器。

(2) 流化床：床内设有换热管式挡板，或两者兼而有之的密相流化床。这些构件既可用于换热，又可限制气泡增大和减少物料返混，适用于热效应大的反应和温度控制范围较狭窄的场合。

(3) 双体流化床：它由反应器和再生器两部分组成。反应器内进行催化反应，再生器内使催化剂恢复活性。它适用于催化剂易于失活的场合。例如石油产品的催化裂化就可用这类反应器。

流化床与固定床相比，具有以下优点：① 可以使用粒度很小的固体颗粒，有利于消除内扩散阻力，充分发挥催化剂表面利用率；② 由于颗粒在流体中处于运动状态，颗粒与流体界面不断搅动，界面不断更新，颗粒湍动程度增加，因而其传热系数比固定床大得多，当大量反应热放出时，能够很快传出；③ 在催化剂必须定期再生，特别是催化剂活性消失很快而需及时进行再生的情况下，具有优越性；④ 由于流化床催化剂具有流动性，便于生产的连续性和自动化。

然而，流化床反应器也存在一些严重的缺点：① 气固流化床中，少量气体以气泡形式通过床层，气固接触严重不均，导致气体反应很不完全，其转化率往往比全混流反应器还低，不适宜用于要求单程转化率很高的反应。② 固体颗粒的运动方式接近全混流，停留时间相差很大，对固相加工过程造成固相转化率不均匀。固体颗粒的混合还会挟带部分气体，造成气体的返混，影响气体的转化率，当存在连串副反应时，会降低选择性。③ 固体颗粒间以及颗粒器壁间的磨损会产生大量细粉，被气体挟带而出，造成催化剂的损失和环境污染，须设置旋风分离器等颗粒回收装置。④ 流化床反应器的放大远较固定床反应器困难。

参考文献

[1] 李绍芬. 反应工程. 第二版. 北京：化学工业出版社，2000.

[2] 陈甘棠. 化学反应工程. 第二版. 北京：化学工业出版社，1990.

[3] 朱炳辰. 化学反应工程. 第四版. 北京：化学工业出版社，2007.

[4] 张濂，许志美，袁向前. 化学反应工程原理. 上海：华东理工大学出版社，2000.

[5] 姜信真. 化学反应工程简明教程. 西安：西北大学出版社，1987.

[6] 拉塞 F. 化学反应器设计. 北京：化学工业出版社，1982.

[7] 周波，张荣成. 反应过程与技术. 北京：高等教育出版社，2006.

[8] 陈炳和，许宁. 化学反应过程与设备. 北京：化学工业出版社，2005.

[9] 佟泽民. 化学反应工程. 北京：中国石化出版社，1993.

[10] 梁斌，等. 化学反应工程. 北京：科学出版社，2006.

习　题

1. 在间歇釜式反应器内进行 $A \longrightarrow B$ 的液相一级不可逆反应，反应速率方程为 $(-r_A)=kc_A$，已知反应在162℃的等温下进行，$k=0.8\ h^{-1}$，试求转化率达到97%时所需的反应时间。

2. 在间歇釜式反应器内进行某反应，其动力学方程为$(-r_A)=0.35c_A^2$ [kmol/(m³·s)]，当A的初始浓度分别为1 kmol/m³和4 kmol/m³时，计算A的残余浓度降低到0.01 kmol/m³时所需反应时间。

3. 酸酐的水解反应为

$$(CH_3CO)_2O+H_2O \longrightarrow 2CH_3COOH$$

已知酸酐的浓度低时，此反应可视为假一级反应。在15℃时的反应速率$(-r_A)=0.0806c_A$[mol/(L·min)]，式中c_A为酸酐的浓度。若使用间歇釜式反应器，每天处理溶液量为25 m³，每批料用于装、卸料等的辅助时间为25 min，装料系数为0.7，要求酸酐的转化率为99%，试求反应釜的容积。

4. 在间歇釜式反应器中分别进行一级反应和二级反应，试计算转化率从0提高到90%与从90%提高到99%所需反应时间之比。

5. 醋酸(A)与丁醇(B)反应生成醋酸丁酯，反应式为

$$CH_3COOH+C_4H_9OH \longrightarrow CH_3COOC_4H_9+H_2O$$

当反应温度为100℃，配料摩尔比为n(醋酸)∶n(丁醇)=1∶4.97，并用少量H_2SO_4作催化剂时，动力学方程为$(-r_A)=kc_A^2$，式中反应速度常数$k=17.4$ L/(kmol·min)。若该反应在间歇操作的搅拌釜中进行，物料密度恒为750 kg/m³，且每批物料的辅助时间取0.5 h，试计算醋酸转化率达80%时，每天生产2400 kg醋酸丁酯所需反应器的容积(装料系数取0.75)。注：CH_3COOH的摩尔质量为60 kg/kmol，C_4H_9OH的摩尔质量为74 kg/kmol，醋酸丁酯的摩尔质量为116 kg/kmol。

6. 在同样条件下，题2中的反应分别在理想管式反应器和全混流反应器内进行，求所需反应时间。

7. 在连续操作搅拌反应釜内进行下列液相恒容反应：$2A+B \longrightarrow R$。由实验得知，反应速率方程为$(-r_A)=0.15c_A^2c_B$ [kmol/(m³·h)]，反应在5℃的等温条件下进行，原料的初始浓度$c_{A,0}=2.0$ kmol/m³，$c_{B,0}=3.0$ kmol/m³，原料的进料量为0.28 m³/h，要求反应组分A的转化率达60%，试求反应釜的有效容积。

8. 某液相反应$A+B \longrightarrow R$，其反应速率方程为$(-r_A)=0.992c_Ac_B$ [kmol/(m³·s)]，原料的进料量为0.28 m³/h，反应物初始浓度$c_{A,0}=c_{B,0}=0.08$ kmol/m³，试求：(1) 采用单级连续反应釜，转化率达87.5%时，反应釜的有效容积；(2) 采用二级串联反应釜，每个反应釜的有效容积为单级连续反应釜的一半时，反应的最终转化率。

9. 过氧化异丙苯(CHP)在硫酸的催化作用下分解成苯酚和丙酮的反应是一级不可逆反应，在给定反应温度下，$k=0.0767\ s^{-1}$。CHP的日处理量为192 m³，要求最终转化率为99%，试计算反应在下列反应器内进行时，各反应器的有效容积：

(1) 间歇式反应釜(每批料辅助时间为1 h)；

(2) 理想管式反应器；

(3) 单级连续反应釜；

(4) 二级串联等体积反应釜。

10. 某物料以0.2 m³/min的流量通过$V=1$ m³的反应器，若以脉冲法测定物料在反应器内的停留时间分布状况，一次注入示踪剂20 g，在示踪剂注入瞬间即不断地分析出口处示踪剂的质量浓度，

测得结果如下：

τ/min	0	5	10	15	20	25	30	35
$\rho(\tau)/(g \cdot m^{-3})$	0	3	5	5	4	2	1	0

试绘出 $E(\tau)$ 曲线，说明该反应器近似地接近于哪一种流动模型，并计算物料粒子在反应器内的平均停留时间 τ。

11. 已知物料在某反应器里的停留时间分布密度函数为 $E(\tau)=0.01e^{-0.01\tau}[\ s^{-1}]$，若物料在这个反应器内的平均停留时间是 100 s，问停留时间小于 100 s 的物料占进料的百分之多少？

第六章 聚氯乙烯工业

6.1 概 述

聚氯乙烯(PVC)笼统指具有重复单元—CH_2CHCl—的聚氯乙烯均聚物和具有少量其他共聚单体(如乙酸乙烯酯、偏氯乙烯等)的共聚物。这一术语不仅指的是聚合物本身,还包括这些树脂与助剂(如稳定剂、增塑剂及填料)组成的配混物,以及采用各种加工方法所加工成的各种最终制品。

PVC树脂是五大通用塑料之一,其产量仅次于聚乙烯,居第二位。PVC具有阻燃、耐候、防腐、抗水、耐化学品腐蚀及较好的综合力学性能和电绝缘性能等优点,广泛应用于工业、建筑、农业、生活日用、包装、电力、公用事业等领域,是一种低能耗、低成本、用途广泛的大宗塑料。

6.1.1 聚氯乙烯的性质与应用

1. 聚氯乙烯的性质和性能

聚氯乙烯是白色或淡黄色的坚硬粉末,密度约1.40 g/cm³。PVC溶解性很差,不溶于水、酒精、汽油,气体、水汽渗漏性低,只能溶于环已酮、二氯乙烷、四氢呋喃等少数溶剂;对有机和无机酸、碱、盐均稳定,在常温下可耐任何浓度的盐酸、90%以下的硫酸、50%~60%的硝酸和20%以下的烧碱溶液,具有一定的抗化学腐蚀性。工业生产的PVC分子量一般在5~12万范围内,具有较大的分散性,分子量随聚合温度的降低而增加;无固定熔点,80~85℃开始软化,130℃变为粘弹态,160~180℃开始转变为粘流态;有较好的机械性能,抗张强度60 MPa左右,抗冲击强度5~10 kJ/m²;有优异的介电性能。但是PVC对光和热的稳定性差,在100℃以上或经长时间阳光曝晒,就会分解而产生氯化氢,并进一步自动催化分解,引起变色,力学性能也迅速下降。在实际应用中,必须加入稳定剂以提高对热和光的稳定性。

聚氯乙烯一般都加有多种助剂。不含增塑剂或含增塑剂不超过5%的聚氯乙烯称为硬质聚氯乙烯;含增塑剂的聚氯乙烯中增塑剂的加入量一般都很大,使材料变软,故称为软质聚氯乙烯。助剂的品种和用量对材料的物理性能影响很大。

(1) 力学性能

由于氯原子的存在增强了分子链间的作用力,不仅使分子链的刚性增强,也使分子链间的距离变小,敛集密度增大。测试表明,聚乙烯的平均链间距是4.3×10^{-10} m,聚氯乙烯平均链间距则是2.8×10^{-10} m,其结果使聚氯乙烯宏观上比聚乙烯具有更高的强度、刚度、硬度和更低的韧性,断裂伸长率和冲击强度均下降。与聚乙烯相比,聚氯乙烯的拉伸强度可提高到2倍以上,断裂伸长率下降约1个数量级。未增塑的聚氯乙烯,其拉伸曲线类型属于硬而较脆的类型。

(2) 热性能

聚氯乙烯玻璃化转变温度约为80℃,80～85℃开始软化,完全流动时的温度约为140℃,这时聚合物已开始明显分解。在现有的塑料材料中,聚氯乙烯是热稳定性特别差的材料之一,在适宜的熔融加工温度170～180℃下会加速分解释出氯化氢,在富氧气氛中会加剧分解。工业上生产的各种品级和牌号的聚氯乙烯都加有热稳定剂。聚氯乙烯的最高连续使用温度在65～80℃之间。

(3) 电性能

侧基氯原子的存在使聚氯乙烯成为具有一定极性的聚合物(C—Cl键偶极矩为0.68×10^{-23} C·m),故聚氯乙烯的介电和电绝缘性比聚乙烯等聚烯烃塑料皆有较明显降低。室温时,C—Cl偶极子处于不活动状态,材料的电性能尚好,其介电常数约在3.2～3.6之间,介质损耗因数$\tan\delta$值约为2×10^{-2},体积电阻率约为$10^{10}\sim10^{14}$ Ω·m,介电强度10～35 kV/mm。但随着温度升高,C—Cl偶极子活动性增大,电性能下降。在电场中偶极子会取向,取向与电场频率有关,因此聚氯乙烯的电性能会受到电场频率的影响。

(4) 耐化学试剂及耐溶剂性

聚氯乙烯的耐化学腐蚀性比较优异,除浓硫酸、浓硝酸对它有损害外,其他大多数无机酸、碱类、无机盐类、过氧化物等对它皆无侵蚀作用,因此可以作为防腐材料。

增塑后的聚氯乙烯耐化学腐蚀性有所降低,降低程度与增塑剂品种和用量有关。乳液聚合的树脂耐化学性不及悬浮法聚合的树脂。聚氯乙烯是无定形的极性聚合物,溶解度参数约为19.4～19.6 J/cm³,对于汽油、矿物油、烃类等非极性溶剂和醇类都很稳定,但可以被芳烃和强极性溶剂如酮类、酯类、氯代烃类等溶胀。环己酮和四氢呋喃都是聚氯乙烯的良好溶剂,这不仅是因为这两种溶剂与聚氯乙烯溶解度参数比较接近,更主要是因为这两种溶剂都是质子接受体(电子授予体),可以与作为质子授予体(电子接受体)的聚氯乙烯产生特殊的相互吸引作用。

(5) 环境与老化性能

聚氯乙烯的热稳定性差,对光及机械作用都比较敏感,在热、光、机械作用下(例如加工时的摩擦剪切作用)易分解脱出氯化氢。为克服这些缺陷,除加入稳定剂外,常常采用改性方法。

(6) 阻燃性

聚氯乙烯分子链组成中,按其质量分数约含有57%的氯元素,赋予了材料良好的阻燃性。其氧指数约为47,在强烈火源中如果着火,也可以自熄。

2. 聚氯乙烯的分类

聚氯乙烯树脂品种近年来有很大发展,目前有100多种。通用型悬浮法聚氯乙烯树脂一般按照分子量大小来划分型号,工业生产中采用控制不同的聚合反应温度,得到不同的树脂型号。我国通用型悬浮法树脂划分为SG1～SG8共8个型号,其聚合度在800～1600之间。在专用型树脂方面,国内自行研究开发了低聚合度PVC(聚合度在400左右)、高聚合度PVC(聚合度为2500、4000、6000等)、糊用掺混PVC、交联PVC、共聚PVC树脂、食品级和医用级PVC树脂、蓄电池隔板和PVC热塑性弹性体等品种。氯化聚氯乙烯(CPVC)树脂和纳米聚氯乙烯等暂时在国内还没有形成生产能力。高性能化和替代某些工程塑料的PVC树脂成为PVC品种发展的新方向。

PVC应用广泛，其制品种类繁多，一般分类可见图6-1。

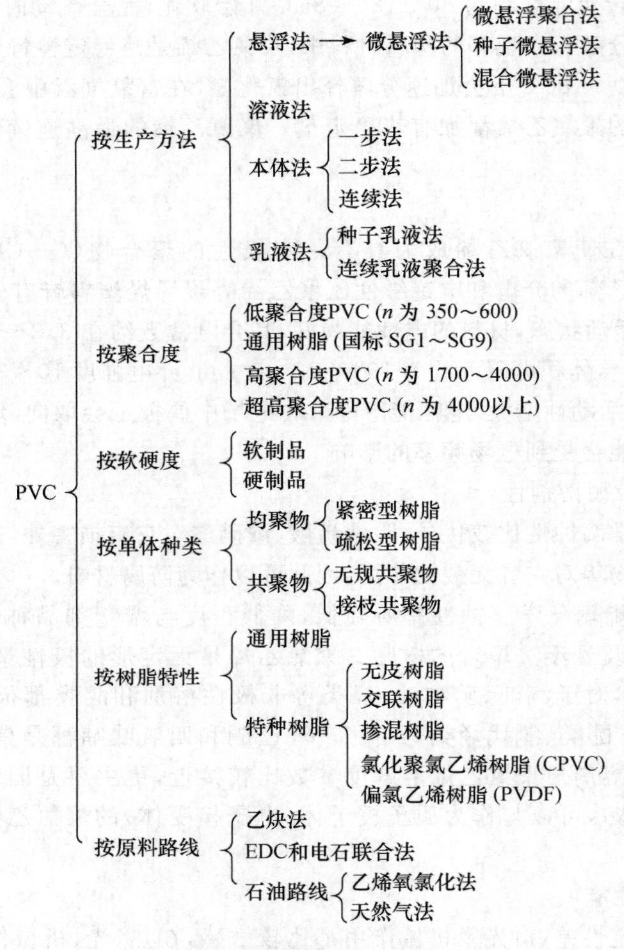

图6-1　聚氯乙烯分类

3. 聚氯乙烯的应用

由于其性价比优越，聚氯乙烯树脂广泛应用于国民经济各个领域。以PVC树脂为基料和增塑剂、填料、稳定剂、着色剂、改性剂等多种助剂混合后经塑化、加工成型而成的聚氯乙烯塑料应用相当广泛。通用型悬浮法聚氯乙烯树脂可以加工成软制品和硬制品。日常生活中常见的电缆外皮、防水卷材、农用膜、密封材料等一般由SG2和SG3型树脂及30％～70％增塑剂加工而成，属于软制品，主要通过吹塑、压延、模塑、辊塑等加工方法实现。塑钢门窗、上下水管、硬质板材、管件等一般由SG5型以上树脂和含有0～6％的增塑剂加工而成，属于硬制品，采用压延、挤出、注塑成型工艺。乳液法PVC主要采用浸渍法、涂刮法生产工艺制造人造革、壁纸等。本体法聚氯乙烯树脂的应用领域与悬浮法PVC基本相同，由于生产过程不含有分散剂，制作透明片材的优点较为突出。国外PVC一般以硬制品为主，所占比例达到60％以上。多年来我国一直以软制品为主，经过几年的发展，硬制品的应用比例逐年提高，也逐步向以硬制品为主的方向发展。近年来世界和中国聚氯乙烯树脂消耗比例分别见表6-1和表6-2。

表 6-1　近年来世界聚氯乙烯树脂消耗比例

品种		比例/(%)	品种		比例/(%)
PVC 硬制品	管材	33	PVC 软制品	薄膜片材	13
	护墙板/型材	8		地板地砖	3
	薄膜和片材	8		合成皮革	3
	吹塑制品	5		电线电缆	8
	其他	6		其他	13
	合计	60		合计	40

表 6-2　近年来中国聚氯乙烯树脂消耗比例

品种		比例/(%)	品种		比例/(%)
PVC 硬制品	板材	14	PVC 软制品	薄膜、片	11
	管材	18		铺地材料	8
	异型材	15		合成皮革	7
	瓶	5		电线电缆	4
	其他	5		其他	13
	合计	57		合计	43

聚乙烯、聚丙烯、聚氯乙烯、聚苯乙烯和 ABS 统称为五大通用合成树脂，广泛应用于工业、农业、建筑业、国防事业、人们的衣食住行等国计民生各个领域。聚氯乙烯作为大宗合成树脂，应用领域最宽，市场广阔。在一些发达国家，聚氯乙烯硬制品占 70%，软制品、涂料和粘合剂占 30%；按应用领域划分，建材类占 65%，包装类占 8%，电子电器占 7%，家具装饰占 5%，一般消费占 4%，其他占 11%。特别是 PVC 在加工过程中可以添加较多的其他改性助剂、大量廉价的填料，在合适的性能下可以更低的成本制造适用产品，所以 PVC 比其他通用树脂及塑料制品的价格便宜，性价比优越，经济效益好，尤其是在建筑领域的角色地位是其他材料所不能取代的。

6.1.2　国外聚氯乙烯工业发展状况

1. 国外氯乙烯单体生产状况

氯乙烯单体是生产聚氯乙烯的主要原料，氯乙烯单体的质量好坏直接影响树脂的质量，其单体生产成本也直接影响聚氯乙烯树脂的经济效益。当前，进一步提高氯乙烯单体质量、减少单体杂质含量、采用最先进的工艺降低单体成本是国内外众多 PVC 企业共同的愿望。

自从 20 世纪 60 年代以来，国外发达国家根据聚氯乙烯市场竞争加剧和能源结构情况，开发了新的平衡氧氯化工艺。到目前为止，全球有 93%以上的氯乙烯单体采用氧氯化法生产。但是，在少数国家，由于电石来源广泛，乙炔法氯乙烯生产成本比采用石油的氧氯化法低，所以，乙炔法和联合法仍占有一定市场。

从国外大聚氯乙烯公司单体生产技术来看，通过几十年的科研和生产实践，已形成各公司独有特色的生产体系，并且都拥有自己的专利权。美国吉昂公司的氯乙烯生产技术在世界享有盛誉，采用高温或低温法直接氯化乙烯，以空气和氧气作氧源，用沸腾床氧氯化法生产二氯乙烷，具有高效和安全的特点。二氯乙烷热裂解生产氯乙烯的工艺具有高效、高产率、设备开工率高、几乎不需维护的特点。

德国赫斯特公司(Hoechst)采用直接氯化法生产二氯乙烷,生产设备通过回收反应热可节省大量能源。

孟山都公司(Monsanto)和凯洛格公司(M. W. Kellogg)开发的"PARTEC"工艺,采用"孟山都"的乙烯直接氯化工艺生产二氯乙烷,将二氯乙烷裂解过程中副产的氯化氢经氧化生成氯,再返回到直接氯化段使用,无需氧氯化单元,节约了大量的工艺操作费用和维护费用,这种工艺被称作乙烯直接氯化/氯化氢氧化工艺。

法国索尔维公司(Solvay)的氯乙烯生产工艺采用乙烯、氯气和氯化氢为原料,氧氯化工艺采用纯氧作氧化剂,具有能源消耗特别低的特点。

欧洲乙烯公司(EVC)开发了乙烷直接氧氯化工艺生产氯乙烯单体,生产成本最低,比平衡氧氯化法生产成本降低 25.8%。

科瓦诺约翰布朗公司(Kvaerner John Brown)采用乙炔和氯化氢反应生产氯乙烯。由于该公司采用煤制乙炔,乙炔价值低,也使氯乙烯的生产成本降低。该公司也是最早推出煤制乙炔生产氯乙烯的公司。

日本三井化学公司采用平衡氧氯化工艺生产氯乙烯单体;也有单独使用乙烯和氯化氢反应,生成二氯乙烷,然后裂解生成氯乙烯的生产线,由于使用氯化氢作氯化剂,只产生部分水,没有副产物问题。

此外,国外其他一些大公司还开发了一些新工艺。例如采用乙烯作原料,采用碳酸氢钠生产工艺副产的盐酸三甲胺作氯化剂,用乙烯氧氯化法生产二氯乙烷,然后进一步生产氯乙烯,开发了生产氯乙烯共生纯碱的新工艺;创造了干电解法氯化氢转化为氯的新工艺,使乙烯直接氧氯化生产氯乙烯副产的氯化氢处理后可返回到直接氯化段使用,不但简化了工艺,而且降低了生产成本。总之,氯乙烯单体生产技术发展潜力很大,国外各大公司正在下大力气开展这项工作。

2. 国外聚氯乙烯树脂生产状况

目前,世界聚氯乙烯生产主要分布在 7 大区域,15 个国家,约 150 家大公司中。2012 年世界 PVC 产能达到 5320 万吨,同比 2011 年增长 4.31%,见图 6-2。其中,亚太占据 40%,北美第二占 26%,欧洲次之占 24%,此三位占有了世界 PVC 产能的 90%。

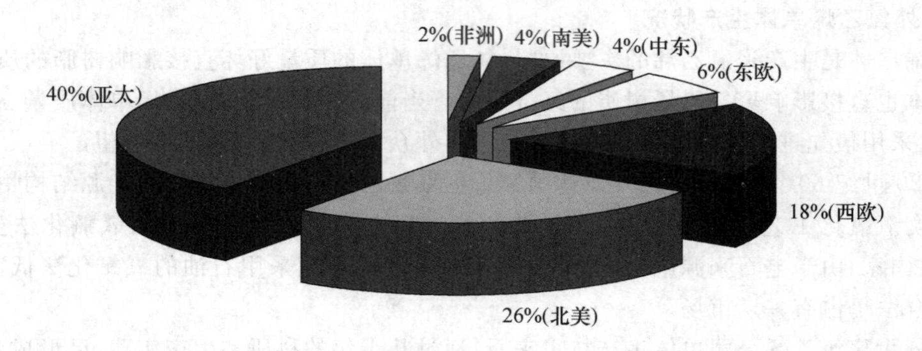

图 6-2 2012 年全球 PVC 区域能力分布

2007—2012 年,世界新增 PVC 产能 999 万吨左右(图 6-3),约占据当前 5320 万吨/年总产能的

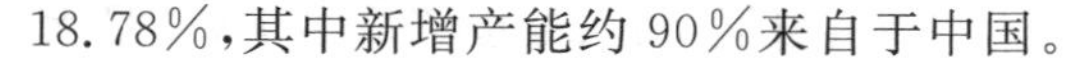
18.78%,其中新增产能约90%来自于中国。

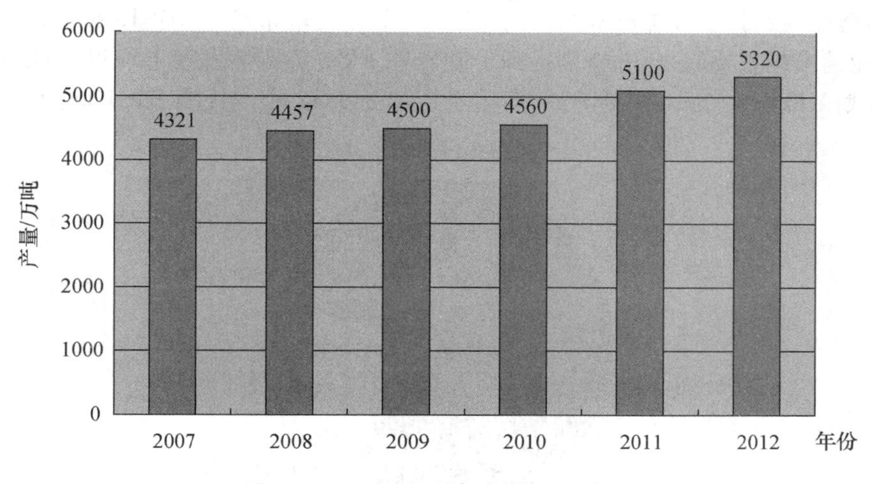

图 6-3　2007—2012 年世界 PVC 产量

2012 年世界 PVC 消费量达到了 5311 万吨(图 6-4)。北美的消费量最大,占全球的 17.6%(图 6-5)。世界 PVC 行业的消费地区主要分布在亚洲、北美、欧洲和中东地区,2003—2005 年世界 PVC 消费主要以北美和欧洲地区为主,进入 2005 年以后亚洲成为世界第一大消费和生产地区。据统计,在 2005—2012 年期间,世界 PVC 消费的增长幅度从原来的 6%下降到 4%,而亚洲地区特别是中国的 PVC 增长幅度则是以 8%～10%在增长。可以说,世界 PVC 消费的增长在近几年主要是亚洲和中东地区,其增长幅度保持较高、较稳定的发展,而美洲和欧洲等地的 PVC 消费增长呈下降趋势,主要与美洲、欧洲地区的经济和 PVC 的利用率有较大关系。

图 6-4　2007—2012 年世界 PVC 消费量

据报道,从现在起到 2020 年,全球 PVC 需求的复合年增长率将为 4.9%,市场需求量将在 2020 年达到 495 万吨。由 GBI Research 公司发布的这份报告称,近年来 PVC 需求量稳步增长,从 2000 年的 2220 万吨增至 2011 年的 3230 万吨。其中超过 65%的需求来自亚洲,中国占比最大。在 2011 年时,需求最大的 PVC 最终用途领域包括建筑施工、包装和家用电器,其余部分来自汽车、农业、鞋类和其他领域。到2012年,建筑用管材、构件、窗框型材、地板等成为PVC最大的终端市场,薄膜、板材、刚性框材等则占据PVC小部分终端市场。GBI Research公司指出,能源效率和节能越来越重要起来,并特别提到了欧洲在PVC可持续发展上取得的进步归功于"乙烯基2010计划",欧洲在2010年的PVC再生量达到260842吨,超过了20万吨的目标数字。

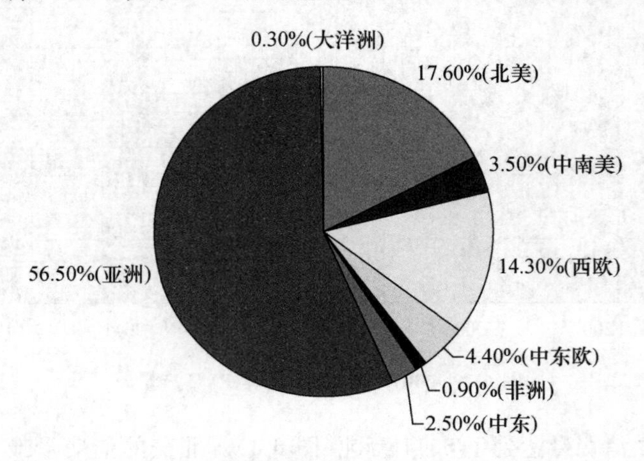

图 6-5 2012年全球PVC消费分布

展望未来PVC发展,不同地区的市场前景不同。在欧洲,英国和伊比利亚半岛的建筑业遭受冲击较大,需求仍疲软,而中欧和东欧将会出现强劲复苏。北美则会需求疲软,美国PVC生产能力在未来几年预计会以200万吨/年下降。印度具有发展潜力。有报道称,印度将成为仅次于美国和中国的世界第三大塑料消费国,2030年的需求量将达1亿吨,与中国的消费量相当。而中东消费则会稍有增长。

6.1.3 国内聚氯乙烯工业发展状况

我国PVC工业起步于20世纪50年代,是较早发展起来的塑料品种之一。中国PVC产业经过十几年的快速发展,尤其是电石法PVC生产企业异军突起,中国已经成为了世界PVC第一消费和生产大国,取得了令人骄傲的成绩。但从行业发展特点来看,行业累积的矛盾更加突出,凸显的问题值得探讨和分析。

1. 生产情况

2012年,全国PVC产量为1317.8万吨,同比增幅为1.7%;进口量为94.04万吨,同比降幅为10.51%;出口量为38.56万吨,同比降幅为12.76%;表观消费量为1373.28万吨,同比降幅为0.6%。2012年,我国PVC产量和表观消费量出现平稳态势,也是近年来变化较小的一年。从2012年每月的生产量和表观消费量的数据来看,基本稳定在110万吨/月,PVC产量波动较2011年同期对比变化不大,基本与季节性需求保持一致。

2012年,烧碱和PVC产品的联动关系基本延续了2011年下半年的走势,烧碱价格虽然有所回落,但仍然是盈利产品。为了多生产盈利的烧碱产品,不得不生产亏损的PVC树脂,使用烧碱的盈利弥补亏损,形成了"以碱补氯"的经营模式。近几年来中国PVC生产情况见表6-3。

表 6-3　2000—2012 年国内 PVC 生产情况

年　份	产能/(万吨/年)	产量/万吨	开工率/(%)	产量同比增长/(%)
2000	290.3	264.6	91.1	37.9
2001	340.2	308.8	90.7	16.7
2002	485.2	355.3	73.2	15.1
2003	519.7	424.3	81.6	19.4
2004	656.2	508.8	77.5	19.9
2005	887.2	668.2	75.3	31.3
2006	1058.5	823.8	77.8	23.3
2007	1448.0	971.7	67.1	17.9
2008	1581.0	881.7	55.8	−9.3
2009	1727.9	915.5	53.0	3.8
2010	2022.3	1151.2	56.9	25.7
2011	2227.8	1295.2	58.1	12.5
2012	2392.3	1317.8	55.1	1.7

2. 供需平衡状况

2012 年,中国 PVC 进口量为 94.04 万吨,同比下降 10.51%;出口量为 38.56 万吨,同比下降 12.76%;表观消费量为 1373.28 万吨,同比下降 0.6%。表观消费量基本与 2011 年持平,改变了以往保持多年的高增速的阶段,需求进入了比较平稳的低速发展新阶段。从目前的下游生产状况和用途分析,1300～1400 万吨/年的消费量可能要保持相当长的一段时间。2012 年 PVC 树脂进口量继续下降;出口量变化不大,略微有所减少。近年我国 PVC 供需平衡状况见表 6-4。

表 6-4　2000—2012 年国内 PVC 供需平衡状况(单位:万吨)

年　份	产　量	进口量	出口量	表观消费量
2000	264.6	192.4	4.1	453.0
2001	308.8	250.8	3.6	556.0
2002	355.3	225.1	3.8	577.0
2003	424.3	229.2	4.5	649.0
2004	508.8	211.0	4.3	715.0
2005	668.2	155.1	12.5	810.8
2006	823.8	145.2	49.9	919.1
2007	971.7	130.4	75.3	1026.8
2008	881.7	112.7	64.6	929.7
2009	915.5	163.0	23.6	1054.9
2010	1151.2	151.1	26.6	1275.7
2011	1295.2	131.6	44.2	1382.7
2012	1317.8	94.0	38.6	1373.3

3. 消费和应用状况

我国 PVC 树脂人均消费量已经接近了发达国家的水平,2012 年人均消费量为 10.24 kg,与 2011 年基本相同。从近年的数据来看,我国 PVC 树脂人均消费量呈现逐年上升的趋势,2012 年的数据与 2004 年 5.5 kg 相比翻了近一番,但与国外发达国家 PVC 树脂人均消费量 12～20 kg 相比,仍然有一定的发展空间。随着我国城镇化进程的加快、基础建设工程的不断增速及人口不断的增长,PVC 树脂还有一定的市场空间,但已经步入稳定增长期。

4. 市场情况

全球化工正处于产能过剩、供大于求的状态，开工率不足，世界化工行业较高的平均开工率也只有70%～80%。我国PVC行业的开工率更低，从近几年的统计数据来看，多年来一直处于60%以下，2012年中国PVC装置开工率只有55.1%。总之，2012年PVC价格不断阴跌的主要原因不仅是供应量增加，也是主要原料价格回落失去支撑和需求增幅有所减少。2012年PVC产品售价低于企业成本，全行业处于严重亏损状态。

2013年，国际环境充满复杂性和不确定性，国内经济运行处在寻求新平衡的过程中，世界经济将会步入长期的低速发展阶段。国内原有竞争优势、增长动力逐渐削弱，新优势尚未形成，PVC行业的经营形势不容乐观。我国在新一届国家领导人的带领下，企业要积极围绕"稳增长、转方式、调结构"这一国家的大方针调整发展和经营策略，继续发挥企业自身的特点，着力破解企业生产经营中的困难，加快产品结构和产业链结构的调整步伐，培育新竞争优势，注重自主科研力量和自主创新能力的培养，推动增长动力转换和发展方式的实质性转变，促进PVC行业的健康发展。

6.2 氯乙烯单体的制备

氯乙烯是制备聚氯乙烯及其共聚物的单体，也常称为氯乙烯单体（VCM），在世界上是与乙烯和氢氧化钠等并列的最重要的化工产品之一。氯乙烯沸点−13.9℃；在室温下是无色气体；因存在不饱和双键，很容易聚合，能与乙烯、丙烯、醋酸乙烯酯、偏二氯乙烯、丙烯腈、丙烯酸酯等单体共聚。共聚产物可以制得各种性能的树脂，加工成管材、板材、薄膜、塑料地板、各种压塑制品、建筑材料、涂料和合成纤维等。

氯乙烯的合成始于1835年，由法国化学家Regnault用氢氧化钾的乙醇溶液将二氯乙烷脱氯化氢制得，并于1838年观察到了它的聚合体，这次的发现被认为是PVC的开端。1902年，Biltz将1,2-二氯乙烷进行热分解也制得氯乙烯，但当时由于聚合物的科学和生产技术尚不成熟，他的发现没有导致工业生产的结果。Klatte于1912年通过乙炔与氯化氢的催化加成反应制得了氯乙烯，成为工业上氯乙烯合成的最初工艺，但在沿用将近30多年后，由于乙炔生产的高能耗而逐渐趋于淘汰。从1940年起，氯乙烯的生产原料乙炔开始被乙烯部分取代，首先将乙烯直接氯化成1,2-二氯乙烷（EDC），再加以热裂解制得氯乙烯，裂解产生的氯化氢仍被用在乙炔-氯化氢法中。

目前，世界上氯乙烯的生产技术主要有电石乙炔法、乙烯法、乙炔-乙烯法和乙烷法。本节主要介绍电石乙炔法和乙烯法等。

6.2.1 电石乙炔法

1. 基本原理

乙炔和氯化氢在以氯化汞为活性组分、以活性炭为载体的催化剂上气相反应生成氯乙烯。

乙炔来源：

$$CaO + 3C \longrightarrow CaC_2 + CO$$

$$CaC_2 + 2H_2O \longrightarrow Ca(OH)_2 + C_2H_2$$

主反应：

$$C_2H_2 + HCl \longrightarrow H_2C{=}CHCl$$

主要副反应：

$$CH \equiv CH + 2HCl \longrightarrow CH_3—CHCl_2$$

$$CH \equiv CH + H_2O \longrightarrow CH_3—CHO$$

反应机理：

(1) 乙炔先与氯化汞发生加成反应，生成中间产物氯乙烯氯汞：

$$CH \equiv CH + HgCl_2 \longrightarrow ClCH = CH—HgCl$$

(2) 氯乙烯氯汞不稳定，和氯化氢反应生成氯乙烯：

$$ClCH = CH—HgCl + HCl \longrightarrow CH_2 = CHCl + HgCl_2$$

2. 合成工艺

目前乙炔法合成氯乙烯主要采用列管式固定床反应器。反应管径为57 mm，管壁厚度为3.5 mm，内装有平均尺寸为Φ 3 mm×6 mm的条状$HgCl_2$/AC催化剂。乙炔与经过石墨冷凝器的氯化氢气体按一定比例在混合器中混合后进入石墨冷凝器中，用−35℃盐水间接冷却到−14℃左右，进入酸雾捕集器，用硅油玻璃棉捕集酸雾使之生成盐酸，放入盐酸储槽。除去酸雾的干燥混合气体进入预热器，由流量计控制从上部进入串联转化器组。后台反应器排出的粗氯乙烯气体在高温下带出的氯化汞在填充活性炭的除汞器中除去，然后进入石墨冷凝器，用0℃水间接冷却到15℃以下再进入泡沫塔，回收过量的氯化氢以制取30%以上的盐酸放入酸储槽。

6.2.2　乙烯法

1. 直接氯化

乙烯直接氯化是一个简单的不饱和双键加成反应，工艺有在溶剂中进行反应的液相法，也有在气相中进行的气相法。气相法一般以Fe、Al、Ca等的氯化物为催化剂，液相法以二氯乙烷(EDC)为溶剂，催化剂一般为$FeCl_3$。工业上一般以液相法居多。

(1) 基本原理

直接氯化反应为气-液非均相反应，催化剂为$FeCl_3$。通常催化剂溶解在EDC液相中，乙烯气和氯气自反应器底部通入，在EDC液相层中反应生成EDC。该反应为放热反应，反应式如下：

主反应：

$$C_2H_4 + Cl_2 \longrightarrow ClCH_2—CH_2Cl(EDC) \quad \Delta H = +200.64\ kJ/mol$$

乙烯与氯气的摩尔比常采用1.1∶1.0。略过量的乙烯可以保证氯气反应完全，使氯化液中游离氯含量降低，减轻设备的腐蚀并有利于后处理。同时，可以避免氯气和原料气中的氢气直接接触引起爆炸的危险。生产中控制尾气中氯含量不大于0.5%，乙烯含量小于1.5%。

副反应：

$$ClCH_2—CH_2Cl(EDC) + Cl_2 \longrightarrow ClCH_2—CHCl_2 + HCl$$

$$C_2H_4 + HCl \longrightarrow C_2H_5Cl$$

(2) 合成工艺

液相法工艺按反应温度可分为低温氯化、中温氯化和高温氯化三种工艺，它们的主要区别在于反应过程中大量反应热的利用和产品的提纯过程。一般将反应温度在50℃左右的工艺称低温法，其特点是液相氯化、液相出料，由于液相EDC中带有催化剂，需不断补充催化剂；生成的EDC需水洗，因而产生大量废水；反应热需庞大的外循环冷却设备导出。

中温氯化技术氯化温度约90℃，其特点是液相氯化、气相出料；生成的EDC不需水洗，只需经脱轻、脱重即可供裂解使用；直接氯化尾气可作氧氯化反应原料气。高温氯化工艺的反应温度约110～120℃，其特点是产品纯度高，生成EDC不需水洗、脱轻、脱重，利用反应热精馏后即可供裂解使用，流程简单，节能效果显著。

2. 乙烯氧氯化

(1) 基本原理

乙烯氧氯化生成二氯乙烷及其裂解的反应式为：

主反应：

$$C_2H_4+2HCl+0.5O_2 \longrightarrow ClCH_2-CH_2Cl+H_2O \quad \Delta H=-251\ kJ/mol$$

$$ClCH_2-CH_2Cl \longrightarrow CH_2=CHCl+HCl \quad \Delta H=-68\ kJ/mol$$

这是一个强放热反应。

副反应：

$$C_2H_4+3HCl+O_2 \longrightarrow C_2H_3Cl_3+2H_2O$$

$$C_2H_4+3HCl+2O_2 \longrightarrow Cl_3C-CHO+3H_2O$$

$$ClCH_2-CH_2Cl \longrightarrow 2C+H_2+2HCl$$

$$ClCH_2-CH_2Cl \longrightarrow C_2H_4+Cl_2$$

乙烯氧氯化和二氯乙烷裂解实际上是很复杂的反应，国内外已做了很多研究工作，但对其反应机理尚无定论。而且，该过程影响因素也较多。

这个方法称为二步法，是现在工业上生产氯乙烯广泛应用的方法。

(2) 合成工艺

二步法是以乙烯、氯气、氧(或空气)为原料，以氯化铜为催化剂制取氯乙烯的方法。目前工业上采用的乙烯氧氯化方法包括下述工序：① 乙烯加氯直接氯化制取二氯乙烷；② 二氯乙烷精制；③ 二氯乙烷热解制氯乙烯。催化剂用$CuCl_2$负载在γ-Al_2O_3上，以纯净的乙烯、氯化氢和空气作原料，在固定床或沸腾床中进行。反应热相当大，必须适当予以移去，以免过热生成高级多氯化物。提高原料气中的氧浓度，可以减少排放尾气量和净化尾气工作量。乙烯氧氯化技术的发展除了催化剂的改进和工艺条件的改进之外，近年来对用纯氧代替空气作氧化剂的纯氧法氧氯化推崇者甚多。其主要优点是环境污染小，消耗低和操作弹性大。

6.2.3 乙炔-乙烯法

从目前合成工艺路线可知，乙炔法氯乙烯工艺流程较短，技术较成熟，但生产能力相对较小。虽然乙烯法氯乙烯工艺流程较长，但具有许多乙炔法氯乙烯工艺不具备的优点，该路线以混合的稀乙炔-乙烯为原料(两者都是轻油裂解的产物)，成本较低。此法是以乙烯和乙炔同时为原料进行联合生产，它是以下列反应为基础的：

$$C_2H_4+Cl_2 \longrightarrow C_2H_4Cl_2$$

$$C_2H_4Cl_2 \longrightarrow C_2H_3Cl+HCl$$

$$C_2H_2+HCl \longrightarrow C_2H_3Cl$$

原料气先在催化反应器中与氯化氢气体反应，使乙炔转化成为氯乙烯单体，后者以二氯乙烷洗涤回收。余下来的进料气基本上不含乙炔成分，即可通入氯化反应器，使乙烯与氯气反应成为二氯乙烷。氯化反应在氧化铁催化剂及二氯乙烷溶剂存在下进行。归结起来说，这一路线具有的特点：不需乙炔-乙烯分离、净化装置，杂质较少；整个流程中只需用一种溶剂等。因此，其氯乙烯单体生产成本较其他方法为低。

6.2.4　乙烷法

为了充分利用富含乙烷的天然气资源，降低原料成本，古德里奇、鲁姆斯、孟山都、ICI 及 EVC 等公司都在研究开发乙烷氧氯化制 VCM 的新工艺。将饱和碳氢化合物在不稳定的温度范围内，例如在 1000℃下与氯气反应，可生成相当量的氯乙烯。反应式为

$$C_2H_6 + 2Cl_2 \longrightarrow C_2H_3Cl + 3HCl$$

首先，工艺的关键是研制开发出一种新型催化剂，可降低反应温度，减轻设备腐蚀并减少副产物的生成量，副产的氯代烃可转化成 VCM，提高乙烷的转化率。另外，该新工艺将乙烷和氯气一步反应转化为 VCM，仅使用一个反应器；由于不以乙烯为原料，所以 VCM 的生产不必依赖乙烯裂解装置。其次，该工艺的关键之处是氧氯化反应器。送入的乙烷与再循环的氯化氢混合，并与氧气（或富含氧气的空气）和来自这个工艺中另一处的饱和氯化烃一起，导入到流化床反应器底部，反应生成 VCM。原料气乙烯在我国一直很短缺，但我国具有丰富的天然气和油气资源，其中乙烷含量很大，因此用乙烷法生产氯乙烯在我国不但具有很大的潜力和竞争力，而且还为综合利用油气和天然气开辟了更为广阔的途径，降低了 VCM 的生产成本。

6.3　氯乙烯单体的聚合

1838 年，法国化学家 Regnault 就曾对氯乙烯单体（VCM）进行过报道。1872 年 Baumann 曾描述过 VCM 的制备，并发现当 VCM 暴露在阳光下转化成不溶的无定形物，这就是最早的聚氯乙烯（PVC）。1918 年 Ostromislensky 用 VCM 研究时得到一些聚合物，并称之为 Cauprene Chloride。

虽然 PVC 早在一百多年前即被初次发现和鉴别，但直到 20 世纪二三十年代还不过是一种学术珍品而已。1948 年美国古德里奇公司（B. F. Goodrich）推出了第一个糊状 PVC 树脂，从而开辟了新的应用。1950 年古德里奇公司提出了加速聚合反应的新方法；为满足房产和建筑业的需要，1951 年该公司又推出了一个硬、韧、刚的热塑性 PVC 配方，它容易用辊炼、模塑、压延和挤出法加工。

经过近 200 年的发展，虽然 PVC 已经可以采用悬浮、乳液、本体和溶液等方法制备，但实际上往往根据产品用途、对性能的要求以及经济效益，选用其中一两种方法进行工业生产。因此，也造成了各种方法所生产树脂产量的很大不同。世界（国内）采用各种方法生产 PVC 树脂所占的比例大约是：悬浮法 80％（94％），乳液法 10％（4％），本体法 10％（3％），溶液法则几乎为零。

以下就 PVC 生产中常用的悬浮法、本体法进行介绍。

6.3.1　氯乙烯悬浮聚合

6.3.1.1　氯乙烯悬浮聚合过程

在常温下，氯乙烯（VC）为气体（b. p. ＝－13.4℃），在密闭、自压下气-液共存。氯乙烯悬浮聚合是将液态 VCM 在搅拌作用下分散成液滴，悬浮在溶有分散剂的水介质中，每个液滴相当于一个小本体聚合体系，溶于氯乙烯单体中的引发剂在聚合温度（45～65℃）下分解成自由基，引发

VCM聚合。

向氯乙烯链转移显著是VC聚合机理的特征，在不加链转移剂时聚氯乙烯的平均聚合度(DP)仅决定于聚合温度，而与引发剂浓度、转化率几乎无关。为了防止PVC树脂转型和分子量分布过宽，应严格控制聚合温度的波动范围(如±0.1℃)。VC的聚合热约为1540 kJ/kg，是强放热反应，随着聚合的进行，聚合速率或放热速率增加，放出的热量须及时移出，使传热速率与放热速率均衡。

在VC悬浮聚合中，引发剂种类和用量是决定聚合速率(或放热速率)的主要因素，可以根据聚合温度和聚合时间进行选择。当以偶氮类和过氧化合物类为引发剂时，一般选用聚合温度下半衰期 $t_{1/2}$ 为2～3 h的引发剂，可使聚合速率较为均匀，可望缩短聚合反应时间，但采用单一引发剂难以实现，往往采用复合引发体系。

分散剂是VC悬浮聚合体系的另一重要组分，其作用是降低水-VCM之间的界面张力和对VCM分散液滴提供胶体保护。根据分散剂在VC悬浮聚合成粒过程中的作用，一般分为主分散剂和辅助分散剂，或者称为一次分散剂和二次分散剂。前者为水溶性聚合物，如纤维素衍生物，中、高醇解度的聚乙烯醇等；后者往往为油溶性表面活性剂，如低聚合度、低醇解度聚乙烯醇，Span系列表面活性剂等。

此外，为了提高PVC树脂的质量和生产效率，VC悬浮聚合配方中还可以加入抗鱼眼剂、热稳定剂等其他助剂。

PVC在VCM中的溶解度甚微(<0.1%)，但VCM却能以相当量溶于PVC中使之溶胀[PVC∶VCM=70∶30(质量比)]。因此，当聚合转化率在0.1%～70%的范围内，聚合同时在VCM富相和PVC富相中进行；随着转化率的增加，单体的质量不断减少，聚氯乙烯质量相应增加，此时釜内压力相当于VC的饱和蒸气压，例如50℃为0.7 MPa，60℃为0.94 MPa；当聚合转化率达70%左右时，单体富相消失，聚氯乙烯富相仍然存在。此后，气相中的VC通过水相扩散至PVC-VCM粒子内继续聚合，釜内压力低于VCM的饱和蒸气压并逐渐降低。当压力下降0.05～0.25 MPa(转化率<85%)时，即可加入终止剂结束聚合。如果压降过多(即转化率过高)，对树脂疏松性、热稳定性和加工塑化性均有不良影响，造成树脂质量下降。而且后期聚合速率低，经济上也不利。

在VC悬浮聚合过程中，由于化学和物理等因素，造成少量PVC树脂粘附到聚合釜壁面内构件表面及反应物料经过的管道、阀门等处，从而影响树脂质量的均一性和设备使用率，所以到目前为止VC悬浮聚合仍采用间歇方式进行。

通常，VC悬浮聚合的操作过程如下：先将去离子水加入聚合釜内，在搅拌下继续加入分散剂水溶液和其他聚合助剂，再加入引发剂，上人孔盖密闭，充氮试压检漏，抽真空或充氮排除釜内空气，最后加入VCM；将釜温升至预定温度进行聚合，反应至预定压降(转化率)即加入终止剂，回收未反应单体；PVC浆料经汽提脱除残留单体、离心洗涤分离、干燥等工序，即包装成PVC树脂产品。

对于该工艺过程，缩短聚合时间和减少辅助生产时间，可以缩短生产周期、提高单釜生产能力。缩短聚合时间的关键是在聚合釜最大传热率许可条件下，应用高效复合引发体系并优化其配比，提高聚合速率(放热速率)并使之均匀。建立密闭投料新工艺，省去开关人孔盖、试压检漏和抽真空排氧等时间；采用热水进料工艺，减少升温时间；带压出料至汽提釜或混料槽，省去聚合釜回收VCM的时间；采用高效防粘釜技术、节约清釜时间等都是减少辅助时间的有效方法。

6.3.1.2　氯乙烯悬浮聚合工艺

根据上述氯乙烯悬浮聚合过程，常见的氯乙烯悬浮聚合工艺有如下几种。

1. 古德里奇公司的 70 m^3 釜聚合技术(图 6-6)

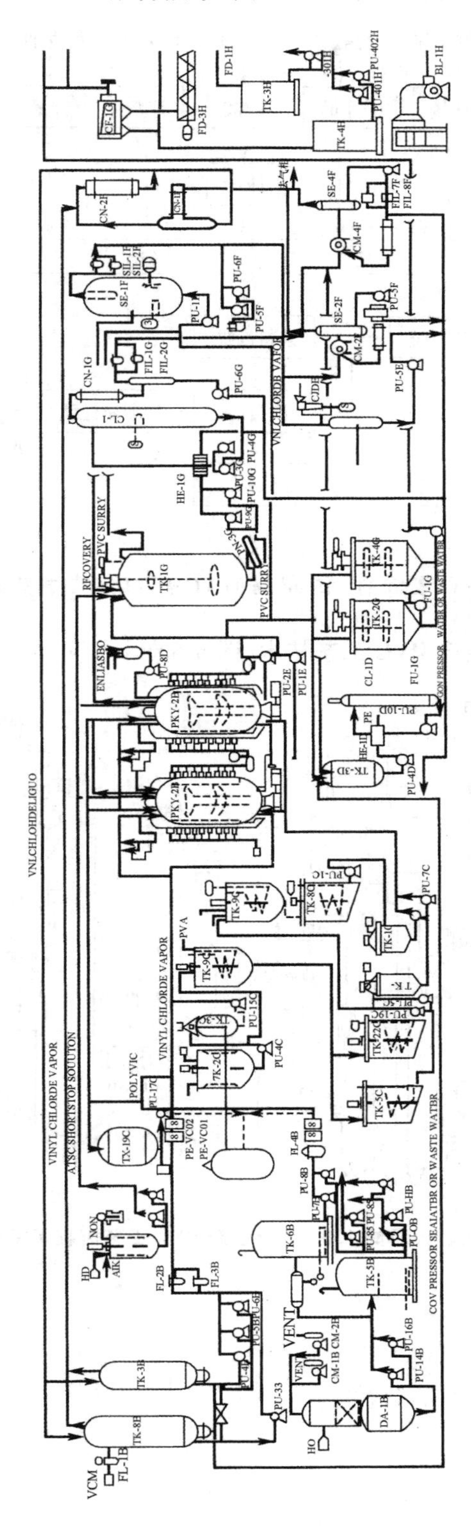

图 6-6　古德里奇公司悬浮法聚氯乙烯生产装置工艺流程图

2. EVC公司的105 m^3 釜聚合技术(图 6-7)

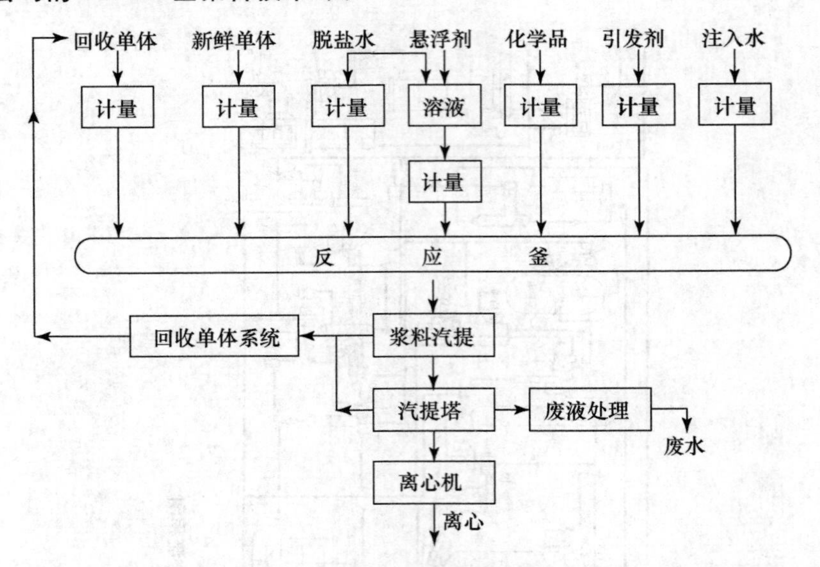

图 6-7 EVC公司的105 m^3 釜的VC悬浮聚合工艺框图

3. 信越公司的130 m^3 釜生产PVC工艺技术(图 6-8)

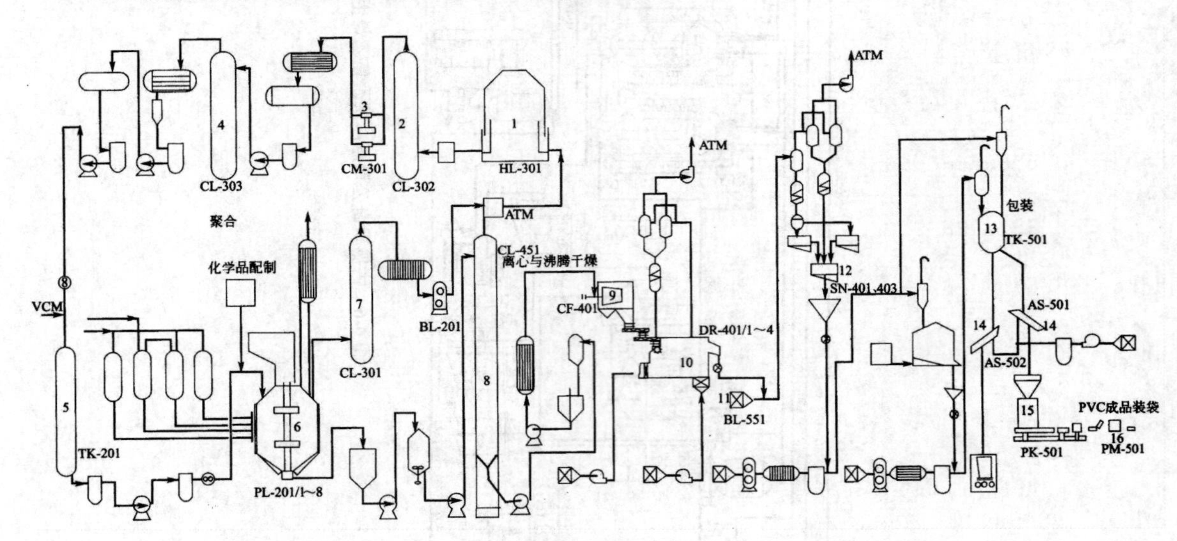

图 6-8 信越公司的130 m^3 釜生产PVC工艺流程示意图

4. 美国 Oxy Vinyls 公司的 135 m³ 釜聚合技术(图 6-9)

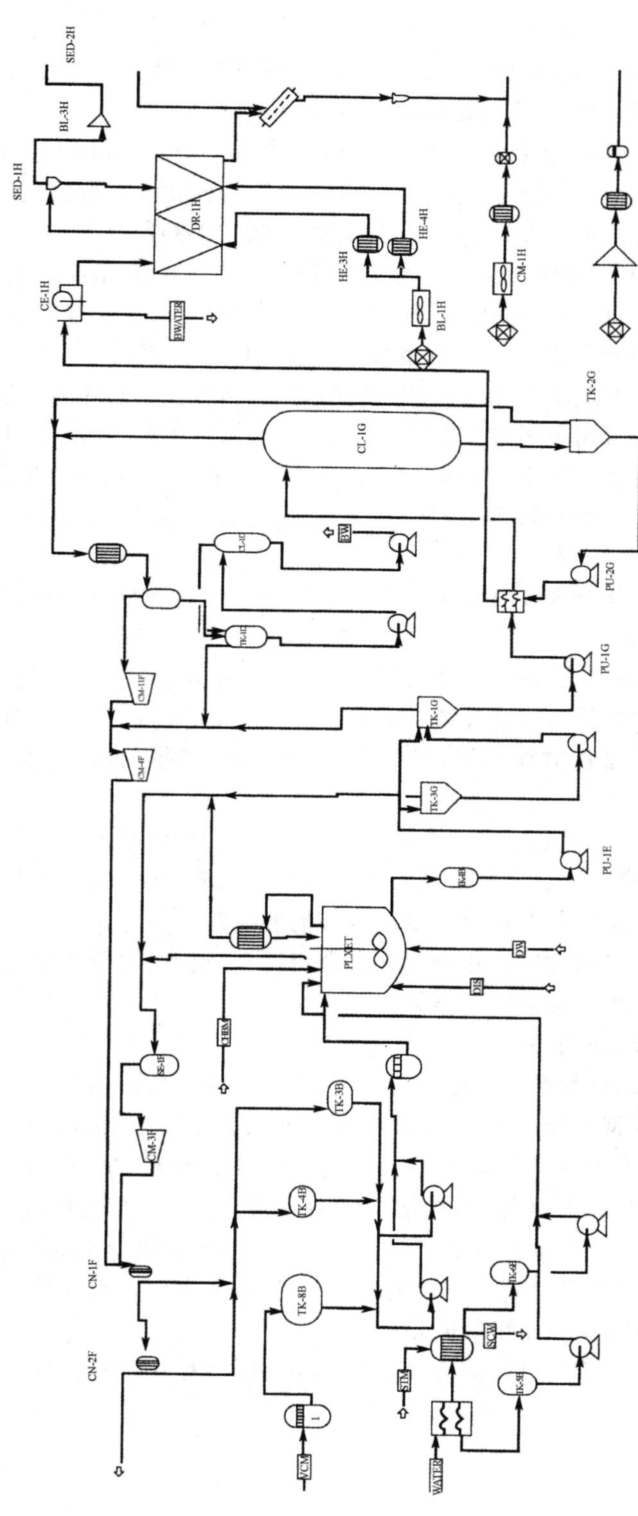

图 6-9　Oxy Vinyls 公司135 m³釜生产PVC工艺流程示意图

6.3.1.3 聚氯乙烯树脂质量指标和影响因素

1. 聚氯乙烯树脂的型号和规格

各国根据自己的特点和历史，对聚氯乙烯树脂作了不同的分类，制定出各自的国家标准，提出相应的型号和规格。国际标准化组织也拟定了标准。

根据结构和组成，悬浮PVC树脂可分成均聚和共聚树脂。目前，我国悬浮PVC树脂以共聚树脂为主，除了大吨位的各种通用悬浮树脂外，还有少量低聚合度和高聚合度PVC树脂等。共聚树脂只有少数厂家生产，产量不大。因此，本节主要讨论通用悬浮PVC树脂的质量指标。

1974年我国对悬浮PVC树脂拟定了部级标准(HG 2-775-74)。先按表观密度将树脂分为两类：① 紧密型XJ，表观密度>0.55；② 疏松型XS，表观密度<0.55。按树脂在二氯乙烷稀溶液中的绝对粘度，将这两类树脂都分成六个型号。随着VC悬浮聚合技术的发展，紧密型悬浮PVC树脂基本被淘汰而停产，疏松型悬浮PVC树脂的质量指标又不断提高。于是，1986年我国颁布了悬浮法输送PVC均聚树脂国家标准(GB/T 8761-86)，按PVC稀溶液(100 mL环己酮中含0.5 g树脂)的粘数分为七个型号。树脂型号按GB/T 3402-82“氯乙烯均聚及共聚树脂命名”规定的符号来表示。1993年和2006年对GB/T 8761-86进行了修订，型号分别增加至8个和10个，有关指标也有提高。

悬浮PVC树脂的质量指标大致可分为三大类：① 分子结构方面的指标；② 颗粒特性方面的指标；③ 杂质方面的指标。

分子结构的指标主要有平均分子量(平均聚合度、粘数)和分子量分布，国标中分子量分布不列为质量指标，但可供研究之用。白度等热稳定性指标主要决定于PVC分子链结构中各种不稳定基团的含量，可归于分子结构方面指标，但颗粒特性(主要是颗粒的疏松性)对白度也有一定影响。

对于PVC树脂，颗粒特性特别重要，因为加工性能，甚至使用性能与之密切相关。与PVC颗粒特性直接相关的指标有平均粒径及粒径分布、形态、孔隙率、孔径和孔径分布、比表面积、密度分布等。除筛分分析(平均粒径及粒径分布)外，其他各项并不一定在PVC规格中列出，只供深入研究使用。与PVC颗粒特性间接相关的有表观密度、干流性、增塑剂吸收率、VCM脱吸性能等。这几项与加工性能、使用性能密切相关。

2. 聚氯乙烯的分子量及分子量分布

分子量是表征聚合物结构的重要指标，也是工业生产中的重要控制目标参数之一。由于聚合物分子量的多分散性，根据统计方法的不同，可有数均、重均、Z均和粘均分子量之分。将重均分子量与数均分子量的比值称为分子量分布指数，是衡量聚合物分子量分布的重要参数。

为方便起见，工业上常用PVC树脂稀溶液的各种粘度，如：相对粘度 $\eta_r=\eta/\eta_0$；比粘度 $\eta_{sp}=\eta_r-1$；比浓粘度 $\eta_c=\eta_{sp}/c$；比浓对数粘度 $\eta_l=(\ln\eta_r)/c$；特性粘度$[\eta]=\lim(\eta_{sp}/c)=\lim(\ln\eta_r/c)$等作为计算平均分子量(或聚合度或$K$值)的基础。以上各式中，$c$为PVC树脂溶液的浓度(g/100 mL)，$\eta$为溶液的粘度，$\eta_0$为溶剂的粘度。

各国测定粘度的条件(溶剂、浓度、测定温度等)各不相同，表6-5列出其中的几例。

表 6-5　PVC 稀溶液粘度测定条件

溶　剂	浓度/(g·mL^{-1})	温度/℃	采用的国家
二氯乙烷	0.01	20	前苏联，我国原化工部标准
环己酮	0.005	25	ISO 174-1974
	0.002	30	ASTM D1243-58TA，GB/T 8761-86
硝基苯	0.004	30	JIS K6721-77，GB/T 5761-93

分子量分布一般不列为 PVC 质量指标，仅供研究之用。通常，恒温聚合的 PVC 分子量分布为 2.0 左右。聚合温度波动过大是影响 PVC 分子量分布的重要因素。除低转化率(<10%)阶段外，转化率对 PVC 分子量分布影响不大，引发剂浓度的影响也不大。

3. 聚氯乙烯颗粒特性和粉体性质

(1) 平均粒径和粒径分布

各种 PVC 树脂有着不同的粒径范围，应采用合适的测定或分级方法。

悬浮 PVC 树脂的典型平均粒径为 125 μm 左右，粒径分布集中在 50～250 μm 之间。采用筛分、激光散射、扫描电镜可以测定 PVC 树脂粒径，其中筛分法最简单常用。筛分适于测定粒径大于 30 μm 的粒子。筛分时经常遇到的困难是产生静电，导致颗粒聚并，产生分析误差，加抗静电剂(如三氧化二铝)或用湿法筛分可克服这一缺点。

树脂的干燥和加工要求悬浮 PVC 有较均匀的粒径，如果小粒子太多，易产生粉尘，并使增塑剂吸收不均；如果大颗粒太多，则吸收增塑剂困难，不易塑化而产生鱼眼或凝胶粒子。因此，要求树脂粒径有较高的集中度，希望 100～140 目或 100～160 目集中度在 90%～95%以上。此外，对 30～40 目以下和 200 目以上的级分也列为控制指标。

(2) 颗粒形态和孔隙率

与这方面内容有关的包括颗粒外表和内部的形态、孔隙率、孔径和孔径分布、比表面积和粒子密度分布等。

普通光学显微镜、相差显微镜、扫描和投射电镜是研究 PVC 颗粒形态的重要工具。用光学显微镜放大 50～100 倍，很容易观察到悬浮树脂的外形和表面织态，疏松型悬浮树脂通常呈白色絮团状。

若要研究粒子间或内部孔隙分布均匀的情况，可以加适量邻苯二甲酸二辛酯(DOP)对 PVC 颗粒溶胀，DOP 折射率(1.519)与 PVC(1.542)接近。在透射光下，闭孔粒子呈黑色，无孔的玻璃体则透明，而一般开孔粒子则呈半透明。

采用扫描电镜可以更加清晰地观察悬浮树脂的外形和表面织态，也可观察切开或剥离后粒子的内部结构，如初级粒子聚集程度、孔隙分布状况等。如用透射电镜观察 PVC 颗粒形态，则需将 PVC 颗粒用环氧树脂或聚甲基丙烯酸甲酯包埋，超薄切片，可以清晰地看到初级粒子，甚至原始微粒。

显微法虽能观察 PVC 颗粒的大小和形态，甚至内部结构，但较难获得内部孔隙体积(孔隙率)的定量数据。孔隙率与增塑剂吸收率、加工性能有关。

最常用的孔隙率测定仪器是压汞仪。根据汞“无孔不入”的特点，在压力下将汞压入 PVC 试样的开孔内。随着压力的增加，汞首先充满大孔，然后进入孔径递减的小孔。压力 p(MPa)与孔

径 D(μm)的关系可选用经验式：$D=2489/p$。

压汞仪的操作压力如从大气压升到196 MPa，则可测定半径为0.0037～7.5 μm的孔隙。测定时，逐渐增加压力，则可获得孔隙分布或孔体积分布的数据。悬浮法PVC颗粒的典型孔径分布如图6-10所示。

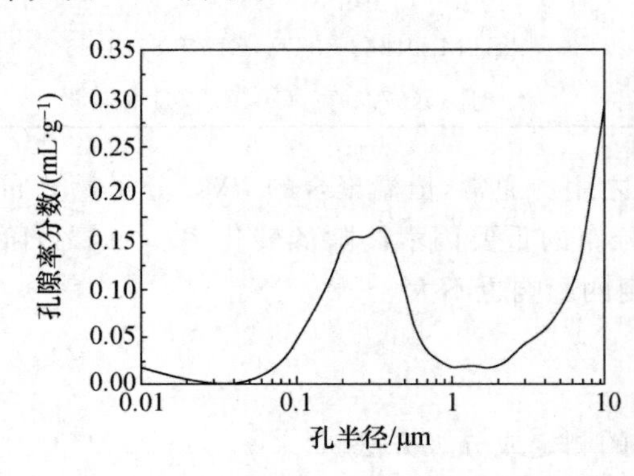

图6-10 悬浮PVC树脂孔径分布图

PVC树脂的比表面积是决定VCM脱吸和增塑剂吸收速率的主要参数，通常与孔隙率有线性关系，但并不十分严格。含有许多均匀小孔的树脂比表面积较大，而孔径分布宽和带大孔的树脂表面积较小。即使是微结构比较均匀的高孔隙率树脂，其表面积也小于4 m^2/g。这一数值相当于1 μm初级粒子的比表面积，低于此值表明有相当部分初级粒子聚结在一起。孔隙率相同时，低转化率树脂的比表面积较大。

通常还可以采用气体吸附法测定固体粒子的比表面积，系将气体(通常为氮)吸附在粒子表面上，然后按单分子层覆盖量进行推算。单分子层的量可以用BET理论的等温吸附式来估算。但在一般情况下，在完成单分子层完全覆盖以前就开始进行第二层覆盖，因此存在一定误差。此外，气相色谱法也可用于测定PVC的比表面积。

PVC的真密度可用比重瓶法和浮选法测定，两法测得的结果可能在较广范围内波动。以甲醇为介质，由比重瓶法曾测得PVC的密度约1.2624～1.4179 g/cm^3。以甲醇-四氯化碳混合液作浮选液，曾测得PVC的密度为1.42～1.43 g/cm^3。通常取PVC的密度为1.40 g/cm^3或1.39 g/cm^3。用浮选法对PVC树脂颗粒进行密度分级，可得密度分布曲线，用于间接表征树脂的颗粒形态。密度分布窄的树脂其内部结构均匀，所有的孔都易被测量液体、增塑剂或其他液态加工助剂所渗透。这已为显微镜和其他方法研究所证实。密度分布宽的树脂，有些开孔，有些则是不能渗透的孔，对增塑剂的吸收速率慢，且不均匀，加工性能不良。

(3) 与增塑剂的作用

当悬浮PVC树脂用于生产软制品时，加工之前须与增塑剂混合，增塑剂的用量自百分之几至50%不等。研究PVC与增塑剂的相互作用，须考虑两种情况：一是室温下的增塑剂吸收率，另一是热干混。

- 增塑剂吸收率：在室温下增塑剂能很快地充满可渗透的内孔、毛细管和缝隙，但相当长的时间内并不使PVC溶胀。充满过程是不可逆的，实质上是由于毛细管作用或表面力吸附了增塑剂，因此用“吸附率”一词更加恰当。增塑剂并不进入初级粒子内，也不使之溶胀。这一过程与化学因素无关，仅决定于粒子形态。增塑剂吸收率与压汞法孔隙率可以进行关联。
- 热干混试验：PVC-增塑剂的预混通常在高速混合机中于100℃温度以下进行，增塑剂即使用得较多也可配得“干粉料”，此时吸收的增塑剂量与室温下的吸收率或孔隙率无甚关系。“干混时间”可用Brabender扭矩流变仪测得，固定PVC的量，不断加入DOP，从DOP开始加入到干粉阶段末的时间即为“干混时间”。以DOP吸收量对热干混时间作图，曲线开始阶段近似线性上升，增塑剂的量增加很多时，“干混时间”出现平台，这就相当于增塑剂的最大吸收率。

“干混时间”几乎完全受增塑剂扩散进入 PVC 固体颗粒(初级粒子及其聚结体)的速率所控制。因此,“干混时间”和增塑剂最大吸收量均随温度增加而增加,PVC 的分子量及增塑剂的化学结构对“干混时间”的影响较大。

(4) 粉体性质

● 表观密度：密度有真密度、表观密度(假比重)、堆积密度之分。表观密度是粉体在未压缩的情况下单位体积粉体的重量,也可以看作特定条件下的堆积密度。我国标准系将 120 mL PVC 粉体通过一定形状、尺寸、开口为 15.5 mm 的漏斗,落入离漏斗 38 mm 的 100 mL 量筒中,刮平筒口多余的粉料,然后称重、计算。悬浮 PVC 树脂的表观密度约在 0.45～0.65 g/m^3 之间,高分子量树脂用于软制品,一般要求表观密度大于 0.55 g/cm^3。为了便于脱除残留 VCM,希望表观密度不要超过一定的上限,保留必要的孔隙率。表观密度与颗粒形态、粒度分布有关。

● 粉体干流性：粉体干流性对 PVC 储运,甚至挤出机下料速度均有影响。粉体干流性可用一定量粉末通过一定孔径的漏斗所需的时间来表征。测定时虽然要注意静电,但也要考虑湿度。湿度过低易产生静电,湿度过高则易结块,影响到干流性。一般湿度控制在 0.1%～0.3%。粒度均匀、粒径较大的粉体干流性较好。

(5) 聚氯乙烯的其他性质

聚氯乙烯树脂除对分子量和颗粒特性有一定要求外,还须考虑其他性能,如热稳定性、透明性、水分及挥发分、水萃取液电导率、黑黄点、鱼眼等。

● 热稳定性。PVC 热稳定性影响到加工性能和使用性能,甚为重要。

PVC 受热分解,释放出 HCl,使树脂变色由浅而深,因此热稳定性可以由开始分解温度、HCl 放出量、PVC 树脂或试片老化后的变色情况来衡量。

将放有 PVC 试样的小试管置于油浴中,逐步升温加热,管口放 pH 试纸测试,试纸开始变色的温度和时间分别称为开始分解温度和热稳定时间。

PVC 树脂和加工助剂混合后压制成硬(或软)试片,置于热老化箱中以一定温度烘烤,在不同时间定期取出试片,颜色越浅则热稳定性越好。

PVC 分子中的一些不规则结构(如烯丙基氯、双键结构、引发剂端基、头头连接、支链等)是造成 PVC 热稳定性差的主要原因。避免过高的聚合温度或聚合转化率、减少单体杂质(乙炔等)和聚合体系中氧含量等是提高 PVC 热稳定性的有效措施。

● 氯乙烯残留量。氯乙烯残留量是衡量 PVC 树脂和 PVC 制品卫生性的重要指标。随着环境保护和卫生要求的提高,希望 PVC 树脂中残留 VCM 含量越低越好。PVC 树脂中残留 VCM 含量通常采用气相色谱法测定,根据采集方法不同又分为液上气相色谱法和固上气相色谱法。

● 水分和挥发分。其测定方法是：取 5 g PVC 树脂试样在 80℃下干燥 2 h,计算损失量占试样的百分比。水分过多,易使树脂结块;过少,则易产生粉尘。

● 黑黄点和“鱼眼”。黑黄点代表机械杂质。测定方法是：取 10 g PVC 试样,放在黑黄点测定器的毛玻璃上,铺匀,目测黑黄点数,再换算成 100 g 试样中的点数。

“鱼眼”是在通常热塑化加工条件下未塑化的透明粒子,由加工成试片后目测计算。“鱼眼”对加工制品质量影响较大,如影响到薄膜的外观和强度、电缆料的绝缘性能等。

● 水萃取液的电导率。其测定方法是：取 20 g PVC 试样放入 500 mL 锥形瓶中,加入 200 mL

二次蒸馏水后加热煮沸回流 1 h,在 20℃下测定滤液的电导率。电缆料对电导率有特殊要求,一般规定在 $1.0\times10^{-4}(\Omega\cdot m)^{-1}$。

● 透明度。PVC 试片的透明度可用雾度计和分光光度计来评价。

6.3.2 氯乙烯本体聚合

自 1948 年美国古德里奇公司用乳液法生产 PVC 糊状树脂实现工业化以后,随着工艺技术的发展,世界各国又相继实现了悬浮法、本体法和微悬浮法等的 PVC 工业化生产。其中本体法是开发得较早,但成熟较晚的 PVC 生产方法,到目前为止尚属法国阿托公司(ATOHEM)的专利技术,因此产量较低,只约占世界 PVC 总产量的 10%左右。由于氯乙烯本体聚合只用氯乙烯单体、引发剂和少量添加剂,而不用水和分散剂等,因此与悬浮法相比具有以下特点:工艺流程大大简化,投资省;生产能力高,是悬浮装置的 2 倍;成本和能耗低,总收率高,经济效益好;操作简单,自动化程度高,安全可靠;基本上无废气、废液排放,对环境污染小,有较好的社会效益;产物树脂纯度高,结构规整,表观密度大,孔隙率高,粒度分布集中,增塑剂吸收性好;制品透明性高,电绝缘性能好,在瓶、薄板、高透明和高绝缘制品中得到了广泛的应用。因此,本体 PVC 具有很好的发展前景。

6.3.2.1 氯乙烯本体聚合基本原理

采用“两段立式聚合釜”工艺,在引发剂的作用下,在一定的搅拌条件和反应温度下进行 VC 本体聚合,其反应方程式为

$$nH_2C{=}CHCl \xrightarrow{\text{引发剂}} \left[\!-CH_2-\underset{\underset{Cl}{|}}{CH}-\!\right]_n$$

式中 n 为聚合度,一般为 500～1500。

以下分别就本体聚氯乙烯的聚合化学机理、树脂的成粒机理以及影响因素等进行阐述。

1. 氯乙烯本体聚合化学机理

(1) 聚合化学机理

氯乙烯聚合是典型的游离基连锁反应,按下面基元反应进行。

● 链的引发。链引发包括引发剂分解为初级自由基(简称 R·),以及初级自由基与 VC 反应生成单体自由基 $R-CH_2-CHCl\cdot$(或称最初活性链)两个步骤。

初级自由基的生成:受热后的引发剂分解生成一对初级自由基。

$$I \longrightarrow 2R\cdot \quad -\Delta H$$

例如,过氧化二碳酸二-(2-乙基己酯)(EHP)引发剂。

$$C_4H_9\underset{\underset{CH_2CH_3}{|}}{CH}-\overset{H_2}{C}-O-\overset{\overset{O}{\|}}{C}-O-O-\overset{\overset{O}{\|}}{C}-O-\overset{H_2}{C}-\underset{\underset{CH_2CH_3}{|}}{CH}C_4H_9 \longrightarrow C_4H_9\underset{\underset{CH_2CH_3}{|}}{CH}-\overset{H_2}{C}-O-\overset{\overset{O}{\|}}{C}-O\cdot \longrightarrow C_4H_9\underset{\underset{CH_2CH_3}{|}}{CH}-\overset{H_2}{C}-O\cdot + 2CO_2$$

最初活性链的生成:

$$R\cdot + CH_2{=}CHCl \longrightarrow R-CH_2-CHCl\cdot$$

引发剂的分解与初级自由基的形成都是吸热反应,因此,在聚合反应的引发阶段需要外界提供热量。

● 链的增长。具有活性的初级自由基很快与氯乙烯分子结合形成长链，这一过程称为链的增长，其反应式为

$$RCH_2CHCl\cdot + CH_2=CHCl \longrightarrow RCH_2CHClCH_2CHCl\cdot$$

$$RCH_2CHClCH_2CHCl\cdot + CH_2=CHCl \longrightarrow RCH_2CHClCH_2CHClCH_2CHCl\cdot$$

$$R\!\left[CH_2CHCl\right]_{n-1}CH_2CHCl\cdot + H_2C=CHCl \longrightarrow R\!\left[CH_2CHCl\right]_n CH_2CHCl\cdot$$

链的增长是聚合反应的主要过程，该过程是放热反应，需要外界冷却将反应热移出。

● 链的终止。PVC大分子自由基与单体、引发剂或单体中的杂质发生链的转移反应，两个大分子自由基发生偶合或歧化反应，大分子自由基与初级自由基发生链终止反应，都使得链的增长停止，即链的终止。

大分子自由基与单体之间的链转移反应：其反应式为

$$R\!\left[CH_2CHCl\right]_n CH_2CHCl\cdot + H_2C=CHCl \longrightarrow R\!\left[CH_2CHCl\right]_n\underset{H}{C}=CHCl + CH_3CHCl\cdot$$

两个大分子自由基发生偶合反应：其反应式为

$$R\!\left[CH_2CHCl\right]_{n-1}CH_2CHCl\cdot + R\!\left[CH_2CHCl\right]_{m-1}CH_2CHCl\cdot \longrightarrow R\!\left[CH_2CHCl\right]_{n+m-1}CH_2CHClR$$

两个大分子自由基发生歧化反应：其反应式为

$$R\!\left[CH_2CHCl\right]_n CH_2CHCl\cdot + R\!\left[CH_2CHCl\right]_n CH_2CHCl\cdot \longrightarrow R\!\left[CH_2CHCl\right]_n CH_2CH_2Cl + R\!\left[CH_2CHCl\right]_n\underset{H}{C}=CHCl$$

大分子自由基与初级自由基反应：其反应式为

$$R\!\left[CH_2CHCl\right]_{n-1}CH_2CHCl\cdot + RCH_2CHCl\cdot \longrightarrow R\!\left[CH_2CHCl\right]_n CH_2CHClR$$

上述这些链终止的复杂反应过程必有一种是主要矛盾，并且由于它的存在和发展，规定和影响着其他矛盾的存在和发展。通常在聚合反应条件下引发剂用量与单体量相比其浓度是很低的，生成大分子自由基彼此相遇形成双分子，偶合的链终止反应的可能性很小；而通过单体的扩散作用，大分子自由基与单体之间的链增长与链转移的可能性都很大。同时，由于引发剂的自发分解，新增加的活性中心随反应时间而增加，使之形成聚合反应过程的“自动加速现象”。这一客观现象存在于聚合反应过程之中。就大分子自由基与单体之间的反应而言，链增长与链终止的两种矛盾的竞争存在于每一个PVC大分子形成过程的自始至终。当PVC大分子自由基在链增长过程中的链节长度(即聚合度)，达到了在该反应条件下(如温度)的某一“临界值”以上时，则会出现量变到质变的飞跃，即由链增长转化为链转移，从而矛盾竞争得到统一。而新的链增长与链转移的矛盾斗争又重新开始。因此，大分子自由基与单体之间的链转移反应就成为氯乙烯聚合起主导作用的链终止过程。但提高引发剂的浓度和因聚合反应后期单体浓度下降，也会使大分子自由基发生双分子偶合链终止反应的可能性增大。

游离基聚合反应动力学方程式，可归纳为

$$V_p = K[M]([B]/[M])^{1/2}$$

式中，V_p 为聚合速率；$K=(K_P+K_{tr})(fK_iK_t)^{1/2}$，其中，$K_P$ 为链增长反应速率常数，K_{tr} 为链转移反应速率常数，K_i 为链引发反应速率常数，K_t 为链终止反应速率常数，f 为引发剂引发效率；[M]为单体浓度。

由于PVC在单体中的溶解度很小(只有0.1%左右)，则聚合反应后即产生沉淀相(又称为PVC浓相)，在沉淀相中也同样发生上述反应，并由于沉淀相中游离基的活动受到限制，互相终止的反应明显下降。据测定，在PVC浓相中综合速率常数为稀相(单体相)中的20倍左右，因而

随着沉淀相的增加而加速反应，同时考虑到体系随着转化率的提高而减少，以及引发剂受浓度随时间呈指数衰减，V_p 可用下式表示：

$$V_p = (1+qC)/(1-BC)^{1/2} \times K[I_0]^{1/2}\exp[1-(K_i/2)\times t]$$

式中，q 为加速因子；C 为转化率；B 为体积收缩率；K 为综合反应常数；$[I_0]$为起始引发剂浓度；t 为反应时间。

当反应至后期，单体相消失，单体有限供给有效地控制反应时（即 $C>C_f$），其反应速度可以用下式表示：

$$V_p = [qk(1-C)^2]/[(1-C_f)(1-BC)^{1/2}]-[I_0]^{1/2}\exp[1-(K_i/2)\times t]$$

式中，C_f 为单体相消失时的转化率。

(2) 聚合反应的影响因素

由上述聚合速率公式可以分析出如下影响聚合反应速度的因素：

- 反应温度的影响：由于 $K_p>K_{tr}$，E（聚合反应总活化能）>0。故根据一般反应动力学概念，活化能大于 0 的反应，其反应速度随温度的升高而加速。
- 反应转化率 C 的影响：由于自动加速效应，则反应随 C 的增加而加快。当 $C>C_f$ 时，单体相供给有限，并有效地控制聚合反应时，则聚合支链增多，重量下降。故一般控制聚合转化率在 80%～85%左右。
- 引发剂浓度的影响：由上述聚合速率公式可以明显看出，V_p 随着$[I_0]$增加而加速。
- 引发剂种类的影响：主要是引发剂分解速度的影响，即 K_i 的影响。K_i 越大，即高效引发剂，引发剂浓度随反应时间下降速度较快，减缓了自动加速效应；反之，低效引发剂，K_i 小，引发剂浓度随反应时间下降较慢，自动加速效应就较显著。

对在工业生产中聚合反应常见的影响因素介绍如下：

第一，温度的影响。如前所述，聚合反应的温度对聚合反应的速度有很大的影响。温度升高，使氯乙烯分子的运动加快，引发剂的分解速度和链增长速度都随之加快，从而促使整个反应速度也加快。由于反应速度的加快，放出的热量也增多。若不及时移出反应热，将造成操作控制的困难，甚至会发生爆炸性聚合的危险，给生产安全造成危害。

PVC 产品的分子量对聚合的反应温度非常敏感，当温度升高时，除链的增长速度加快外，引发剂的引发速度也同样会加快。如果引发剂的引发速度大于链增长的速度，则活性中心就会大大地增加，因而聚合物的分子量就会变小，粘度就要下降。同时由于温度的升高，活性中心相互碰撞的机会也会增多，容易造成“断链”，PVC 树脂的分子量也要变小，粘度就要下降。一般聚合温度在±2℃范围内波动时，PVC 树脂的平均聚合度就会相差 336，分子量就会相差 21000 左右。因此，在工业生产时，聚合反应的温度几乎是控制 PVC 树脂分子量的唯一因素，而改变引发剂的浓度只是调节聚合反应速度的手段。

聚合温度对聚合时间和 PVC 聚合度的影响见表 6-6。

表 6-6 聚合温度对聚合时间和 PVC 聚合度的影响

反应温度/℃	反应时间/h	转化率/(%)	聚合度
30	38	73.7	5970
40	12	86.7	2390
50	6	89.7	990

因此，必须严格控制聚合温度（或压力），以得到预定分子量及其分布的 PVC 产品。一般在控制条件允许的情况下，应使聚合温度波动范围不大于±0.2～±0.5℃。

另外，温度的升高还会增加链的支化程度，链的支化结果将使得氯原子的活性增加，容易造成脱 HCl，而使得 PVC 树脂的热稳定性和加工性能变坏，影响制品的质量。

第二，单体中杂质的影响。氯乙烯单体中常含有乙烯基乙炔、乙醛、偏二氯乙烯、1，1-二氯乙烷、1，2-二氯乙烷和乙炔等杂质。这些杂质都是比较活泼的链转移剂，在聚合过程中会使增长的聚氯乙烯链发生转移，从而使聚合反应速度和聚合度降低，使产品的热分解温度受到影响。

● 高沸点物：采用 ABIN 为引发剂时，VC 单体中乙醛、1，1-二氯乙烷对产品聚合度的影响见表 6-7 及表 6-8。

表 6-7 乙醛含量对 PVC 聚合度的影响

乙醛含量/（%）	0	0.195	0.78	2.92	7.8
PVC 聚合度	935.4	831.0	767.0	500.8	315.5

表 6-8 1，1-二氯乙烷含量对 PVC 聚合度的影响

1，1-二氯乙烷含量/（%）	0	0.29	1.16	4.3	11.6
PVC 聚合度	935.4	810.4	800.7	779.8	546.8

由表可知，乙醛和 1，1-二氯乙烷对 PVC 树脂的聚合度有很大的影响。因此，要求氯乙烯单体中的氯化物含量（1，1-二氯乙烷、1，2-二氯乙烷、甲烷氯化物等）不超过 200 mg/kg，乙醛含量不超过 5 mg/kg。

● 乙炔：表 6-9 列出了 VC 单体中乙炔含量对 PVC 聚合速率和产物聚合度的影响。

表 6-9 乙炔含量对 PVC 聚合速率和产物聚合度的影响

乙炔含量/（%）	聚合诱导期/h	转化率达 88%时所需时间/h	聚合度
0.0009	3	11	2300
0.03	4	19.5	1000
0.07	5	21	1500
0.13	8	24	300

由上表可见，微量的乙炔即会对聚合反应起阻聚作用，使聚合的诱导期延长，聚合反应速度减慢，产品的聚合度下降。除此之外，乙炔还严重影响产品热稳定性，从而使产品易于老化。这可以由下列反应看出，生成了含有不稳定结构的 PVC，这对 PVC 树脂的热稳定性是不利的影响。

$$—CH_2CHClCH_2CHCl + HC{\equiv}CH \longrightarrow —CH_2CHClCH{=}CHCH_2CHCl\cdot$$

$$—CH_2CHClCH{=}CHCH_2CHCl\cdot + R\cdot \longrightarrow —CH_2CHClCH{=}CHCH_2CHClR$$

单体中杂质丁二烯对聚合反应的影响与乙炔相似。一般认为，乙炔在 6 mg/kg 以下时，对 PVC 高分子链并无害处，因此在生产中要求氯乙烯单体中乙炔的含量控制在 10 mg/kg 以下。

第三，氧的影响。氧的存在对聚合反应起阻聚作用，一般认为，长链游离基吸收氧而生成氧化物使链终止。其反应式如下：

$$-[CH_2-CHCl]_n- + nO_2 \longrightarrow -[CH_2-CHCl-O=C]_n-$$

此类过氧化物在 PVC 中将使热稳定性显著变坏，产品极易变色。

氧的存在还会对聚合的反应速度和产品的聚合度产生影响，其影响情况见表 6-10 及表 6-11。

表 6-10　氧对 PVC 聚合反应速度的影响

聚合时间/h	3	6	7	9	10	14
空气中聚合转化率/(%)	2.5	12	18.5	33.5	49	72.4
氮气中聚合转化率/(%)	5.5	21.5	22.1	36.9	57.3	77.7

表 6-11　氧含量对 PVC 聚合度的影响

O_2 含量/($mg \cdot kg^{-1}$)	0	2.57	17.87
PVC 聚合度	935.4	893.3	777.4

可见，在聚合投料前必须用氮气置换和抽真空处理，并在聚合过程中不断脱气，以减少聚合釜中氧的含量。

第四，铁的影响。虽然 PVC 本体聚合不加水，但 VC 单体中难免含有微量的水。水和引发剂中铁离子的存在会对聚合产生影响，其影响程度与氧、乙炔的影响相似。铁离子的存在使聚合诱导期延长，反应速度减慢，产品热稳定性和色度变坏，降低产品的电性能。所以，要求氯乙烯单体中水的含量小于 200 mg/kg，铁的含量小于 1 mg/kg。

总之，当聚合中出现不良反应或者产量较低等问题时，首先采取的措施就是提高氯乙烯单体的纯度，减少杂质的含量。一般都要求氯乙烯单体的纯度在 99.9%以上，且越高越好。

2. 氯乙烯本体聚合成粒过程及其影响因素

按照目前工业生产采用的氯乙烯本体聚合的“两段立式聚合釜”工艺，介绍氯乙烯本体聚合成粒过程及影响因素。

(1) 成粒过程

氯乙烯本体聚合体系的组成与悬浮聚合不同，从而造成两种聚合成粒过程和产品树脂性能的差异。氯乙烯本体聚合初期为均相体系，聚合一开始引发剂分解产生的游离基转化为微游离基，进而形成不溶于单体的微分子链，并迅速缠结增大，达到一定尺寸即形成球形絮状物。之后吸附更多的微游离基，使尺寸进一步增大成为最初的分子粒子。分子粒子的直径为 100～200 nm，比表面积极大，表面热力学稳定性极差，易发生凝聚形成直径为 0.02～0.05 μm 的区域结构。随着聚合转化率的提高，这些区域结构发生二次凝聚形成直径为 0.5～0.7 μm 的初级粒子。预聚合的转化率一般控制在 8%～12%，在此阶段初级粒子溶胀了氯乙烯单体使初级粒子呈凝胶态，分散在氯乙烯单体中间。

聚合体系的表面能与表面功总是平衡的，如果搅拌状态(速度)不变，则搅拌功保持恒定。随着聚合转化率的不断提高，聚合体系粘度不断增加，表面能也不断增加，要使表面能与搅拌功平衡，唯一的途径就是初级的胶态粒子发生凝聚，由较小的粒子变成较大的粒子，以降低表面能。

在预聚合阶段，由于粒子小，比表面积大，表面能大，所以需采用较高的搅拌速度。

在后聚合阶段，将预聚合体系的全部物料转入聚合釜中，并将剩下的 1/2～2/3 氯乙烯单体补加进去，同时加入适量的引发剂，重新升温聚合。此时整个体系的转化率约为 3%～5%，聚合体系除胶体粒子外，还有大量的自由氯乙烯单体存在。随着聚合的进行，自由单体不断减少。当聚合转化率约为 20%时，自由单体全部消失，全部为胶态粒子所组成，体系的粘度急剧上升。为了降低体系的表面能，粒子间就发生第三次凝聚，有 0.5～0.7 μm 的初级粒子凝聚成 105～130 μm 的树脂颗粒，完成了如图 6-11 所示的成粒过程。

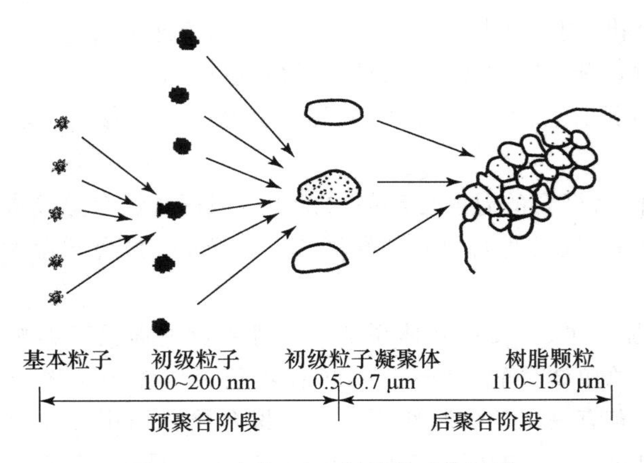

图 6-11　本体 PVC 树脂的成粒过程

(2) 成粒过程的影响因素

由成粒过程可知，本体 PVC 树脂的成粒过程受聚合转化率、搅拌和聚合温度等的影响。

● 转化率。在聚合的不同阶段，转化率对成粒过程的影响也不一样。

预聚合阶段：预聚合开始时釜内处于氯乙烯单体的均相状态。当转化率在 1%以下时，VCM 被引发剂引发形成 PVC 微粒，并立即从氯乙烯单体中分离出来。当转化率达到 1%～2%时，PVC 微粒已基本形成，直至聚合终止没有新的 PVC 颗粒形成。为了使微粒具有一定的内聚力，转化率一般控制在 7%～15%范围内，最后控制在 8%～12%之间。如果转化率低于 7%，微粒聚集的形态还未稳定，在输送过程中易受到管道弯头等的冲击而遭到破坏；如果转化率高于15%，则在高速搅拌下会加重粘釜，且高速搅拌难以进行，功率消耗过大。因此，必须严格控制预聚合的转化率。

后聚合阶段：当转化率达到 8%～12%后，含有 PVC 微粒的 VC 悬浮液被送到后聚合釜中继续进行聚合，在此阶段体系经历了悬浮状、糊状和粉末状的转变，因此要求慢速的搅拌适合于上述介质状态的转变。当转化率达到 50%以上时，聚合只在颗粒内部进行以填实颗粒内部层间的空隙，颗粒表面的变化减缓，而颗粒外表仍然多孔。可见，转化率也直接影响产品的多孔性，要获得高孔隙率的颗粒，则必须控制最终的转化率，通常为 80%～85%。如果转化率高于 85%，则必须相应地提高聚合温度(压力)，此时可供挥发的单体少而冷却效果差，将影响到产品的质量。反之，转化率低时，则每个大分子平均支链少，分子量降低。在正常的控制条件下，特别是对转化率的控制，本体 PVC 树脂颗粒将具有较高的孔隙度和比表面积均匀且密度大的结构。

● 搅拌。在氯乙烯本体聚合中，搅拌是个重要的成粒条件。按照本体树脂成粒过程，不可能在同一聚合釜采用同一桨叶对液状、悬浮状、糊状和粉末状进行有效的搅拌，因而聚合必须在不同的搅拌中进行，即整个聚合反应应在预聚合釜和后聚合釜中完成：预聚合釜中生成“种子”，后聚合釜中“种子”进一步聚合生成PVC成品树脂颗粒。

在预聚合阶段，VC液相在强烈搅拌的条件下形成均匀粒子，这些均匀粒子的形成过程包括反应开始、粒径增大、粒子凝聚等步骤。粒子的最初形状和尺寸在搅拌的作用下变得越来越规则，粒子逐渐转化成颗粒，形成的颗粒在结构上趋于稳定。但此时的孔隙率极高，此时的颗粒则称为“种子”。当转化率达到8%～12%时，“种子”被送到装有慢速搅拌器的后聚合釜中进行，后聚合阶段体系经历悬浮状、糊状和粉末状转变，因此要求慢速搅拌来适合于上述分质状态的转变，以使最终的PVC树脂颗粒结构逐渐达到规定的质量指标。

● 温度。在VC的预聚合阶段，由于PVC微粒在较低温下结合力较低，因此预聚合的温度一般控制在60～70℃。

除了转化率影响外，后聚合的温度对产品的分子量与多孔性有直接影响。聚合温度增加，就会导致颗粒内部间隙增加，从而增大颗粒的孔隙率。因而，后聚合的温度一般控制在45～70℃范围内。

此外，预聚单体的加入量、引发剂和体系的pH对成粒过程也有影响。在预聚合阶段，预聚单体的加入量一般约为总单体量的1/3～1/2，这样不仅可以缩小预聚合釜的容积，更主要的是对树脂的密度和粒径分布有一定的控制作用。在预聚合阶段采用高效引发剂，有利于树脂的成粒。在VC本体聚合中加入定量的硝酸来控制聚合体系的pH，可以减轻粘釜和保证产物树脂的粒度和孔隙率。

6.3.2.2 氯乙烯本体聚合生产工艺

本体PVC树脂的生产过程可分为预聚合和后聚合工序、脱气和冷凝工序、分级工序、均化和包装工序，以及废水和废气处理工序，分别由图6-12～6-16所示的工艺流程图表示。

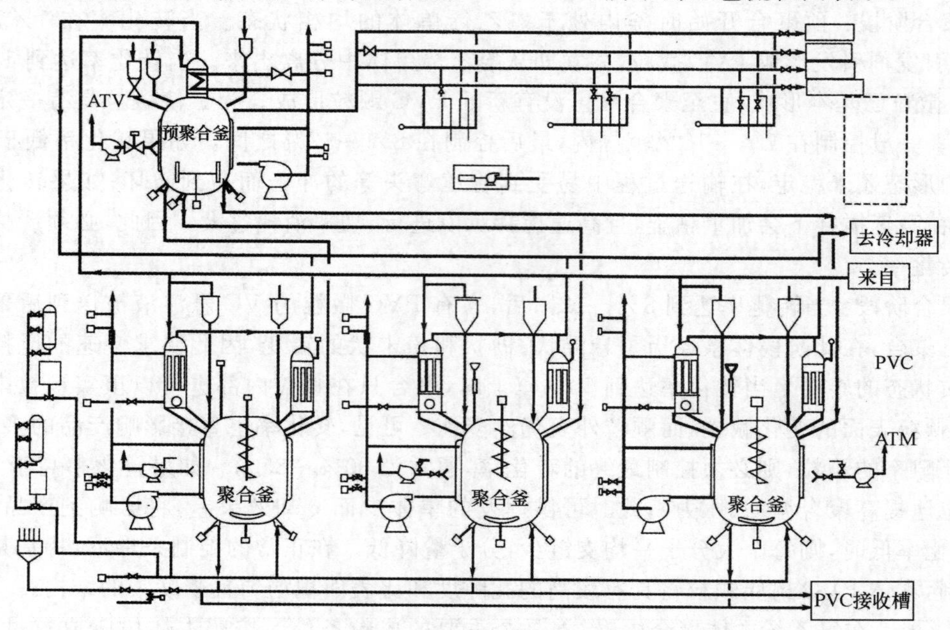

图6-12 预聚合和后聚合工序的工艺流程图

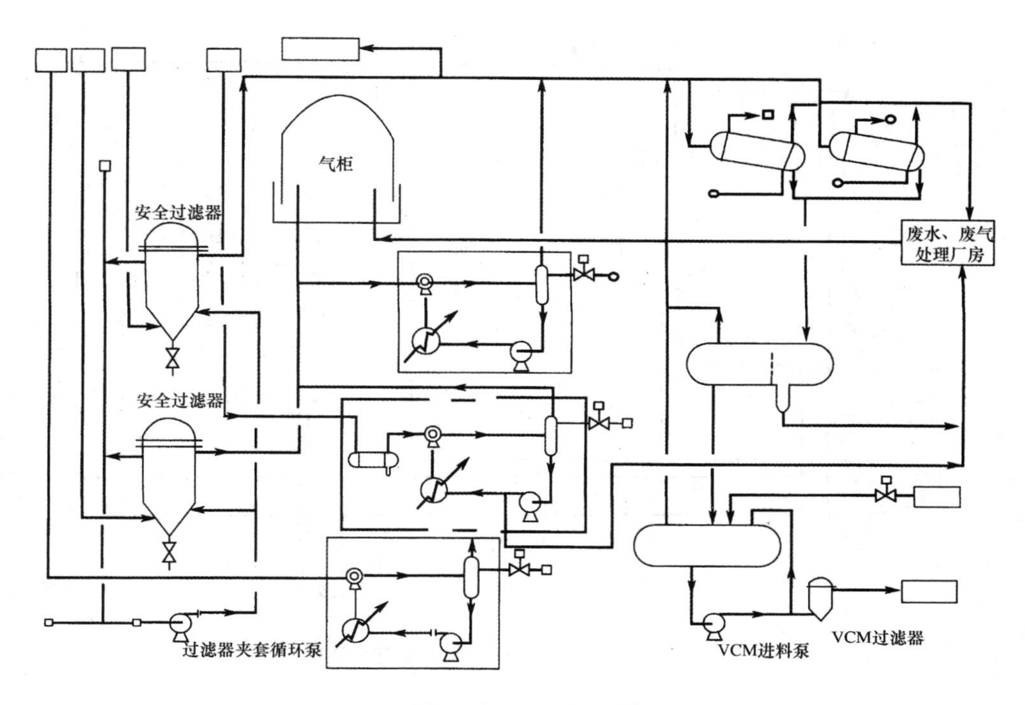

图 6-13 脱气和冷凝工序的工艺流程图

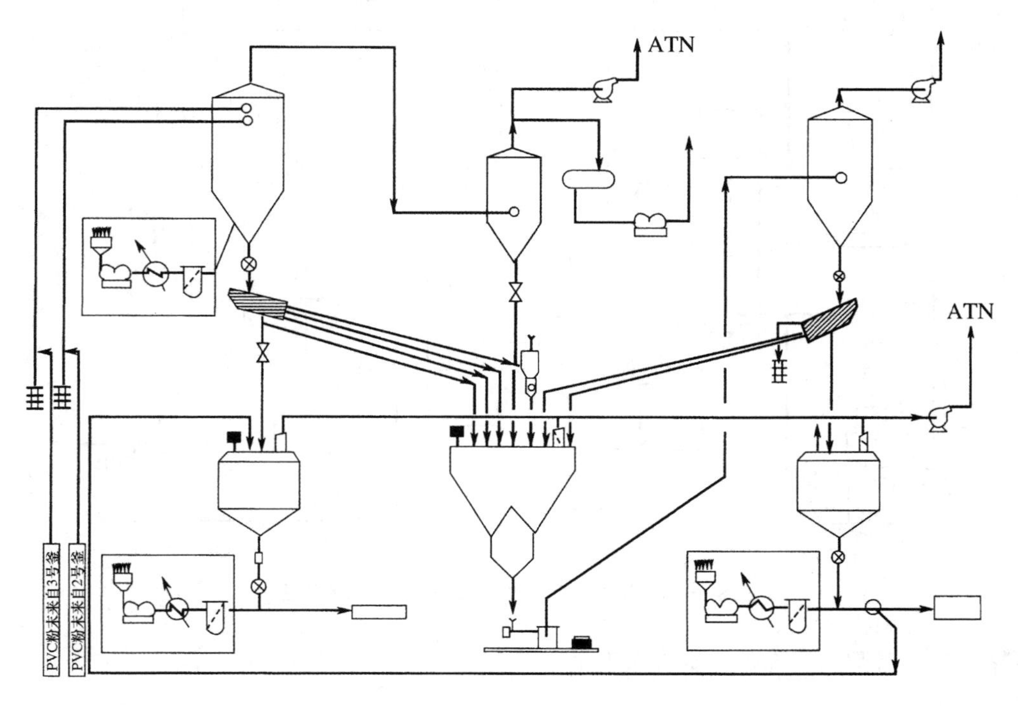

图 6-14 分级工序的工艺流程图

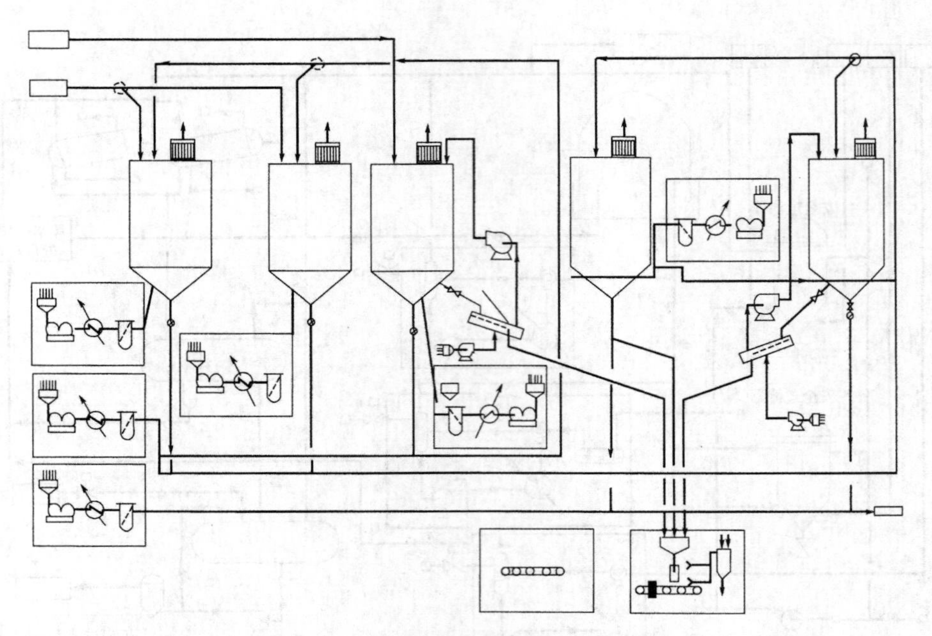

图 6-15 均化和包装工序的工艺流程图

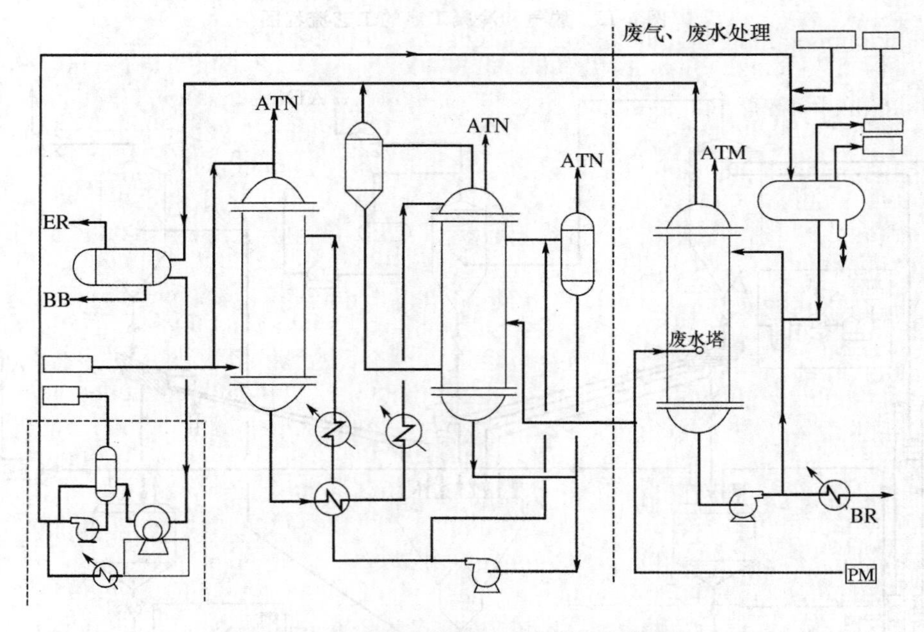

图 6-16 废水和废气处理工序的工艺流程图

现将 PVC 树脂生产工艺分别说明如下：

1. 预聚合

用 VCM 加料泵将规定量的 VCM 从日储槽中抽出，经 VCM 过滤器过滤后打入预聚合釜中。VCM 的加料量是通过对整个预聚合釜称重而控制的，预聚合釜则安装在负载传感器上。

引发剂是由人工预先加到引发剂加料罐中，当需要添加引发剂时，则按规定的程序用 VCM 将其带入预聚合釜中。终止剂也是由人工预先加到终止剂加料罐中，在紧急情况发生时，则用高压氮气将其加入预聚合釜中，终止剂的加入则由 DCS 控制。

当物料加料完毕后，用热水循环泵将热水槽的热水打入预聚合釜夹套内，将 VCM 升温到规定的反应温度(或压力)。当升温到规定的反应温度时改通冷却水，反应温度(或压力)的控制是通过控制预聚合釜顶回流冷凝器或夹套的循环冷却水量来实现的。预聚合釜的反应温度(或压力)波动范围要求为±0.2～±0.5℃。

当聚合转化率达 8%～12%时(根据聚合反应放出的热量或时间来估计)，预聚合反应停止，并将物料全部放入到后聚合釜中。

2. 后聚合

首先由人工将引发剂、添加剂、终止剂，分别加入到引发剂、添加剂和终止剂加料罐中，然后按规定的程序加入到聚合釜中。聚合釜中 VCM 的加料量是通过对整个聚合釜的称量来控制的。聚合釜同样是安装在负载传感器上。

聚合釜的加料和操作程序如下：

(1) 经添加剂加料罐中加入固态粉剂和抗氧化剂。

(2) 关闭人孔，用真空泵抽真空至规定值。

(3) 加入 0.5 t VCM 并检漏，合格后加入规定量的 VCM。

(4) 接受预聚合釜中的物料，通过预聚合釜再向后聚合釜加入约 5 t 的 VCM。

(5) 开始升温，再用 1 t 的 VCM 将引发剂冲入后聚合釜中。

(6) 在 30 min 内用热水将后聚合釜内的物料升温到规定温度(或压力)，升温所需的热水来自热水槽。当温度(或压力)达到规定的温度时，停止升温，然后逐步向后聚合釜夹套和回流冷凝器通入冷却水，维持聚合反应温度(或压力)，使温度波动范围控制在±0.2～±0.5℃内。在后聚合开始时反应物是液相，且有“种子”悬浮在液相中，随着聚合反应的进行，VCM 变成 PVC 粒子，液体逐渐减少，固体逐渐增多，反应物则从液相变成稠状，再变成粉状。

(7) 在后聚合反应周期内，需进行两种排气。一种是从回流冷凝器顶部按规定的流量排气，以脱除后聚合釜内残余的 O_2 和 N_2；另一种是从 PVC 回收过滤器同样按规定的流量排气，进一步脱除聚合釜内残余的 O_2 和 N_2。由于 VCM 的气化，使得物料能得到更充分的混合。上述两种排气，在后聚合周期内是连续进行的，在此过程中约回收 7 t VCM。随着所生产树脂牌号(型号)的不同，后聚合反应时间约为 2～4 h。

(8) 根据后聚合时间和热量计数器反映的读数来控制后聚合终点(转化率)，当达到终点转化率时，开始回收未反应的 VCM。

(9) 采用自压回收和真空回收相结合的方法进行未反应的 VCM 的回收，使 PVC 颗粒中残留的 VCM 减少到最低的限度。首先是按规定的流量和规定的时间向后聚合釜通入蒸汽，使气相中的 VCM 分压降低，残留的 VCM 就从 PVC 颗粒中脱除出来，经汽提后的 PVC 粉料中的残留 VCM 从 3000～4000 mg/kg 降至 20～25 mg/kg。为了避免设备腐蚀，在通入蒸汽进行汽提之前，还必须将规定量的氨水从氨加料罐中通过氨喷射阀注入后聚合釜中，并抽真空使后聚釜达到规定的真空度。为了增加 PVC 的流动性，还需将规定的丙三醇(甘油)喷入到后聚釜中。

(10) 通入氮气使后聚釜内的压力回到大气压。启动气体传送系统，使后聚釜内的粉料通过

PVC 排放阀进入输送系统送至分级工序进一步处理。出料结束后，对后聚釜进行冲洗和干燥(需要时间)，准备下批树脂的生产。

为了保证作业环境中的 VCM 含量 8 h 平均不超过 1 mg/kg，在预聚合釜和后聚釜上分别设有泄漏排风机，其排空高度高出聚合厂房 2 m 以上，采用集中排放的方式进行排放。

3. 后聚合釜的水力清洗

当生产的树脂用作软制品时，为了避免“鱼眼”，每釜出料后需对后聚釜进行一次清洗；当生产的树脂用于加工硬制品时，则每天需对后聚釜进行一次清洗。因此，在后聚釜顶上设有两个冲洗装置。由 DCS 控制，冲洗头会自动伸入后聚釜中，按程序冲洗后聚釜内的不同部位，冲洗时间可以调节。

冲洗后聚釜所需的高压水由高压水泵供给，带有 PVC 颗粒的冲洗水从后聚釜底部通过排放阀排出，经废料捕集器捕集结块物后排至水池中。少量 PVC 物料在池中沉积，定期清理后作次品处理。废水则用泵送至废水汽提装置进一步处理。

4. VCM 的回收

当后聚合反应结束后，首先进行自压回收，未反应的 VCM 经 PVC 回收过滤器、脱气过滤器过滤后，直接进入一级冷凝器用冷冻水进行冷凝。脱气回收时，后聚釜夹套和脱气过滤器夹套均应用热水进行循环，以防止 VCM 被冷凝。

当后聚釜内压力下降至约 0.25 MPa 时，回收的 VCM 则被送入 VCM 气柜中。

当后聚釜内压力下降至大气压时，则启动脱气真空系统，使釜内的压力降至 0.01 MPa(绝压)，并停止真空泵。

当后聚釜中加入 pH 调节剂和蒸汽后，再次启动脱气真空系统，使后聚釜达到规定的真空度，尽可能多地回收未反应的 VCM。为了确保安全，在脱气真空泵的入口和 VCM 气柜上各装有一个氧气分析仪器，以便检测 VCM 气体中的 O_2 含量。

从 VCM 气柜出来的 VCM 气体，经气柜压缩机压缩后被送至一级冷凝器用冷冻水进行冷凝，不凝性气体再经二级冷凝器用－35℃冷冻盐水进行冷凝。尾气则被送至尾气吸收系统进行回收处理。

经一级冷凝器、二级冷凝器冷凝下来的 VCM，被送至倾斜器中，在倾斜器中静置后水被分离出来，该废水与其他含有 VCM 的废水一起送至废液，在汽提系统中进行回收处理。从倾斜器出来的回收 VCM 则自流到 VCM 日储槽中。

从 VCM 装置送来的新鲜 VCM 同样也进入到 VCM 日储槽中，新鲜的 VCM 与回收的 VCM 通过 VCM 加料泵打循环进行充分混合。当预聚釜和后聚釜需要加料时，则用 VCM 加料泵将 VCM 日储槽中的 VCM 抽出，并经 VCM 过滤器过滤后送至预聚釜或后聚釜。

5. 分级

后聚釜生产的 PVC 粉料经釜底卸料阀用空气输送系统送至 PVC 接收槽中，经接收槽顶部出来的空气，再经 PVC 回收过滤器进一步回收空气中所夹带的 PVC 粉料后，尾气经安全过滤器、风机排空。尾气排放粉尘中 PVC 含量小于 1 mg/kg，VCM 含量小于 5 mg/kg。

进入 PVC 接收槽中的 PVC 粉料用流化装置进行流化。PCV 粉料经筛子进料器进入分级筛进行分级。

6. 均化、储存、包装

PVC均化料仓的底部均有流化装置，PVC粒子中残留的VCM在均化过程中被空气最后脱除，使成品树脂中残留的VCM含量小于1 mg/kg。

参考文献

[1] 邴涓林. 2012年中国PVC产业状况分析. 聚氯乙烯，2013，41(5)：1-8.
[2] 吴刚强，郎中敏，赵磊琰. 氯乙烯单体合成工艺研究进展. 内蒙古石油化工，2011，24：1-3.
[3] 李玉芳，伍小明. 氯乙烯生产技术的研究开发进展. 江苏氯碱，2010，(3)：4-6.
[4] 邴涓林，黄志明. 聚氯乙烯工艺技术. 北京：化学工业出版社，2008.
[5] 魏文德. 有机化工原料大全：氯乙烯. 北京：化学工业出版社，1991.
[6] 吕学举. γ-Al_2O_3负载型氯化铜基催化剂上乙烷氧氯化制氯乙烯. 吉林大学，2005.
[7] 韩钦生，孙芳. 乙炔法PVC与乙烯法PVC对比. 中国塑料，2009，37(9)：5-8.
[8] 刘岭梅，董素芳，赵素梅. 聚氯乙烯工业生产技术. 聚氯乙烯，2005，(7)：1-5.
[9] 谢建玲，桂祖桐，蔡绪福. 聚氯乙烯树脂及其应用. 北京：化学工业出版社，2007.
[10] 蓝凤祥，柯竹天，苏明耀，童俊民，蓝凤鸣，储诚意. 聚氯乙烯生产和加工应用手册. 北京：化学工业出版社，1995.
[11] 崔小明. 我国电石法聚氯乙烯生产技术新进展. 江苏氯碱，2011，(2)：4-9.
[12] 李永磊，邱瑞玲. 中国聚氯乙烯生产技术与市场分析. 聚氯乙烯，2011，39(6)：1-4.
[13] 倪锐利，陈江. 30万吨/年乙烯法氯乙烯/聚氯乙烯生产工艺技术国产化开发. 聚氯乙烯，2011，39(5)：19-21.
[14] 周军，张新力. 我国电石法聚氯乙烯发展的挑战和趋势. 聚氯乙烯，2012，40(7)：1-4.
[15] 李群生，于颖. 聚氯乙烯工业生产新技术及其应用. 聚氯乙烯，2012，40(10)：1-6.
[16] 张然. 聚氯乙烯树脂稀溶液粘度测定方法的研究. 聚氯乙烯，2012，40(5)：30-33.
[17] 张云洁. 氯化汞触媒在聚氯乙烯行业中的应用. 聚氯乙烯，2013，41(3)：29-31.

习　题

1. 聚氯乙烯的分类有哪些？
2. 目前，世界范围内聚氯乙烯生产方法都有哪些？
3. 电石乙炔法生产氯乙烯单体的机理是什么？
4. 乙烯氧氯化法的基本原理是什么？
5. 简述聚氯乙烯悬浮聚合过程。
6. 聚氯乙烯本体聚合与悬浮聚合相比有哪些优点？
7. 聚氯乙烯本体聚合工艺可以分为哪些工序？

第七章　甲醇的生产

7.1　概　述

甲醇是醇类化合物中结构最为简单的饱和一元醇，是当今社会碳一(C1)化工的基础产品和有机化工原料，广泛应用于化工、染料、医药、农药、涂料、交通和国防等工业。目前，全球甲醇的深加工产品已达120种，我国以甲醇为原料的一次加工产品已有近30种，其中甲醛、醋酸、氯甲烷、甲醇燃料、MTBE、甲胺、碳酸二甲酯、二甲醚等都是主要的甲醇下游产品。

甲醇最早是在1661年由英国化学家Robert Boyle在木材干馏的液体产品中发现的，故甲醇俗称木醇或木精(wood alcohol)，也因此木材干馏成为了工业上生产甲醇最古老的方法。美国于20世纪70年代才彻底摒弃这一方法。1834年，Dumas和Peligot成功分离出甲醇纯品。1857年，法国化学家Berthelot用一氯甲烷水解制得了甲醇。

甲醇的大规模工业化生产以20世纪20年代高压法合成甲醇为标志。1923年，德国巴斯夫(BASF)公司在Leuna建成了世界上第一座年产300 t的甲醇生产装置，并成功投产。该装置采用高压法(30～35 MPa)，锌-铬氧化物为催化剂，CO和H_2为原料气，360～400℃条件下进行。这种高压法作为当时唯一的生产方法一直延续到1965年。

1966年，英国ICI公司成功研制出中低压法甲醇合成工艺，降低了反应压力，促进了甲醇生产的高速发展。该工艺采用Cu-Zn-Al氧化物为催化剂，操作压力为5 MPa，CO和H_2为原料气，210～270℃条件下进行。1972年ICI公司又成功研制出10 MPa的中压甲醇合成工艺。

20世纪70年代，德国Lurgi公司采用Cu-Zn-Mn或Cu-Zn-Mn-V，Cu-Zn-Al-V氧化物铜基催化剂，同样成功实现了低压法合成甲醇，并建成了以天然气-渣油为原料的年产4000 t甲醇的低压法工业化生产装置。

至今，甲醇工业已经历了90多年的发展历程，先后形成了以ICI工艺、Lurgi工艺、MGC工艺为代表的先进生产方法。

我国的甲醇工业起步较晚。20世纪50年代，开始引进国外高压法合成工艺。60年代末，我国根据自己的国情，开发了合成氨联醇工艺，充分利用氨生产原料气中的CO和CO_2，借用合成系统的压力设备，在11～15 MPa下联产甲醇。这是我国自主开发创新的甲醇生产工艺。70年代末，四川维尼纶厂引进ICI公司低压冷激式甲醇生产工艺，采用乙炔尾气为原料气，建成年产9.5万吨规模的工业化装置。80年代中期，齐鲁第二化工厂引进了Lurgi公司的低压甲醇合成装置，以渣油为原料。与此同时，利用引进的技术和自主创新，南化集团和西南化工研究设计院成功开发了C301型和C302型铜系低压甲醇合成催化剂，同时西南化工研究设计院还开发成功绝热等温混合型管壳式低压合成甲醇反应器及合成工艺，使我国的甲醇生产技术得到了前所未有的进步。

7.2　甲醇原料气的制取

自20世纪20年代初，德国BASF公司的科学家成功采用原料气的方法合成出甲醇之后，全球甲醇的生产几乎都转向了以CO、CO_2和H_2为主要组成的原料气合成甲醇的工艺。甲醇合成的原料气来源广泛，大致可以归结为两类：一是以固体燃料为原料制取甲醇合成原料气，包括以各种变质程度的煤和焦炭气化得到的原料气，以及炼焦行业的焦炉煤气等；二是以烃类原料造气，包括天然气、轻油、石化尾气、乙炔尾气、煤层气转化制得的原料气，以及重油、渣油、石脑油热裂解或蒸汽转化制得的原料气等。此外，还有采用醇-酮发酵尾气、无机盐工业废气、钢厂高炉气等经变换、脱碳后制得的原料气。

中国甲醇生产的原料气比较复杂，初期主要采用固体燃料，如煤、焦炭等通过气化得到的水煤气。20世纪50年代以后，随着科学技术的发展，原料结构也发生了变化，形成了烃类转化原料气工艺与水煤气工艺并存的局面。但基于我国资源的特色，以固体燃料为原料的水煤气工艺仍占主导地位。直到“十二五”之后，国家才明确提出，降低以煤为原料的甲醇生产工艺比例，提高以天然气、焦炉煤气为原料的甲醇生产工艺比例，合理利用我国能源资源。然而，甲醇生产到底以何种资源为原料制备原料气，应该结合地方资源特色及科技水平。本章重点介绍以固体燃料和烃类为原料的造气方法。

7.2.1　以固体燃料为原料制甲醇原料气

7.2.1.1　固体燃料气化反应原理

固体燃料主要是指煤和焦炭，通过煤气化过程可获得气体混合物，俗称水煤气。煤气化是指煤与气化剂在高温条件下作用，发生煤的热分解并释放出CO、CO_2、H_2O及烃类等物质的过程。该过程主要在气化炉中进行。气化剂常用空气、氧气、水蒸气、二氧化碳和氢气等，它们与煤或焦炭中的碳发生非均相气化反应(即煤的热分解反应)，通常是一个十分复杂的反应体系。具体反应如下：

$$C+O_2 \longrightarrow CO_2 \qquad \Delta H_{298}=-393.8\ \text{kJ/mol}$$

$$C+\frac{1}{2}O_2 \longrightarrow CO \qquad \Delta H_{298}=-110.6\ \text{kJ/mol}$$

$$C+H_2O \longrightarrow CO+H_2 \qquad \Delta H_{298}=131.4\ \text{kJ/mol}$$

$$C+2H_2O \longrightarrow CO_2+2H_2 \qquad \Delta H_{298}=90.2\ \text{kJ/mol}$$

$$C+2H_2 \longrightarrow CH_4 \qquad \Delta H_{298}=-74.9\ \text{kJ/mol}$$

$$C+CO_2 \longrightarrow 2CO \qquad \Delta H_{298}=172.6\ \text{kJ/mol}$$

煤热分解析出的气态产物如CO_2、H_2O及烃类等也可与赤热的焦炭发生上述反应。气化反应产物之间进行的反应为均相反应，具体反应如下：

$$CO+3H_2 \longrightarrow CH_4+H_2O \qquad \Delta H_{298}=-206.3\ \text{kJ/mol}$$

$$CO+H_2O \longrightarrow CO_2+H_2 \qquad \Delta H_{298}=-41.2\ \text{kJ/mol}$$

$$CO_2+4H_2 \longrightarrow CH_4+2H_2O \qquad \Delta H_{298}=-165.1\ \text{kJ/mol}$$

$$CO+\frac{1}{2}O_2 \longrightarrow CO_2 \qquad \Delta H_{298}=-283.7\ \text{kJ/mol}$$

除了上述均相和非均相反应之外，煤中还有少量元素氮(N)和硫(S)。它们与气化剂 O_2、H_2O、H_2 以及反应中生成的气态产物之间可能进行如下反应：

$$S+O \longrightarrow SO_2$$

$$SO_2+2H_2 \longrightarrow S+2H_2O$$

$$SO_2+2CO \longrightarrow S+2CO_2$$

$$2H_2S+SO_2 \longrightarrow 3S+2H_2O$$

$$C+2S \longrightarrow CS_2$$

$$CO+S \longrightarrow COS$$

$$N_2+3H_2 \longrightarrow 2NH_3$$

$$N_2+H_2O+2CO \longrightarrow 2HCN+\frac{3}{2}O_2$$

$$N_2+xO_2 \longrightarrow 2NO_x$$

$$CH_4+NH_3 \longrightarrow HCN+3H_2$$

由此产生了煤气中含硫和含氮的产物。这些产物混杂在原料气中，会对设备及管道产生腐蚀和污染，也会使变换、合成等工段的催化剂中毒，在气体净化阶段必须脱除。

依气化方法、气化条件及煤的性质不同，煤气化所得气化气的组成也不同。各种气化气的组成见表 7-1。

表 7-1　煤气化所得气化气组成

气化气种类		气化剂	组成(质量分数)/(%)						高热值/$(MJ \cdot m^{-3})$	用　途
			CO_2	H_2	CH_4	CO	N_2	C_nH_m		
固定床常压气化气	水煤气 发生炉气	水蒸气	5	50		40	5		10.5～12.2	工业燃料气
		空气、水蒸气	5.5	10.5	0	29	55		4.4～5.2	贫煤气
		空气、水蒸气	3.6	12.4	0.2	27.8	56			贫煤气 工业燃料气
		氧气、水蒸气	16.5	41	0.9	40	1.6		10.6	城市煤气 合成气
鲁奇加压气化气	褐煤气	氧气 水蒸气	30.2	37.2	11.8	19.7	0.7	0.4	12.3	合成气 城市煤气 代替焦炉煤气
	气焰煤气		27.0	39.0	9.9	23.0	0.7	0.4	12.0	
	焦煤气		32.4	39.1	9.0	17.2	1.4	0.8	11.1	
考伯斯-托茨克(K-T)气流床气化气		氧气 水蒸气	11.4	31	0.1	56	1.5			合成气
			12.6	28.5	0.1	57.0				
德士古(Texaco)气流床气化气		氧气 水蒸气	11	34	0.01～0.1	54	0.6			合成气
改良型温克勒(Winkler)流化床气化气		氧气 水蒸气	19.5	40	2.5	36	1.7		10.1	合成气

7.2.1.2　固体燃料气化工艺

1. 固定床煤气化制原料气

固定床又称填充床反应器，是装填有固体催化剂或固体反应物，用以实现多相反应过程的一种反应器。固定床煤气化制气技术经多年的发展，形成了很多炉型。代表性的主要有间歇式气化炉工艺(UGI)、连续富氧气化炉工艺(T-UGI)、变压气化炉、鲁奇加压炉、液态排渣加压炉(BGCL)、两段气化炉等。在我国普遍采用UGI气化工艺(美国联合气体改进公司煤气化工艺,简称UGI气化工艺)。多年来,UGI工艺有了新的进展,除了用来制造水煤气、半水煤气和空气煤气之外,近年来采用UGI炉进行富氧连续制取低氮煤气技术在联醇中被采用。本节主要介绍传统UGI间歇法制气工艺。固定床间歇法制气是指,以无烟煤、焦炭或各种煤球为原料,在常压煤气发生炉内、高温条件下,与空气和水蒸气交替发生一系列化学反应,维持热量平衡,生成可燃气体,回收煤气,并排出残渣的生产过程。

固定床气化一般要求原料煤粒径<120 mm,焦炭粒径<75 mm。生产最好将煤焦分成三档,小15～30 mm,中30～50 mm,大50～120 mm,分别投料,并根据不同粒度调节吹风强度。

传统的UGI间歇法制气由于吹风制气间歇进行,用来制造水煤气时,每一个循环分六个阶段;用来制造半水煤气或空气煤气时,每一个循环分为五个阶段,每个阶段变化通过油压微机控制管路上的工艺阀门开闭来实现。此外,由于水蒸气和空气交替与碳反应,气化炉内燃料层温度随着空气的加入而逐渐升高,随着水蒸气的加入而逐渐降低,呈周期性变化,并在一定范围内波动,所以生成煤气的组成和数量也呈周期性变化。这也是固定床间歇式制气最大的特点。UGI工艺中的主要设备有煤气炉、燃烧室、废热锅炉、洗气箱、烟囱、洗气塔和煤气柜等。

在吹风阶段,空气吹入炉内,燃料层在700℃以上,发生放热的化学反应,以提高燃料层的温度,蓄积热量。在制气时通入水蒸气,水蒸气与燃料层中高温的碳反应,发生吸热反应生成水煤气。

吹风阶段化学反应:

$$C+O_2 \longrightarrow CO_2 \qquad \Delta H_{298}=-393.8\ kJ/mol$$

$$C+CO_2 \longrightarrow 2CO \qquad \Delta H_{298}=172.6\ kJ/mol$$

总反应为

$$2C+O_2 \longrightarrow 2CO \qquad \Delta H_{298}=-221.2\ kJ/mol$$

吹风气通过燃烧室的过程中,加入二次空气使吹风气中的CO燃烧生成CO_2,以回收热量,化学反应为

$$2CO+O_2 \longrightarrow 2CO_2 \qquad \Delta H_{298}=-567.4\ kJ/mol$$

随着反应的进行,气化炉内温度不断升高,CO平衡含量不断上升,而CO_2平衡含量逐渐下降。当温度高于900℃后,反应气相中CO_2含量很少,碳与氧反应的主要产物是CO。

制气阶段的化学反应为

$$C+H_2O \longrightarrow CO+H_2 \qquad \Delta H_{298}=131.4\ kJ/mol$$

$$C+2H_2O \longrightarrow CO_2+2H_2 \qquad \Delta H_{298}=90.2\ kJ/mol$$

$$C+2H_2 \longrightarrow CH_4 \qquad \Delta H_{298}=-74.9\ kJ/mol$$

此外,制气阶段还可能发生一些副反应,如:

$$CO+3H_2 \longrightarrow CH_4+H_2O \qquad \Delta H_{298}=-206.3\ kJ/mol$$

$$CO+H_2O \longrightarrow CO_2+H_2 \qquad \Delta H_{298}=-41.2\ kJ/mol$$

$$CO_2+4H_2 \longrightarrow CH_4+2H_2O \qquad \Delta H_{298}=-165.1\ kJ/mol$$

当气化炉中温度高于900℃时,水蒸气与碳反应的平衡中,含有等量的H_2和CO,其他组分含量则接近于0。随着温度的降低,H_2O、CO_2及CH_4等组分的平衡含量逐渐增加,故在高温下进行水蒸气与碳的反应,平衡时残余水蒸气量较少。这说明,水蒸气分解率高,水煤气中H_2和

CO 的含量高，水煤气的质量好。

固定床间歇法制气的工艺流程如图 7-1 所示。

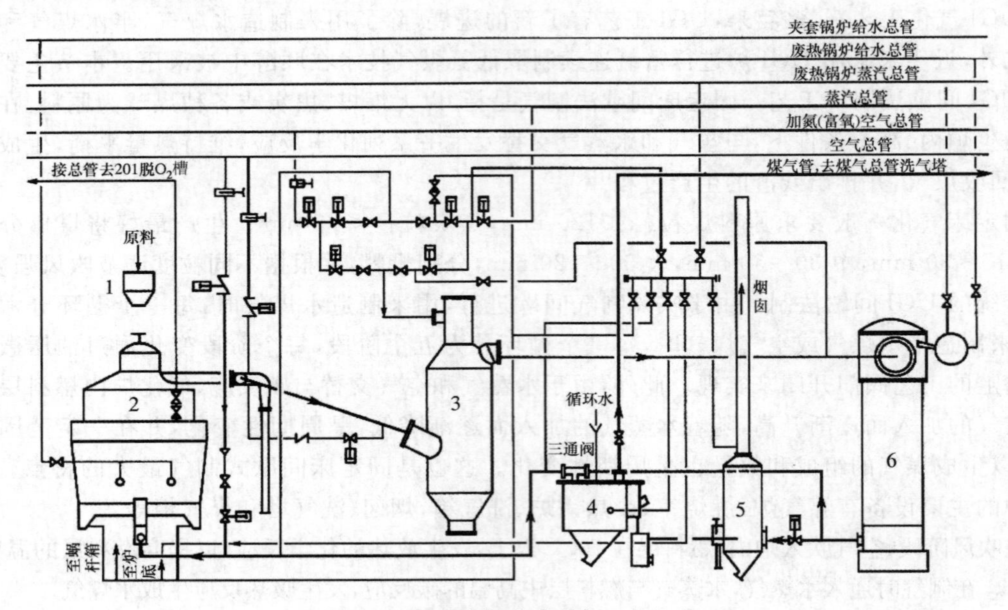

图 7-1 固定床间歇法制气工艺流程

1—加料斗 2—煤气炉 3—燃烧室 4—洗气箱 5—除尘器 6—废热锅炉

干燥后的煤料经供料槽加入气化炉，与从炉底吹入的空气在炉内进行接触反应，随着反应的进行，煤料层温度逐渐升高。当温度高于 900℃后，改从炉底吹入符合要求的水蒸气（下吹），炭与蒸汽和氧发生吸热反应，生成水煤气。当燃料层温度降低到 700℃以下时，重复上述过程，改通空气，如此交替进行。此法一般是 150 s 或 180 s 为一次循环，一个循环内又分为吹风、上吹制气、下吹制气、二次上吹制气及空气吹净五个阶段。

吹风流程：

空气→煤气炉→燃烧室（加入二次空气）→废热锅炉→烟囱放空

上吹制气流程：

蒸汽→煤气炉→燃烧室→废热锅炉→洗气箱→洗气塔→气柜

下吹制气流程：

蒸汽→燃烧室→煤气炉→洗气箱→洗气塔→气柜

二次上吹制气流程：与上吹制气流程相同。

空气吹净流程：

空气→煤气炉→燃烧室→废热锅炉→洗气箱→洗气塔→气柜

2. 流化床煤气化制原料气

流化床首次大规模工业化应用是温克勒用于粉煤气化，此法在 1922 年获得专利。流化床煤气化技术是气化碎煤的主要方法。其过程是，将气化剂（氧气或空气与水蒸气）从气化炉底部鼓入炉内，炉内煤的细颗粒被气化剂流化起来，在一定温度下发生燃烧和气化反应。该法主要优点是，床层温度均匀，传热传质效率高，气化强度大，使用粉煤，原料价格便宜，且煤种适应范围宽。

由于流化床温度高，产品煤气中基本不含焦油和酚类物质。其主要缺点是，气体中带出细粉多而影响碳转化率，但通过采用细煤粉循环回用技术，此缺点可得到一定程度的克服。

流化床气化一般要求将原料煤破碎成<10 mm 粒径的碎煤，<1 mm 粒径细粉应控制在10%以下，经过干燥除去大部分外在水分，进气化炉的煤含水量以<5%为宜。

流化床气化经多年发展，也形成了很多炉型，代表性的主要有：常温温克勒和高温温克勒(HTW)、循环流化床炉(CFBC)、Hygas、恩德炉、U-Gas、山西煤化所灰熔聚炉等。本节主要介绍常温温克勒和高温温克勒煤气化工艺。

常温温克勒流化床煤气化工业化生产装置于1926年在德国投入生产，是第一个流化床煤气化工业化装置。早期的常温温克勒气化炉实际是沸腾床气化炉，存在氧耗高、碳损失大等缺点，因此，现在已很少采用。

常温温克勒气化工艺流程如图7-2所示。

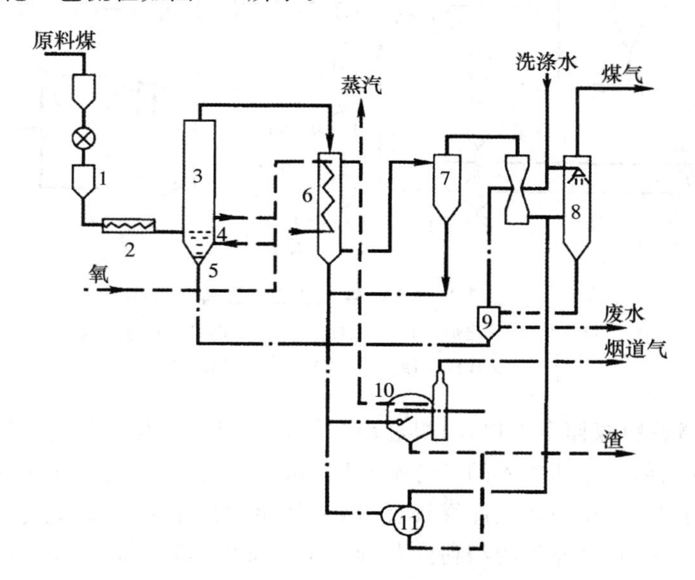

图7-2　常温温克勒气化工艺流程

1—煤锁斗　2—螺旋给煤机　3—气化炉　4—氧、蒸汽入口
5—排灰斗　6—废热锅炉　7—旋风分离器　8—洗涤塔
9—沉降槽　10—灰浆过滤器　11—循环水泵

原料煤由煤锁斗经螺旋给料机供料，进入常温温克勒气化炉，在炉内进行气化反应，产生的粗煤气首先经废热锅炉回收显热，并产生中压蒸汽，经回收热量后的煤气进入旋风分离器分离所携带的固体颗粒物，再经洗涤塔洗涤后即可得到原料气。

高温温克勒煤气化技术(HTW)是在常温温克勒煤气化技术的基础上，通过提高气化温度和气化压力开发而成的。HTW除保留了传统温克勒气化技术的优点外，还具备以下特点：

(1) 提高了操作温度。由原来的900～950℃提高到950～1100℃，因而提高了碳转化率，增加了煤气产出率，降低了煤气中CH_4含量，氧耗量减少。

(2) 提高了操作压力。由常压提高到1.0 MPa，因而提高了反应速度和气化炉单位炉膛面积的生产能力。由于煤气压力提高，使后序工序合成气压缩机能耗有较大降低。

(3) 气化炉粗煤气带出的固体煤粉尘,经分离后返回气化炉循环利用,使排出的灰渣中含碳量降低,碳转化率显著提高,可以气化含灰量高的次烟煤。

(4) 由于气化压力和气化温度的提高,使气化炉大型化成为可能。

高温温克勒气化工艺流程图如图 7-3 所示。

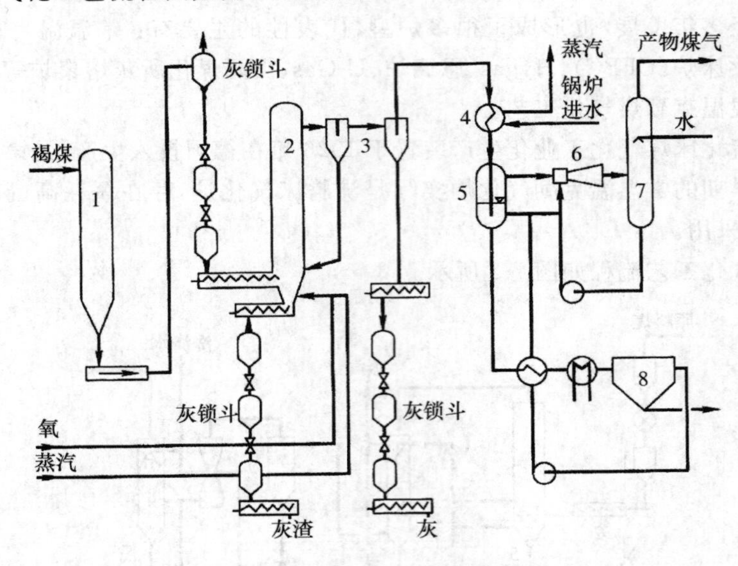

图 7-3　HTW 煤气化工艺流程

1—煤斗　2—气化炉　3—分离器　4—废热锅炉　5—激冷器　6—文氏洗涤器　7—水洗塔　8—浓缩器

经加工处理合格原料煤储存在煤斗,煤经串联的几个锁斗逐级下移,由螺旋给煤机从气化炉下部加入炉内,被由气化炉底部吹入的气化剂(氧气和水蒸气)流化发生气化反应生成煤气,热煤气夹带细煤粉和灰尘上升,在炉体上部继续反应,从气化炉出来的粗煤气经一级旋风除尘,捕集的细粉循环入炉内,二级旋风捕集的细粉经灰锁斗系统排出。除尘后的煤气进入卧式火管锅炉,被冷却到 350℃,同时产生中压蒸汽,然后煤气顺序进入激冷器、文丘里洗涤器和水洗塔,使煤气降温并除尘。

3. 气流床煤气化制原料气

气流床煤气化是现今最新一代煤气化技术。原料煤炭粉状颗粒与气化剂并流通过燃烧喷嘴,进入气化炉进行混合、燃烧和气化反应。炉内气-固相以相同速度流动,因此称为气流床。它是一种并流气化,用气化剂将粒度为 100 μm 以下的煤粉带入气化炉内,也可将煤粉先制成水煤浆,然后用泵打入气化炉内。煤料在高于其灰熔点的温度下与气化剂发生燃烧反应和气化反应,灰渣以液态形式排出气化炉。

气流床工艺与固定床和流化床气化工艺相比,具有反应温度高(火焰中心温度可达 2000℃),反应速度快,煤料的停留时间短(1～10 s),产物不含焦油、甲烷等物质,用来生产合成氨、甲醇时甲烷含量低等优点。此外,由于煤料悬浮在气流中,随气流并流运动,煤粒的干燥、热解、气化等过程瞬间完成,煤粒被气流隔开,所以煤粒基本上是单独进行膨胀、软化、燃尽且形成熔渣等过程,所以煤的粘结性、机械强度、热稳定性等对气化过程不起作用,原则上几乎可以气化任何煤种。气流床的设计简单，内件很少。然而，此法也存在一些缺点：由于燃料在气化介质中的浓度低、反应物并流，产品气体与燃料之间不能进行内部换热，其结果使出口气体的温度比移动床和流化床的都高。为了保证较高的热效率，因而就得在后续的热量回收装置上设置换热面积较大的换热设备，这就在一定程度上抵消了气化炉结构简单的优点。

气流床根据进料方式分为干法和湿法两种。干法气流床煤气化是利用 N_2 或其他气体（如 CO_2）携带干煤粉送入气化炉与气化剂（空气或氧气）混合进行气化；湿法气流床煤气化则是预先将原料煤磨碎，与水或渣油等混合制成粘稠湿煤浆（水煤浆、油煤浆或多元煤浆），经泵加压送入气化炉喷嘴后，与气化剂（空气或氧气）混合进行气化。本节将介绍干法气流床煤气化技术中的K-T炉常压气流床煤气化工艺及湿法气流床煤气化技术中的水煤浆加压气化工艺。

(1) K-T 炉常压气流床煤气化工艺

目前，全球范围内具有代表性的工业化干法气流床气化炉有：K-T 炉、壳牌水冷壁炉、GSP 干粉炉、Prenflo 水冷壁炉等。在此介绍 K-T 炉常压气流床煤气化工艺。

K-T 法是柯柏斯-托切克(Koppers-Totzek)的简称。此法由德国柯柏斯公司的托切克工程师开发，1952 年实现工业化并经过工业化验证，是一种十分成熟的气化技术，国外大都用来生产富氢气以供合成氨工业的需要。中国 K-T 炉粉煤气化技术始终未能实现工业化，主要问题是采用热壁衬里，耐火砖经不起高温熔渣的化学侵蚀。

K-T 常压粉煤气化工艺流程如图 7-4 所示。

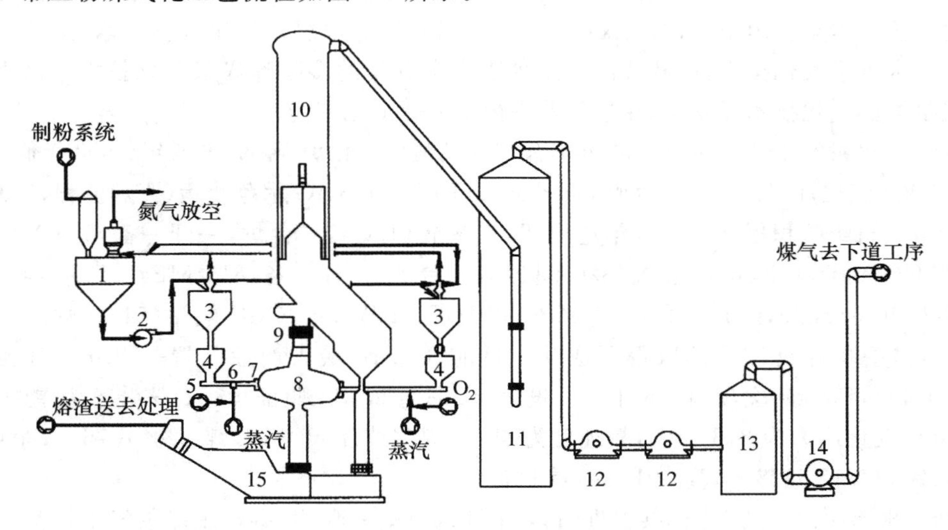

图 7-4　常压粉煤气化(K-T 炉)工艺流程

1—煤粉仓　2—气动输送泵　3—中间料仓　4—小煤斗　5—螺旋给料机　6—氧煤混合器　7—粉煤喷嘴　8—气化炉　9—回转阀　10—废热锅炉　11—洗涤塔　12—泰生洗涤器　13—分离器　14—鼓风机　15—熔渣骤冷槽

原料煤经粉碎，同时使用热烟道气(200℃)干燥至水分含量满足要求后，经气流夹带送入分级器，细粒继续前进送旋风分离器，不合格的粗粒返回粉碎机继续研磨。旋风分离器分离下来的合格煤粉送充氮的煤粉储仓。煤粉由煤仓用氮气通过气动输送系统送入煤粉料斗，全系统均以氮气充压，以防氧气倒流而爆炸。

螺旋加料器将煤粉由料斗以一定的速度送入炉头，同时空分车间来的工业氧气和过热的工艺蒸汽混合后也送入炉头，混合气体将煤粉夹带一起自喷嘴喷入气化炉内。粉状燃料、气化介质氧和蒸汽均匀混合，气化反应瞬时完成。气化生成的粗煤气去冷却净化，高温炉内产生的液态渣经过排渣口进入熔渣骤冷槽急冷后用捞渣机排出，运去铺筑场地或堆放。

由于反应是吸热的，而且辐射作用将一部分热量传递给炉内的耐火材料，因而气体出气化炉的温度降到1510℃左右，在出口处用饱和蒸汽急冷以固化夹带的熔渣小滴，以防止熔渣粘附在高压蒸汽锅炉的炉管上，气体温度被降至900℃。高温生成气的显热用废热锅炉回收产生高压蒸汽，回收显热后的煤气温度降至300℃以下。

气体经过废热锅炉后进入冷却洗涤塔，直接用水喷淋冷却，再由机械除尘器(泰生洗涤器)和分离器除尘和分离。冷却洗涤塔的除尘效率可达90%，经过泰生洗涤器和分离器后，气体含尘量可降至30～50 mg/m^3。如果要得到含尘量更低的气体，可采用两套泰生洗涤器串联，并通过焦炭过滤，气体的含尘量可降至3 mg/m^3。在其他的一些流程中，如采用静电除尘，可使气体的含尘量降至0.3～0.5 mg/m^3。

洗涤塔中的洗涤水经过沉降可循环使用，泰生机要使用新水。

(2) 水煤浆加压气化工艺

湿法气流床气化是指煤或石油焦等固体燃料以水煤浆或多元料浆的形式与气化剂一起通过喷嘴，气化剂高速喷出与料液并流混合雾化，在气化炉内非催化部分氧化反应的工艺过程。具有代表性的工艺技术有美国德士古(Texaco)发展公司开发的水煤浆加压气化技术、道化学公司开发的两段式水煤浆气化技术，以及我国华东理工大学开发的多喷嘴煤浆气化技术。德士古发展公司水煤浆加压气化技术开发早，在世界范围内工业化应用广泛。

Texaco水煤浆气化炉雷同于1952年开发成功的渣油气化炉，经过1975年、1978年低压与高压中试装置(激冷流程)以及1978年西德Oberhausen的RCH/RAG示范装置(废炉流程，150 t煤/d，410 MPa)考核与经验积累，于1982年建成TVA装置(180 t，二台炉，一开一备，316 MPa)、1983年建成TFC(Eastman Kodak)装置(820 t煤/d，二台炉，一开一备，615 MPa)、1984年建成日本UBE装置(1500 t煤/d，三开一备，316 MPa)以及Cool Water IGCC电站(910 t煤/d，二台炉，410 MPa)，这些装置投运后都取得了成功。目前Texaco最大商业装置是Tampa电站，属于DOE的CCT-3，1989年立项，1996年7月投运，12月宣布进入验证运行。该装置为单炉，日处理煤量2000 t，气化压力为218 MPa，氧纯度为95%，煤浆浓度68%，冷煤气效率76%，净功率250 MW；辐射锅炉直径5118 m，高3015 m，重900 t。

20世纪80年代末至今，中国共引进四套(未计入首钢一套)Texaco水煤浆气化装置：鲁南(二台炉，一开一备，单炉日处理煤量450 t，218 MPa)、吴泾(四台炉，三开一备，单炉日处理煤500 t，410 MPa)、渭河(三台炉，二开一备，单炉日处理煤量820 t，615 MPa)、淮南(三台炉，无备用，单炉日处理煤500 t，410 MPa)。这四套装置均用于生产合成气，7台用于制氨，5台用于制甲醇。目前，中国在水煤浆气化领域中积累了丰富的设计、安装、开车以及新技术研究开发经验与知识。

水煤浆气化反应是一个很复杂的物理和化学反应过程，水煤浆和氧气喷入气化炉后瞬间经历煤浆升温及水分蒸发、煤热解挥发、残碳气化和气体间的化学反应等过程，最终生成以CO、H_2为主要组分的粗煤气，灰渣采用液态排渣。水煤浆气化制粗煤气技术有如下优点：

- 可用于气化的原料范围比较宽。几乎从褐煤到无烟煤的大部分煤种都可采用该项技术进行气化。还可气化石油焦、煤液化残渣、半焦、沥青等原料。1987 年以后又开发了气化可燃垃圾、可燃废料(如废轮胎)的技术。

- 水煤浆进料与干粉进料比较,具有安全并容易控制的特点。
- 工艺技术成熟,流程简单,过程控制安全可靠,设备布置紧凑,运转率高。气化炉内结构设计简单,炉内没有机械传动装置,操作性能好,可靠程度高。
- 操作弹性大,气化过程碳转化率比较高,碳转化率一般可达 95%～99%,负荷调整范围为 50%～105%。
- 粗煤气质量好,用途广。由于采用高纯氧气进行部分氧化反应,粗煤气中有效成分($CO+H_2$)可达 80%左右,除含少量甲烷外,不含其他烃类、酚类和焦油等物质,粗煤气后续过程可采用传统气体净化技术。产生的粗煤气可用于生产合成氨、甲醇、羰基化学品、醋酸酐及其他相关化学品,也可用于供应城市煤气,还可用于联合循环发电(IGCC)装置。
- 可供选择的气化压力范围宽。气化压力可根据工艺需要进行选择,目前商业化装置的操作压力等级在 2.6～6.5 MPa 之间。中试装置的操作压力量高已达 8.5 MPa,这为满足多种下游工艺气体压力的需求提供了基础。6.5 MPa 高压气化为等压合成其他 C1 类化工产品如甲醇、醋酸等提供了条件,节省了中间压缩工序,也降低了能耗。
- 单台气化炉的投煤量选择范围大。根据气化压力等级及炉径的不同,单炉投煤量一般在 400～1000 t/d(干煤)左右,美国 Tampa 气化装置最大气化能力达 2200 t/d(干煤)。
- 气化过程污染少,环保性能好。高温高压气化产生的废水所含有害物极少,少量废水经简单生化处理后可直接排放,排出的粗、细渣既可做水泥掺料或建筑材料的原料,也可深埋于地下且对环境没有其他污染。

水煤浆加压气化工艺流程基本部分包括煤浆的制备和输送、气化和废热回收、煤气的冷却和净化等。具体工艺流程见图 7-5 所示。

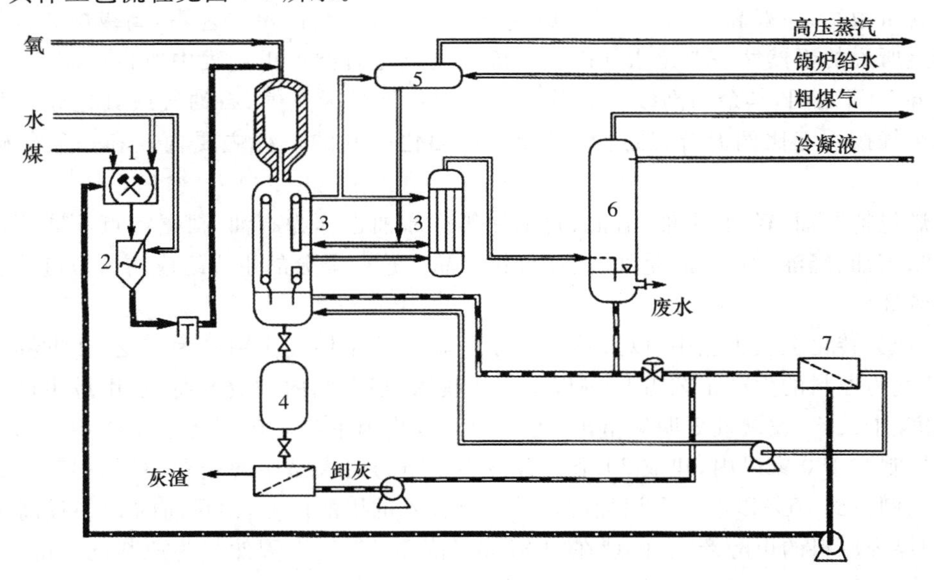

图 7-5 德士古煤炭气化工艺流程

1—磨煤机 2—均化器 3—废热锅炉 4—密封灰斗 5—汽包 6—洗涤塔 7—灰粉分离器

原料煤经过研磨后送到分级机中进行分选，过大的颗粒再返回到磨机中进一步研磨。研磨好的煤浆首先要进入均化器，均化完成后由原料泵送到气化炉顶端。合格的水煤浆在进入气化炉时，首先要被喷嘴雾化，使煤粒均匀地分散在气化剂中，从而保证高的气化效率。当煤浆进入气化炉被雾化后，部分煤燃烧而使气化炉温度很快达到1300℃以上的高温，由于高温气化在很高的速度下进行，平均停留时间仅几秒钟，高级烃完全分解，甲烷的含量也很低，不会产生焦油类物质。由于温度在灰熔点以上，灰分熔融并呈微细熔滴被气流夹带出气化炉。气化炉燃烧段排出的高温气体经激冷环激冷，再经废热锅炉回收热量后送往文丘里喷射器。粗煤气经文丘里喷射器和洗涤塔用水进一步洗涤，除去夹带的灰渣，所得粗煤气送往下游工序。气化炉熔渣经激冷环被水激冷后，沿下降管导入激冷室水浴冷却，熔渣迅速固化。

洗涤塔底所得灰水与激冷室灰水一同排入灰渣池，通过灰水处理系统经沉降槽沉降除去灰渣，澄清的灰水返回系统循环使用。为了保证系统水中的离子平衡，抽出小部分水送入生化处理装置里处理排放。

气化炉燃烧室和激冷室连为一体，设备结构紧凑。粗煤气和熔渣所携带的显热直接被激冷水汽化所回收，同时熔渣被固化分离。此工艺配置简单，便于操作管理，含有饱和水蒸气的粗煤气刚好满足下游一氧化碳变换反应的需要。

7.2.2 烃类造气

甲醇合成的原料气除可以从以上所述固体燃料分解获得外，还可从烃类产品经脱硫、变换、脱碳等工序而获得。自然界及工业生产中的众多烃类产品都可以作为甲醇合成的原料气。烃类按照物理状态可以分为气态烃和液态烃。

气态烃包括天然气、油田气、炼厂尾气及裂化气等。天然气是指藏于地层较深部位的可燃气体，也称为气田气。而与石油共生的天然气常称为油田气。二者主要成分均为饱和烷烃，但天然气中甲烷含量很高，一般高于90%；而油田气中甲烷含量一般在80%左右，高级烷烃含量相对较多。习惯上所说的天然气一般是指气田气。炼厂尾气是石油加工过程中所得的副产品，甲烷含量在60%～70%之间，其余为高级烷烃及氢气。裂化气是天然气、石油气或其他碳氢化合物与空气或水蒸气按一定比例混合，通过高温转化炉裂化得到的一种主要含氢和一氧化碳的混合气体。

液态烃包括原油、轻油、重油、渣油、石脑油等。原油也称为石油，根据沸点不同可以分馏为汽油、柴油、煤油、轻油、石脑油、重油、渣油等粗产品。这些馏分的主要组成均为短链或长链的烷烃及(或)芳烃。

目前，烃类转化造气工艺中，以天然气为原料制甲醇原料气应用最为广泛，在世界甲醇生产中，以天然气为原料的生产工艺占90%以上。在我国，根据国内的资源特色，甲醇生产还是以煤为主。国家“十二五”发展规划明确指出，到2015年，我国甲醇总产能将控制在5000万吨，甲醇企业数量控制在150家以内，建成20个具有核心竞争力的大型甲醇企业集团。其中，大型企业甲醇产能比例占到75%以上。采用加压连续气化技术的甲醇产能，由目前的24%提高至50%以上；以无烟煤为原料的甲醇产能，由现在的37.8%降至20%；以天然气为原料的甲醇产能，由目前的28.6%降至15%；以焦炉煤气为原料的甲醇产能，由现在的10%提升至15%以上。本节主要介绍以天然气为原料制甲醇原料气的工艺方法。

天然气的主要成分为甲烷，所以在甲醇原料的化学加工过程中，甲烷是具有代表性的物质。以天然气为原料制甲醇原料气，其主要化学反应原理有两种：蒸汽转化和部分氧化。而部分氧化法又分为纯氧催化部分氧化法和非催化部分氧化法。在中小型甲醇生产装置中，采用蒸汽转化为主；在大型和超大型甲醇生产装置中，采用部分氧化为主或两者结合使用。

7.2.2.1　天然气转化的基本原理

1. 天然气蒸汽转化

(1) 蒸汽转化原理

天然气的主要成分为甲烷，在蒸汽转化过程中主要发生的是甲烷和水蒸气的变换反应。其主要反应如下：

$$CH_4+H_2O \longrightarrow CO+3H_2 \qquad \Delta H_{298}=206.3\ kJ/mol \tag{7-1}$$

$$CH_4+2H_2O \longrightarrow CO_2+4H_2 \qquad \Delta H_{298}=165.3\ kJ/mol$$

$$CO+H_2O \longrightarrow CO_2+H_2 \qquad \Delta H_{298}=-41.3\ kJ/mol \tag{7-2}$$

$$CO_2+CH_4 \longrightarrow 2CO+2H_2 \qquad \Delta H_{298}=247.3\ kJ/mol$$

甲烷蒸汽转化过程中还可能发生析炭反应，生成的炭会粘附在催化剂表面，使催化剂催化活性降低，所以甲烷蒸汽转化过程中应尽量阻止析炭副反应的发生。主要的析炭反应如下：

$$2CO \longrightarrow CO_2+C \qquad \Delta H_{298}=-171\ kJ/mol$$

$$CO+H_2 \longrightarrow H_2O+C \qquad \Delta H_{298}=-122\ kJ/mol$$

$$CH_4 \longrightarrow 2H_2+C \qquad \Delta H_{298}=82.3\ kJ/mol$$

从甲烷蒸汽转化反应原理可以明显看出，甲烷蒸汽转化反应是强烈的吸热反应，而一氧化碳的变换反应是中等放热反应，总过程是强烈吸热的。所以，实际生产中，甲烷的蒸汽转化过程需要外部提供热量，通常反应需要在1000～1300℃的高温条件下进行。

甲烷蒸汽转化反应具有以下特点：

● 是可逆反应。即在一定的条件下，反应可以向右进行，生成一氧化碳和氢气，称为正反应。随着正反应的进行，生成物浓度不断增加，反应也可以向左进行，生成甲烷和水，称为逆反应。因此，在生产中必须创造良好的工艺条件，使得反应主要向右进行，以便获得尽可能多的氢气和一氧化碳。

● 是体积增大反应。一分子甲烷和一分子水蒸气反应，可以生成一分子的一氧化碳和三分子的氢气。因此，当其他条件一定时，降低压力有利于正反应的进行，从而降低转化气中甲烷的残余量。

● 是强吸热反应。甲烷蒸汽转化反应是强吸热反应，其逆反应为强放热反应。因此，为了使正反应进行得更快更完全，就必须由外部提供大量的热量。供给的热量越多，反应温度越高，甲烷转化反应越完全。所以，温度调节是控制甲烷转化炉出口甲烷残余量的有效手段。

(2) 蒸汽转化反应的化学计量和化学平衡

● 转化反应的化学平衡常数

在一定的温度、压力条件下，当反应达到平衡时，甲烷与水的反应[式(7-1)]及一氧化碳的变化反应[式(7-2)]的平衡常数分别为 K_{p1} 和 K_{p2}，则

$$K_{p1}=\frac{p_{CO}\times p_{H_2}^3}{p_{CH_4}\times p_{H_2O}} \tag{7-3}$$

式中，p_{CO}，p_{H_2}，p_{CH_4}，p_{H_2O}分别为 CO、H_2、CH_4、H_2O 的平衡分压。

$$K_{p2}=\frac{p_{CO_2}\times p_{H_2}}{p_{CO}\times p_{H_2O}} \tag{7-4}$$

式中，p_{CO_2}，p_{H_2}，p_{CO}，p_{H_2O}分别为 CO_2、H_2、CO、H_2O 的平衡分压。

众所周知，平衡常数 K_p 是温度的函数。在压力不太高的条件下，化学反应的平衡常数仅随温度变化而变化。由于甲烷转化反应的压力通常不太高，所以可以不用考虑压力的影响。

在不同温度下，甲烷转化反应和一氧化碳变换反应的平衡常数见表 7-2。

表 7-2 甲烷蒸汽转化与变换反应的平衡常数

温度/K	$CH_4+H_2O \longrightarrow CO+3H_2$ $K_{p1}=\frac{p_{CO}\times p_{H_2}^3}{p_{CH_4}\times p_{H_2O}}$	$CO+H_2O \longrightarrow CO_2+H_2$ $K_{p2}=\frac{p_{CO_2}\times p_{H_2}}{p_{CO}\times p_{H_2O}}$
300	2.107×10^{-23}	8.975×10^{4}
400	2.447×10^{-16}	1.478×10^{3}
500	8.732×10^{-11}	1.260×10^{2}
600	5.058×10^{-7}	2.703×10
700	2.687×10^{-4}	9.017
800	3.120×10^{-2}	4.038
900	1.306	2.204
1000	2.656×10	1.374
1100	3.133×10^{2}	0.994
1200	2.473×10^{3}	0.679
1300	1.428×10^{4}	0.544
1400	6.402×10^{4}	0.441
1500	2.354×10^{5}	0.370

由表中数据可知，由于甲烷蒸汽转化反应为可逆吸热反应，其平衡常数 K_{p1} 随温度的升高而急剧增大，即温度越高，平衡时一氧化碳和氢气的含量越高，而甲烷的残余量越少。一氧化碳的变换反应为可逆放热反应，其平衡常数 K_{p2} 则随温度的升高而减小，即温度越高，平衡时二氧化碳含量越少，甚至使变换反应几乎不能进行。因此，甲烷的蒸汽转化反应和一氧化碳的变换反应不能在同一工序中同时完成。一般先在转化炉中使甲烷在较高温度下完全转化，生成一氧化碳和氢气，然后在变换炉内使一氧化碳在较低温度下变化为氢气和二氧化碳。

● 平衡组成的计算

由式(7-3)和(7-4)可知，当甲烷蒸汽转化过程或部分氧化过程中原料气组成、反应温度、反应压力与水碳比已知时，根据反应后的物料衡算式及平衡常数计算式，即可计算该条件下的平衡组成。但是上述计算过程非常复杂，在实际应用中，一般是将计算结果制成图，然后再利用图进行计算。

当原料气为纯甲烷时，在不同水碳比、温度和压力条件下，转化气的平衡组成如图 7-6～7-8 所示。

由于甲醇的合成气与合成氨不同，要求合成气中氢碳比在一较理想范围，即 $f=(H_2-CO_2)/(CO+CO_2)$ 在 2～2.3 之间。对于一段蒸汽转化氢多碳少，$f=2.9$～3.1。因此，工程上常用补加 CO_2 的一段蒸汽转化和加氧的二段转化或部分氧化工艺。

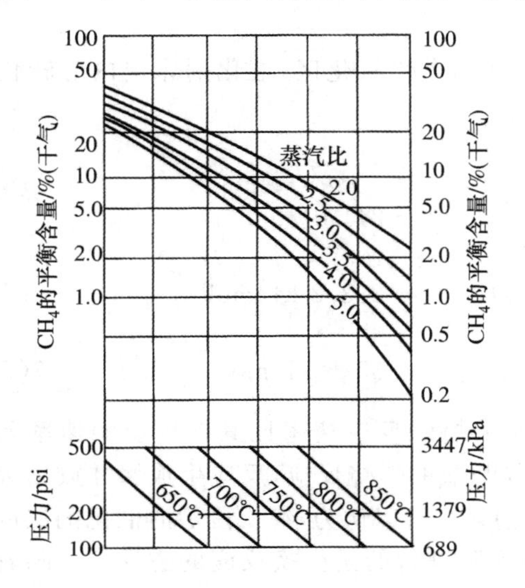

图 7-6　甲烷蒸汽转化系统中甲烷平衡含量

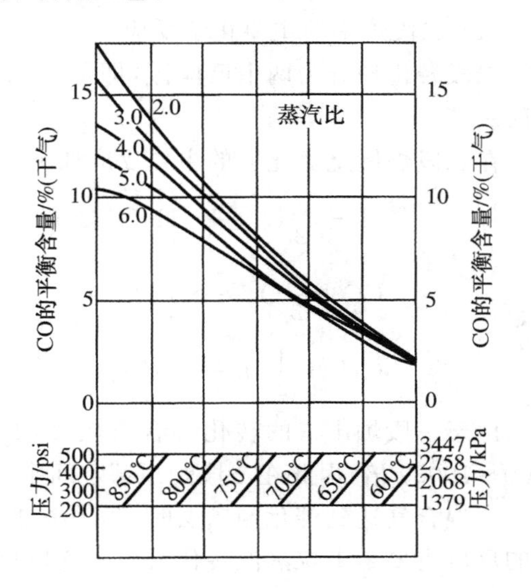

图 7-7　甲烷蒸汽转化系统中一氧化碳平衡含量

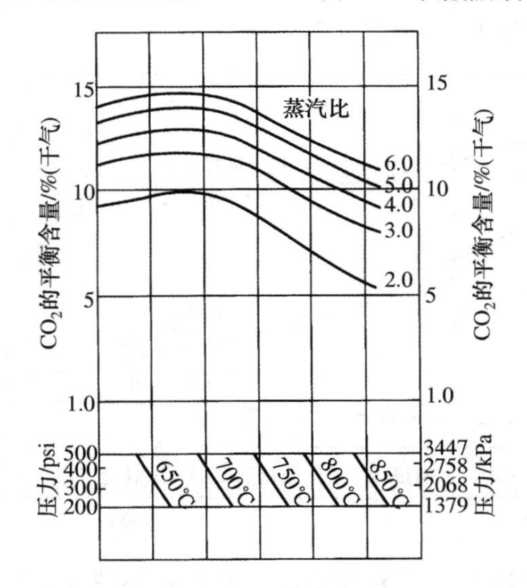

图 7-8　甲烷蒸汽转化系统中二氧化碳平衡含量

● 影响甲烷蒸汽转化反应平衡的因素

水碳比：增加蒸汽用量，有利于甲烷蒸汽转化反应向右移动，因此水碳比越高，甲烷平衡含量越低。

温度：甲烷蒸汽转化反应为可逆吸热反应，温度升高，反应向右移动，甲烷平衡含量下降。一般反应温度每降低 10℃，甲烷含量增加 1.0%～1.2%。

压力：甲烷蒸汽转化为体积增大的可逆反应，增加压力，甲烷平衡含量也随之增大。

2. 天然气部分氧化转化

当采用二段转化生产合成气，或采用绝热部分氧化生产合成气时，在二段部分氧化炉将产生如下反应：

(1) 二段炉中的主要化学反应

二段转化炉分为两个反应区，即催化剂以上的空间为燃烧氧化区，催化剂床层内为转化交换区。

在二段炉燃烧氧化区的主要反应如下：

$$H_2+\frac{1}{2}O_2 \longrightarrow H_2O \qquad \Delta H_{298}=-241\ \text{kJ/mol} \tag{7-5}$$

$$CO+\frac{1}{2}O_2 \longrightarrow CO_2 \qquad \Delta H_{298}=-283.2\ \text{kJ/mol} \tag{7-6}$$

$$CH_4+\frac{1}{2}O_2 \longrightarrow CO+2H_2 \qquad \Delta H_{298}=-35.6\ \text{kJ/mol} \tag{7-7}$$

由于一段炉出口的转化气含有较多的氢，氢与氧的燃烧反应速率比其他反应的速率要快1000～10000倍，因此在二段炉顶部空间中主要进行氢与氧的燃烧反应，反应生成水并放出大量热。当混合气达到催化剂床层时，几乎全部氧气均已消耗。可以认为，在二段炉的催化剂层内进行的反应主要是甲烷蒸汽转化反应和变换反应，不过实际进行的是变换反应的逆反应。随着这些反应不断进行并吸热，气体温度从1300～1350℃逐渐下降到出口处的950～1000℃。图7-9给出了在二段炉内反应中气体温度、甲烷含量的分布。

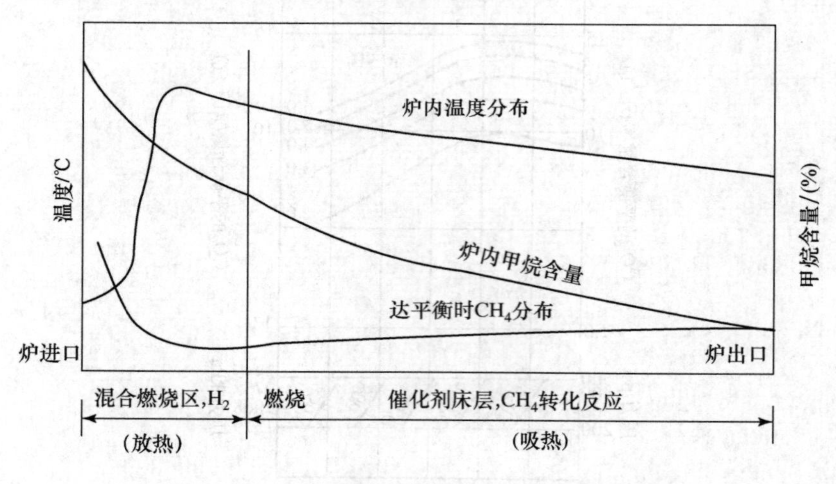

图7-9 二段炉内温度及甲烷含量的变化示意图

二段炉内进行的是自燃反应，无需外部供热。显然，氧气添加量是十分重要的：其他条件不变时，它将决定提供热量的多少、燃烧区温度和二段炉出口可能达到的温度，完全燃烧的温度高达2100℃。可知，当空气配比失调或混合器结构设计不好或损坏，造成气体混合不均匀时，二段炉内不可避免地会出现局部过热，而对催化剂和二段炉产生不利影响。

(2) 自热式部分氧化炉中的主要化学反应

自热式部分氧化炉中发生上述式(7-5)～(7-7)的反应，以及以下甲烷氧化为二氧化碳的反应：

$$CH_4 + 2O_2 \longrightarrow CO_2 + 2H_2O \qquad \Delta H_{298} = -802\ kJ/mol$$

自热式部分氧化，又可分为非催化和催化部分氧化。在非催化部分中氧化炉中的反应主要是上述反应，其出口温度一般在1300～1400℃，出口气体组成为CO、H_2、CO_2、CH_4和H_2O。若在自热式部分氧化炉的下段装有转化催化剂时，也就是催化部分氧化，这时在催化床内要继续进行式(7-1)和式(7-2)所示的转化和变换反应。

由于床层的转化和变换反应，出口气体温度要从1300～1400℃降到1000℃左右。

3. 天然气转化催化剂

(1) 催化剂的组成

催化剂的组成一般包括主催化剂、助催化剂和载体。天然气转化采用镍催化剂，由活性组分NiO，助催化剂MgO、Cr_2O_3、TiO_2和承载活性组分的载体Al_2O_3、MgO、CaO等组成。也有不少催化剂研究公司添加钯、钌等贵金属，来提高转化催化剂的活性。通常催化剂中镍含量越高，转化的活性就越好。

近十年来，我国许多单位先后开展了转化催化剂中添加稀土氧化物的研究，并推出了多种型号的工业转化催化剂。研究和工厂应用均表明，添加稀土氧化物后，转化催化剂的活性、还原性能、抗炭能力及寿命方面等性能均得到明显改善。这些性能的改善不但能保证一段转化炉的正常运行，而且为工厂节能降耗创造了更有利的条件。

(2) 催化剂的装填

转化催化剂的装填的质量是运转中充分发挥催化剂性能、延长催化剂使用寿命的关键，是保证工厂长周期运转、提高工厂经济效益的重要手段。

催化剂装填的要求：① 由于催化剂在运输过程中难免经受撞击和振动，可能会产生少量粉末，故在装填前需过筛。② 催化剂装填应尽可能均匀，从而使压力降的波动与气流分布的不均匀性减到最低程度。③ 装填时应随时铺平催化剂层，避免采用一个部位堆积后再耙平的做法；操作人员进入炉内工作，应踩在木板上，不得直接在催化剂上行走、踩踏。④ 催化剂的自由下落高度不得大于0.5 m。

催化剂装填应具备的条件：① 转化工段所有设备工艺管线安装完毕，经检查合格。② 转化炉烘炉结束，耐火衬里热养护合格；炉内清洁工作已完成；空气吹扫合格；系统试压、查漏完毕，合格。③ 确认运抵现场的催化剂、耐火球的型号、规格、质量、数量准确无误。④ 现场需有一防雨布蓬，用于堆放催化剂，防止催化剂受潮；具备过筛催化剂的工具。⑤ 炉内各种物料的装填高度已确认，已作出明显标记。⑥ 转化炉内热电偶套管(高度、质量)符合要求；耐火层无裂纹，符合要求。

催化剂装填的程序：① 按装填程序开箱确认现场的催化剂、耐火球是否符合要求，通知有关部门取样。② 测定耐火球及催化剂的堆密度，计算出各物料的装填高度，以提供实际的装填高度，并在炉内作出标记。③ 装入催化剂；催化剂装填按照用吊车吊入包装桶，然后一次耙平的方法进行。④ 装填完毕，吊出装填工具，检查确认炉内无杂物，确认高度，装填人员撤出。⑤ 通知安装单位封闭人孔、加盖。

(3) 催化剂的活化与钝化

● 催化剂的活化

催化剂产品是以氧化镍形式提供的，要还原为金属镍才具有活性。因此，在催化剂使用之前，必须要将催化剂进行还原活化，将其中的氧化镍还原成具有催化活性的金属镍。

还原操作的另一重要目的是，脱除转化催化剂所含有的少量硫化物等毒物，以使催化剂的活性在运转中得以发挥。

氧化镍的还原主要按下述反应进行：

$$NiO+H_2 \longrightarrow Ni+H_2O \qquad \Delta H_{298}=2.56\ kJ/mol$$

$$NiO+CO \longrightarrow Ni+CO_2 \qquad \Delta H_{298}=-30.3\ kJ/mol$$

当用含甲烷的气体还原镍催化剂时，会进行强烈吸热的还原反应：

$$3NiO+CH_4 \longrightarrow 3Ni+CO+2H_2O \qquad \Delta H_{298}=186\ kJ/mol$$

由于催化剂制备方法不同、型号不同，还原条件也不尽相同。因此，为了取得最佳的还原效果，催化剂制造厂均要提供其催化剂的还原参数和要求。工业中大多采用水蒸气升温还原，到一定温度后再加入天然气还原的方法。

● 催化剂的钝化

经过还原的催化剂遇到空气会急剧氧化并放出大量的热量，很容易使催化剂失活，甚至烧熔。因此，转化系统停车、操作人员需进入炉内或更换催化剂时，必须对转化催化剂进行钝化处理。

转化催化剂钝化的方法通常是，在卸出催化剂之前先缓慢降温，然后通入水蒸气或水蒸气加空气的混合气，使催化剂表面缓慢氧化，形成一层氧化镍保护膜。其主要反应式如下：

$$Ni+H_2O \longrightarrow NiO+H_2 \qquad \Delta H_{298}=-2.56\ kJ/mol$$

$$Ni+\frac{1}{2}O_2 \longrightarrow NiO \qquad \Delta H_{298}=-242\ kJ/mol$$

钝化温度不能超过550℃。因为在600℃时镍催化剂能生成铝酸镍($NiAl_2O_4$)，温度越高，铝酸镍生成量越多，而铝酸镍不容易还原成金属镍，故应当避免催化剂钝化时生成铝酸镍。钝化后的催化剂再遇空气时不会发生氧化反应。

7.3 脱　硫

7.3.1 概述

甲醇生产过程中，在甲烷转化阶段和甲醇合成阶段都要用到催化剂，而硫化物是多种催化剂的毒剂。因为大多数的催化剂遇到硫化物都会失活，因此用于甲醇合成的原料气必须脱除硫化物。原料气中的硫化物按其化合状态大致可以分为两类：一类是无机硫化物，主要是硫化氢(H_2S)；另一类是有机硫化物，如二硫化碳(CS_2)、硫氧化碳(COS)、硫醚(R—S—R)、硫醇(R—SH)、噻吩(C_4H_4S)等。

硫化氢是具有刺鼻性臭味的无色气体，其密度为1.539 g/m³。硫化氢及其燃烧产物二氧化硫对人体具有毒性；硫化氢溶于水，对鱼类有毒害作用；含硫化氢的气体在输送和处理过程中，会腐蚀管道和设备；含有硫化氢的原料气用于合成气时，会使催化剂中毒；用于冶炼优质钢时，会降低钢的质量，使钢材变脆。

二硫化碳是无色液体，易挥发，难溶于水，可与碱溶液作用，可与氢作用，高温下与水蒸气作用转化为硫化氢与二氧化碳。

硫氧化碳是无色无味气体，微溶于水，与碱作用缓慢生成不稳定盐，高温下与硫化氢作用转化为硫化氢与二氧化碳。

硫醚中最典型的是二甲硫醚，为无气味的中性气体，性质较稳定，400℃以上才分解为烯烃和硫化氢。

硫醇主要是甲硫醇与乙硫醇，不溶于水，其酸性比相应的醇类强，能与碱作用，可被碱吸收。

噻吩的物理性质与苯相似，有苯的气味，不溶于水，性质稳定，加热至500℃也难分解，是最难脱除的硫化物。

脱除原料气中硫化氢的方法很多，按照脱硫剂的物理形态不同可分为干法脱硫和湿法脱硫。采用固体脱硫剂的脱硫方法称为干法脱硫，采用液体脱硫剂的脱硫方法称为湿法脱硫。

干法脱硫早在19世纪初就已得到广泛应用，干法脱硫工艺简单，成熟可靠，能够较完全地脱除硫化氢和有机硫化物，脱硫化氢的同时还能脱除氰化氢、氧化氮等杂质，使原料气达到很高的净化程度。但干法脱硫也存在设备笨重，更换脱硫剂时劳动强度大，设备占地面积大以及脱硫剂再生较为困难等缺点。干法脱硫适用于原料气中含硫量较低、净化程度要求较高或原料气处理量较小的场合。所以，干法脱硫主要应用于精脱硫。干法脱硫根据脱硫剂的性质可以分为三种类型：吸收型或转化吸收型——氧化铁法、铁锰脱硫剂法、氧化锌法；吸附型——活性炭、分子筛；加氢催化转化型——（铁钼、镍钼或钴钼）催化加氢转化法。

湿法脱硫出现于20世纪20年代初，它处理能力大，具有脱硫与脱硫剂再生均能连续进行，劳动强度小等优点，在脱除硫化氢的同时也能脱除氰化氢。湿法脱硫主要适合于原料气量大、脱硫精度要求不高的粗脱硫场合。湿法脱硫又可分为湿式吸收法和湿式催化氧化法。其中，湿式催化氧化法流程简单，脱硫效率高，应用最为广泛。湿式催化氧化法脱硫都是以碱性溶液进行化学吸收，碱性溶液可以是碳酸钠溶液，也可以是氨水。如改良ADA法、萘醌法、栲胶法、苦味酸法、HPF法、PDS法、对苯二酚法等。本节主要介绍改良ADA法和HPF法。

7.3.2 干法脱硫

1. 氧化铁法

氧化铁法是一种古老的脱硫方法，多用于城市煤气及中小型尿素装置脱硫。但近年来，氧化铁脱硫又有很多改进，应用范围逐渐扩大。目前，氧化铁脱硫已从常温扩大到中温和高温领域。因操作温度不同，脱硫剂的热力学状态、脱硫的反应原理、脱硫性能都不一样。氧化铁脱硫法特点见表7-3。

表7-3　氧化铁脱硫法特点

方　法	脱硫剂组成	使用温度/℃	脱除对象	生成物
常温脱硫	$Fe_2O_3 \cdot H_2O$	25～35	H_2S、RSH	$Fe_2S_3 \cdot H_2O$
中温脱硫	Fe_3O_4	350～400	H_2S、RSH、COS、CS_2	FeS、FeS_2
中温铁碱	$Fe_2O_3 \cdot Na_2CO_3$	150～280	H_2S、RSH、COS、CS_2	Na_2SO_4
高温脱硫	Fe	＞500	H_2S	FeS、ZnS

常温氧化铁脱硫时主要发生以下反应：

吸收： $Fe_2O_3 \cdot H_2O + 3H_2S \longrightarrow Fe_2S_3 \cdot H_2O + 3H_2O$

再生： $Fe_2S_3 \cdot H_2O + 1.5O_2 \longrightarrow Fe_2O_3 \cdot H_2O + 3S$

中温下用 Fe_2O_3 脱硫时需先还原：

还原： $3Fe_2O_3 + H_2 \longrightarrow 2Fe_3O_4 + H_2O$

吸收： $Fe_3O_4 + H_2 + 3H_2S \longrightarrow 3FeS + 4H_2O$

$FeS + H_2S \longrightarrow FeS_2 + H_2$

再生： $3FeS + 4H_2O \longrightarrow Fe_3O_4 + H_2 + 3H_2S$

$2FeS + 3.5O_2 \longrightarrow Fe_2O_3 + 2SO_2$

$2Fe_3O_4 + 0.5O_2 \longrightarrow 3Fe_2O_3$

有机硫水解： $CS_2 + 2H_2O \longrightarrow 2H_2S + CO_2$

高温下用活性金属铁脱硫时：

$$Fe + H_2S \longrightarrow FeS + H_2$$

氧化铁法脱硫基本上可以除净 H_2S，当原料气中的 H_2S 含量高时，流程将变成湿法脱硫和氧化铁脱硫串联使用。

2. 铁锰脱硫剂法

天然锰矿中含有 40%～90%的 MnO_2，MnO_2 无脱硫活性，但将 Mn^{4+} 还原为 Mn^{2+} 就具有了脱硫活性。铁锰脱硫剂就是以氧化铁和氧化锰为主要组分，并含有氧化锌等促进剂的转化吸收型双功能脱硫剂。使用前 Fe_2O_3 和 MnO_2 需用含氢的工艺气在不超过 450℃下还原成具有脱硫活性的 Fe_3O_4 和 MnO。反应式如下：

$$3Fe_2O_3 + H_2 \longrightarrow 2Fe_3O_4 + H_2O$$

$$MnO_2 + H_2 \longrightarrow MnO + H_2O$$

在铁锰脱硫剂上，RSH、RSR、COS、CS_2 等有机硫化物可进行氢解反应生成硫化氢，RSH、RSR 也可发生热解反应生成硫化氢和烯烃，氢解和热解生成的硫化氢被脱硫剂所吸收。其反应式如下：

$$Fe_3O_4 + H_2 + 3H_2S \longrightarrow 3FeS + 4H_2O$$

$$MnO + H_2S \longrightarrow MnS + H_2O$$

$$ZnO + H_2S \longrightarrow ZnS + H_2O$$

RSR、RSH 也可直接被 Fe_2O_3 或 MnO 吸收成 FeS 和 MnS 而被脱除。

二氧化锰的还原是强烈放热反应，放出热量很大，为防止过剧使催化剂过热，应该缓慢增加还原性气体含量。氧化锰与硫化氢的反应也是放热反应，温度升高对反应不利。锰矿一般在 400℃下适用，如超过 400℃，就会发生甲烷化、有机硫化物氧化、不饱和烃裂解析炭等副反应，这些副反应对脱硫是不利的。因此，锰矿脱硫的使用条件为温度 400℃，空速 1000 h^{-1}，其脱有机硫的效率为 90%～95%。因其净化度不能达到精脱硫的要求，一般需和其他脱硫剂联合使用。

3. 氧化锌法

氧化锌脱硫剂是一种转化吸收型固体脱硫剂，严格说它不是催化剂而属于净化剂，能脱除硫化氢和多种有机硫(噻吩类除外)，脱硫精度可达 1×10^{-7} 以下，质量硫容可达 10%～25%。

氧化锌脱硫剂可单独使用，也可与湿法脱硫串联使用(目前有些甲醇生产厂家即采用 NHD

＋氧化锌法脱除原料气中的硫化物)，有时还放在对硫敏感的催化剂前面作为保护剂。其反应原理如下：

$$ZnO + H_2S \longrightarrow ZnS + H_2O$$

$$ZnO + COS \longrightarrow ZnS + CO_2$$

$$ZnO + C_2H_5SH \longrightarrow ZnS + C_2H_4 + H_2O$$

$$ZnO + C_2H_5SH + H_2 \longrightarrow ZnS + C_2H_6 + H_2O$$

$$2ZnO + CS_2 \longrightarrow 2ZnS + CO_2$$

当脱硫剂中添加氧化锰、氧化铜时，也会发生类似的反应，如：

$$MnO + H_2S \longrightarrow MnS + H_2O$$

$$CuO + H_2S \longrightarrow CuS + H_2O$$

氧化锌吸硫速率很快，吸硫层一层层下移，硫饱和层逐渐由进口端移向出口端，饱和区接近出口处就会有 H_2S 漏出。一般情况下，氧化锌脱硫剂的硫含量为 18%～20%，进口端较高，为 20%～30%，出口端含量较低，常将氧化锌脱硫剂分配在两个双层设备内。更换时只换入口侧的脱硫剂，而将出口侧脱硫剂移作入口侧。新换的氧化锌在出口侧保证净化作用。

4．活性炭法

活性炭脱硫可分为吸附法、催化法和氧化法。其中氧化法活性炭脱硫是最常用的一种方法。活性炭脱硫法常用于精脱硫，其脱硫精度可达 2×10^{-7}。

吸附法是用活性炭选择性吸附的特性脱硫，对脱除噻吩最有效，但因硫容过小，使用受到限制。

催化法是在活性炭中浸渍了铜、铁等重金属，使有机硫被催化转化成硫化氢，而硫化氢再被活性炭吸附。

氧化法活性炭脱硫是最常用的一种方法，借助氨的催化作用，硫化氢和硫氧化碳被气体中存在的氧所氧化，反应式如下：

$$H_2S + \frac{1}{2}O_2 \xrightarrow{NH_3} S + H_2O$$

$$COS + \frac{1}{2}O_2 \xrightarrow{NH_3} S + CO_2$$

活性炭使用一定时间后，空隙中聚集了硫及其含氧酸盐而失去了脱硫能力，需要将其从活性炭的空隙中除去，以恢复活性炭的脱硫性能，即活性炭的再生。再生的方法有过热蒸汽法和多硫化铵法。

多硫化铵法系采用硫化铵溶液多次萃取活性炭中的硫，硫与硫化铵反应生成多硫化铵。多硫化铵法是传统的再生方法，优质的活性炭可再生循环使用 20～30 次，但这种方法流程比较复杂，设备繁多，系统庞大。

过热蒸汽或热惰性气体(热氮气或煤气燃烧气)再生法：由于这些气体不与硫反应，可用燃烧炉或电炉加热，调节温度至 350～450℃，通入活性炭脱硫器内，活性炭上硫磺即升华成硫蒸气被热气体带走。

5．加氢催化转化法

有机硫化物脱除一般比较困难，尤其是噻吩类有机硫化物。但将其催化加氢还原，就可容易脱除。加氢催化转化就是有机硫在催化剂存在下与氢反应转化为硫化氢和烃，硫化氢再被氧化锌吸收而达到精脱硫的目的。常用的催化剂有铁钼、镍钼或钴钼催化剂，是以氧化铝为载体，氧化铁（钴、镍）和氧化钼组成，氧化态的铁（钴、镍）钼加氢催化活性不大，需经硫化后才具有相当的活性。硫化的条件为：气体含硫是0.5%～1.0%（体积），空速400～600 h^{-1}，压力为常压或<0.5 MPa。硫化终了判断应确保催化剂吸硫量为自重的5%左右，进出口硫浓度基本一致。

硫化操作对液态烃类的脱硫是必不可少的，而对含硫不高的天然气，可不设专门的硫化阶段，利用原料本身的硫就可保证足够的脱硫程度。在硫化过程中要适当控制硫化剂和氢气的浓度，采用先低温后高温的原则。当催化剂在使用过程中因表面积炭而影响活性时，可用惰性气体氮或水蒸气中混入一定量的空气通过床层，将积炭烧去使之再生，此时需控制床层温度不超过550℃。以天然气为原料时，由于积炭很少，无需烧炭再生。

硫化时主要的反应如下：

$$MoO_3 + 2H_2S + H_2 \longrightarrow MoS_2 + 3H_2O$$

$$9FeO + 8H_2S + H_2 \longrightarrow Fe_9S_8 + 9H_2O$$

在催化剂作用下，有机硫化物的加氢反应如下：

$$CS_2 + 4H_2 \longrightarrow 2H_2S + CH_4$$

$$COS + H_2 \longrightarrow H_2S + CO$$

$$RCH_2SH + H_2 \longrightarrow H_2S + RCH_3$$

$$RSR + 2H_2 \longrightarrow H_2S + 2RH$$

$$C_4H_4S + 4H_2 \longrightarrow H_2S + C_4H_{10}$$

铁（钴、镍）钼加氢催化剂不仅对有机硫化物的加氢转化有催化作用，而且可使原料气中不饱和烃加氢饱和，氮的有机化合物加氢转化为氨及烃，氧的有机化合物加氢转化为水及烃，脱除这些化合物也有利于烃类蒸气转化催化剂的保护。

铁（钴、镍）钼催化剂的使用条件为：温度350～430℃，压力0.7～7.0 MPa，气态烃空速500～1500 h^{-1}，加氢量根据气体含硫量而定，一般相当于原料气含氢量的5%～10%。为避免甲烷化反应引起的超温，原料气中一氧化碳加二氧化碳含量应小于0.5%。

7.3.3 湿法脱硫

1. 改良蒽醌法

蒽醌法也称ADA法。ADA系蒽醌二磺酸 anthraquinone disulphonic acid 的缩写。该法在20世纪50年代由英国开发，60年代得到发展。后经改进在脱硫液中增加了添加剂，对 H_2S 的化学活性提高，脱硫效率达99%；副产物 $Na_2S_2O_3$ 的生成基本得到控制；脱硫液稳定无毒；对操作条件的适应性强。改进后的方法称为改良ADA法。该法在我国被广泛应用，但ADA价高，资源偏紧，因此进一步推广受到限制。

ADA法的脱硫液是在稀碳酸钠溶液中添加等比例的2,6-蒽醌二磺酸和2,7-蒽醌二磺酸的钠盐溶液配制而成的。该法反应速度慢，脱硫效率低，副产物多。为了改进操作，在上述溶液中添加了酒石酸钾钠（$NaKC_4H_4O_6$）和偏钒酸钠（$NaVO_3$），即为改良ADA法。

改良ADA法脱硫液的碱度和组成为：总碱度0.36～0.5 mol/L；Na_2CO_3 0.06～0.1 mol/L；$NaHCO_3$ 0.3～0.4 mol/L；ADA 3.5 g/L；$NaVO_3$ 1～2 g/L；$NaKC_4H_4O_6$ 1 g/L。

(1) 原料气在脱硫塔内进行的主要反应

● 原料气中的 H_2S 和 HCN 被碱液吸收：

$$Na_2CO_3 + H_2S \longrightarrow NaHCO_3 + NaHS$$

$$Na_2CO_3 + 2HCN \longrightarrow 2NaCN + H_2O + CO_2$$

● 偏钒酸钠与硫氢化钠反应，生成焦钒酸钠，并析出元素硫：

$$4NaVO_3 + 2NaHS + H_2O \longrightarrow Na_2V_4O_9 + 4NaOH + 2S\downarrow$$

此反应进行得很快，硫化氢转变为硫的数量随着钒酸盐在溶液中含量的增加而增加。

● 焦钒酸钠在碱性脱硫液中被氧化态的 ADA 氧化再生为偏钒酸钠：

$$Na_2V_4O_9 + 2NaSO_3\text{-}[\text{蒽醌}]\text{-}SO_3Na + 2NaOH + H_2O \longrightarrow 4NaVO_3 + 2NaSO_3\text{-}[\text{9,10-二羟基蒽}]\text{-}SO_3Na$$

此外，该过程中还存在一些副反应。具体如下：

$$Na_2CO_3 + CO_2 + H_2O \longrightarrow 2NaHCO_3$$

$$2NaHS + 2O_2 \longrightarrow Na_2S_2O_3 + H_2O$$

$$NaCN + S \longrightarrow NaCNS$$

$$NaHCO_3 + NaOH \longrightarrow Na_2CO_3 + H_2O$$

(2) 脱硫液在再生塔内进行的主要反应

● 还原态的 ADA 被氧化为氧化态的 ADA：

$$NaSO_3\text{-}[\text{9,10-二羟基蒽}]\text{-}SO_3Na + O_2 \longrightarrow NaSO_3\text{-}[\text{蒽醌}]\text{-}SO_3Na + H_2O_2$$

● H_2O_2 可将 V^{4+} 氧化为 V^{5+}：

$$HV_2O_5^- + H_2O_2 + OH^- \longrightarrow 2HVO_4^{2-} + 2H^+$$

● H_2O_2 可与 HS^- 反应析出元素硫：

$$H_2O_2 + HS^- \longrightarrow H_2O + OH^- + S\downarrow$$

(3) 生产工艺流程

改良 ADA 法生产工艺流程见图 7-10。

原料气进入脱硫塔的下部，与从塔顶喷洒的脱硫液逆流接触，脱除硫化氢和氰化氢后的原料气，从塔顶经液沫分离器排出。脱硫液从塔底经液封槽流入循环槽，再用泵送至加热器控制温度到 40℃后入再生塔下部，与送入的压缩空气并流上升。脱硫液被空气氧化再生后，经液位调节器自流入脱硫塔循环槽使用。

脱硫塔内析出的硫泡沫在循环槽内积累，在循环槽的顶部和底部设有溶液喷头，喷射自泵出口引出的高压溶液，以打碎硫泡沫使之随溶液同时进入循环泵。在循环槽中积累的硫泡沫也可以放入收集槽，由此用压缩空气压入硫泡沫槽。

大量的硫泡沫是在再生塔中生成的，并浮于塔顶扩大部分，利用位差自流入硫泡沫槽内。硫泡沫槽内温度控制在 65～70℃，在机械搅拌下澄清分层，清液经放液器返回循环槽，硫泡沫放至真空过滤机进行过滤，成为硫膏。滤液经真空除沫器后也返回循环槽。

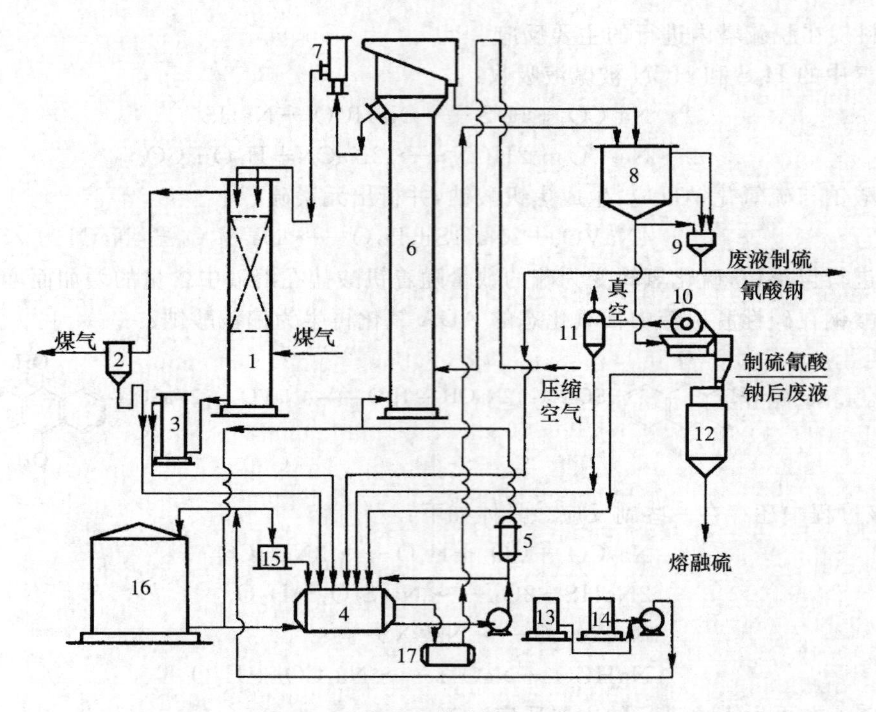

图 7-10　蒽醌二磺酸钠法工艺流程

1—脱硫塔　2—泡沫分离器　3—液封槽　4—循环槽　5—加热器　6—再生塔　7—液位调节器　8—硫泡沫槽　9—放液器　10—真空过滤器　11—真空除沫器　12—熔硫釜　13—含 ADA 碱液槽　14—偏钒酸钠溶液槽　15—吸收液高位槽　16—事故槽　17—泡沫收集槽

硫膏于熔硫釜内用蒸汽间接加热至 130℃以上，使硫熔融并与硫渣分离。熔融硫放入用蒸汽夹套保温的分配器，以细流放至皮带输送机上，并用冷水喷洒冷却。于皮带输送机上经脱水干燥后的硫磺产品卸至储槽。

(4) 影响因素及控制

● 脱硫塔的操作温度与压力

ADA 法对温度要求不严格，15～60℃均可。但温度过低，$NaHCO_3$、$NaVO_3$ 和 ADA 易沉淀，硫磺颗粒小，溶液再生效果差；温度过高，会加速副反应的进行。一般维持在 40～50℃，此时硫磺颗粒大，达到 20～50 μm。

该法对压力不敏感，常压到 0.7 MPa 都能同样除去 H_2S。但压力下气体中氧分压大，使生成 $Na_2S_2O_3$ 的副反应加速。

硫代硫酸钠等盐的大量生成，会降低 ADA 在母液中的溶解度，使溶解度小的 2,6-ADA 首先从母液中析出而粘附在硫磺粒子上，这不但损失了 ADA，还降低了硫磺的质量。

● 脱硫液的 pH

脱硫液的 pH 由 Na_2CO_3 和 $NaHCO_3$ 的含量决定。如果原料气中的 CO_2 含量高，则 Na_2CO_3 将转变为 $NaHCO_3$，此时脱硫液的 pH 将下降到需要的水平以下。另外，$NaHCO_3$ 的溶解度比 Na_2CO_3 小，在脱硫液中不允许有 $NaHCO_3$ 析出。如果发生上述情况，脱硫液必须脱碳。脱碳是将 1%质量的循环液在热交换器中加热至 90℃，由填料塔上部进入，热空气或蒸汽由塔底部通入，则 $NaHCO_3$ 就会释放出 CO_2，被吹入气流带走。

一般根据原料气 CO_2 含量，脱硫液中 $NaHCO_3$ 与 Na_2CO_3 摩尔比为 1∶(4～5)时，无需脱碳，由脱硫塔吸收的 CO_2 等于再生鼓入空气氧化时的损失。

脱硫液的 pH 维持在 8.5～9.1 之间。pH 小于 8.5，反应速度慢；pH 太大，副反应加剧，并使碱耗增大。

● $NaVO_3$、ADA 及 $NaKC_4H_4O_6$ 的用量

$NaVO_3$ 在脱硫过程中起到两个作用：一是能在瞬间将 HS^- 氧化成元素 S，这样可将 $Na_2S_2O_3$ 的生成控制在最低限度；二是在反应过程中使 +5 价钒还原成 +4 价钒。使氧化速度加快，溶液中的硫容量提高，循环量降低，循环槽容积可以缩小，同时也降低了动力消耗。用量可根据反应式计算，其物质的量是 NaHS 的 2 倍。

ADA 的作用是将 +4 价钒氧化成 +5 价钒，其氧化速度随溶液中 ADA 浓度的增加而加快。脱硫液中 ADA 下限含量由氧化速度决定，上限含量由溶解度决定，一般控制在 $NaVO_3$ 摩尔浓度的 1.5 倍左右为宜。

$NaKC_4H_4O_6$ 是一种螯合剂，具有强的络合能力，与金属离子能形成溶于水的具有环状结构的内络合物，从而防止了当脱硫液吸收的 H_2S 超过 $NaVO_3$ 能够氧化的量时，钒以钒-氧-硫化合的黑色络合物形式沉淀，造成堵塞，影响正常生产。

● 再生时间和鼓风强度

脱硫液在再生塔内停留时间一般为 25～30 min，鼓风强度为 80～145 $m^3/(m^2 \cdot h)$，以使还原态的 ADA 充分氧化为氧化态的 ADA，并使生成的游离硫浮选出来。脱硫液的过度氧化会增加副反应产物的含量。脱硫液在循环槽内的停留时间一般为 8～10 min，以使硫氢化钠与偏钒酸钠充分反应析出游离硫。否则，硫氢化钠被带到再生塔，将被鼓入的空气氧化生成硫代硫酸钠。

2. HPF 法

HPF 法脱硫属液相催化氧化法脱硫，HPF 催化剂在脱硫和再生全过程中均有催化作用，是利用氨作吸收剂、以 HPF 为催化剂的湿式氧化脱硫。原料气中的硫化氢等酸性组分由气相进入液相与氨反应，转化为硫氢化铵等酸性铵盐，再在空气中氧的氧化下转化为元素硫。

HPF 脱硫催化剂是由对苯二酚(H)、双核酞菁钴六磺酸铵(PDS)和硫酸亚铁(F)组成的水溶液，对脱硫和再生过程均有催化作用。脱硫液的组成：对苯二酚 0.1～0.3 g/L，PDS 8～12 mg/L，$FeSO_4$ 0.1～0.3 g/L，游离氨 4～5 g/L。

HPF 法脱硫也分为吸收阶段和再生阶段。吸收阶段发生的主要反应有：

$$NH_3 + H_2O \rightleftharpoons NH_3 \cdot H_2O$$

$$NH_3 \cdot H_2O + H_2S \rightleftharpoons NH_4HS + H_2O$$

$$NH_3 \cdot H_2O + HCN \rightleftharpoons NH_4CN + H_2O$$

$$NH_3 \cdot H_2O + CO_2 \rightleftharpoons NH_4HCO_3$$

$$NH_3 \cdot H_2O + NH_4HCO_3 \rightleftharpoons (NH_4)_2CO_3 + H_2O$$

$$NH_3 \cdot H_2O + NH_4HS + (x-1)S \rightleftharpoons (NH_4)_2S_x + H_2O$$

$$NH_4HS + (NH_4)_2CO_3 + 2(x-1)S \rightleftharpoons 2(NH_4)_2S_x + H_2O + CO_2$$

$$NH_4HS + NH_4HCO_3 + (x-1)S \rightleftharpoons (NH_4)_2S_x + H_2O + CO_2$$

$$NH_4CN + (NH_4)_2S_x \rightleftharpoons NH_4CNS + (NH_4)_2S_{(x-1)}$$

$$(NH_4)_2S_{(x-1)}+S \rightleftharpoons (NH_4)_2S_x$$

再生阶段发生的主要反应有：

$$NH_4HS+0.5O_2 \longrightarrow S\downarrow+NH_4OH$$

$$(NH_4)_2S_x+0.5O_2+H_2O \rightleftharpoons S_x\downarrow+2NH_4OH$$

HPF法脱硫在炼焦行业中被广泛采用，图7-11为焦炉煤气HPF法脱硫工艺流程。

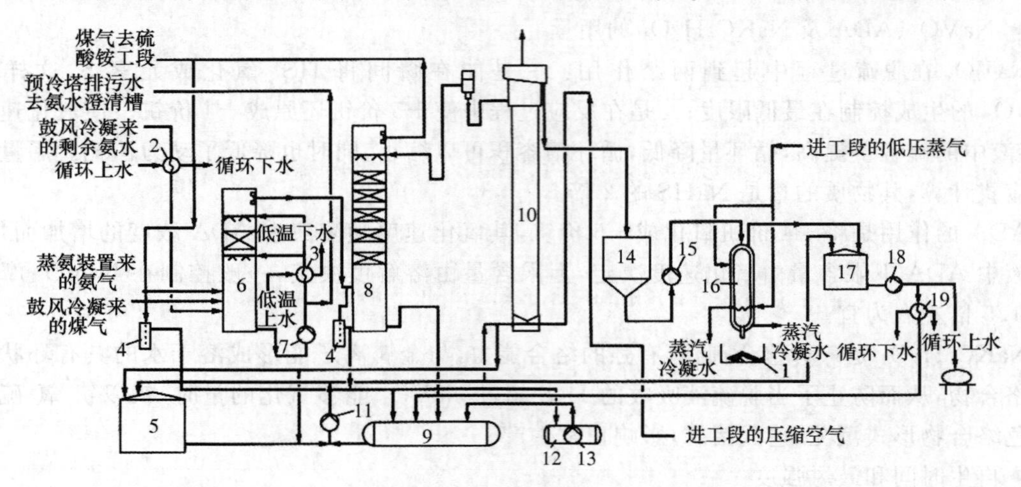

图7-11 HPF法脱硫工艺流程

1—硫磺接收槽 2—氨水冷却器 3—预冷塔循环水冷却器 4—水封槽 5—事故槽 6—预冷塔 7—预冷塔循环泵 8—脱硫塔 9—反应槽 10—再生塔 11—脱硫液循环槽 12—放空槽 13—放空槽液下泵 14—泡沫槽 15—泡沫泵 16—熔硫釜 17—废液槽 18—清液泵 19—清液冷却器

从鼓风冷凝工段来的约50℃的煤气进入预冷塔，与塔顶喷洒的循环冷却水逆向接触，被冷却至约30℃进入脱硫塔。预冷塔自成循环系统，循环冷却水从塔下部用泵抽送至循环水冷却器，用低温水冷却至约25℃后进入塔内循环喷洒。采取部分剩余氨水更新循环冷却水，多余的循环冷却水排至冷凝鼓风工段的机械化氨水澄清槽。

预冷后的煤气进入脱硫塔，与塔顶喷淋下来的脱硫液逆流接触以吸收煤气中的硫化氢、氰化氢，同时吸收煤气中的氨，以补充脱硫液中的碱源。脱硫后的煤气进入硫酸铵工序。吸收了硫化氢和氰化氢的脱硫液从塔底流入反应槽，然后用泵送入再生塔，同时自塔底通入压缩空气，使溶液在塔内氧化再生。再生后的溶液从塔顶经液位调节器自流入泡沫槽。硫泡沫经泡沫泵送入熔硫釜加热熔融，釜顶排出的热清液流入清液槽，用泵抽送至冷却器冷却后返回反应槽。熔硫釜底排出的硫磺经冷却后装袋外销。所得硫磺收率50%～60%，纯度高于90%。

影响因素及控制：

(1) 操作温度：脱硫塔的操作温度是由进塔煤气温度和循环液温度决定的。操作温度高，会增大溶液表面上氨气分压，使脱硫液中氨的含量降低，脱硫液效率下降；操作温度低，不利于脱硫液再生反应的进行，同时也影响脱硫效率。一般在35℃左右时，HPF催化剂的活性最好。因此，在生产中煤气温度控制在25～30℃，脱硫液的温度控制在35～40℃。

(2) 液气比：增加液气比可以增加气液两相的接触面积，使传质表面迅速更新，增大吸收

H_2S的推动力，使脱硫效率提高。但液气比增加到一定程度，脱硫效率的提高并不明显，反而增加了循环泵的动力消耗。

(3) 再生空气强度：理论上氧化 1 kg H_2S需要空气量不足 2 m^3，因浮选硫泡沫的需要，再生空气量一般为 8～12 $m^3/(kg \cdot s)$，鼓风强度控制在约 100 $m^3/(m^2 \cdot h)$。由于 HPF 在脱硫和再生过程中均有催化作用，故再生时间可以适当缩短，一般控制在 20 min 左右。

(4) 脱硫液中的盐类杂质：由催化再生反应可见，$(NH_4)_2S$可以生成 S 和 $NH_3 \cdot H_2O$，故脱硫液中NH_4CNS的增长速度受到抑制，盐类累积速度缓慢。但盐类浓度若超过 250 g/L，将影响脱硫效率。

7.4 脱　　碳

无论是以固体燃料还是以烃类为原料制得的粗原料气，经过一氧化碳变换后，二氧化碳都是过剩的，其含量在 25%～30%之间。二氧化碳的存在，使得原料气用于合成氨时会使催化剂中毒，用于合成甲醇时造成氢碳比太低，对合成反应极为不利。因此，这部分二氧化碳必须从系统中脱除，而且利用各种脱碳方法还可同时去除气体中的硫化氢。脱除二氧化碳过程中生产的液体二氧化碳还可以用于其他部门。习惯上，把脱除二氧化碳的过程称为“脱碳”。

目前脱碳的方法很多，工业上常用的是吸收法。根据吸收剂的性质不同，可分为物理吸收法、化学吸收法以及物理化学吸收法。根据吸收剂的形态不同，又可分为湿法脱碳和干法脱碳。

7.4.1　湿法脱碳

湿法脱碳，根据吸收原理的不同，可分为物理吸收法和化学吸收法。

物理吸收法是利用分子间的范德华力进行选择性吸收。适用于 CO_2 含量＞15%，无机硫、有机硫含量高的煤气。目前国内外主要有：水洗法、低温甲醇洗涤法、碳酸丙烯酯法、聚乙二醇二甲醚等吸收法。吸收 CO_2 的溶液仍可减压再生，吸收剂可重复利用。其中水洗法的动力消耗大，氢气和一氧化碳损失大；低温甲醇洗涤法既可脱碳，又可脱硫，但需要消耗足够多的能量，因此一般在大型化工厂使用；碳酸丙烯酯法由于溶液造成的腐蚀严重，并且液体损失量较大，所以聚乙二醇二甲醚脱碳广泛被采用。物理吸收法吸收剂的最大吸收能力由 CO_2 在该溶剂中的溶解度来决定。

化学吸收法是利用 CO_2 的酸性特性与碱性物质进行反应将其吸收，常用的方法有热碳酸钾法、有机胺法和浓氨水吸收法等。其中热碳酸钾适用于 CO_2 含量＜15%的原料气；浓氨水吸收法最终产品为碳酸铵，达不到环保要求，该法逐渐被淘汰；有机胺法是目前最有发展前景的脱碳方法。早在 1930 年有机胺法就已在工业上应用。开始使用的是三乙胺，由于三乙胺的吸收剂量小、活性低、稳定性差等原因，后来被其他胺代替。一乙醇胺(MEA)首先被广泛用于天然气与其他合成气的脱碳和脱硫，比较著名的有 UOP 公司的 UCARSOL、Dow 公司的 Gas/S PEC 系列溶剂，都是用 MEA 和其他添加剂配制而成。甲基二乙醇胺最早用于含 CO_2 原料气的选择性脱硫，近十多年才开始用于脱 CO_2，比较著名的是 BASF 的 MDEA 工艺。它是以 MDEA 为主要成分，加入其他胺和活化剂组成的混合溶液，可用于选择性吸收 H_2S，部分或完全脱除 CO_2。近年来 Exxon 公司又开发了空间位阻胺用于脱碳和脱硫，可以加速 CO_2 与胺的反应过程，用于脱

CO_2 的称为 Flexsorb 溶剂。化学吸收法溶液最大吸收能力由反应的化学平衡决定。化学吸收法单靠常温常压不能使吸收 CO_2 后的溶液充分再生，所以通常采用加热法再生，再生要消耗一定的热能。

本节主要介绍物理吸收法中的碳酸丙烯酯法和聚乙二醇二甲醚法。

1. 碳酸丙烯酯法

碳酸丙烯酯法脱除原料气中 CO_2 的过程，是一个纯物理吸收过程。碳酸丙烯酯对 CO_2 吸收能力大，在相同条件下约为水的 4 倍。纯净时略带芳香味，无色，当使用一定时间后，由于水溶解 CO_2、H_2S、有机硫、烯烃、水及碳酸丙烯酯降解，使溶液变成棕黄色，密度 1.198 kg/L，闪点 128℃，着火点 133℃，属中度挥发性有机溶剂，极易溶于有机溶剂，但对压缩机油难溶。吸水性极强，碳酸丙烯酯溶液吸收能力与压力成正比，与温度成反比，对材料无腐蚀性（无水解时），所以可用一般钢作材料，投资少。但碳酸液降解后对碳钢有腐蚀，使碳酸丙烯酯颜色变成棕色。

各种气体在碳酸丙烯酯中的溶解度见表 7-4。

表 7-4 各种气体在碳酸丙烯酯中的溶解度（0.1 MPa，25℃，单位：m^3 气体/m^3）

气 体	CO_2	H_2S	H_2	CO	CH_4	COS	C_2H_2
溶解度	3.47	12.0	0.025	0.5	0.3	5.0	8.6

碳酸丙烯酯脱碳是利用合成原料气中 CO_2、H_2S 等酸性气体在加压条件下溶于碳酸丙烯酯溶液中，达到脱除 CO_2、H_2S 的目的。溶解有 CO_2、H_2S 气体的碳酸丙烯酯溶剂在减压（或真空）、汽提等条件下，将所溶解的大部分 CO_2、H_2S 等气体解吸出来，达到再生循环使用目的。

在原料气中，CO_2 分压在小于 2.0 MPa 以下时，其在碳酸丙烯酯溶液中的溶解规律服从亨利定律：

$$p_{CO_2} = E_{CO_2} \cdot x_{CO_2} \tag{7-8}$$

式中，p_{CO_2}—CO_2 在气相中的平衡分压，MPa；

E_{CO_2}—CO_2 的亨利系数，MPa；

x_{CO_2}—液相中 CO_2 的摩尔分数。

当气相压力不高，混合气体中各气体组分分压可按道尔顿分压定律计算：

$$p'_{CO_2} = P_{总} \cdot y_{CO_2} \tag{7-9}$$

式中，p'_{CO_2}—原料气中 CO_2 的分压，MPa；

$P_{总}$—原料气总压（绝压），MPa；

y_{CO_2}—原料气中 CO_2 的摩尔分数。

由式（7-8）和（7-9）可知，亨利系数与温度相关，原料气中 CO_2 分压与原料气总压相关。所以，提高系统压力或降低碳酸丙烯酯溶液温度，均能增大吸收过程的传质推动力，即增大 CO_2 在碳酸丙烯酯溶液中的溶解度，对吸收过程有利；相反，则利于 CO_2、H_2S 等气体从溶液中解吸出来，即碳酸丙烯酯溶液的再生闪蒸过程。在经过闪蒸之后，碳酸丙烯酯溶剂中仍残留有少部分的 CO_2、H_2S 等酸性气体。为了满足再生溶液恢复吸收能力，通常在闪蒸之后增加真空解吸塔。为了减少出工序各种气体夹带造成的溶剂损耗，降低操作费用，在气体出工序之前用工业软水（或碳酸丙烯酯稀溶液）来洗涤各工艺气体，然后根据系统碳酸丙烯酯含水量高低间断地补充到碳酸丙烯酯系统中。

吸收—闪蒸—汽提—洗涤回收这四个部分共同组成了碳酸丙烯酯脱碳工艺的基本环节。具体工艺流程如图 7-12 所示。此工艺流程图是目前通用的配有碳铵(碳化)联碱,尿素生产的碳酸丙烯酯脱除 CO_2 四级回收工艺流程。

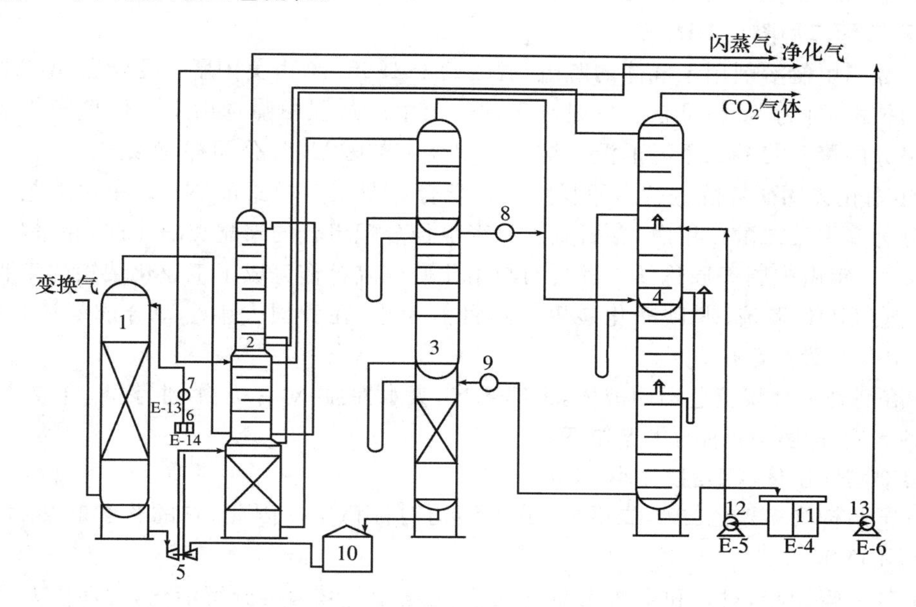

图 7-12　脱碳工艺流程

1—吸收塔　2—闪蒸洗涤塔　3—再生塔　4—洗涤塔　5—贫液泵-涡轮机　6—过滤器　7—贫液水冷器　8—真解风机　9—汽提风机　10—循环槽　11—稀液槽　12,13—稀液泵

压力在 1.5～1.95 MPa 的变换气经过分离器分离油水后从吸收塔 1 底部进入,碳酸丙烯酯溶液由贫液泵 5 提压后被打入过滤网式过滤器 6,再经贫液水冷却器 7 冷却后从吸收塔顶进入塔内,变换气与碳酸丙烯酯溶液在吸收塔内逆流接触,绝大部分的 CO_2、H_2S 气体被碳酸丙烯酯溶液所吸收。被吸收了绝大部分 CO_2、H_2S 气体的净化气由塔顶出来,进入闪蒸洗涤塔中部,洗涤夹带的碳酸丙烯酯溶剂蒸汽,再经净化气分离器分离后,送到干法脱硫塔进一步脱硫后送去压缩机。

吸收二氧化碳后的碳酸丙烯酯富液从闪蒸塔底部出来,经自动减压阀减压后,进入再生塔 3 常解段。大部分二氧化碳在此解吸。解吸后的富液经溢流管进入中部真空解吸段,由真空解吸风机 8 按制真空解吸段真空度。真空解吸气由真空解吸风机加压后与常解段解吸气汇合,依次进入洗涤塔上部洗涤,所得 CO_2 气体作为产品。

真空解吸段碳酸丙烯酯液经溢流管进入再生塔 3 下段汽提段。汽提段由汽提风机 9 抽吸空气形成负压,汽提碳酸丙烯酯液与自下而上的空气逆流接触,继续解吸碳酸丙烯酯溶液中残余二氧化碳,再生后的贫液进入循环槽 10,经贫液泵加压后,再去脱碳塔(吸收塔 1)循环使用。汽提气依次进入洗涤塔 4 下部洗涤后放空。

工业软水利用比例泵提压后进入净化气洗涤塔洗涤净化气中的碳酸丙烯酯,洗涤后的溶液即称稀液,由塔下部排至一级闪蒸槽闪蒸气洗涤塔,洗涤一级闪蒸气后的稀液排至稀液储槽,用稀液泵将稀液提压后分三路:一路经计量后至二闪气洗涤塔洗涤二闪气;一路经计量后送至汽提气洗涤塔，洗涤汽提气；另一路经计量后送至常解气洗涤塔，洗涤常解气和真空解吸气。由各洗涤塔底部排出的稀液回到稀液储槽内循环使用，或根据系统碳酸丙烯酯含水量高低间断补充到碳酸丙烯酯循环系统中，从而达到回收碳酸丙烯酯的目的。

2. 聚乙二醇二甲醚(NHD)法

聚乙二醇二甲醚溶剂用于气体的脱硫、脱碳始于1965年，由美国联合化学公司(Allied)开发并取得专利技术，称为Selexol法。它是在石油化工生产过程中筛选出来的优良净化溶剂，其组成为多元组分的聚乙二醇二甲醚的混合溶液。现今由美国UOP公司拥有该技术。

1984年南化集团研究院进行多原料路线化学合成及工业模式的NHD净化工艺取得成功，其主要组分为多聚乙二醇二甲醚，并研制出一套最佳分配组合的聚醚类净化剂，并命名为NHD。该工艺于1992年由中国天辰化学工程公司与南化研究院合作完成了工业化装置的工程设计，建成中国第一套NHD脱硫、脱碳净化装置。到目前为止，在我国大中小型合成氨厂和部分甲醇厂，已有几十套装置在运行。

NHD溶剂是一种淡黄色透明液体，无嗅无味，吸水性强，对有机物、油漆类、合成橡胶具有很强的溶解性。它作为净化剂的优点如下：

(1) 溶剂蒸气压低，挥发损失小。

(2) 分子结构为多聚乙二醇二甲醚，分子结构对称稳定。因此，它的化学和热力学性质稳定，不反应、不降解。

(3) 溶剂无嗅无味，对人和生物无毒，在自然土壤中易被菌类分解消化，对环境无任何污染。

(4) 溶剂表面张力小，是优良的消泡剂，运行中不起泡。

(5) 溶剂比热容小，气体溶解热低，热再生需热量小。

(6) NHD与水可以任意比例互溶，是十分优良的吸水剂。

(7) 溶剂具有与石化产品柴油相近的物化性质，对碳钢和各种金属无腐蚀性。

(8) 吸收溶解酸性气H_2S、CO_2有选择性，H_2S为CO_2的9倍，这是选择提浓H_2S酸性气最重要的特性。

(9) NHD溶剂可同时脱除H_2S和有机硫，尤其对硫醇、硫醚、噻吩具有十分高的吸收溶解能力，对COS溶解性稍差，但也可实现大部脱除。

NHD脱碳工艺流程如图7-13所示。

原料气经板式气体换热器换热至15℃后进入脱碳塔下部，与从塔顶喷淋而下的NHD脱碳贫液在填料层内逆流接触，从而脱除其中的CO_2，脱碳塔顶出来的净化气经过气液分离器后进入板式气体换热器，升温至34℃左右后去甲烷化装置。

脱碳塔底排出的NHD富液经水力透平回收能量后去高压闪蒸槽，其操作压力为1.4 MPa。从高压闪蒸槽排出的富液再经另一台水力透平回收能量后进入低压闪蒸槽，其操作压力为0.18 MPa，从高压闪蒸槽出来的高压气含氢高达23%左右，为了充分回收这部分氢气，通过一台闪蒸气压缩机增压后返回脱硫塔。低压闪蒸气含CO_2 98.5%，送尿素装置。经过闪蒸的NHD富液由富液泵打至汽提塔段上部，自上而下与从塔底上升的氮气在填料层内逆流接触进行汽提再生，经汽提再生后的NHD贫液从汽提塔底排出，经脱碳贫液泵升压后再经氨冷器冷却到−5℃左右，然后去脱碳塔顶部循环使用。

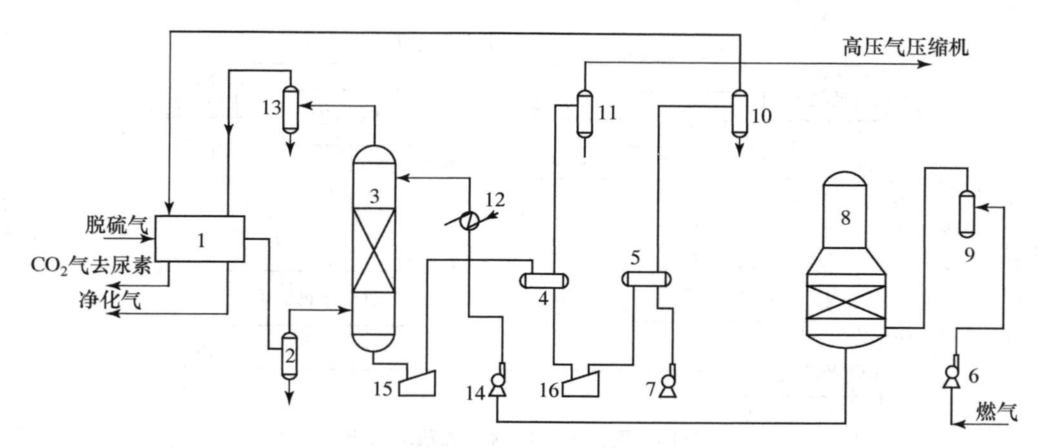

图 7-13　NHD 脱碳工艺流程

1、12—换热器　2、9、10、11、13—分离器　3—脱碳塔　4—高压闪蒸塔　5—低压闪蒸槽
6—鼓风机　7、14—溶液泵　8—汽提塔　15、16—水力透平

7.4.2　干法脱碳

干法脱碳是利用孔隙率极大的固体吸附剂在高压、低温条件下，选择性吸收气体中的某种或某几种气体，再将所吸附的气体在减压或升温条件下解吸出来的脱碳方法。常见的方法有变压吸附和变温吸附。这种固体吸附剂的使用寿命可长达十年之久，克服了湿法脱碳时大量的溶剂消耗，运行成本低，所以被广泛采用。

变压吸附，简称 PSA，技术较为先进、成熟，运行稳定、可靠，劳动强度小，操作费用低，特别是自动化程度高，全部微机控制准确可靠。其工作原理如下：

利用床层内吸附剂对吸收质在不同分压下有不同的吸附容量，并且在一定压力下对被分离的气体混合物各组分又有选择吸附的特性，加压吸附除去原料气中杂质组分，减压又脱附这些杂质，而使吸附剂获得再生。因此，采用多个吸附床，循环地变动所组合的各吸附床压力，就可以达到连续分离气体混合物的目的。当吸附床饱和时，通过均压降方式，一方面充分回收床层死空间中的氢气、一氧化碳，另一方面增加床层死空间中的二氧化碳浓度。整个操作过程温度变化不大，可近似地看作等温过程。

两段变压吸附法脱碳工艺流程如图 7-14 所示。

PSA-Ⅰ工序：原料气首先进入气液分离器分离游离水，进入 PSA-Ⅰ工序。原料气由下而上同时通过处于吸附步骤的三个吸附床层，其中吸附能力较弱组分，如 H_2、N_2、CO 等绝大部分穿过吸附床层；相对吸附能力较强的吸附组分，如 CH_4、CO_2、H_2O 等大部分被吸附剂停留在床层中，只有一小部分穿过吸附床层进入下一工序。穿过吸附床层的气体称为半成品气。当半成品气中 CO_2 指标达到约 6%～8%时，停止吸附操作，并随降压、抽空等再生过程从吸附剂上解吸出来，纯度合格的 CO_2 可回收利用输出界区，其余放空。

半成品气进入 PSA-Ⅱ工序前分成两部分：半成品气Ⅰ，PSA-Ⅰ工序送出半成品气通过流量调节系统进行分配，将约 1/3 半成品气Ⅰ直接送入产品气缓冲罐；半成品气Ⅱ，经流量调节系统 FV-101 分配的 2/3 半成品气，进入 PSA-Ⅱ工序，进行第二次脱碳，出口气为半成品气Ⅱ。

PSA-Ⅱ工序：半成品气Ⅱ经中间产品缓冲罐送入 PSA-Ⅱ工序，将半成品气中的 CO_2 含量

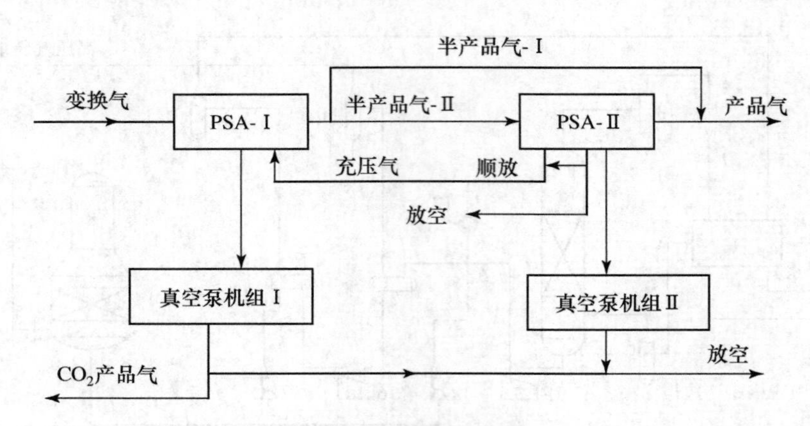

图 7-14 两段变压吸附法脱碳工艺流程

由 6%～8%脱至 3%～5%。经 PSA-Ⅱ工序脱碳后的净化气进入产品缓冲罐与半成品气Ⅰ混合均匀，此时产品气中 CO_2 混合均匀后含量达到 3%～5%时，作为产品气输出界区。

真空泵机组Ⅰ：被吸附剂所吸附的 CO_2 组分虽通过逆放降压解吸，但仍有部分 CO_2 组分未能得到完全的解吸。为此，需要通过抽空方式使吸附塔进一步降压，达到完全解吸的目的，同时吸附剂得到了再生。

真空泵机组Ⅱ：同真空泵机组Ⅰ作用完全相同，只是由于抽空量不一样，配置上也有所区别。

7.5 甲醇合成

甲醇是 C1 化学的基础物质和重要的有机化工原料，也是一种洁净高效的车用燃料和大功率燃料电池的原料，主要应用于精细化工、塑料等领域，可用来制造甲醛、醋酸、氯甲烷、甲氨、硫酸二甲酯等多种有机产品，也是农药、医药的重要原料之一。

自 20 世纪 20 年代 BASF 公司发明高压法合成气制备甲醇工艺以来，合成气工艺已成为工业甲醇生产的主要方法。至今，合成气制备甲醇经历了高压法、中压法和低压法三种工艺。高压法主要采用锌铬类催化剂，在 25～30 MPa、330～400℃下合成甲醇；中、低压法主要采用铜基催化剂，在 5～15 MPa、200～300℃下合成甲醇。选用何种工艺合成甲醇，应根据实际情况确定。联醇和双甲工艺的合成氨厂，采用中压合成副产甲醇；单醇生产厂家一般选 5.0 MPa 的低压合成流程。

7.5.1 甲醇合成的基本原理

自 CO 加氢合成甲醇工业化以来，有关合成反应机理一直在不断探索和研究中。早期认为，合成甲醇是通过 CO 在催化剂表面吸附生成中间产物而合成的，即 CO 是合成甲醇的原料。但 20 世纪 70 年代以后，前苏联学者通过苏产 CHM-1 型铜基催化剂进行了动力学实验和同位素示踪原子跟踪研究，证实了合成甲醇中的碳原子来源于 CO_2，所以认为 CO_2 是合成甲醇的起始原料。为此，分别提出了 CO 和 CO_2 合成甲醇的反应机理。但有关合成机理尚无定论，有待进一步研究。

为了阐明甲醇合成反应的模式，1987 年，格伦斯基、朱炳辰及徐懋生对我国 C301 型铜基催化剂，分别对仅含有 CO、仅含有 CO_2 和同时含有 CO 及 CO_2 的三种原料气进行了甲醇合成动力学实验测定，反应压力 5 MPa，温度 218～260℃，催化剂装填量 5.48 g。实验结果表明，在上述合成条件下，CO 和 CO_2 均能在铜基催化剂表面发生加氢反应合成甲醇。因此，基于化学吸附的 CO 和 CO_2 连续加氢生成甲醇的反应机理被人们普遍接受。

对甲醇合成而言，无论是锌铬催化剂还是铜基催化剂，其多相(非均相)催化过程均按下列过程进行：① 扩散——气体自气相扩散到气体-催化剂界面；② 吸附——各种气体组分在催化剂活性表面上进行化学吸附；③ 表面吸附——化学吸附的气体，按照不同的动力学假说进行反应，形成产物；④ 解吸——反应产物从催化剂表面脱附下来；⑤ 扩散——脱附下来的反应产物自气体-催化剂界面扩散到气相中去。

甲醇合成反应的速率，是上述五个过程中的每一个过程进行速率的总和，但全过程的速率取决于最慢步骤的完成速率。研究证实，过程①与过程⑤进行得非常迅速，过程②与过程④进行的速率较快，而过程③中分子在催化剂活性界面的反应速率最慢，因此，整个反应过程的速率取决于表面反应的进行速率。

提高压力、升高温度均可使甲醇合成反应速率加快，但从热力学角度分析，由于 CO、CO_2 和 H_2 合成甲醇的反应都是强放热的体积缩小的反应，提高压力、降低温度有利于化学平衡向生成甲醇的方向移动，同时也有利于抑制副反应的进行。

甲醇合成过程中发生的主要化学反应如下：

1. 甲醇合成主反应

$$CO + 2H_2 \longrightarrow CH_3OH$$
$$CO_2 + 3H_2 \longrightarrow CH_3OH + H_2O$$
$$CO_2 + H_2 \longrightarrow CO + H_2O$$

H_2 和 CO 在铜基催化剂上的吸附都是可逆的，H_2 的饱和吸附量远大于 CO 的饱和吸附量，H_2 和 CO 存在着竞争吸附，CO 的存在使 H_2 的吸附略有减少，共吸附对 H_2 的吸附只有竞争作用而无促进作用。铜基催化剂上的竞争吸附以 CO_2 最强，过量的 CO_2 将过分占据活性中心，反而对甲醇合成反应不利。而少量 CO_2 的存在，可增大催化剂表面羟基浓度，从而使 CO 加氢生成甲醇的速率加快。

2. 甲醇合成副反应

$$2CO + 4H_2 \longrightarrow C_2H_5OH + H_2O$$
$$CO_2 + H_2 \longrightarrow HCOOH$$
$$2CO + 4H_2 \longrightarrow CH_3OCH_3 + H_2O$$
$$2CH_3OH \longrightarrow H_3COOCH_3 + H_2$$
$$2CO \longrightarrow C + CO_2$$

副反应的存在会使得甲醇粗产品成分变复杂，给甲醇的分离精制带来困难。尤其是析炭反应的发生，会使得甲醇合成催化剂表面活性降低，缩短催化剂的使用寿命。

3. 合成甲醇的平衡常数

原料气合成甲醇的反应是一个可逆反应，压力对反应起着重要作用。用气体分压来表示的平衡常数可用下面公式表示：

$$K_p = \frac{p_{CH_3OH}}{p_{CO}\, p_{H_2}^2} \tag{7-10}$$

式中，K_p—甲醇合成反应的平衡常数；

p_{CH_3OH}，p_{CO}，p_{H_2}—分别表示甲醇、一氧化碳、氢气的平衡分压。

反应温度也是影响平衡常数的一个重要因素，用温度表示的甲醇合成反应平衡常数如下：

$$\lg K_a = \frac{3921}{T} - 7.971\lg T + 0.002499T - 2.953\times 10^{-7}T^2 + 10.20 \quad (7\text{-}11)$$

式中，K_a—用温度表示的平衡常数；

T—反应温度，K。

用公式(7-11)算得的不同温度下的反应平衡常数见表 7-5。其平衡常数随温度的上升急剧减小，因此，甲醇合成不能在高温下进行。但是低温反应速度太慢，所以甲醇生产选用高活性的铜基催化剂，使反应温度维持在 260～280℃，以获得适宜的反应温度和转化率。

表 7-5 不同温度下甲醇合成反应的平衡常数

反应温度/℃	平衡常数 K_a	反应温度/℃	平衡常数 K_a
0	667.30	300	2.42×10^{-4}
100	12.92	400	1.079×10^{-5}
200	1.909×10^{-2}		

7.5.2 甲醇合成的工艺流程

甲醇生产工艺一般包括五个步骤：① 煤、焦炭或天然气等含碳原料制合成气；② 合成气净化；③ 甲醇合成；④ 甲醇精馏；⑤ 热量回收。其中最重要的工序是甲醇合成工序，其关键技术是合成甲醇催化剂和反应器。所以，甲醇合成的工艺流程的进展与新催化剂的发现和气体净化技术的开发相关。1923 年德国 BASF 公司发现了锌铬催化剂，并用合成气在 30～35 MPa 高压下实现了甲醇的工业化生产，合成温度 360～400℃。直到 1965 年，这种高压法工艺仍是甲醇合成的唯一方法。高压法技术成熟，但投资生产成本较高。1966 年，铜基催化剂的发现及脱硫净化技术的完善，使得英国 ICI 公司开发出低压法甲醇合成工艺，操作压力约为 5.0 MPa，反应温度 210～270℃。于是，低压甲醇合成工艺流程逐渐成熟，而高压法合成工艺由于副产物多、产率低、投资大和能耗高而逐渐被淘汰。1972 年德国 Lurgi 公司进一步开发出适用于以天然气-渣油为原料的低压法工艺。低压法在能耗、装置建设、单系列反应器生产能力方面具有优越性，所以从 20 世纪 70 年代中期开始，新建装置大多采用低压法工艺，操作压力降低到4～5 MPa，温度也降低至 200～300℃。目前主要有 ICI 法和 Lurgi 法两种工业化工艺。中压法是在低压法的基础上发展起来的，由于低压法压力太低，导致设备体积比较大，大规模生产设备制造困难，近年来在低压法基础上又进一步发展出中压合成法(8～15 MPa)，以适应大型化生产，更有效地降低建厂费用和生产成本。ICI 中压法使反应压力从 5.0 MPa 提高到 10.0 MPa，甲醇时空产率由 0.33 t/(m³·h)提高到 0.5～0.6 t/(m³·h)；Lurgi 中压法合成压力为 8.0 MPa，甲醇时空产率达到 0.80 t/(m³·h)。

目前世界上典型的甲醇合成工艺主要有 ICI 工艺、Lurgi 工艺和三菱瓦斯化学公司(MGC)工艺。ICI 工艺使用具有低温活性的铜系催化剂和离心式压缩机，合成压力为 5～10 MPa，反应器采用具有特殊气体分散管的冷气吹入式骤冷型反应器，可将催化剂床层温度控制在 230～270℃。Lurgi 工艺合成压力为 5～10 MPa，采用填充了铜基催化剂的多管式反应器，在壳层内通以加压水，通过产生蒸汽除去反应热，反应温度为260℃。MGC工艺为日本国内最早采用离心压缩机的甲醇合成方法，采用铜系催化剂，合成压力为5～15 MPa，反应器为多层催化剂的冷风骤冷式反应器，可回收催化剂床层间的反应热。

从生产规模来说，目前世界甲醇生产装置日趋大型化，单系列年产300 kt、600 kt甚至1000 kt以上。新建厂普遍采用中、低压流程。

1. 高压法甲醇合成工艺流程

高压法合成甲醇是发展最早、使用最广的工业合成甲醇技术。高压工艺流程是指使用锌铬催化剂，在300～400℃、30～35 MPa高温高压下合成甲醇的工艺流程。经典的高压工艺流程是采用往复式压缩机压缩气体，在压缩过程中，气体中夹带了润滑油，油和蒸汽混合在一起成为饱和状态，甚至过饱和状态，呈细雾状悬浮在气流中，经油水分离器仍不能分离干净。此外，合成系统中的循环气是利用循环压缩机进行循环的，如用往复式循环压缩机压缩时，循环气中也夹带了润滑油，这两部分的油滴、油雾都不允许进入合成塔，以免催化剂活性下降，所以对高压工艺流程中使用往复式压缩机的情况下，应该设置专门的滤油设备。

另外，还必须除去气体中的羰基铁，主要是五羰基铁$Fe(CO)_5$，一般在气体中含3～5 mg/m^3，这是碳素钢被CO气体腐蚀所造成的。形成的羰基铁在温度高于250℃时分解成极细的元素铁，而元素铁是生成甲醇的有效催化剂，这不仅增加了原料的消耗，而且使反应区的温度剧烈上升，从而造成催化剂的烧结和合成塔内件的损坏。气体中有硫化物也会加剧羰基腐蚀，这是因为硫化氢与管道表面相互作用时，破坏了金属的氧化膜而促进羰基腐蚀。为了除去羰基铁，一般在流程中设置活性炭过滤器。

高压法合成工艺流程如图7-15所示。

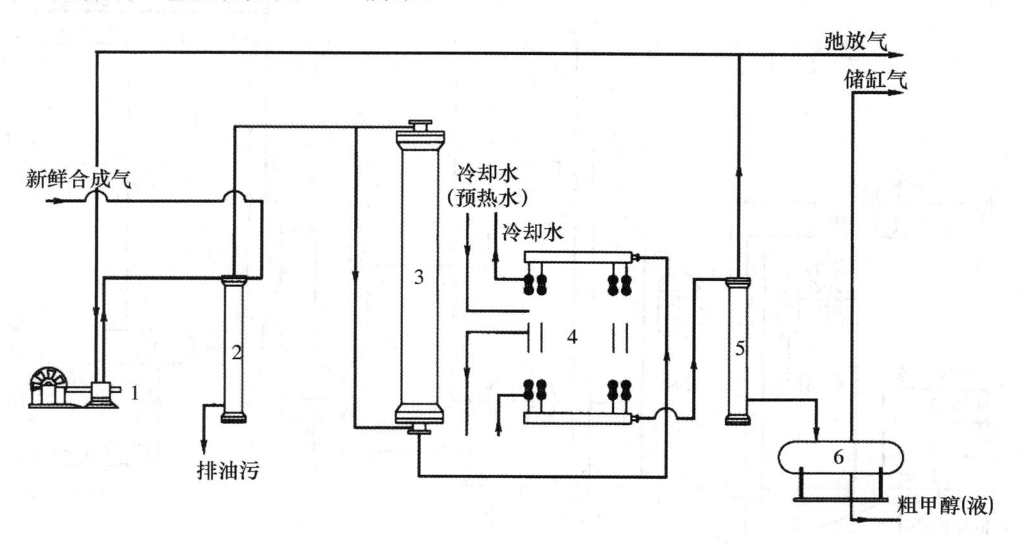

图7-15　高压法合成甲醇工艺流程

1—循环压缩机　2—油过滤器　3—甲醇合成塔　4—水分离器　5—分离器　6—中间储槽

新鲜合成气与循环气在油分离器中汇合，进入内冷管型甲醇合成塔下部换热器，再经催化床层中冷管加热，预热至床层入口温度后进入催化剂床层。先在绝热段中进行绝热反应，再在冷却段中边反应边换热。出床层气体在塔下部换热器中与进塔气换热降温。出合成塔的气体进入水冷器，甲醇冷凝，在分离器中分离出粗甲醇，未反应气体则进入循环机，提高压力后与新鲜气汇合。

2. 低压法甲醇合成工艺流程

(1) ICI 低压法甲醇合成工艺流程

ICI 低压甲醇合成工艺由英国 ICI 公司在 1966 年成功开发，合成压力 5 MPa，采用 ICI 51-1 型铜基催化剂。该法具有能耗低、生产成本低等优点。ICI 公司同时开发了四段冷激型甲醇合成反应器。该工艺改变了传统的高压法合成甲醇，是甲醇生产工艺上的突破。20 世纪 80 年代，ICI 公司又开发出一种新型轴径向流动的固定床反应器，其直径和反应器壁厚明显减小，操作简便，已有 31 个 1.4 kt/d 的装置投入运行。

ICI 低压法大多以天然气为原料，也有以石脑油和乙炔尾气为原料的。世界上用 ICI 低压法建厂的国家不少，例如：① 美国的 Celanese Chemical 公司在 Texas 州，建有以天然气为原料、年产 600 kt甲醇厂；② 美国的 Georgia Pacific 公司在 Louisiana 州，建有以天然气为原料、年产300 kt甲醇厂；③ 美国的 Monsato 公司，在 Texas 州，建有年产 300 kt 甲醇厂，也以天然气为原料；④ 德国的 Elf-Mineralol 公司建立了以石脑油为原料、年产 264 kt 的 ICI 低压甲醇厂；⑤ 英国 ICI 公司则最先在 Billingham 建立了以天然气为原料、年产 165 kt 的甲醇厂，随后又在该地用同样原料建立了年产 300 kt 的甲醇厂。除此以外，荷兰、加拿大和前苏联都建有 ICI 低压法合成甲醇厂。

我国四川维尼纶厂引进的日产 300 t ICI 低压法甲醇装置，采用乙炔尾气为原料气，其工艺流程如图 7-16 所示。

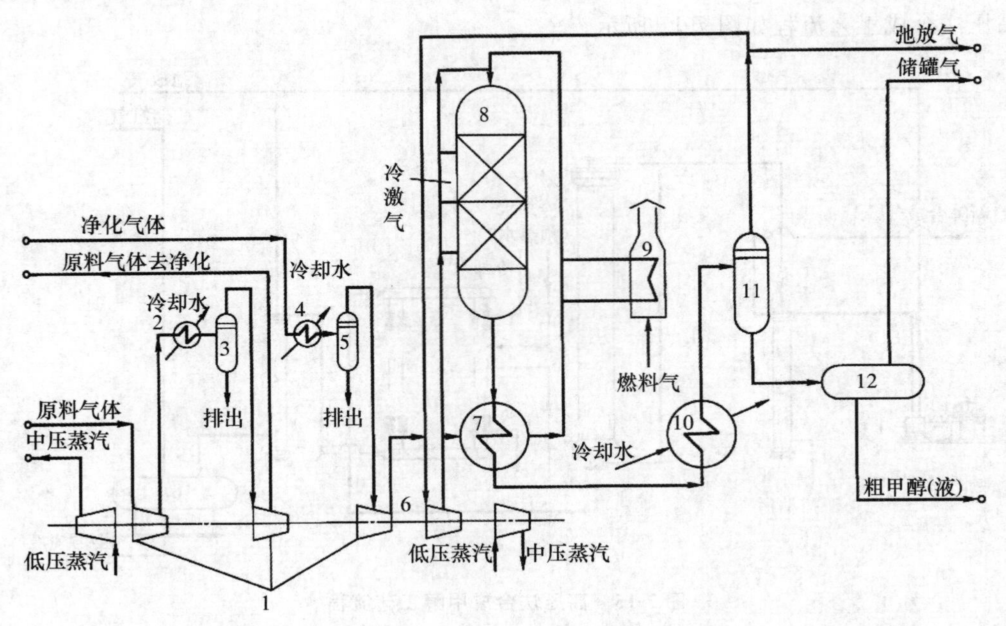

图 7-16 ICI 低压法甲醇合成工艺流程

1—原料气压缩机 2—冷却器 3—分离器 4—冷却器 5—分离器 6—循环气压缩机 7—热交换机 8—甲醇合成塔 9—开工加热器 10—甲醇冷凝器 11—甲醇分离器 12—中间储槽

25℃,0.95 MPa 的原料乙炔尾气进入甲醇系统,在尾气预热器中预热至 70℃。自废热锅炉产生的工艺蒸汽则经过尾气/蒸汽加热炉对流段过热至 299℃,并与乙炔尾气混合,蒸汽∶氧气=0.75,混合气进入加热炉辐射段,进一步加热至 412℃。由制氧装置送来并压缩至 0.98 MPa 压力的纯氧,调节流量后与 299℃过热蒸汽以蒸汽∶氧气=3.05 比值混合。上述两股气体进入部分氧化炉炉头混合后进入炉顶,并进行燃烧反应。反应区的温度升高至 950℃,并随之进行转化和变换反应,由于两反应为吸热反应,因此随着反应的进行,温度逐渐降低,反应气体离开部分氧化炉时的温度约为 850℃,残余甲烷含量降至 0.315%(干基)。转化气进入废热锅炉,副产 1.4 MPa 压力的工艺用饱和蒸汽,出废热锅炉的转化气温度 280℃,经尾气预热器进一步利用余热后降至 220℃,进入氧化锌脱硫槽将转化气中所含的 0.6 mg/L 硫降至甲醇合成催化剂所要求的 0.06 mg/L 以下。转化气经水冷器、分离器后,在 0.5 MPa、40℃下进入合成气压缩机第一段、二段,出口压力升至 2.45 MPa,温度约 134℃,不经冷却即分离为两股。一股约占总流量的 80%,送去脱碳,使 CO_2 含量由 16.5%降至 10.9%左右。再与未经脱碳的另一股转化气汇合,使 CO_2 含量为 12.16%,符合(H_2-CO)/($CO+CO_2$)=2.05 的要求。此合格的转化气经水冷器、分离器后进入压缩机第三段,压缩至 5.07 MPa 去合成系统,即为合成用新鲜气。新鲜气与分离甲醇后的循环气混合后进入循环压缩机,升压至 5.26 MPa。此入塔气分为两股,大部分混合气在合成塔换热器中与出塔气换热,被预热至 240～250℃进入合成塔顶部;一小部分不经预热作为合成塔各层催化剂冷激用,以控制床层反应温度。催化剂使用初期床后温度控制在 210～240℃,使用末期为 240～270℃,合成塔出口甲醇摩尔分数为 3.5%～4%。出塔合成气与入塔气换热后进入甲醇冷却器,用水冷至 40℃以下以冷凝出甲醇。合成气分离甲醇后循环使用。

为了在合成回路中惰性气体含量维持在摩尔分数 11%～12%,不使其太高,在选循环机前弛放一股气体作为燃料。粗甲醇在闪蒸器中降压至 0.35 MPa,使溶解的气体闪蒸,也作为燃料使用。

甲醇分离器出来的粗甲醇减压后送往储槽和精馏系统。粗甲醇经过轻馏分塔和重馏分塔除水和杂质后,即得合格的精甲醇产品。

ICI 低压甲醇合成工艺的特点为:采用该公司专制的多段冷激式合成塔,单塔生产能力大,适合单系列和超大型装置。反应器结构简单,催化剂装卸方便,通过直接通入冷激气调节床层温度,效果良好,设计的菱形分布器补入冷激气,使冷热气体混合均匀。床层温度得到控制,延长了催化剂的寿命。

由于采用低压法,合成气压缩机可选用离心式压缩机。若以天然气石脑油为原料,蒸汽转化制气的流程中,可以用副产的蒸汽驱动透平,带动离心式压缩机,降低了能耗,改善了全厂技术经济指标。离心式压缩机排气压力仅 5 MPa,设计制造容易。而且,驱动蒸汽透平所用蒸汽的压力为 4～6 MPa,压力不高,因此蒸汽系统较简单。大型高压离心式压缩机的成功制造,使甲醇生产的大型化成为可能。

ICI 51-1 型铜基催化剂,是一种低温催化剂,操作温度 230～270℃,可在低压(5 MPa)下操作,抑制强放热甲烷化反应及其他副反应。因此,粗甲醇中杂质含量低,使精馏负荷减轻。另一方面,由于采用低压法,使动力消耗减至高压法的一半,节省了能耗。

但该方法存在的主要问题是:不能回收甲醇合成产生的高位能热量,合成回路循环气量大;存在催化剂段间返混,合成塔出口甲醇含量低;催化剂时空产率不高,用量大。

(2) Lurgi低压法甲醇合成工艺流程

20世纪60年代末，德国Lurgi公司在Union Kraftstoff Wesseling工厂建立了一套年产4000 t的低压甲醇合成示范装置。在获取了必要的数据及经验后，1972年底Lurgi公司建立了三套总产量超过30×10^4 t/a的工业装置。Lurgi低压法甲醇合成工艺与ICI低压工艺的主要区别在于合成塔的设计。该工艺采用管壳型合成塔，催化剂装填在管内，反应热由管间的沸腾水移走，并副产中压蒸汽。

迄今2 kt/d甲醇装置在印度尼西亚已运行多年，特立尼达和多巴哥2.5 kt/d装置也于2001年投产。Lurgi公司为特立尼达和多巴哥、伊朗建设的两套5 kt/d装置分别于2003和2004年投产。我国齐鲁石化总公司第二化肥厂也引选了Lurgi低压甲醇工艺。Lurgi低压法甲醇合成工艺流程如图7-17所示。

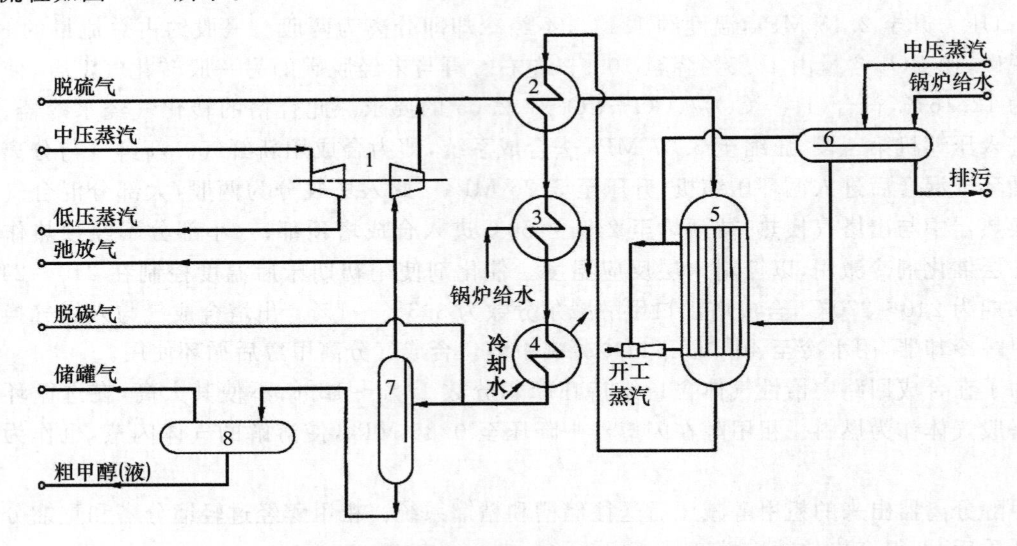

图7-17 Lurgi低压法甲醇合成工艺流程

1—透平循环压缩机 2—热交换器 3—锅炉水预热器 4—水冷却器 5—甲醇合成塔 6—汽包 7—甲醇分离器 8—粗甲醇储槽

甲醇合成原料气在离心式透平压缩机内加压至5.8 MPa，与循环气以1∶5的比例混合。混合气在进反应器前先与反应后气体换热，升温至220℃左右，然后进入管壳合成塔。反应热传给壳程的水，产生蒸汽进入汽包。合成塔中的锅炉给水是自然循环的，通过控制蒸汽压力，保持恒定的反应温度。出塔气温度约为250℃，含甲醇7%左右，经换热冷却至85℃，然后空气和水分别冷却，温度降至40℃，冷凝的粗甲醇经分离器分离。分离粗甲醇后的气体适当放空，以控制系统中惰性气体的含量。这部分放空气体用作燃料，大部分气体进入透平压缩机加压后返回合成塔。合成塔副产的蒸汽及外部补充的高压蒸汽一起进入过热器，过热至500℃左右，带动透平机。透平用后的低压蒸汽作为甲醇精制工段所需的热源。

3. 中压法甲醇合成工艺流程

中压法是在低压法研究基础上进一步发展起来的。由于低压法操作压力低，导致设备体积庞大，不利于甲醇生产的大型化，因此发展了压力为10 MPa左右的甲醇合成中压法。它能更有效地降低建厂费用和甲醇生产成本。例如ICI公司研究成功了51-2型铜基催化剂，其化学组成和活性与低压合成催化剂51-1型差不多，只是催化剂的晶体结构不相同，制造成本比51-1型高。由于这种催化剂在较高压力下也能维持较高寿命，从而ICI公司得以将原有的5.0 MPa的合成压力提高到11.0 MPa，时空产率由0.33 t/(m^3・h)提高到0.5～0.6 t/(m^3・h)。所用合成塔与低压法相同，也是四段冷激式，流程与低压法也类似。Lurgi公司也发展了8.0 MPa的中压法合成甲醇，其流程和设备与低压法类似。

日本三菱瓦斯化学公司开发的甲醇生产技术，操作压力为15.0 MPa左右。图7-18为该公司新泻工厂的甲醇生产流程。

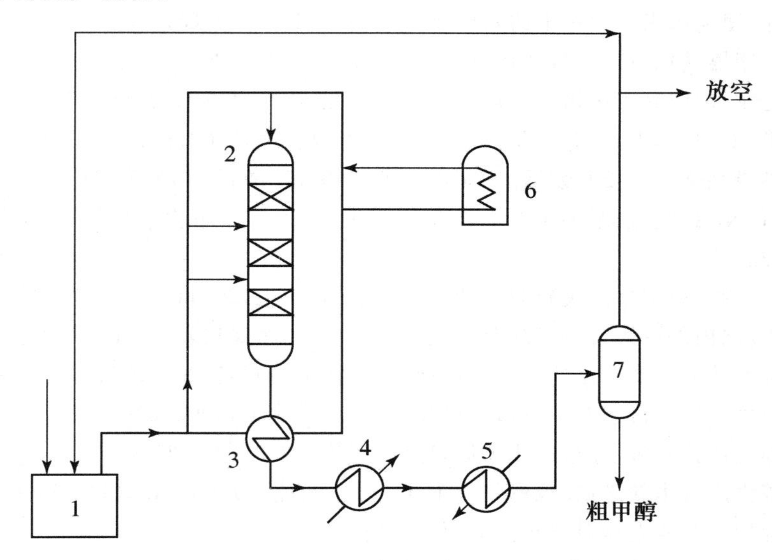

图7-18　日本新泻工厂中压甲醇生产工艺流程

1—循环机　2—合成塔　3—换热器　4—加热器　5—水冷器　6—开工加热器　7—分离器

以天然气为原料经镍催化剂蒸汽转化后的合成气加压到14.5 MPa，与循环气混合，在循环段增压至15.5 MPa送入合成部分。合成塔为四段冷激式，塔体内径2000 mm，内填低温、高活性Φ6 mm×5 mm的M-5型铜基催化剂(主要成分为铜、锌，还有极少量硼)，共装30 t，操作温度为250～280℃，反应后的出塔气经换热、冷凝后至甲醇分离器，分离出的粗甲醇送往精馏部分。

分离器出口气体大部分循环，少部分排出系统供转化炉燃料用。流程中还设有开工加热器。出合成的气体经热交换器换热后进废热锅炉副产0.3 MPa低压蒸汽。催化剂使用寿命3～5年，但该厂因催化剂使用后期乙醇含量急剧上升，一般两年更换一次。

参考文献

[1] 谢克昌，房鼎业. 甲醇工艺学. 北京：化学工业出版社，2010.

[2] 何建平. 炼焦化学产品回收与加工. 北京：化学工业出版社，2010.

[3] 肖瑞华，白金峰. 煤化学产品工艺学. 第二版. 北京：冶金工业出版社，2008.

[4] 李建锁，王宪贵，王晓琴. 焦炉煤气制甲醇技术. 北京：化学工业出版社，2009.

[5] 冯元琦，李关云.甲醇生产操作问答.第二版.北京：化学工业出版社，2008.
[6] 张子峰，张凡军.甲醇生产技术.北京：化学工业出版社，2008.
[7] 许详静，刘军.煤炭气化工艺.北京：化学工业出版社，2005.
[8] 袁勇.合成氨装置联醇工艺流程方法.石油与天然气化工，1996，25(3)：132-134.
[9] 方月兰，林阿彪，王彬.Texaco与Shell煤气化工艺比较分析.化学工业与工程技术，2007，28(6)：57-60.
[10] 贾飞.典型加压煤气化工艺的比较.中氮肥，2000，(2)：1-2.
[11] 娄可清.固定床间歇煤气化工艺的分析.天津大学，2010.
[12] 尤彪，詹俊怀.固定床煤气化技术的发展及前景.中氮肥，2009，(5)：1-8.
[13] 张亚苗.固定床煤气化数值模拟及优化.西安科技大学，2012.
[14] 张庆九，王光龙.加压固定床粗煤气再转化工艺研究.洁净煤技术，2011，17(6)：36-38.
[15] 武利军，周静，刘璐，李爽凯.煤气化技术进展.洁净煤技术，2002，8(1)：31-34.
[16] 徐振刚.谈煤炭气化技术及其发展.洁净煤技术，2001，7(增刊)：73，83-87.
[17] 姜淮，李正西.NHD脱硫、脱碳工艺在淮化的应用.全国气体净化信息站2008年技术交流会论文集，2008，22-24.
[18] 林民鸿.NHD用于甲醇生产脱硫脱碳的技术进展.煤化工，2004，19(5)：56-58.
[19] 骆定法，李耕.国内外甲醇市场状况及合成工艺进展.洁净煤技术，2006，12(2)：103-105.
[20] 徐兆瑜.甲醇产业的发展和工艺技术新进展.化工技术与开发，2008，37(10)：20-26.
[21] 薛祖源.甲醇生产发展机遇和潜在市场风险探讨.现代化工，2008，28(8)：1-9.
[22] 钱伯章.甲醇生产技术进展.精细化工原料及中间体，2012，(2)：35-39.
[23] 张丽平.甲醇生产技术新进展.天然气化工(C1化学与化工)，2013，38(1)：59-94.
[24] 冯建民.甲醇生产企业发展机遇与挑战.化工文摘，2008，(1)：25-28.
[25] 马宏方，张海涛，应卫勇，房鼎业.焦炉气与煤气生产甲醇的研究.天然气化工，2010，35(1)：13-16.
[26] 吴晓明，董丽君，鲜建，罗法，刘星生.煤层气非催化转化制甲醇生产工艺设计与化工设备.现代化工，2011，31(1)：61-63.
[27] 杨绍斌，王继仁，王志宏.中国煤制甲醇的现状及发展.洁净煤技术，2001，7(4)：36-40.
[28] 靳方余，韩宪亮.甲烷纯氧转化工艺在焦炉煤气制甲醇装置中的应用.2009，24(4)：50，56-57.
[29] 唐宏青，相宏伟.煤化工工艺技术评述与展望Ⅲ：合成甲醇装置大型化与国产化.燃料化学学报，2001，29(3)：193-200.
[30] 黄晓江，刘宝山，李好管.甲醇的技术进展及市场分析.煤化工，2001，(3)：9-14.
[31] 钱伯章.甲醇市场和当代生产技术进展.甲醛与甲醇，2003，(3)：6-9.

习　题

1. 甲醇合成的原料气有哪些？
2. 简单叙述煤气化反应原理。
3. 根据图7-3叙述高温温克勒工艺流程。
4. 气流床工艺与固定床工艺和流化床工艺相比，有哪些优缺点？
5. 根据图7-5描述水煤浆加压气化工艺。

6．甲烷蒸汽转化反应的特点有哪些？

7．影响甲烷蒸汽转化反应平衡的因素有哪些？如何影响？

8．为什么要对甲烷转化的催化剂进行活化和钝化？

9．甲醇合成原料气中的硫化物有哪些？为什么要进行脱硫？

10．参照图 7-13 叙述 NHD 脱碳工艺流程。

11．根据甲醇合成反应的基本原理，总结甲醇合成反应的特点。

参考答案

第二章

1. 1372 kg/m^3
2. 0.916 kg/m^3
3. 0.455 kg/m^3
4. 73.7 kPa
5. 305 kPa
6. 2.072 m
7. 选择 Φ 89 mm×4 mm(外径 89 mm,壁厚 4 mm)的管子
8. 2.04 m/s
9. 1.02 m
10. 11 m/s,0.5375 kg/s,68.47 $kg/(m^2 \cdot s)$
11. 2.09 m
12. 246.3 kPa
13. 1.2 m
14. 38 mm
15. (1) $\Delta P_{AB} = h\rho \cdot g + R(\rho_0 - \rho) \cdot g$

$$\sum W_{fAB} = \frac{h\rho g + R(\rho_0 - \rho)g}{\rho} - hg = \frac{R(\rho_0 - \rho)g}{\rho}$$

(2) $\Delta P_{AB} = \rho \sum W_f = R(\rho_0 - \rho)g$

16. $1.45 \times 10^5 > 4000$,呈湍流
17. $3.9 \times 10^4 > 4000$,呈湍流
18. 2084, 50 mm
19. 2.54 kW
20. 不需要泵
21. 3.04 kW
22. 34.8 m^3/h
23. 3.183 m^3/h
24. 19.7 mH_2O, 49%
25. 10 m^3/h, 12.5 m

第三章

1. (1) 195.4 W/m^2 (2) 80℃
2. $q = 198.6\ W/m^2, t_2 = 1206.5℃, t_3 = 809.3℃$
3. (1) 88.11 W, $t_2 = 124.9℃, t_3 = 40.7℃$

   (2) 92.35 W
4. (1) 336.67 W / $(m^2 \cdot ℃)$ (2) 17.04%
5. 1.27
6. 409 m, 0.57 kg/s
7. 20 m^2
8. 1.86 m
9. 13.44 m^2
10. 123.8 ℃

第四章

1. 8.98×10^{-5} $kmol/m^3$
2. 1.67×10^{-4} $kmol/(m^2 \cdot s)$
3. $K_G = 1.00 \times 10^{-6}$ $kmol/(m^2 \cdot h \cdot Pa)$,气体属于易溶气体
4. 解:$y - y_e = y - mx = 0.05 - 2 \times 0.01 = 0.03$

$$x_e - x = \frac{y}{m} - x = \frac{0.05}{2} - 0.01 = 0.015$$

$$K_y = \frac{1}{\frac{1}{k_y} + \frac{m}{k_x}} = \frac{1}{\frac{1}{5 \times 10^{-4}} + \frac{2}{8 \times 10^{-4}}} = 2.2 \times 10^{-4}\ kmol/(m^2 \cdot s)$$

$$K_x = \frac{1}{\frac{1}{mk_y} + \frac{1}{k_x}} = \frac{1}{\frac{1}{1 \times 5 \times 10^{-4}} + \frac{1}{8 \times 10^{-4}}} = 4.4 \times 10^{-4}\ kmol/(m^2 \cdot s)$$

$$N_A = K_y(y - y_e) = 2.2 \times 10^{-4} \times 0.03 = 6.6 \times 10^{-6}\ kmol/(m^2 \cdot s)$$

$$N_A = K_x(x_e - x) = 4.4 \times 10^{-4} \times 0.015 = 6.6 \times 10^{-6}\ kmol/(m^2 \cdot s)$$

5. (1) 95.56%　(2) 0.0186
6. 10.05，8.4 m
7. 968.54 kPa
8. $q=0.707$，由此可见进料为气液混合液
9. 以摩尔流量表示，$D=1120$ kg/h，$x_D=0.943$；以摩尔分数表示，$D=13.66$ kmol/h，$x_D=0.951$
10. 40%，60%，4
11. (1) $D=52.95$ kmol/h，$W=47.05$ kmol/h
(2) $x_1=0.8$
(3) $y_{m+1}=\frac{L'}{V'}x_m-\frac{Wx_W}{V'}$
$=\frac{185.8}{138.7}-\frac{47.05\times0.05}{138.7}$
$=1.34x_m-0.017$
12. (1) $y'=\frac{L'}{V'}x'-\frac{L'}{W}x_W$
$=\frac{120}{60}x'-\frac{60}{60}\times0.05$
$=2x-0.05$
(2) $E_{mv1}=\frac{0.80-0.72}{0.854-0.725}$
$\approx0.58=58\%$

第五章

1. 4.38 h
2. 282.7 s，285.0 s
3. 2.037 m^3
4. 1，0.1
5. 2.21 m^3
6. 0.83×10^4 s，1.14×10^5 s
7. 1.46 m^3
8. (1) 0.0549 m^3　(2) 93.75%
9. (1) 8.133 m^3
(2) 0.133 m^3
(3) 2.868 m^3
(4) 0.522 m^3
10. 15 min
11. 63.2%

附　表

一、单位换算

(一) 一些物理量的单位

物理量	国际(SI)制	工程制	cgs 制
质量	kg	公斤(力)·秒^2/米	克
密度	kg	公斤(力)·秒^2/米^4	克/厘米^3
相对密度	—	(无量纲)	克(力)/厘米^3
比容	—	米^4/公斤(力)·秒^2	厘米^3/克
力	N(牛顿)	公斤(力)	克·厘米/秒^2,或达因
压力	kg·m^{-1}·s^{-2}(N·m^{-2}=Pa,帕)	公斤(力)/米^2,或公斤(力)/厘米^2	克/厘米·秒^2
功(能量)	m^2·kg·s^{-2}(N·m=J,焦耳) 1000 J=1 kJ	公斤(力)·米	克·厘米^2/秒^2,或达因·厘米
功率	m^2·kg·s^{-3}(J·s^{-1}=W,瓦) 1000 W=1 kW	公斤(力)·米/秒	克·厘米^2/秒^3
粘度	Pa·s(kg·m^{-1}·s^{-1})	公斤(力)·秒/米^2	泊(P),或厘泊(cP)

(二) 流体流动过程的一些单位换算

<table>
<tr><th>物理量</th><th>国际制</th><th colspan="2">工程制</th><th colspan="3">cgs 制</th></tr>
<tr><td rowspan="2">力</td><td>N(牛顿)</td><td colspan="2">公斤(力)</td><td colspan="3">克·厘米/秒^2(达因)</td></tr>
<tr><td>1
9.81</td><td colspan="2">0.102
1</td><td colspan="3">10^5
9.81×10^5</td></tr>
<tr><td rowspan="2">压力(压强)</td><td>Pa(kg·m^{-1}·s^{-2})</td><td colspan="2">公斤(力)/厘米^2</td><td>绝对大气压</td><td>毫米汞柱</td><td>米水柱</td></tr>
<tr><td>101.3×10^3
133.3
98.1×10^3
100×10^3</td><td colspan="2">1.033
1.36×10^{-3}
1
1.02</td><td>1
1.32×10^{-3}
0.968
0.987</td><td>760
1
735.7
750</td><td>10.33
1.36×10^{-2}
10
10.2</td></tr>
<tr><td rowspan="2">功(能量)</td><td>J(m^2·kg·s^{-2})</td><td colspan="2">公斤(力)米</td><td colspan="3">尔格(达因·厘米)</td></tr>
<tr><td>1
9.81</td><td colspan="2">0.102
1</td><td colspan="3">10^7
9.81×10^7</td></tr>
<tr><td rowspan="2">功率</td><td>W(J·s^{-1})</td><td>公斤(力)·米/秒</td><td>马力</td><td colspan="3">尔格/秒</td></tr>
<tr><td>1
9.81
7.35×10^2</td><td>0.102
1
75</td><td>1.36×10^{-3}
1.33×10^{-2}
1</td><td colspan="3">10^7
9.81×10^7
7.35×10^9</td></tr>
<tr><td rowspan="2">粘度</td><td>Pa·s(kg·m^{-1}·s^{-1})</td><td colspan="2">公斤(力)·秒/米^2</td><td colspan="2">泊 P(克/厘米·秒)</td><td>厘泊 cP</td></tr>
<tr><td>1
10^{-3}</td><td colspan="2">0.102
0.102×10^{-3}</td><td colspan="2">10
10^{-2}</td><td>10^3
1</td></tr>
</table>

(三) 有关热量的单位换算

物理量	国际制		工程制	cgs 制	SI 基本单位表示
热量 Q	kJ	J	kcal	cal	$J=m^2\cdot kg\cdot s^{-2}=N\cdot m$ (牛顿·米)
	1 4.187	1000 4187	0.2389 1	238.9 1000	
热传效率 (热流量) $\Phi=Q/\tau$	kW	W	$kcal\cdot h^{-1}$	$cal\cdot s^{-1}$	$W=J\cdot s^{-1}=m^2\cdot kg\cdot s^{-3}$ $kJ\cdot s^{-1}=kW$(千瓦)
	1 1.163×10^{-3}	1000 1.163	860 1	238.9 0.2778	
热传强度 (热流密度) q	$kW\cdot m^{-2}$	$W\cdot m^{-2}$	$kcal\cdot m^{-2}\cdot h^{-1}$	$cal\cdot m^{-2}\cdot s^{-1}$	$W\cdot m^{-2}=kg\cdot s^{-3}$
	1 1.163×10^{-3}	1000 1.163	860 1	2.389×10^{-2} 2.778×10^{-5}	
焓 (或相变热等) Q/m	$kJ\cdot kg^{-1}$	$J\cdot kg^{-1}$	$kcal\cdot kg^{-1}$	$cal\cdot g^{-1}$	$J\cdot kg^{-1}=m^2\cdot s^{-2}$ $J\cdot kg^{-1}\cdot K^{-1}=$ $m^2\cdot s^{-2}\cdot K^{-1}$ 用 mol(摩尔)为基准时换相似 $J\cdot mol^{-1}$即摩尔能量
	1 4.187	1000 4187	0.2389 1	0.2389 1	
比热容 c	$kJ\cdot kg^{-1}\cdot K^{-1}$	$J\cdot kg^{-1}\cdot K^{-1}$	$kcal\cdot(kg\cdot ℃)^{-1}$	$cal\cdot(g\cdot ℃)^{-1}$	
	1 4.187	1000 4187	0.2389 1	0.2389 1	
热导系数 λ	$kW\cdot m^{-1}\cdot K^{-1}$	$W\cdot m^{-1}\cdot K^{-1}$	$kcal\cdot(m\cdot h\cdot ℃)^{-1}$	$cal\cdot(cm\cdot s\cdot ℃)^{-1}$	$W\cdot m^{-1}\cdot K^{-1}$ $=J\cdot m^{-1}\cdot K^{-1}\cdot s^{-1}$ $=m\cdot kg\cdot K^{-1}\cdot s^{-3}$
	1 1.163×10^{-3} 0.4187	1000 1.163 418.7	860 1 360	2.389 2.778×10^{-3} 1	
热传系数 (给热系数) α/K	$kW\cdot m^{-2}\cdot K^{-1}$	$W\cdot m^{-2}\cdot K^{-1}$	$kcal\cdot(m^2\cdot h\cdot ℃)^{-1}$	$cal\cdot(cm^2\cdot s\cdot ℃)^{-1}$	$W\cdot m^{-2}\cdot K^{-1}$ $=J\cdot m^{-2}\cdot K^{-1}\cdot s^{-1}$ $=kg\cdot K^{-1}\cdot s^{-3}$
	1 1.163×10^{-3} 41.87	1000 1.163 4.187×10^4	860 1 3.6×10^4	2.389×10^{-2} 2.778×10^{-5} 1	

二、水的物理性质

（一）水的物理性质

温度 t/℃	密度 ρ/(kg)	水蒸气压 p/kPa	比热容 c_p/(kJ·kg^{-1}·K^{-1})	粘度 μ/(mPa·s)	导热系数 λ/(W·m^{-1}·K^{-1})	膨胀系数 $\beta\times10^4$/K^{-1}	表面张力 σ/(g·s^{-2})	普兰德数 Pr
0	999.9	0.61	4.209	1.792	0.553	0.63	75.6	13.67
10	999.7	1.22	4.188	1.301	0.575	0.70	74.2	9.52
20	998.2	2.33	4.180	1.005	0.599	1.82	72.7	7.02
30	995.7	4.24	4.175	0.801	0.618	3.21	71.2	5.42
40	992.2	7.37	4.175	0.656	0.634	3.87	69.7	4.31
50	988.1	12.33	4.175	0.549	0.648	4.49	67.7	3.54
60	983.2	19.92	4.176	0.469	0.659	5.11	66.2	2.98
70	977.8	31.16	4.184	0.406	0.668	5.70	64.4	2.55
80	971.8	47.34	4.192	0.357	0.675	6.32	62.6	2.21
90	965.3	71.00	4.205	0.317	0.680	6.95	60.7	1.95
100	958.4	101.3	4.217	0.286	0.683	7.52	58.9	1.75
110	951.0	143.3	4.230	0.259	0.685	8.08	56.9	1.36
120	943.1	198.6	4.247	0.237	0.686	8.64	54.8	1.47
130	934.8	270.2	4.264	0.218	0.686	9.19	52.9	1.36
140	926.1	361.5	4.284	0.201	0.685	9.72	50.7	1.26
150	917.0	476.2	4.310	0.186	0.684	10.3	48.7	1.17
160	907.4	618.3	4.343	0.174	0.683	10.7	46.6	1.10
170	897.3	792.5	4.377	0.163	0.679	11.3	44.3	1.05
180	886.9	100.4	4.414	0.153	0.675	11.9	41.3	1.00
190	876.0	1255	4.456	0.144	0.670	12.6	40.0	0.96
200	863.0	1554	4.502	0.136	0.663	13.3	37.7	0.93
250	799.0	3978	4.841	0.110	0.618	18.1	26.2	0.86
300	712.5	8593	5.732	0.0912	0.540	29.2	14.4	0.97
370	450.5	22070	40.29	0.0569	0.337	264	4.70	6.79

（二）水的蒸气压

温度/℃	p		温度/℃	p	
	kPa	mmHg		kPa	mmHg
0	0.61	4.58	50	12.23	92.5
2	0.71	5.29	52	13.61	102.1
4	0.81	6.10	54	15.00	112.5
5	0.87	6.54	55	15.73	118.0
6	0.93	7.01	56	16.51	123.8
8	1.07	8.05	58	18.15	136.1
10	1.23	9.21	60	19.92	149.4
12	1.40	10.5	62	21.84	163.8
14	1.60	12.0	64	23.90	179.3
15	1.71	12.8	65	25.00	187.5
16	1.81	13.6	66	16.14	196.1
18	2.07	15.5	68	28.56	214.2
20	2.33	17.5	70	31.16	233.7
22	2.65	19.9	72	33.94	254.6
24	2.99	22.4	74	36.96	277.2
25	3.17	23.8	75	38.54	289.1
26	3.36	25.2	76	40.18	301.4
28	3.79	28.4	78	43.64	327.3
30	4.24	31.8	80	47.34	355.1
32	4.76	35.7	82	51.32	384.9
34	5.32	39.9	84	55.57	416.8
35	5.63	42.2	85	57.81	433.6
36	5.95	44.6	86	60.11	450.9
38	6.63	49.7	88	64.94	487.1
40	7.77	55.3	90	71.00	525.8
42	8.20	61.5	92	75.59	567.0
44	9.11	68.3	94	81.45	610.9
45	9.59	71.9	96	87.67	657.6
46	10.09	75.7	98	94.30	707.3
48	11.16	83.7	100	101.33	760

三、一些液体的物理性质

物　质	分子式	摩尔质量 M /(g·mol^{-1})	密度 ρ /(kg·m^{-3})	粘度 μ (20℃) /(mPa·s)	比热容 c(20℃)/ (kJ·kg^{-1}·K^{-1})	沸点 (101325 Pa) /℃	气化热 (101325 Pa) /(kJ·kg^{-1})	膨胀系数 $\beta\times10^4$/K^{-1}	表面张力 (20℃) /(g·s^{-2})	导热系数 λ /(W·m^{-1}·K^{-1})
水	H_2O	18.02	998	1.005	4.18	100	2256.9	1.82	22.7	0.599
盐水 (25% NaCl)	—	—	1180	2.3	3.39	107	—	(4.4)	65.6	(0.57)
盐水 (25% $CaCl_2$)			1228	2.5	2.89	107	—	(3.4)	64.6	0.57
盐酸(30%)	HCl	36.47	1149	2	2.55	(110)	—	—	65.7	
硝酸	HNO_3	63.02	1513	1.17(10°)	1.74	86	481.1	—	42.7	0.42
硫酸	H_2SO_4	98.08	1813	25.4	1.47	340(分解)	—	5.6	55.1	0.384
甲醇	CH_3OH	32.04	791	0.597	2.495	64.6	110.1	12.2	22.6	0.212
三氯甲烷	$CHCl_3$	119.38	1489	0.58	0.992	61.1	253.7	12.6	27.1	0.14
四氯化碳	CCl_4	153.82	1594	0.97	0.85	76.5	195	—	26.8	0.12
乙醛	CH_3CHO	44.05	780	0.22	1.884	20.4	573.6	—	21.2	—
乙醇	C_2H_5OH	46.07	789	1.200	2.395	78.3	845.2	11.6	22.3	0.172
乙酸	CH_3COOH	60.03	1049	1.31	1.997	117.9	406	10.7	27.6	0.175
乙二醇	$C_2H_4(OH)_2$	62.05	1113	23	2.349	197.2	799.7	—	4.77	—
甘油	$C_3H_5(OH)_3$	92.09	1216	1490	2.34	290(分解)	—	5.3	61.0	0.593
乙醚	$(C_2H_5)_2O$	74.12	714	0.233	2.336	34.5	360	16.3	17.0	0.14
乙酸乙酯	$CH_3COOC_2H_5$	88.11	901	0.455	1.922	77.1	368.4	—	23.9	0.14
戊烷	C_5H_{12}	72.15	626	0.240	2.244	36.1	357.5	15.9	15.2	0.113
糠醛	$C_5H_4O_2$	96.09	1160	1.29	1.59	161.8	452.2	—	43.5	—
己烷	C_6H_{14}	86.17	659	0.326	2.311	68.7	335.1	—	18.4	0.119
苯	C_6H_6	78.11	879	0.652	1.704	80.1	393.9	12.4	28.9	0.148
甲苯	C_7H_8	92.13	867	0.590	1.70	110.6	363.4	10.9	28.4	0.138
邻二甲苯	C_8H_{10}	106.16	880	0.810	1.742	144.4	346.7	—	29.6	0.142
间二甲苯	C_8H_{10}	106.16	864	0.620	1.70	139.1	342.9	10.1	28.5	0.168
对二甲苯	C_8H_{10}	106.16	861	0.648	1.704	138.4	340	—	27.5	0.129

四、水的饱和蒸气的物理性质

温度 t/℃	压力 p			密度 ρ /(kg·m^{-3})	比容 ν /(m^3·kg^{-1})	焓/(kJ·kg^{-1})		气化热 /(kJ·kg^{-1})
	(SI) kPa	(cgs 制) 绝对大气压	(工程制) 工程大气压			液体	蒸汽	
0	0.61	0.0060	0.0062	0.00484	206.5	0	2491.1	2491.1
10	1.22	0.0121	0.0125	0.0094	106.4	41.9	2510.4	2468.5
20	2.33	0.0230	0.0238	0.0172	57.8	83.7	2530.1	2446.4
30	4.24	0.0418	0.0433	0.0304	32.93	125.6	2549.3	2423.7
40	7.37	0.0728	0.0752	0.0511	19.55	167.5	2568.6	2401.1
50	12.33	0.1217	0.1258	0.083	12.054	209.3	2587.4	2378.1
60	19.92	0.1966	0.2031	0.130	7.687	251.2	2606.3	2355.1
70	31.16	0.3075	0.3177	0.198	5.052	293.1	2624.3	2331.2
80	47.34	0.4672	0.483	0.293	3.414	334.9	2642.3	2307.4
90	71.00	0.7008	0.724	0.423	2.365	376.8	2659.8	2283.0
100	101.3	1.000	1.033	0.597	1.675	418.7	2677.0	2258.3
105	120.9	1.193	0.132	0.704	1.421	440.0	2685.0	2245.0
110	143.3	1.414	1.461	0.825	1.212	461.0	2693.3	2232.3
115	169.1	1.669	1.724	0.964	1.038	482.3	2701.3	2219.0
120	198.6	1.960	2.025	1.120	0.893	503.7	2708.8	2205.1
125	232.2	2.292	2.367	1.296	0.7715	525.0	2716.4	2191.4
130	270.2	2.667	2.755	1.494	0.6693	546.4	2723.9	2177.5
135	313.1	3.090	3.192	1.715	0.5831	567.7	2731.0	2163.3
140	361.5	3.568	3.685	1.962	0.5096	589.1	2737.7	2148.6
145	415.7	4.103	4.238	2.238	0.4469	610.9	2744.4	2133.5
150	476.2	4.700	4.855	2.543	0.3933	632.2	2750.7	2118.5
160	618.3	6.102	6.303	3.252	0.3075	675.7	2762.8	2087.1
170	792.5	7.822	8.080	4.113	0.2431	719.3	2773.3	2054.0
180	1004	9.910	10.236	5.145	0.1944	763.2	2782.5	2019.3
190	1255	12.3	12.80	6.378	0.1568	807.6	2790.0	1882.4
200	1554	15.34	15.85	7.840	0.12736	852.0	2795.5	1943.5
250	3978	39.26	40.55	20.01	0.04998	1081.4	2790.0	1708.6
300	8593	84.81	87.6	46.93	0.02525	1352.5	2708.0	1355.5
350	16540	163.2	168.6	113.2	0.00884	1636.2	2516.7	880.5
374	22070	217.8	225.0	322.6	0.00310	2098.0	2098.0	0

续表

温度 t/℃	压力 p (SI) kPa	压力 p (cgs 制) 绝对大气压	压力 p (工程制) 工程大气压	密度 ρ /(kg·m⁻³)	比容 ν /(m³·kg⁻¹)	焓/(kJ·kg⁻¹) 液体	焓/(kJ·kg⁻¹) 蒸汽	气化热 /(kJ·kg⁻¹)
99.1	98.1	0.968	1.00	0.579	1.727	414.9	2675.3	2260.4
119.6	196.2	1.836	2.00	1.107	0.903	502.0	2721.0	2221.0
132.9	294.3	2.904	3.00	1.618	0.618	558.5	2728.1	2169.6
142.9	392.4	3.872	4.00	2.120	0.4718	601.6	2741.9	2140.3
151.1	490.4	4.840	5.00	2.614	0.3825	637.2	2751.9	2114.7
158.1	588.5	5.808	6.00	3.104	0.3222	667.4	2760.3	2092.9
164.2	686.6	6.776	7.00	3.591	0.2785	693.7	2767.0	2073.3
169.6	784.7	7.744	8.00	4.075	0.2454	713.6	2772.9	2055.3
174.5	882.8	8.712	9.00	4.556	0.2195	739.4	2777.5	2038.1
179.0	980.9	9.68	10.00	5.037	0.1985	759.1	2781.7	2022.6
197.4	1471	14.52	15.00	7.431	0.1346	840.3	2794.2	1953.9
211.4	1962	19.36	20.00	9.83	0.1017	903.5	2800.0	1896.5
232.8	2943	29.04	30.00	14.70	0.06802	1001.1	2799.3	1798.2
262.7	4904	4.40	50.00	24.96	0.04007	1141.7	2777.5	1635.8
309.5	9809	96.8	100.0	55.11	0.01815	1376.2	2681.6	1305.4
100	101.3	1.00	1.033	0.597	1.675	418.7	2677.0	2258.3
121.35	202.7	2.00	2.066	1.166	0.8562	510.0	2606.6	2196.6
134.00	304.0	3.00	3.099	1.674	0.5974	564.0	2724.0	2160.0
144.11	405.3	4.00	4.132	2.192	0.4562	607.1	2736.1	2129.0
152.36	506.6	5.00	5.165	2.658	0.3762	642.7	2762.7	2120.0
159.37	608.0	6.00	6.198	3.215	0.3110	627.8	2753.6	2080.8
165.5	709.3	7.00	7.231	3.624	0.2759	699.2	260.3	2061.1
171.0	810.5	8.00	8.264	4.223	0.2368	722.6	2765.3	2042.7
176.05	911.9	9.00	9.297	4.729	0.2115	74.6	2770.4	2025.8
180.5	1013.3	10.00	10.33	5.095	0.1920	763.7	2773.3	2009.6

五、一些有机物的物理性质

(一) 有机物的水蒸气压(kPa)

物　质	温度/℃						
	0	20	40	60	80	100	沸点
氟里昂-12	307	562	948	1504	2277	3334	−29.8
正丁烷	103.2	208	380	642	1018	1536	−0.5
氯乙烷	61.0	132	261	461	760	1185	12.2
乙醚	24.7	59.1	122.6	229.9	374	644	34.5
正戊烷	24.5	56.6	115.8	214.2	367	587	36.1
溴乙烷	21.7	51.4	107.2	202.1	369	612	38.3
甲酸乙酯	9.6	25.9	60.0	123.4	230.3	390	54.2
丙酮	9.4	24.6	56.2	114.8	214.2	373	56.2
乙酸甲酯	8.4	23.0	54.1	112.3	211.4	369	56.9
三氯甲烷	8.1	21.1	48.1	97.6	180.7	311	61.6
甲醇	4.0	12.8	34.7	84.6	181.1	354	64.6
正己烷	6.0	16.2	37.3	76.4	142.4	244.5	68.7
四氯化碳	4.5	12.2	28.4	59.2	111.8	195.5	76.5
乙酸乙酯	3.4	10.1	25.4	56.0	111.0	201.5	77.1
乙醇	1.6	5.9	17.9	46.8	108.2	223.6	78.3
苯	3.5	10.0	24.4	52.2	101.0	180.0	80.1
异丙醇	—	4.4	14.2	38.8	92.6	198.0	82.2
正庚烷	1.5	4.7	12.4	28.1	57.1	106.1	98.4
甲酸	—	4.7	11.4	25.8	52.8	99.6	100.6
甲基环己烷	1.6	4.8	12.2	27.0	53.9	98.6	100.9
甲苯	—	2.9	7.9	18.5	38.8	74.2	110.8
乙酸	—	1.5	4.6	12.1	27.6	57.0	117.9
正辛烷	0.4	1.4	4.2	10.5	23.3	46.8	125.7
氯苯	0.3	1.2	3.5	8.9	19.7	39.5	131.7
乙苯	—	0.9	2.9	7.4	16.8	34.3	136.1
对二甲苯	—	—	2.7	6.9	15.6	32.1	138.4
间二甲苯	—	—	2.5	6.6	15.1	31.2	139.1
邻二甲苯	—	—	2.1	5.4	12.7	26.5	144.4
壬烷	—	—	1.4	4.0	9.7	21.0	150.8
异丙苯	—	0.5	1.5	4.0	9.7	20.7	152.4
糠醛	—	—	0.7	2.2	5.7	13.2	161.8
癸烷	—	—	—	1.5	4.1	9.6	174.1
顺丁二烯酸	—	—	—	0.3	1.4	3.7	196.6

（二）一些有机物的安托因常数

物质	临界温度 T_c/K	临界压力 p_c/MPa	临界密度 ρ_c /(kg·m^{-3})	ANT A	ANT B	ANT C
氟里昂-11	471.2	4.41	554	13.8366	2401.61	−36.3
四氯化碳	556.4	4.56	558	13.8592	2808.19	−45.99
甲醛	408.2	6.59	266	14.4625	2204.13	−30.15
三氯甲烷	536.4	5.47	499	14.9732	3599.58	−26.09
甲醇	512.6	8.10	272	16.5725	3626.55	−34.29
氯乙烯	429.7	5.60	370	12.9451	1803.84	−43.15
乙醛	461.2	5.57	286	14.2331	2465.15	−37.15
乙酸	594.4	5.79	351	14.7930	3405.57	−56.34
乙二醇	645.2	7.70	334	18.2351	6022.13	−28.25
乙醇	516.2	6.38	276	14.8819	3803.98	−41.68
丙醇	508.1	4.70	278	14.6363	2940.46	−35.93
正丙醇	536.7	5.17	275	15.5289	3166.38	−80.15
异丙醇	508.3	4.76	273	16.6779	3640.20	−53.54
丙三醇	726.2	6.69	361	15.2242	4487.04	−140.2
乙酸乙烯酯	425.2	4.36	325	14.0853	2744.68	−56.15
正丁醇	562.9	4.42	270	15.2010	3137.02	−94.43
乙醚	466.7	3.64	265	14.0678	2511.29	−41.95
苯	562.1	4.90	302	13.8858	2788.51	−52.36
环已烷	553.4	4.07	273	13.7377	2766.63	−50.50
甲苯	591.7	4.11	292	13.9987	3096.52	−53.67
邻甲酚	697.6	5.01	383	13.8998	3305.37	−108.0
间甲酚	705.8	4.56	349	15.2728	4274.42	−74.09
对甲酚	704.6	5.15	343	14.1839	3479.39	−111.3
甲基环已烷	572.1	3.47	267	13.6995	2926.04	−51.75
正已烷	507.4	2.97	233	13.8216	2697.55	−48.78
正庚烷	540.2	2.74	232	13.8587	2911.32	−56.51
苯乙烯	647.2	3.99	282	14.0043	3328.57	−63.72
邻二甲苯	630.2	3.73	288	14.1006	3395.57	−59.46
间二甲苯	617.0	3.54	282	14.1240	3366.99	−58.04
对二甲苯	616.2	3.51	280	14.0813	3346.65	−57.84
乙苯	617.1	3.61	284	14.0045	3279.47	−59.95
正辛烷	568.8	2.49	232	13.9572	3120.29	−63.63
异丙苯	613.0	3.21	280	13.9572	3363.00	−63.37
正壬烷	549.6	2.31	236	13.9521	3291.45	−71.33
正癸烷	617.6	2.10	236	13.9964	3455.80	−78.67

六、一些气体的物理性质

(一) 干空气的物理性质

(101.3 kPa,1 绝对气压)

温度 t/℃	密度 ρ /(kg·m^{-3})	比热容 c_p /(kJ·kg^{-1}·K^{-1})	导热系数 $\lambda\times10^2$ /(W·m^{-1}·K^{-1})	粘度 μ /(μPa·s)	普兰德数 Pr
−50	1.584	1.013	2.04	14.6	0.728
−40	1.515	1.013	2.12	15.2	0.728
−30	1.459	1.013	2.20	15.7	0.723
−20	1.392	1.009	2.28	13.2	0.716
−10	1.342	1.009	2.36	16.7	0.712
0	1.293	1.005	2.44	17.2	0.707
10	1.247	1.005	2.51	17.7	0.705
20	1.205	1.005	2.59	18.2	0.703
30	1.165	1.005	2.68	18.6	0.701
40	1.128	1.005	2.76	19.1	0.699
50	1.093	1.005	2.83	19.6	0.698
60	1.060	1.005	2.90	20.1	0.696
70	1.029	1.009	2.97	20.6	0.694
80	1.000	1.009	3.05	21.1	0.692
90	0.972	1.009	3.03	21.5	0.690
100	0.946	1.009	3.21	21.9	0.688
120	0.898	1.009	3.38	22.9	0.686
140	0.854	1.013	3.49	23.7	0.684
160	0.815	1.017	3.64	24.5	0.682
180	0.779	1.022	3.78	25.3	0.681
200	0.746	1.026	3.93	26.0	0.680
250	0.674	1.038	4.27	27.4	0.677
300	0.615	1.047	4.61	29.7	0.674
350	0.566	1.059	4.91	31.4	0.676
400	0.524	1.068	5.21	33.1	0.678
500	0.456	1.093	5.75	36.2	0.687
600	0.404	1.114	6.22	39.1	0.699
700	0.362	1.135	6.71	41.8	0.706
800	0.329	1.156	7.18	44.3	0.713
900	0.301	1.172	7.63	46.7	0.717
1000	0.277	1.185	8.07	49.1	0.719
1100	0.257	1.197	8.50	51.2	0.722
1200	0.239	1.210	9.15	53.5	0.724

(二) 某些气体的物理性质

名称	分子式	摩尔质量 M /(g·mol^{-1})	密度(标态) /(kg·m^{-3})	比热容 c_p /(kJ·kg^{-1}·K^{-1})	粘度(0℃) $\mu\times10^6$/ (kg·m^{-1}·s^{-1})	沸点 (101.3 kPa) /℃	蒸发热 /(kJ·kg^{-1})	导热系数 λ (0℃,101.3 kPa) /(W·m^{-1}·K^{-1})
氢	H_2	2.016	0.09	14.268	8.42	−252.8	454.3	0.16
氦	He	4	0.1785	5.275	18.8	−268.9	19.51	0.144
氨	NH_3	17.03	0.771	2.219	9.18	−33.4	1373	0.021
一氧化碳	CO	28.01	1.25	1.047	16.6	−191.5	211.4	0.022
氮	N_2	28.02	1.251	1.047	17	−195.8	199.2	0.023
空气	—	28.95	1.293	1.009	17.2	−195	196.8	0.0244
氧	O_2	32	1.429	0.913	20.3	−183	213.1	0.024
硫化氢	H_2S	34.08	1.539	1.059	11.6	−60.2	548.5	0.0131
氩	Ar	39.93	1.782	0.532	20.9	−185.9	162.9	0.0173
二氧化氮	NO_2	46.01	—	0.804	—	21.2	711.7	0.04
二氧化碳	CO_2	44.01	1.976	0.837	13.7	−78.2	537.6	0.0137
二氧化硫	SO_2	64.07	2.927	0.632	11.7	−10.8	393.6	0.0077
氯	Cl_2	70.91	3.127	0.482	12.9	−33.8	305.4	0.0085
甲烷	CH_4	16.04	0.717	2.223	10.3	−161.6	510.8	0.03
乙炔	C_2H_2	26.04	1.717	1.683	9.35	(−83.7)	829	0.0184
乙烯	C_2H_4	28.05	1.261	1.528	9.85	−103.7	481.5	0.017
乙烷	C_2H_6	30.07	1.357	1.729	8.5	−88.5	485.7	0.0186
丙烯	C_3H_6	42.08	1.914	1.633	8.1	−47.7	439.6	—
丙烷	C_3H_8	44.1	2.02	1.863	7.47	−42.1	427	0.0148
正丁烷	C_4H_{10}	58.12	2.673	1.918	8.1	−0.5	386.4	0.0135
正戊烷	C_5H_{12}	72.15	—	1.717	8.74	36.1	360.1	0.0128
苯	C_6H_6	78.11	—	1.252	7.2	80.2	393.6	0.0088

七、部分B型水泵性能表

型号	流量		扬程/m	转数/(r·min⁻¹)	功率/kW		效率/(%)	吸上高度/m	叶轮直径/mm	泵净重/kg	与BA型对照
	$m^3 \cdot h^{-1}$	$L \cdot s^{-1}$			轴	电机					
2B19	11 17 22	3 5.5 7	21 18.5 16	2900	1.10 1.47 1.66	2.2 (2.8)	56 68 66	8.0 6.8 6.0	127	36	2BA-9
2B19A	10 17 22	2.8 4.7 6.1	16.8 15 13	2900	0.85 1.06 1.23	1.5 (1.7)	54 65 63	8.1 7.3 6.5	117	36	2BA-9A
2B31	10 20 30	2.8 5.5 8.3	34.5 30.8 24	2900	1.87 2.60 3.07	4(4.5)	50.6 64 63.5	8.7 7.2 5.7	162	35	2BA-6
2B31A	10 20 30	2.8 5.5 8.3	28.5 25.2 20	2900	1.45 2.06 2.54	3(2.8)	54.5 65.6 64.1	8.7 7.2 5.7	148	35	2BA-6A
3B19	43.5 45 52.5	9 12.9 14.5	21.5 18.8 15.6	2900	2.5 2.88 2.96	4(4.5)	76 80 75	6.5 5.5 5.0	132	41	3BA-13
3B33	30 45 55	8.3 12.5 15.1	35.5 32.6 28.8	2900	4.60 5.56 6.25	7.5 (7.0)	62.5 71.5 68.2	7.0 5.0 3.0	168	50	3BA-9A
3B57	30 45 60 70	8.3 12.5 16.7 19.5	62 57 50 44.5	2900	9.3 11 12.3 13.3	17(20)	54.5 63.5 66.3 64	7.7 6.7 5.6 4.4	218	116	3BA-6
3B57A	30 40 50 60	8.3 11.1 13.9 17.7	45 41.5 37.5 30	2900	6.65 7.30 7.98 8.80	10(14)	55 62 64 5.9	7.5 7.1 6.4	192	116	3BA-6A
4B15	54 79 99	15 22 27.5	17.5 14.8 10	2900	3.69 4.10 4.00	5.5 (4.5)	7.0 7.8 67	5	126	44	4BA-25
4B20	65 90 110	18 25 30.6	22.6 20 17.1	2900	5.32 6.36 6.93	10	75 78 74	5	143	59	4BA-18
4B35	65 90 120	18 25 33.5	37.7 34.6 28	2900	9.25 10.8 12.3	17(14)	72 78 74.5	6.7 5.8 3.3	178	108	4BA-12

八、一些固体材料的导热系数(常温下)

金　属	密度 ρ /($kg \cdot m^{-3}$)	导热系数 λ /($W \cdot m^{-1} \cdot K^{-1}$)	比热容 c /($kJ \cdot kg^{-1} \cdot K^{-1}$)	绝热材料和建筑材料	密度 ρ /($kg \cdot m^{-3}$)	导热系数 λ /($W \cdot m^{-1} \cdot K^{-1}$)	比热容 c /($kJ \cdot kg^{-1} \cdot K^{-1}$)
银	2700	423	0.24	硅藻土	350	0.093	0.84
铜 99.9%	8900	398	0.42	绝热砖	600～1400	0.163～0.372	0.846
99.5%	8890	185	0.42	干砂	1600	0.42	0.80～0.84
黄铜 20% Zn	8650	248	0.39	粘土	1700	0.50	0.75～0.96
30% Zn	8600	126	0.39	建筑砖	1800	0.63	0.92
铝	2700	218	0.92	耐火砖	1800	0.7～1.05	0.96
青铜 10% Al	7500	71	0.43	混凝土	2200	1.4	0.84
10% Sn	8800	48	—	软木	160	0.046	0.96
镍	8900	58	0.46	锯屑	200	0.052	2.51
球墨铸铁	≈7500	50	0.50	松木	600	0.093	2.30
钢 0.6% C	7800	49	0.48	橡胶	1200	0.163	1.38
铅	11300	37	0.13	聚氯乙烯	1400	0.163	1.84
灰铸铁	≈7500	29	0.50	玻璃	2400	0.74	0.67
18-8 不锈钢	7900	16	0.50	耐酸陶瓷	2300	1.05	0.80
汞	13600	8	0.14	冰	900	2.33	2.14

九、扩散系数

（293 K，根据实验数据换算）

气体间的扩散系数		一些物质在水中的扩散系数	
体　系	$D\times10^4/(m^2\cdot s^{-1})$	物　质	$D'\times10^9/(m^2\cdot s^{-1})$
空气-二氧化碳	0.0153	氢	5.0
空气-氦	0.644	空气	2.5
空气-水	0.157	CO	2.03
空气-乙醇	0.129	氧	1.84
空气-正戊烷	0.071	CO_2	1.68
二氧化碳-水	0.183	乙酸	1.19
二氧化碳-氮	0.160	草酸	1.53
二氧化碳-氧	0.153	苯甲酸	0.87
氧-苯	0.091	水杨酸	0.93
氧-四氯化碳	0.074	乙二醇	1.01
氢-水	0.919	丙二醇	0.88
氢-氮	0.761	丙醇	1.00
氢-氨	0.760	丁醇	0.89
氢-甲烷	0.715	戊醇	0.80
氢-丙酮	0.417	苯甲醇	0.82
氢-苯	0.364	甘油	0.82
氢-环己烷	0.328	丙酮	1.16
氮-氨	0.223	糠醛	1.04
氮-水	0.236	尿素	1.20
氮-SO_2	0.126	乙醇	1.13

十、一些传热系数的数据

（管壳式换热器中传热系数的大致范围）

管内（管程）	管间（壳程）	$K/(W \cdot m^{-2} \cdot K^{-1})$
水（$0.9 \sim 1.5\ m \cdot s^{-1}$）	净水（$0.3 \sim 0.6\ m \cdot s^{-1}$）	600～700
水	较高速流水	800～1200
冷水	轻有机物（$\mu < 0.5\ mPa \cdot s$）	400～800
冷水	中有机物（$\mu = 0.5 \sim 1\ mPa \cdot s$）	300～700
冷水	重有机物（$\mu > 1\ mPa \cdot s$）	120～400
盐水	轻有机物	250～600
有机溶剂	有机溶剂（$0.3 \sim 0.6\ m \cdot s^{-1}$）	200～250
轻有机物	轻有机物	250～500
中有机物	中有机物	120～350
重有机物	重有机物	60～250
	（壳程冷凝）	
水（$1\ m \cdot s^{-1}$）	水蒸气（有压力）	2400～4500
水	水蒸气（低压）	1750～3500
水溶液（$\mu < 2\ mPa \cdot s$）	饱和水蒸气	1200～4000
水溶液（$\mu > 2\ mPa \cdot s$）	饱和水蒸气	600～3000
轻有机物	饱和水蒸气	600～1200
中有机物	饱和水蒸气	300～600
重有机物	饱和水蒸气	120～350
水	有机物蒸气及水蒸气	600～1200
水	重有机物蒸气（常压）	120～350
水	重有机物蒸气（负压）	60～180
水	饱和有机物蒸气（常压）	600～1200
水或盐水	有机溶剂蒸气（常压，有不凝气）	250～470
水	有机溶剂蒸气（负压，有不凝气）	180～350
水	含水汽的氯（20～50℃）	350～180
水	二氧化硫	800～1200
水	氨	700～950
水	氟里昂	750
饱和水蒸气	水（沸腾）	1400～2500
饱和水蒸气	氨或氯（蒸发）	800～1600
油（沸腾）	饱和水蒸气	300～900
饱和水蒸气	油（沸腾）	300～900
氯（冷凝）	氟里昂（蒸发）	600～750

十一、部分管壳式换热器系列标准

（固定管板式）

<table>
<tr><th>外壳直径/mm</th><th>公称压力/工程大气压(kgf·cm^{-2})</th><th>公称面积/m^2</th><th>管长/m</th><th>管子总数</th><th>管程数</th><th>管程通道截面积/m^2</th></tr>
<tr><td rowspan="3">159</td><td rowspan="3">25</td><td>1</td><td>1.5</td><td>13</td><td rowspan="3">1</td><td rowspan="3">0.00408</td></tr>
<tr><td>2</td><td>2</td><td>13</td></tr>
<tr><td>3</td><td>3</td><td>13</td></tr>
<tr><td rowspan="5">273</td><td rowspan="5">25</td><td>3</td><td>1.5</td><td>32</td><td>2</td><td>0.00503</td></tr>
<tr><td rowspan="2">4</td><td>1.5</td><td>38</td><td>1</td><td>0.01196</td></tr>
<tr><td>2</td><td>32</td><td>2</td><td>0.00503</td></tr>
<tr><td>5</td><td>2</td><td>38</td><td>1</td><td>0.1196</td></tr>
<tr><td>7</td><td>3</td><td>32</td><td>2</td><td>0.00503</td></tr>
<tr><td rowspan="4">400</td><td rowspan="4">16、25</td><td rowspan="2">10</td><td rowspan="2">1.5</td><td>102</td><td>2</td><td>0.01605</td></tr>
<tr><td>86</td><td>4</td><td>0.00692</td></tr>
<tr><td>20</td><td>3</td><td>86</td><td>4</td><td>0.00692</td></tr>
<tr><td>40</td><td>6</td><td>86</td><td>4</td><td>0.00692</td></tr>
<tr><td rowspan="2">600</td><td rowspan="2">10、16、25</td><td>60</td><td>3</td><td>269</td><td>1</td><td>0.0845</td></tr>
<tr><td>120</td><td>6</td><td>254</td><td>2</td><td>0.0399</td></tr>
<tr><td rowspan="4">800</td><td rowspan="4">6、10、16、25</td><td rowspan="2">100</td><td>3</td><td>456</td><td>4</td><td>0.0358</td></tr>
<tr><td>6</td><td>444</td><td>6</td><td>0.02325</td></tr>
<tr><td>200</td><td>6</td><td>444</td><td>6</td><td>0.02325</td></tr>
<tr><td>230</td><td></td><td>501</td><td>1</td><td>0.1574</td></tr>
</table>

注：管子为正三角形排列，管子外径为 25 mm，壳程数为 1，壳程通道截面积及折流板有关数据为摘录。

十二、气体在液体中的溶解度

(一) 一些气体-水体系的亨利系数 *H* 值(Pa)

气 体	温度/℃								
	0	10	20	30	40	50	60	80	100
	$H\times10^{-9}$								
H_2	6.04	6.44	6.92	7.39	7.61	7.75	7.73	7.65	7.55
N_2	5.36	6.77	8.15	9.36	10.54	11.45	12.16	12.77	12.77
空气	4.38	5.56	6.73	7.81	8.82	9.59	10.23	10.84	10.84
CO	3.57	4.48	5.43	6.28	7.05	7.71	8.32	9.56	8.57
O_2	2.58	3.31	4.06	4.81	5.42	5.96	6.37	6.96	7.10
CH_4	2.27	3.01	3.81	4.55	5.27	5.85	6.34	6.91	7.10
NO	1.71	1.96	2.68	3.14	3.57	3.95	4.24	4.54	4.60
C_2H_6	1.28	1.57	2.67	3.47	4.29	5.07	5.73	6.70	7.01
C_2H_4	0.56	0.78	1.03	1.29	—	—	—	—	—
	$H\times10^{-7}$								
N_2O	—	14.29	20.06	26.24	—	—	—	—	—
CO_2	7.38	10.54	14.39	18.85	23.61	28.68	—	—	—
C_2H_2	7.30	9.73	12.26	14.79	—	—	—	—	—
Cl	2.72	3.99	5.37	6.69	8.01	9.02	9.73	—	—
H_2S	2.72	3.72	4.89	6.17	7.55	8.96	10.44	13.68	15.00
Br_2	0.22	0.37	0.60	0.92	1.35	1.94	2.54	4.09	—
SO_2	0.17	0.25	0.36	0.49	0.56	0.87	1.12	1.70	—
	$H\times10^{-5}$①								
HCl	2.46	2.62	2.79	2.94	3.03	3.06	2.99	—	—
NH_3	2.08	2.40	2.77	3.21	—	—	—	—	—

① 很少实用价值,值列作对比。

（二）一些气体在水中的溶解度

（气体组分及水蒸气的总压为 0.1 MPa）

温度/℃	[g/1000 g(水)]×10^2					g/1000 g(水)			
	H_2	N_2	CO	O_2	NO	CO_2	H_2S	SO_2	Cl_2
0	0.192	2.94	4.40	6.95	9.83	3.35	7.07	228	—
5	0.182	2.60	3.90	6.07	8.58	2.77	6.00	193	—
10	0.174	2.31	3.48	5.37	7.56	2.32	5.11	162	9.63
15	0.167	2.09	3.13	4.80	6.79	1.97	4.41	135.4	8.05
20	0.160	1.90	2.84	4.34	6.17	1.69	3.85	112.8	6.79
25	0.154	1.75	2.60	3.93	5.63	1.45	3.78	94.1	5.86
30	0.147	1.62	2.41	3.59	5.17	1.26	2.98	78.0	5.14
40	0.138	1.39	2.08	3.08	4.39	9.73	2.36	54.1	4.01
50	0.129	1.22	1.80	2.66	3.76	0.76	1.88		3.26
60	0.118	1.05	1.52	2.27	3.24	0.58	1.48		2.66
70	0.102	0.85	1.28	1.86	2.67		1.10		2.18
80	0.079	0.66	0.98	1.38	1.95		0.77		1.67
90	0.046	0.38	0.57	0.79	1.13		0.41		0.93
100	0	0	0	0	0		0		0

（三）二氧化硫在水中的溶解度

液相浓度 /[g(SO_2)/1000 g(水)]	$p(SO_2)$/kPa					
	0℃	10℃	20℃	30℃	40℃	50℃
100	41.06	63.18	93.04			
75	30.39	46.52	68.92	89.04		
50	19.73	30.13	44.79	60.25	88.65	
25	9.20	14.00	21.46	28.79	42.92	61.05
15	5.07	7.87	12.26	16.66	24.79	35.46
10	3.11	4.93	7.87	10.53	16.13	22.93
5	1.32	2.08	3.47	4.80	7.87	10.93
2	0.37	0.61	1.13	1.57	2.53	4.13
1	0.16	0.24	0.43	0.63	1.00	1.60
0.5	0.08	0.11	0.16	0.23	0.37	0.63

(四) 氨在水中的溶解度

液相浓度 /[$g(NH_3)/1000g$(水)]	$p(NH_3)$/kPa					
	0℃	10℃	20℃	30℃	40℃	50℃
600	50.65	79.98	126.0			
500	36.66	58.52	91.44			
400	25.33	40.12	62.65	95.84		
300	15.86	25.33	39.72	60.52	92.54	
200	8.53	19.20	22.13	34.66	41.99	79.46
100	3.33	5.57	9.33	14.66	22.26	32.93
50	1.49	4.00	4.27	6.80	10.26	15.33
30		1.51	2.40	4.00	6.00	8.93
20			1.60	2.53	4.00	6.00
10					2.05	2.92

(五) 二氧化碳在水中的溶解度

CO_2 压力		溶解度/[g/1000 g(水)]			
MPa	atm	12℃	25℃	50℃	100℃
2.53	25			19.2	10.6
5.05	50	70.3	53.8	34.1	20.1
7.60	75	71.8	60.7	44.5	28.2
10.13	100	72.7	62.8	50.7	34.9
15.2	150	75.9	65.4	54.7	44.9
40.5	400	81.2	75.4	65.8	64.0

(六) 一些气体的溶解热

气 体	水量/mol	溶解热/($kJ \cdot mol^{-1}$)	气 体	水量/mol	溶解热/($kJ \cdot mol^{-1}$)
NH_3	200	35.4	CO_2	饱和	19.9
HCl	200	73.0	H_2S	稀	19.1
HBr	200	83.2	甲醇	稀	8.4
HI	200	80.6	SO_2	稀	35.8
HF	200	19.0	SO_3	稀	206.1

十三、一些填料的性质

（一）瓷质拉西环的特性（乱堆）

外径 d /mm	高×厚（$H\times\delta$） /mm	比表面积 σ /($m^2\cdot m^{-3}$)	空隙率 e /($m^3\cdot m^{-3}$)	每米^{3}个数	堆积密度 /($kg\cdot m^{-3}$)	干填料因子 (σ/e^3) /m	填料因子 φ /m^{-1}
6.4	6.4×0.8	789	0.73	3110000	737	2030	3200
8	8×1.5	570	0.64	1465000	600	2170	2500
10	10×1.5	440	0.70	720000	700	1280	1500
15	15×2	330	0.70	250000	690	960	1020
16	16×2	305	0.73	192500	730	784	1020
25	25×2.5	190	0.78	49000	505	400	450
40	40×2.5	126	0.75	12700	577	305	350
50	50×2.5	93	0.81	6000	457	177	205

（二）瓷质弧鞍填料的特性

公称尺寸 d /mm	比表面积 σ /($m^2\cdot m^{-3}$)	空隙率 e /($m^3\cdot m^{-3}$)	每米^{3}个数	堆积密度 /($kg\cdot m^{-3}$)	填料因子 φ /m^{-1}
6	907	0.6	4020000	902	2950
13	470	0.63	575000	870	790
20	271	0.66	177500	774	560
25	252	0.69	38100	725	350
38	146	0.75	20600	645	213
50	106	0.72	8870	612	148